次世代シークエンサー DRY解析教本 改訂第2版

編著

清水厚志 岩手医科大学 いわて東北メディカル・メガバンク機構 生体情報解析部門
坊農秀雅 ライフサイエンス統合データベースセンター（DBCLS）

秀潤社

はじめに（改訂第2版）

「ちゃんとやったのに動きません」

　研究と教育に携わる仕事をしていると，何度も耳にするフレーズだ．教えを請われて質問者の席に向かう間に，アレコレとよくある原因を頭の中にリストアップする．かれこれ 20 年近くバイオインフォマティクスの実習や講義などを行っているが，半角 / 全角の間違い，スペースの有無，typo（誤植）など，PC が吐き出すエラーに気づかず進めてしまう学生は少なからずいる．そんな学生たちの机の横に立ち，黒いターミナル画面を指差しながら丁寧に教える．それを何度も何度も繰り返してきた．

　2015 年に『次世代シークエンサー DRY 解析教本』を上梓した時は，バイオインフォマティクスを習得しているシニア研究者がそばにおらず，誰にも頼ることのできない，しかし，来る時代のためにバイオインフォマティクスの技術を習得したい気持ちを抱く初学者のため，編者の二人で偏執的ともいえるほど徹底的にこだわった．何百通ものメールを通じて，解析パートの執筆者とその再現者のペアとともに議論し，それぞれの課題を二人三脚で頑張って乗り越えて原稿を書いてもらった．

　それから 1 年後だったろうか……．

「ちゃんとやったのに動きません」

　いつもとは違い，少しの不安を抱きながら本書を確認してコマンドを叩くと，確かに動かない．アプリケーションのバージョンが変わったため，オプションの記載方法が変わったようだ．その後も，徐々に動かないコマンドや，開発が終了したソフトウェア，あるいは定番ではなくなった解析パイプラインなど，水が石を穿つように当時の素晴らしい原稿に穴が空き始め，あれだけ磨き上げた本書が輝きを失い，古ぼけた，どこにでもある「昔は役に立ったけど，今は使えない本」へと変貌していってしまった．

　さらに 2 年が経ち，僕らにある程度の諦めとそれでも役に立つ部分はあるという自負が混在し，どうすべきかあがいていた頃に，学研メディカル秀潤社から改訂第 2 版発行の提案をもらった．当初は動かなくなったコマンドを書き直すという提案で，編集者の方もそれほど手間ではないと考えていたようだ．しかし，この 3 年間の書評やメール，あるいは人づてのコメントなどで，日進月歩のこの分野で書籍というアップデートがきわめて困難な媒体の限界を身にしみて感じていた僕らは，本書は一定の役割を終えたという思いを消すことができなかった．

　それでも友人らに意見を聞いてみると，「唯一無二の書籍で今も類似の本がない」，「後輩に紹介したいが，既に動かないコマンドがあるので躊躇している」など，改訂版の発行を希望する声が挙がっていた．そこで，僕ら編者の二人で相談し，一から全て見直し，今度は " 少なくとも数年は輝きを失わない，随時更新が可能な形態 " をとることにした．また，第 1 版の発現解析，疾患ゲノム解析，エピゲノム解析に加えて，メタゲノム解析や de novo ゲノムアセンブル（バクテリアゲノム解析，動物ゲノムアセンブリ），de novo トランスクリプトームアセンブルなど，この数年でさらに廉価になった短鎖の NGS（next generation sequencer, 次世代シークエンサー）を利用した様々な解析や，さらには長鎖シークエンサーの解析（動物ゲノムアセンブリ）も追加した．

　もちろん，今回も解析初学者が悪戦苦闘しながら再現している．前回よりもさらにチャレンジし，疫

学者，大学の事務スタッフ，大学生，高校生，さらには中学生にも参加してもらった．それから，独特の観点が面白い友人の Mami さん（Bilingual News）にも，そんなに興味があるならと疾患ゲノム解析をやってもらった．それが本書である．

　第1版と同様に，各執筆者に一度原稿を仕上げてもらい，それを読みながら初学者たちが再現する．初学者がうまくいかないところや指示違いなどを執筆者が修正し，再度，初学者とやりとりを行ってもらうことで，前回以上に"真の初学者でも，一人で解析ができるようになった"仕上がりだと思う．さらに，執筆者には GitHub にコマンドをアップしてもらい，使用しているソフトウェアの変更や開発終了があっても，アップデートできるようにしてもらった．Level 3（応用編）も，全て新規の論文から選択し，今回も論文掲載レベルのプロの解析手法を全てさらけ出してもらった．

　そんな中，父ががんで倒れた．僕自身，20年以上ゲノム医学の研究に身を置き，研究としてのゲノム解析では多少の自信もついてはいたが，ヒトとは異なる生き物が，宿り主である父の命を削っているという時に何もできない自身の無力感を覚えた．しかし，父の担当医やサポートしてくれた医師が「本書をもっている」，「これで勉強した」と話してくれた時，論文とは違うかたちで，自身の活動が最先端の現場で活躍する医師の成長の一助になっていると感じることができた．

　今年6月1日から，日本でも「がんゲノム医療」が始まった．残念ながら父が本書を手に取ることはないが，今後も疾患予防や治療を目指したゲノム解析や遺伝子発現解析，オミックス解析，あるいは，がんも含めた de novo ゲノム解析など，NGS 解析が引き続き必要とされることは間違いない．本書を手に取られる方の研究が進み，基礎生物学の領域はもちろん，ゲノム医学研究の発展により，少しでも病気で苦しむ方が減ることを期待している．

　さて，お待たせしたが，初学者の方はもちろん，既に何かしらの解析を実践しており新たな解析手法を習得したい方も，第1版に引き続き，編者と執筆者一同で磨き上げた本書を用いて，経験のある先輩方のテクニックを学んでいただきたい．そして，うまくいかず解析を投げ出したくなった時には，一息ついてコーヒーでも飲みながら，あなたと同じように初めて見る真っ黒な画面に真摯に向かい合った，初学者の方々の体験談を糧に，解析を楽しんでもらいたい．

2019年10月

清水厚志，坊農秀雅

編者近影

はじめに

「初心者本なんやったらおかんに本ば渡して解析やらしたらいいっちゃないと？おかんができて研究者ができんは通らんめーもん.」

　これは2014年12月に，「統合データベース講習会AJACS岩手」のため，盛岡に集まっていた本書の監修者やコアメンバーたちが今回の出版企画について話をしていたとき，大田達郎君が言った一言だ．

　監修者の清水と坊農はこれまでヒトゲノムプロジェクト，FAMTOMプロジェクトに携わり，大学の講義や実習，あるいは初学者向けの講習会でデータ解析の教育を行ってきた．当時から生物学とコンピュータの双方のスキルを持った人材が不足しているとの認識があったが，ヒトゲノムプロジェクト終了後のゲノム不遇時代に隠れ，人材育成の問題は表面化してこなかった．次世代シークエンサー（Next Generation Sequencer；NGS）であるGS20「454 Life Sciences（現Roche社）」が登場してから10年が経ち，いまや「次世代シークエンサー」という呼称すら時代遅れになりつつある．

　我が国においてもNGSの大学や研究所への導入が広まり，生命科学の分野で大量のデータを扱う必要性が急速に上昇したが，生物学とコンピュータのスキルを持ったバイオインフォマティシャン（いわゆるDry研究者）の人材がいまだ不足しているためにNGSデータ解析がボトルネックとなっている．一方で生命科学を専攻し，核酸やタンパク質，あるいは細胞などを扱う研究者（いわゆるWet研究者）の増加とそれに伴うポスト不足が問題となっている．そこでWetの研究者だけでなく，誰でもNGSデータを扱えるようになる入門書の発刊を目指した．

　ただし今回の出版に際し，危惧すべき点があった．データ解析の教育現場で想定の斜め上を行く間違いや予期せぬトラブルを幾度となく目の当たりにしてきたはずの我々が，NGS解析においてどのレベルの「初心者」を本書の対象とすればよいか，なかなかターゲットを絞り込めなかったことである．また，つきっきりで指導しているにもかかわらず次々と問題が起こるのに，1冊の本を読みながら何のトラブルもなくたった一人で解析を進められるという確証がまったくなかった．ただでさえDry解析は，最初の一歩目をなかなか踏み出せない．本書を手にした読者が実践しても，周りに経験者がいなければ手詰まりになることは容易に想像がついた．そこで出てきたのが，冒頭の自分の母親にNGS解析をやってもらうというアイデアだった．専門知識などまったくない自分の母親でもNGS解析ができるようになる本を作ることができれば，「真の初心者のための本です」と自信を持って言えよう．このアイデアは，様々なバックグラウンドの初心者の方々（Wet研究者のPI，大学院生，本書の担当編集者，女優，主婦）に実際にNGS解析をしてもらい，再現・検証レポートを書いてもらうというかたちで実現した．そしてLevel 2（実践編）の筆者には，原稿を書いてもらった後，初心者の方々のメンターとして，彼らが原稿を読みながらNGS解析を進めていくうえで起こるトラブルへの対応と指導をしてもらい，その経験をもとに自身の原稿をアップデートしていただいた．実際始めてみるとやはり様々なトラブルが起こった．英文のコマンドを日本語の全角で入力する．半角スペースを入れ忘れる．ハイフンを余分に打つ．"\\（バックスラッシュ）","_（アンダーバー）","~（チルダ）"などの普段使わない記号が打てない．ダウンロードしたファイルがどこにいったかわからなくなる．などなど，枚挙にいとまがない．一方で，メンターも普段は解析サーバなどが利用可能な，恵まれた環境で研究を進めているため，初心者の方々の，限られた通信環境，少ないメモリ，十分ではないストレージでは自分が書いた原稿どおりできないことがわかり，その対処に四苦

八苦する場面も多々見受けられた．それでも指導を受ける側，指導する側の双方が根気強くメールをやりとりし，時にはSkypeで相談しながら，最終的にはメンターの方々が解析を完遂するところまで導いてくれた．初心者の方々は何度も途中で投げ出したくなったと思う．彼らが最後までやりきったことに本当に感謝する．おそらく本書の読者のほとんどが，NGS解析に興味があって習得したいと考えている研究者か，それを目指している学生の方だと思う．本書で学習する際に解析がうまく進まないときは，初心者の方々の再現・検証の項に目を通してほしい．彼らの苦労と成功を目の当たりにしたとき，NGS解析は誰でもできるが，少なからず努力も必要なことがわかるはずだ．

　本書では他にも様々な試みをした．まず，まったくゼロの状態からでもNGS解析ができるようにするため，解析用「Macの買い方」から解説する．監修者の二人はともに20年来のMacユーザで，MacとNGSデータ解析との高い親和性を理解しているため，本書はMacで行うことを前提としている．Windowsユーザの方は本書を持って，最寄りのApple Storeに行っていただきたい．さらに，監修者の他，筆者の中から2名の方にコアメンバーになってもらい，月に一度，Skypeミーティングで原稿の進捗管理や筆者たちのサポートを行った．本書の原稿はコアメンバーによりすべて動作確認済みである．さらに，Level 1（準備編）とLevel 2（実践編）の筆者にはGoogleドライブで原稿を執筆いただき，執筆者同士互いに好きなときに原稿にコメントできるようにした．そうすることでそれぞれの稿で内容の重複を避けることができ，原稿の完成度も高くなった．また，まずは自分たちが原稿を書き，それを初心者に渡して解析してもらうプランであったため，原稿の締切が非常に早かったが，Googleドライブで互いに原稿の進捗を見ることができたことも無事全員，締切に間に合った理由の1つかもしれない．

　本書で基本的なNGS解析ができるようになれば，自らの研究にもそれを活かし，論文を執筆される方もおられると思う．そこで，Level 3（論文別・作図コマンド解説）では，実際の論文の筆頭筆者の方に，論文の図を描くためのデータとコマンドをさらけ出していただくことで読者が興味を持った図を再現できるようにしていただいた．ただし，Level 3はあえて最低限の解説にとどめていただいたので，あくまで応用編と考えてほしい．

　最後に，このような前代未聞の書籍の発刊に協力していただいた筆者の皆さん，自ら解析に取り組んだ担当編集者の梛木さん，本書のコアメンバーとしてアイデア出しや推進に取り組んでくれた大桃秀樹さん，大田達郎さんに感謝いたします．

もうこれでNGS解析ができないとは言わせません．

2015年9月30日

清水厚志／坊農秀雅

監修者近影
（NGS現場の会 第四回研究会にて）

本書執筆中の平成27年6月5日に恩師であり，日本のヒトゲノム研究の立役者の一人である清水信義先生がご逝去されました．謹んでご冥福をお祈り申し上げますとともに，本書を通して日本のゲノム研究の推進に役立つことで，多大な御恩を少しでもお返しできれば幸いです．

CONTENTS

はじめに（改訂第2版）……………………………………………………………………… 2

本書のサポートサイト ……………………………………………………………………… 8

編集・執筆者一覧 …………………………………………………………………………… 9

Level 1（準備編）

Mac の買い方（坊農秀雅）……………………………………………………………… 12

コマンドラインの使い方（三嶋博之，清水厚志）…………………………………… 20

共通基本ツールの導入方法（坊農秀雅）……………………………………………… 40

3分で学ぶ GitHub の使い方〜作成したプログラムをオープンソースで公開する〜（大田達郎）……… 50

Level 2（実践編）

0 から始める疾患ゲノム解析 ver2（三嶋博之）……………………………………… 64
- 疾患ゲノム解析手順書（三嶋博之）………………………………………………… 79
- 再現・検証：ド素人 半信半疑で やりきった!!〜ゲノム解析で耳垢タイプをチェック！〜(Mami)…… 81

0 から始める発現解析 ver2（小巻翔平）…………………………………………… 86
- 発現解析手順書（小巻翔平）………………………………………………………… 108
- 再現・検証：ゲノム解析は，奥深い謎解きゲーム!?（三田村亜紀）……………… 109

0 から始めるエピゲノム解析（ChIP-seq）ver2（尾崎 遼）……………………… 114
- エピゲノム解析（ChIP-seq）手順書（尾崎 遼）………………………………… 157
- 再現・検証：エピゲノムを理解したら，解析はもっと面白い（新井凛太郎）…… 160

0 から始めるエピゲノム解析（BS-seq）ver2（小野加奈子）…………………… 164
- エピゲノム解析（BS-seq）手順書（小野加奈子）……………………………… 185
- 再現・検証：医師で疫学研究者による楽しい再現・検証—初めての Windows Subsystem for Linux（WSL）（原田 成）……………………………………………………………… 187

0 から始めるメタゲノム解析（志波 優）…………………………………………… 203
- メタゲノム解析手順書（志波 優）………………………………………………… 221
- 再現・検証：リアルガチで，解析ができる事務に!?（今井克子）……………… 223

0 から始めるバクテリアゲノム解析（谷沢靖洋，中村保一）…………………… 246
- バクテリアゲノム解析手順書（谷沢靖洋，中村保一）…………………………… 262
- 再現・検証1：女子高校生による初めてのバクテリアゲノム解析（清水彩加）… 263
- 再現・検証2：Mac 愛用者の，コマンド世界への初ダイブ！（小林香織）…… 271

0 から始める動物ゲノムアセンブリ（荒川和晴）………………………………… 274
- 動物ゲノムアセンブリ解析手順書（荒川和晴）………………………………… 293

- ●再現・検証：初めての NGS データを手に，Let's アセンブリ！（奥山輝大）‥‥‥‥‥‥‥‥ 295
- ● wtdbg2 を Docker Desktop for Mac で動かす（大田達郎）‥‥‥‥‥‥‥‥‥‥‥‥‥ 302

0 から始めるトランスクリプトームアセンブル解析（坊農秀雅，仲里猛留）‥‥‥‥‥‥‥‥ 309
- ●トランスクリプトームアセンブル解析手順書（坊農秀雅，仲里猛留）‥‥‥‥‥‥‥‥‥ 320
- ●再現・検証：解析攻略のコツは，"error メッセージをよく読む"（新堰 舜）‥‥‥‥‥ 321

CWL（Common Workflow Language）があれば，DRY 解析はもう怖くない

（大田達郎，石井 学，末竹裕貴，丹生智也，山田航暉，安水良明）‥‥‥‥‥‥‥‥‥ 331

Level 3（応用編）

ゲノムブラウザー風の可視化を R の基本作図関数を組み合わせて実現する（横山貴央）‥‥‥‥‥ 340

シングルセル RNA-seq で擬時間に対する発現量変動をクラスタリングし，クラスターごとの平均
と代表的な遺伝子の発現量を可視化する（尾崎 遼）‥‥‥‥‥‥‥‥‥‥‥‥‥‥‥‥‥ 342

臨床検査値と疾患の遺伝的相関（genetic correlation）ネットワーク図（金井仁弘）‥‥‥‥‥‥ 345

メンデルランダム化解析（Mendelian randomization）に基づく臨床検査値と疾患の因果関係
の可視化（金井仁弘）‥‥‥‥‥‥‥‥‥‥‥‥‥‥‥‥‥‥‥‥‥‥‥‥‥‥‥‥‥‥ 348

等高線散布図による DNA メチル化の比較（白根健次郎，栗本一基）‥‥‥‥‥‥‥‥‥‥‥‥ 351

公共データベースに登録された NGS データの分布を可視化する（大田達郎）‥‥‥‥‥‥‥‥‥ 353

メタ 16S シーケンスの各サンプルから得られたリード数の分布を生物分類ごとに可視化する
（大田達郎）‥‥‥‥‥‥‥‥‥‥‥‥‥‥‥‥‥‥‥‥‥‥‥‥‥‥‥‥‥‥‥‥‥‥ 355

メタ 16S シーケンスリードの BLAST 結果を用いて，サンプル間で共通して存在する生物種を可
視化する（大田達郎）‥‥‥‥‥‥‥‥‥‥‥‥‥‥‥‥‥‥‥‥‥‥‥‥‥‥‥‥‥‥ 357

特定の GO term がアノテーションされた遺伝子群の発現差の可視化（広田喜一，坊農秀雅）‥‥‥‥ 359

LocusZoom プロット：連鎖不平衡情報とともにゲノムワイド関連解析のシグナルを可視化する
（八谷剛史）‥‥‥‥‥‥‥‥‥‥‥‥‥‥‥‥‥‥‥‥‥‥‥‥‥‥‥‥‥‥‥‥‥‥ 362

遺伝子近傍の DNA メチル化レベルを可視化する（佐野坂 司，今村拓也）‥‥‥‥‥‥‥‥‥ 364

58 形質のゲノムワイド関連解析結果とその多面的作用（pleiotropy）の可視化（金井仁弘）‥‥‥‥ 366

複数の染色体配列間の相同性を可視化する（安藤俊哉）‥‥‥‥‥‥‥‥‥‥‥‥‥‥‥‥‥ 369

メタ 16S シークエンスの各サンプルから得られた細菌叢組成の差を主座標分析・クラスター分析
により可視化する（山本紘輔，志波 優）‥‥‥‥‥‥‥‥‥‥‥‥‥‥‥‥‥‥‥‥‥ 371

おわりに（改訂第 2 版）‥‥‥‥‥‥‥‥‥‥‥‥‥‥‥‥‥‥‥‥‥‥‥‥‥‥‥‥‥‥ 373

index ‥‥‥‥‥‥‥‥‥‥‥‥‥‥‥‥‥‥‥‥‥‥‥‥‥‥‥‥‥‥‥‥‥‥‥‥‥‥ 375

編集担当：吉安俊英，小林香織／編集協力：校正舎 沼尻正人，三原聡子／カバーデザイン・装丁：柴田真弘
表紙イラスト：小佐野 咲／本文・DTP：センターメディア／本文イラスト：日本グラフィックス

本書のサポートサイト

本書で使用されているソースコード，データの一部は本書の各執筆者（Level 1 準備編，および Level 2 実践編の再現・検証，付録は除く）の GitHub サイトからダウンロードいただけます．

項目	執筆者	GitHub の URL
Level 2（実践編）		
0 から始める疾患ゲノム解析 ver2	三嶋博之	https://github.com/misshie/ngsdat2
0 から始める発現解析 ver2	小巻翔平	https://github.com/RolyPolyCoily/NGSv2
0 から始めるエピゲノム解析（ChIP-seq）ver2	尾崎 遼	https://github.com/yuifu/ngsdat2_epigenome_chipseq
0 から始めるエピゲノム解析（BS-seq）ver2	小野加奈子	https://github.com/kono04/NGSv2_BS-seq
0 から始めるメタゲノム解析	志波 優	https://github.com/youyuh48/NGSDRY2/
0 から始めるバクテリアゲノム解析	谷沢靖洋，中村保一	https://github.com/nigyta/bact_genome
0 から始める動物ゲノムアセンブリ	荒川和晴	https://gist.github.com/gaou/5035b2aae9978dfc00c55cb10736e272
0 から始めるトランスクリプトームアセンブル解析	坊農秀雅，仲里猛留	https://github.com/bonohu/denovoTA
CWL（Common Workflow Language）があれば，DRY 解析はもう怖くない	大田達郎，石井 学，末竹裕貴，丹生智也，山田航暉，安水良明	https://github.com/pitagora-network/DAT2-CWL
Level 3（応用編）		
ゲノムブラウザー風の可視化を R の基本作図関数を組み合わせて実現する	横山貴央	https://github.com/cb-yokoyama/DRYbook
シングルセル RNA-seq で擬時間に対する発現量変動をクラスタリングし，クラスターごとの平均と代表的な遺伝子の発現量を可視化する	尾崎 遼	https://github.com/yuifu/tutorial-RamDA-paper-fugures/
臨床検査値と疾患の遺伝的相関（genetic correlation）ネットワーク図	金井仁弘	https://github.com/mkanai/ldsc-corrplot-rg
メンデルランダム化解析（Mendelian randomization）に基づく臨床検査値と疾患の因果関係の可視化	金井仁弘	https://github.com/mkanai/mr-forestplot
等高線散布図による DNA メチル化の比較	白根健次郎，栗本一基	https://github.com/KenShirane/PGCLC_methylome
公共データベースに登録された NGS データの分布を可視化する	大田達郎	https://github.com/inutano/sra-quanto/
メタ 16S シーケンスの各サンプルから得られたリード数の分布を生物分類ごとに可視化する	大田達郎	https://github.com/inutano/ohanami-project-manuscript/
メタ 16S シーケンスリードの BLAST 結果を用いて，サンプル間で共通して存在する生物種を可視化する	大田達郎	https://github.com/inutano/ohanami-project-manuscript/
特定の GO term がアノテーションされた遺伝子群の発現差の可視化	広田喜一，坊農秀雅	https://github.com/khirota-kyt/dry_analysis
LocusZoom プロット：連鎖不平衡情報とともにゲノムワイド関連解析のシグナルを可視化する	八谷剛史	https://github.com/hacchy1983/sample-code-for-LocusZoom-plot
遺伝子近傍の DNA メチル化レベルを可視化する	佐野坂 司，今村拓也	https://github.com/sin-ttk/DNA-methylome-CellRep
58 形質のゲノムワイド関連解析結果とその多面的作用（pleiotropy）の可視化	金井仁弘	https://github.com/mkanai/fujiplot
複数の染色体配列間の相同性を可視化する	安藤俊哉	https://github.com/ya-sainthood/chromosome_comparison
メタ 16S シークエンスの各サンプルから得られた細菌叢組成の差を主座標分析・クラスター分析により可視化する	山本紘輔，志波 優	https://github.com/youyuh48/NGSDRY2/

●ダウンロードにはインターネット環境が必要です．
●本サイトの内容に関しては細心の注意を払っておりますが，その正確性・安全性を保証するものではありません．
●ダウンロードされたソースコードおよびデータは，全てお客様自身の責任においてご利用ください．使用の結果で発生したいかなる損害や損失，その他の事態についても，編者，著者ならびに株式会社学研メディカル秀潤社は一切の責任を負いかねますので，ご了承ください．
●予告なしに本サイトの内容を変更し，掲載を中断または終了させていただくことがございます．

注 意

●『次世代シークエンサー DRY 解析教本 改訂第 2 版』は独立した出版物であり，Apple Inc. が認定，後援，その他承認したものではありません．
●本書における会社名，商品名，製品名などについては，該当する各社の商標または登録商標です．本書では TM や® は明記しておりません．
●本書に記載されているソフトウェアや URL は 2019 年 6 〜 10 月時点での情報に基づいて執筆されていますので，以降変更されている可能性がございます．ただし，GitHub で本書発行後もメンテナンスを行う予定です．
●本書の出版にあたり正確な記述に努めましたが，本書に基づくいかなる運用結果についても，編者，著者ならびに株式会社学研メディカル秀潤社は一切の責任を負いかねますので，ご了承ください．
●電話によるご質問，および本書の記載内容以外のご質問，お客様の作業についてのご質問には一切お答えできかねますので，ご了承ください．

編集・執筆者一覧

●編集

清水厚志	岩手医科大学 いわて東北メディカル・メガバンク機構 生体情報解析部門
坊農秀雅	ライフサイエンス統合データベースセンター（DBCLS）

●執筆者（執筆順）

坊農秀雅	前掲
三嶋博之	長崎大学 原爆後障害医療研究所 人類遺伝学研究分野
清水厚志	前掲
大田達郎	ライフサイエンス統合データベースセンター（DBCLS）
Mami	Bilingual News パーソナリティ
小巻翔平	岩手医科大学 いわて東北メディカル・メガバンク機構 生体情報解析部門
三田村亜紀	岩手医科大学 学務部 いわて東北メディカル・メガバンク機構 事務室
尾崎 遼	筑波大学 医学医療系 バイオインフォマティクス研究室
新井凛太郎	聖光学園
小野加奈子	岩手医科大学 いわて東北メディカル・メガバンク機構 生体情報解析部門
原田 成	慶應義塾大学 医学部 衛生学公衆衛生学教室
志波 優	東京農業大学 生命科学部 分子微生物学科
今井克子	東北大学 東北メディカル・メガバンク機構 事務補佐
谷沢靖洋	国立遺伝学研究所 大量遺伝情報研究室
中村保一	国立遺伝学研究所 大量遺伝情報研究室
清水彩加	静岡県立韮山高等学校
小林香織	株式会社 学研メディカル秀潤社 編集本部
荒川和晴	慶應義塾大学 環境情報学部 生命情報科学研究グループ
奥山輝大	東京大学 定量生命科学研究所 行動神経科学研究分野
仲里猛留	ライフサイエンス統合データベースセンター（DBCLS）
新堰 舜	東京農工大学 大学院農学府 農学専攻 1 年
石井 学	理化学研究所 生命機能科学研究センター バイオインフォマティクス研究開発チーム
末竹裕貴	東京大学大学院 情報理工学系研究科 創造情報学専攻
丹生智也	国立情報学研究所 クラウド基盤研究開発センター
山田航暉	大阪大学 免疫学フロンティア研究センター 実験免疫学
安水良明	大手前病院 / 大阪大学 免疫学フロンティア研究センター 実験免疫学
横山貴央	株式会社 LIFULL　AI 戦略室
金井仁弘	Harvard Medical School / Broad Institute of MIT and Harvard
白根健次郎	Department of Medical Genetics, University of British Columbia
栗本一基	奈良県立医科大学 発生・再生医学講座
広田喜一	関西医科大学附属生命医学研究所 侵襲反応制御部門
八谷剛史	岩手医科大学 いわて東北メディカル・メガバンク機構 生体情報解析部門
佐野坂 司	慶應義塾大学 医学部 生理学教室
今村拓也	九州大学大学院 医学研究院 応用幹細胞医科学部門
安藤俊哉	自然科学研究機構 基礎生物学研究所 進化発生研究部門
山本紘輔	東京農業大学 生命科学部 分子微生物学科

（敬称略）

Level 1
（準備編）

Mac の買い方 ………………………………………… 12

コマンドラインの使い方 ……………………… 20

共通基本ツールの導入方法 ………………… 40

3 分で学ぶ GitHub の使い方
　〜作成したプログラムをオープンソースで公開する〜 …… 50

準備編 1 Macの買い方

坊農秀雅 ライフサイエンス統合データベースセンター（DBCLS）

使用機器（図1）
① MacBook Pro（Retina, 13-inch, Early 2015），CPU（3.1GHz Dual-Core Intel Core i7），メモリ（16GB）［メインマシン］
② Mac Pro（Late 2013），CPU（2.7GHz 12-Core Intel Xeon E5），メモリ（64GB）［かつてのメインデスクトップマシン］
③ Mac mini（2018），CPU（3.2GHz 6-Core Intel Core i7），メモリ（64GB）［現在のメインデスクトップマシン］

はじめに

　令和の時代になっても，世間ではWindows PCが広く用いられている．それなのに，なぜ本書は次世代シークエンス（next generation sequencing；NGS）のDRY解析にMac（図1）の使用を勧めるのか？　本項では，MacがいかにNGSデータ解析に適しているかを紹介しながら，これから解析を始めるという方のために，Macの購入についてレクチャーしたい．

図1　2019年6月現在の筆者のデスクトップ

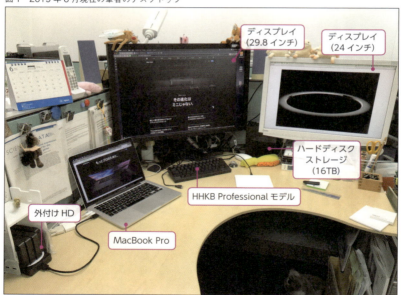

左のMacBook Pro（使用機器①）がメインマシンで，持ち歩いて使用．デスクで使用する際は外付けHD（画面左の黒いかたまり）をUSB 3.0で接続し，Time Machineでバックアップしている．
サーバとして利用しているMac Pro（使用機器②）とMac mini（使用機器③）は，ディスプレイ（29.8インチ液晶モニター EIZO FlexScan SX3031W）の後ろのデッドスペースに置かれている他，右にはかなり旧型の24インチ液晶モニター EIZO FlexScan S2411Wが配置され，それぞれ使用機器③と使用機器②のディスプレイとなっている．また，その間には16TBのハードディスクストレージ（MyBookDuo）が配置されている．使用機器③のキーボードには，HHKB（happy hacking keyboard）Professional 無刻印モデル．マウスは使わず，代わりに純正のApple Magic Trackpad 2を使用している．

なぜ Mac か？

　もともと，GUI（graphical user interface）で全てできるということで生命科学研究者は Mac を好んで使ってきた．しかしながら，経済的な理由で測定機器付属の PC が Windows であったり，世間はみんな Windows でそのシェアの多さゆえに，"Windows な"研究者が現在でも少なくない．

　Mac 以外の選択肢として，macOS と同じ UNIX ベースの OS で，国立遺伝学研究所のスパコンなど多くの大型計算機施設で広く使われている Linux を，自らの PC に導入して使うこともちろん可能である．また Windows 10 において，Windows Subsystem for Linux（WSL）と呼ばれる，Linux の（ELF フォーマット形式の）バイナリ実行ファイルをネイティブ実行するための互換レイヤーが公開されてはいるものの，万人向けの安定したシステムとはなっていないのが現状である．

　すなわち，それらは全く初心者向けではなく，むしろ趣味レベルであるといってよい．現時点では，NGS データ解析を日常的に行う研究者は，Mac ユーザが圧倒的に多い．海外の学会に行っても，MacBook Air や MacBook Pro を開いて作業している人がかつては少数派であったのに，最近では明らかに Mac ユーザが多数派である．それはなぜか？

　最大の理由は，Windows よりも Mac がその目的に向いているからと考えられる．macOS 自体が UNIX であり，Mac のソフトウェア「ターミナル」を用い，コマンドライン操作で Mac を使うこともでき（Level 1 準備編「コマンドラインの使い方」，p.20 参照），新しくソフトを導入しなくても上述の Linux のサーバ群を遠隔操作で利用することができる．さらに，データ解析環境として macOS が広く普及した結果，現在では多くの NGS データ解析ソフトが Mac 対応となっており，本書で扱う範囲では，Mac で全て完結するからだろう．CPU の性能が向上し，搭載メモリも増えたおかげで仮想環境も簡単に構築でき，macOS の中で Windows も起動して事務的な書類の編集もできる．すなわち，Mac さえあれば Windows は不要であるといえるだろう．

　以上のように，初心者向けということを考慮してもやはり Mac ということになり，NGS データ解析を始めたいなら Mac を買うという以外，他の選択肢はないのである．

どの Mac を買うべきか

　一口に Mac といっても，どの Mac を買うべきなのか？　ここではそれをレクチャーする．

● デスクトップ型か，ノート型か？

　決まった場所でしか使わないのであれば，デスクトップ型がよい．逆に，持ち歩いて使うのであればノート型がお勧めだが，以下に述べるように一長一短である．2019 年 7 月現在販売されている Mac の種類と特徴について，表1 にまとめた．デスクトップ型だと高い計算力が期待できる．例えば，遺伝子配列データをマッピングする場合には，大量データの処理が必要となる．そのためには，ハイエンドモデルの iMac Pro を勧める [3.2GHz 8-Core, 64GB メモリ, 1TB フラッシュストレージだと，602,800 円（税別）]．最新の Mac Pro は，"ゴミ箱"と呼ばれるデザインでスタイリッシュだが，2019 年秋に新モデルが発売予定となっている（そのモデルは最大で 28 コアで，1.5TB ものメモリが搭載可能とされ，これまでメモリ制限があった計算も Mac で可能となるだろう）．また，Mac mini であれば最新モデルで最大メモリが 64GB と，十分なスペックをもっており，コストパフォーマンスという点でも抜群であり，筆者も現在メインデスクトップマシンとして使っている（図1）．

　ノート型では，NGS データ解析もする場合には，ハイスペックな MacBook Pro の 13 インチを

Level 1：準備編 1

Mac の買い方　13

お勧めしている［現時点の最高スペックで，2.8GHz クアッドコア，16GB メモリ，1TB フラッシュストレージで，319,800円（税別）］．15インチだとメモリが最大32GB積めるもののサイズが大きく，PC を入れられるバッグは制限されるが，13インチだとほぼ A4 サイズで，持ち運びも苦にならない上にスペック的にも大差ない．MacBook Air や MacBook は，NGS データ解析に必要なメモリや CPU という点で難がある．しかし，軽くて持ち運びに適しているため，2台目の PC や，サーバへアクセスするための端末として便利である．

表1　2019年7月現在販売されている Mac の種類とその最大搭載可能メモリ，特徴

タイプ	名称	最大搭載メモリ(GB)	特徴
ノート型	MacBook Pro 15 inch	32	かなりハイスペックなノート型 Mac
	MacBook Pro 13 inch	16	ハイスペックかつ，ポータブルなノート型 Mac
	MacBook Air	16	薄くてスタイリッシュ．軽い．11/13 インチ
	MacBook	16	重さ 1kg 未満で，さらに軽い．12 インチ
デスクトップ型	Mac Pro	64	現行モデルは黒いゴミ箱型だが，2019 年秋発売予定のモデルではチーズおろし器型に（本文参照）
	iMac Pro	256	ディスプレイを備えたオールインワン PC
	iMac	64	ディスプレイを備えたオールインワン PC
	Mac mini	64	エントリクラスだが，十分なスペック

● ポイントは CPU よりも，メモリ

　とにかく使うデータ量が多いのが NGS データ解析の特徴なので，CPU に関しては，上位機種ほどクロック数も高くてコア数も多く，重い計算に適したスペックがある．しかし，筆者の経験ではそれほど大差がある印象はなく，ちょっと待てば計算は終了するので，予算に制限のある場合はむしろメモリ容量を最優先にした方がよい．

　逆にメモリが必要な計算は，メモリがないと計算できない上に，バージョンが新しくなる度に肥大化してきた macOS に対応するためにも，多くのメモリが必要である．本書でも紹介している Docker を使って仮想環境上でプログラムを動かす際にも（Level 2 実践編「wtdbg2 を Docker Desktop for Mac で動かす」の項，p.302 参照），より多くのメモリが必要となる．

　本書の Level 2 実践編で紹介している各解析プログラムで必要なメモリの目安を **表2** にまとめたので，参考にされたい．すぐに容量の大きなメモリを搭載したモデルが出てくる上に，自分で増設のために中を開けると保証が受けられなくなるため，購入時にメモリは，新型 Mac Pro 以外ではその時の最大搭載メモリ（満タン）にしておくのがお勧めである．ただし，財布と要相談のこと．

表2 現状の解析プログラムで必要なメモリの目安

NGS 解析手法	必要メモリ (GB)	本書での関連項目（Level 2 実践編）
RNA-seq（kallisto）	8	0 から始める発現解析 ver2
RNA-seq（STAR）	32	0 から始める発現解析 ver2
Exome	16	0 から始める疾患ゲノム解析 ver2
ChIP-seq	8	0 から始めるエピゲノム解析（ChIP-seq）ver2
WGBS	16	0 から始めるエピゲノム解析（BS-seq）ver2
Metagenome	8	0 から始めるメタゲノム解析
Genome assembly (Bacteria)	8	0 から始めるバクテリアゲノム解析
Genome assembly (Eukaryote)	16	0 から始める動物ゲノムアセンブリ
Transcriptome assembly	16	0 から始めるトランスクリプトームアセンブル解析

●ストレージは大問題

　NGS データ解析の特徴である，とにかく使うデータ量の多さから，ストレージは重要なポイントである．現在内蔵されているストレージは，ハードディスクドライブ(HD) よりはフラッシュストレージ（ソリッドステートドライブ；SSD）が多くなっており，大量のデータをずっと置いておくには適さない．そこで，USB 外付け HD を利用するのがよい．ただし，USB 3.0 対応の HD を選んでほしい．最新の USB 3.0 は，理論値で USB 2 の 10 倍ほど高速でデータ転送できるようになっており，それほど頻繁に使わないファイルの置き場やバックアップ用として適している．

　持ち運んで使うのであればバスパワー駆動（電源アダプタ不要で HD が使える）がお勧めで，容量 4TB で 1.5 万円前後（2019 年 7 月時点）となっている．

●転ばぬ先の Time Machine

　データのバックアップは，PC を使って作業する上で必須である．「バックアップはトリプリケイトに」といわれるほど，重要なデータは 1 カ所（多くの場合，外付け HD）にバックアップをとるだけでは不十分で，テープ媒体（かつてはフロッピーディスクや DAT，MO，ZIP など）やネットワーク上の別のコンピュータのHDにコピーしておくべきである．HDは消耗品で，壊れるものなのである．

　macOS では，それを自動的にやってくれる「Time Machine」という仕組みがある．外付け HD は，そのためにも必要なデバイスで，買ったらまず再フォーマットする必要がある．Windows の使用を考慮してデフォルトでは NTFS（NT file system）のものが多く，これだと Mac から読み出しはできるものの，書き込みができない．

　データのバックアップは非常に重要なので，以下に詳しい設定方法を紹介する．

　①まず，「アプリケーション」フォルダの中の「ユーティリティ」の中にある「ディスクユーティリティ」をダブルクリックし，実行する（図2）．

Mac の買い方　15

図2 ディスクユーティリティはアプリケーションフォルダの中のユーティリティフォルダの中にある

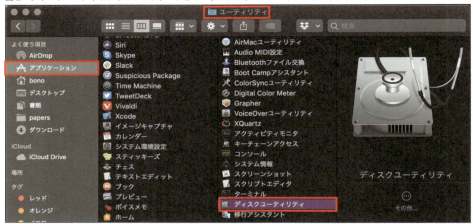

②外付け USB HD のアイコンを選択，「消去」タブを選び，「フォーマット」を「Mac OS 拡張（ジャーナリング）」，「oreno4TBHD」など分かりやすい名前を付け，右下の「消去」ボタンを押す（図3）．

図3 ディスクユーティリティの設定

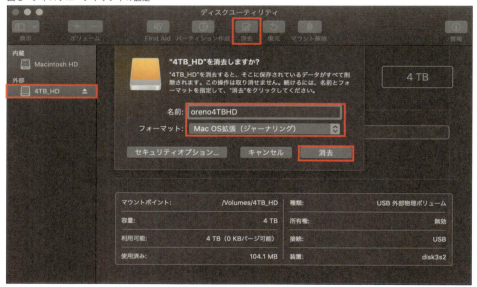

③今後，コマンドラインからの使用が想定されるので，HD の名前には 2 バイト文字（ひらがなや全角記号）は避けた方がよい．これで，書き込み可能な外付け USB ディスクとなる．その後，「システム環境設定」から「Time Machine」を選択し，Time Machine を「入」にすると，自動でバックアップが開始される．

● ディスプレイは広い方がよい

ディスプレイは PC 上での作業スペースである．作業スペースは広い方がよいということで，デス

クトップ型 Mac を使う際にデュアルディスプレイにしている研究者も多い．中には GeChic 社のモバイル液晶モニター On-Lap 1305H［約 32,000 円（税別）］を使って，ノート型 Mac でデュアルディスプレイにする研究者もいるぐらいである．macOS に最初から入っている「Mission Control」を上手く使って，ソフトウェア的に作業スペースを広く使うことも可能で，筆者も毎日利用している研究者の 1 人である．

　より広い作業スペースを得るには，画面のサイズよりも "解像度の高さ" が重要で，これまでのディスプレイよりも解像度の高い Retina ディスプレイがお勧めである．iMac や MacBook Pro など，ほとんどの機種でデフォルトとなっている．

●キーボードやその他アクセサリ

　NGS データ解析のプロは JIS 配列（かな，英数キーがある一般的なキーボード）ではなく，US 配列のキーボードを好む傾向がある．HHKB を愛用している業界の方が多く，筆者もその 1 人である（図1）．

　その他のアクセサリに関して，オンラインでの購入時に色々とオプションがあるが，有用なものを以下に紹介する．

Apple Mini DisplayPort － VGA アダプタ

　外部モニター，特にプレゼンテーションをする際のプロジェクターの接続に必須なアダプタである．なければ買っておこう．HDMI（high definition multimedia interface）接続できるモニターも増えてきており，MacBook Pro の過去のモデルはそれに直接接続に対応していたものの，現在のモデルでは Thunderbolt 3（USB-C）からの変換が必要である．

予備の AC アダプタ

　AC アダプタは Mac 購入時に 1 つ付いてくるが，持ち歩いて使用していると断線してしまうことがままある．再度購入するのに時間がかかることも考えて，断線した際の保険として予備を買っておくとよい．ちなみに筆者は出張や移動が多いため，電源ケーブルが断線してしまうことが多く，ほぼ年に 1 個のペースで新しい AC アダプタに買い替えている．

　最新のモデルでは Thunderbolt 3（USB-C）からの給電となっているが，AC アダプタが必要なことには変わりはない．

Ethernet（LAN）アダプタ

　Wi-Fi が使えない時に威力を発揮する．また，有線 LAN は Wi-Fi よりもデータの高速転送が可能なので，Mac を購入した直後のデータ移行など，転送データ量が多い場合に便利である．

　かつては，USB ポートに挿すタイプの Ethernet アダプタが売られていたが，現在では Thunderbolt ポートに挿すタイプの Ethernet アダプタが標準となっている．無線 LAN がなく，有線 LAN しかない環境もまだまだあるので，買っておいて損はないアイテムである．

USB フラッシュメモリ

　ちょっとしたデータの受け渡しに便利で，通称「USB」と呼ばれる．NGS データは 1 つのファイルサイズが巨大で，2GB を超えると認識されなくなる．そういった場合には，"FAT32" 以外の "exFAT" などにフォーマットし直して使用する必要がある．そのフラッシュメモリは Mac でしか

Mac の買い方　17

使わない場合には，"Mac OS 拡張（ジャーナリング）"でもよいが，違うプラットフォーム（要するに Windows）にデータ転送する場合があるかもしれないので，"exFAT"にしておくのが無難だろう．

また最近では，セキュリティ上の問題から，USB ポートに挿しても認識しない PC も増えているので注意する．そのような場合は，ネットワークを介したデータ転送を行うことになる．

マウスとトラックパッド

デスクトップ型ではマウスが必要になるが，なければ Apple Magic Mouse をお勧めする．デスクトップ型用のトラックパッドもオプションで選べる．またノート型の場合，トラックパッドを使うのが嫌でマウスを持ち歩いて利用している人もいるが，荷物が増えることを考えると一般的にはお勧めではない．

Apple Care Protection Plan

Mac を購入してから 90 日間の無償テクニカルサポートと 1 年間のハードウェア製品保証があるが，それらを両方とも 3 年間に延長できるプランである．周りに Mac に詳しい人がおらず，初めて Mac を買う場合などにはお勧めである．

また，オンライン購入のオプションにはないものの，アンチウイルスソフトを入れておくことを勧める．研究機関ごとに指定されたソフトがある場合は，それをインストールしておく．

Mac 購入前に聖地 Apple Store 巡礼を

可能ならば，Mac 購入前に実機を見に行っておくべきである．最近では，近くの電気屋に置いてある場合があるが，表3 [1] に挙げた都市の Apple Store に，購入前にぜひ見に行ってほしい．筆者の一番のお勧めは，東京駅から歩いて行ける距離にある丸の内店や銀座店である．しかる後にオンライン上の Apple Store で注文・予約するのがよい．大学生や教職員であれば，オンラインの Apple Store で買うと割引があるので，そちらを利用するとお得だ．

表3　Apple Store 日本の所在地一覧（2019 年 11 月現在）

東京都	丸の内，銀座，渋谷，新宿，表参道	京都府	京都
		大阪府	心斎橋
愛知県	名古屋栄	福岡県	福岡天神

（文献 1 を参考に作成）

📁 おわりに

Mac を買ったら，すぐにセットアップを．マシン名は「システム環境設定」＞「共有」から設定して，他の人の Mac と区別がつくように，あなたの Mac に名前を付けましょう．それでは，"次世代の実験ツール"として Mac を活用していってください．

No Mac，No Life！

COLUMN　すでに Mac ユーザなあなたへ

　基本的に，macOS を最新のバージョン［2019 年 7 月現在，最新の macOS は 10.14（Mojave）］にすることが必須である．その理由は，本書で紹介する様々なソフトが正常に動かない可能性があるからだ．Windows とは異なり，macOS のアップグレードは無料である．

　なお，Apple のサイト（https://www.apple.com/jp/osx/how-to-upgrade/）にそのハードウェア要件が書かれているので，アップデートする前にご自身の Mac が該当しているかどうか，まず確認してほしい．

　その上で，システム要件（macOS v10.8 以降，2GB のメモリ，12.5GB 以上のハードディスク空き容量）を満たしているかを確認する．macOS がこれよりも古い場合は，v10.8 にアップグレードしてから 10.14 にすることになり，メモリやハードディスク容量が足りない場合は増設する必要もある．メモリの増設やハードディスクの換装は，すでに述べたように多くの機種で至難の業である上に，macOS は今後もアップデートが繰り返されるだろうし，すぐに最新 macOS をインストールできなくなってしまう可能性もある．つまり，その Mac を使ってデータ解析をすることのできる "寿命" が短くなる．可能であれば，この際に新しく買い換えることをお勧めする．

参考文献

1）Apple ホームページ．http://www.apple.com/jp/retail/storelist/ より 2019 年 11 月 10 日閲覧

準備編 ② コマンドラインの使い方

三嶋博之 長崎大学 原爆後障害医療研究所 人類遺伝学研究分野
清水厚志 岩手医科大学 いわて東北メディカル・メガバンク機構 生体情報解析部門

使用機器 MacBook Pro（2018），macOS High Sierra（10.13.6），CPU（2.3 GHz Quad-Core Intel Core i5），メモリ（16GB）

使用言語・ソフトウェア bash，AWK，Ruby，ターミナル

📁 はじめに

　コンピュータをいかに操作するか．大きく2つに分けると，おなじみのマウスやトラックパッドをクリックして操作する GUI（graphical user interface）と，キーボードだけを使って文字を入力する CUI（command-line user interface）に分かれる．

　世の中のほとんどの研究者にとって，たいてい前者は好ましく，後者は難解な呪文のように近寄りがたいが，仕方なく使うものと思われているようである．そのおかげで，「コマンドライン使い」は偉そうな顔をできるのだが，実は大したことはやっていない．本項では，その秘密を解説する．

　CUI の利点とは何か．「"兼業"バイオインフォマティシャン」にとって CUI が必須なのは，使いたいツールには CUI しかないという消極的な理由も確かにあるが，最大の理由は「作業内容を一意に記述して，再現性を担保しやすいから」である．

　例えば，Excel 上で丸1日試行錯誤して作り上げた図や表の作成過程を，他の人（3日後の自分も含む）が再現できるように記述するのは容易ではないが，CUI であれば同等の作業を実行可能な形で記述することができる．もちろん，これを上手くやるにはいくつかのベストプラクティスがあるのだが，本項ではそのヒントにも触れたいと思う．

📁 マシン語とコンパイラ

　Mac も Windows もスーパーコンピュータも，さらにはスマートフォンでも，コンピュータは0と1しか理解できず，ヒトの言葉は分からない．そこで，コンピュータが理解できるようにした言語がマシン語である[*1]．

　例えば，ヒトにはイヌの写真に見える **図1左** の画像も，Mac が読み取るのは **図1右** の16進数（を2進数に戻した0と1）の羅列でしかない（**図1**）．細胞の免疫染色像も，Excel も，学位論文も，米津玄師の「Lemon」も，全てコンピュータからすれば0と1である．これらの0と1で書かれたものをバイナリデータと呼ぶ．

＊1　0と1のオンオフを2進数にして，4ビットずつ，16進数に変換した0から10までの数字とA～Fまでのアルファベットの合計16文字が使われる．

20　準備編

図1　ヒトにはイヌに見えるが（左），Macは16進数の羅列として読み取る（右）

　しかし，ヒトがマシン語を理解して直接扱うのはきわめて困難なため，一般には（プログラムが得意な普通の）人間が見て理解しやすい高級言語[*2]を使ってプログラム（ソースコード）を作成した後に，そのまま使用するか，コンパイラと呼ばれるプログラムでマシン語に翻訳する（高級言語についての詳細は後述する）．

　この作業を「コンパイル」と呼び，一部の次世代シークエンス（NGS）解析に用いるプログラムはソースコードの形で配布されているため，利用者が自分でコンパイルする必要がある．コンパイル作業は，利用者のPCの環境に応じてソースコードを改変することが必要な場合もあり，初心者がNGS解析をする際の壁の一つとなっている．ただし，パッケージマネージャーと呼ばれるコンパイル作業を代行するソフトウェア（Level 1 準備編「共通基本ツールの導入方法」で述べるHomebrewなど．p.40参照）があり，こちらを利用することで，MacやWindowsのソフトウェアと同じ感覚でインストールすることができる．

📁 OS（operating system）

　本書はMacで解析することを前提に解説しているが，それは同時にOS Xを使うことを意味する．OSは，ユーザがコンピュータの仕組みやバイナリデータを意識せずに使うための場を提供しており，GUIによりマウスやトラックパッド，または直接画面を操作するタッチパネルでコンピュータを扱うことを可能としている．OSにはUNIX，Linux，Android，BSD，OS X，Windows OSなどがあるが，Windows OS以外はほぼ全てUNIX系である．

　UNIXは，1970年代から米国で政府機関や企業，大学などで普及したOSである．ソースコードを配布していたため改変が可能であり，また堅牢性が優れていたため大学でも普及していったが，1980年代にライセンスが厳しくなり，ライセンス料が高額となった．そこに登場したのがLinuxである．Linuxは，UNIXの本来もっていたオープンソースの精神を引き継ぎ，UNIX互換の自由に改変できるOSとして急速に普及した．現在は，多くのバイオインフォマティシャンがUNIXではなく，Linuxサーバを用いてデータ解析をしている．

　UNIXのもう一つの子孫がOS Xである．2001年，それまでのMac OSの外観（GUI）をもちながら，

---

*2　C言語，C++言語，Javaからシェルスクリプト，AWK，Perl，Python，Ruby，R言語など，多種多様にある．

内部は UNIX である OS X（当時の名称は Mac OS X）が Mac の OS として採用された．つまり，Mac ユーザは全て UNIX ユーザとなった．そのため，Linux 用に開発された多数のバイオインフォマティクス解析に必要なソフトウェアを，コンピュータの詳しい知識をもっていなくても簡単に使用できる環境がほぼ整っている．

　実際に使うには，2 つ程のプログラム開発環境（Homebrew, wget）のインストールが必要となるが，これらについては Level 1 準備編「共通基本ツールの導入方法」で後述する（p.40 参照）．

📁 ターミナルの設定

　それでは早速，コマンドラインの世界に入ってみよう．先に述べた通り，Mac（OS X）は UNIX なので，買ってすぐにコマンドラインを使うことができる．Macintosh HD にある「アプリケーション」フォルダから「ユーティリティ」フォルダを開き，「ターミナル」のアイコンをクリックすると，図2A のような画面が立ち上がる．これがターミナルだ．昨今のカラフルなソフトと比べると味気ないが，本書を読み終える頃にはきっと愛着が湧いているだろう．

　このままの画面でもよいが，ターミナルの環境設定を開き，プロファイル（図2B）の中にある Homebrew（パッケージマネージャーと同じ名前だが，全くの別物）をダブルクリックすれば，黒い背景に緑の文字というバイオインフォマティシャンが好む古風な表示に変わる（図2C）．

図2　A：ターミナルのアイコンをクリックした画面

図2　B：プロファイル

図2　C：バイオインフォマティシャン好みの表示画面

📁 演習：基本的なコマンドで遊んでみる

●ディレクトリを操作する

　開いたターミナル上で，実際に操作してみよう．この画面では，ユーザと OS の間を取りもつ「シェル」（p.28 で後述）が既に起動している．現在画面に自動的に表示されているのは，コマンド入力待ちを示すプロンプト（次ページの例では「TEST:~ saibou$」）である．プロンプトは自分で入力する必要はない．

　まずはプロンプトに続けて，`ls`（ファイル一覧の表示．list に由来）というコマンドを入力し，最後に return を押す．各コマンドの最後に return を押すことで内容を確定し，実行となる．return

を押す前であれば，←→キーや delete キーなどで修正できる．画面には，`ls` コマンドの実行結果が続けて表示される．

```
TEST: ~ saibou$ ls
Applications      Documents       Library      Music      Public
Desktop           Downloads       Movies       Pictures
```

なお，本書では自分で入力するコマンドを「青字」，半角スペースを「■」で示している．また，紙面の都合で改行しているが，1行として続けて入力すべき箇所は「↵」で示している．□で示した部分がターミナル画面であると思っていただきたい．

ここで，シェルが扱うファイルやディレクトリ（フォルダのこと）の場所の指定方法，すなわちパス（path；通り道）について説明する．まず，絶対パスでの指定方法についてである．この場合，全てのファイルやディレクトリはルートディレクトリ（スラッシュ「/」の一文字で表される）から始まり，一つまたは複数のディレクトリをスラッシュで区切った階層構造で表現される．

もう一つが，相対パスでの指定である．これは，現在注目しているディレクトリ（カレントディレクトリ）からの相対位置で指定する方法である．ターミナルウィンドウを開いた直後のカレントディレクトリは，ホームディレクトリ（各ユーザのための個人用ディレクトリ）に設定されている．OS X でユーザ名が「saibou」の場合のホームディレクトリは，絶対パスで「/Users/saibou」である．

パスでは，特殊なディレクトリ名がいくつか用意されている．「.」は同じディレクトリを示し，パス先頭ならばカレントディレクトリ，パス途中ならばスラッシュ一つ分前のディレクトリを示している．「..」は一つ上位の親ディレクトリを示す．例えば，カレントディレクトリがホームディレクトリならば，相対パス「..」と絶対パス「/Users」が同じ場所を指すことになる．

`mkdir`■`kihondir`（make directory）さらに `ls` とすると，新しいディレクトリ kihondir が作られている．コマンドの後にスペースで区切って指定する文字列を，引数と呼ぶ（ここでは「`kihondir`」）．もし，既に同じ名前のディレクトリがある旨のエラーが出た時は，適宜違う名前にしてほしい．

```
TEST:~ saibou$ mkdir■kihondir
TEST:~ saibou$ ls
Applications      Documents       Library       Music  Public
Desktop   Downloads       Movies   Pictures      kihondir
```

そして `cd`■`kihondir`（change directory）とし，さらに `pwd`（print working directory）とすると，カレントディレクトリが /Users/saibou/kihondir になっているのが分かる．以降は，そのまま kihondir ディレクトリ内で実験を進めよう．

```
TEST:~ saibou$ cd■kihondir
TEST:kihondir saibou$ pwd
/Users/saibou/kihondir
```

コマンドによっては複数の引数をもつこともできる．例えば，`mkdir`■`testdir1`■`testdir2` と `ls` を試してみてほしい．2つのディレクトリが同時に作成されているはずである．さらに，`rmdir`■`testdir1`

コマンドラインの使い方　23

（<u>rem</u>ove <u>dir</u>ectory）と `ls` で，`testdir1` が消去されたことが確認できる．なお，`rmdir` コマンドは中身が空のディレクトリでなければ消去できない．

```
TEST:kihondir saibou$ mkdir■testdir1■testdir2
TEST:kihondir saibou$ ls
testdir1 testdir2
TEST:kihondir saibou$ rmdir■testdir1
TEST:kihondir saibou$ ls
testdir2
```

　コマンド引数には，コマンドの振る舞いを変更するための特殊な引数（オプション）を与えることができ，通常ハイフン「-」や，「--」で始まる．例えば，`ls` コマンドに「隠しファイル表示・詳細表示」オプションを与える場合は，`ls■-al` となる．

　隠しファイルとは，ピリオドで名前が始まるファイルのことで，設定を納めたファイルなどによく使われている．前述の「.」や，「..」も表示されている（隠しファイルの一種）ことに注意してほしい．詳細表示オプションによって，ファイル作成日時，ファイルサイズが表示される．ここの日時等は読者ごとに異なるので，違っていても安心してほしい．先頭には謎の暗号（ファイルアクセス権）が表示されているが，これについては後述する（p.30 参照）．

```
TEST:kihondir saibou$ ls■-al
total 0
drwxr-xr-x   3 saibou  staff  102  4 20 04:07 .
drwxr-xr-x+ 20 saibou  staff  680  4 20 04:05 ..
drwxr-xr-x   2 saibou  staff   68  4 12 00:30 testdir2
```

COLUMN　空白は重要

　日本語とは違い，コンピュータにとって空白は重要な意味がある．空白の位置や数が異なると，コマンドなどが正常に解釈されないことがある．本書では■で空白を明示したので，その通り入力してほしい．特に後述のシェルスクリプト内では，少々不条理に厳しいルールがあるので注意が必要である．

　ちょっと待った！　ここでいう空白は，英字の空白（いわゆる半角スペース）である．漢字のスペースは，コンピュータにとっては単なる漢字の一種である．また，tab キーで入力されるタブコードも，見た目は空白の連続に似ているが異なる扱いになる．

●ファイルを操作する

　ディレクトリの次は，ファイルを操作するコマンドを試してみよう．

　まず，テストのためのファイルを作成しよう．`export■>■testfile` としてみてほしい．これは標準出力に出力される，現在定義されている全ての環境変数を testfile ファイルにリダイレクトするという意味だが，後ほど詳しく説明する（p.29 参照）．

ファイル複製は cp（copy）コマンドである．cp■testfile■newfile としてから，ls コマンドで確認してほしい．

```
TEST:kihondir saibou$ export■>■testfile
TEST:kihondir saibou$ cp■testfile■newfile
TEST:kihondir saibou$ ls
newfile          testdir2          testfile
```

ファイルの移動と名前の変更は，どちらも mv（move）コマンドを使う．mv■testfile■testdir2，mv■newfile■newfile.txt としてから ls および ls■testdir2 として，testfile が testdir2 ディレクトリ内に移動し，newfile ファイルの名前が newfile.txt に変更されていることを確認してほしい．

```
TEST:kihondir saibou$ mv■testfile■testdir2
TEST:kihondir saibou$ mv■newfile■newfile.txt
TEST:kihondir saibou$ ls
newfile.txt      testdir2
TEST:kihondir saibou$ ls■testdir2
testfile
```

今度は，ファイルを rm（remove）コマンドで消去してみる．rm■testdir2/testfile と ls■testdir2/ で確認してほしい．

```
TEST:kihondir saibou$ rm■testdir2/testfile
TEST:kihondir saibou$ ls■testdir2/
TEST:kihondir saibou$
```

以上のように，確かになくなったことが確認できる．GUI でのファイル削除は，実際にはゴミ箱（˜/.Trash ディレクトリ）へのファイル移動であるが，「シェル上から rm コマンドで削除した場合，消したファイルは即時かつ完全に消去される」ことに注意してほしい．

ls■˜/.Trash/ でゴミ箱の中身を確認してみると，testfile が移っていないことが分かる．

```
TEST:kihondir saibou$ ls■˜/.Trash/
TEST:kihondir saibou$
```

筆者は身をもって rm コマンドの危険性を理解したが，何時間もかけて作成した解析データを間違って削除してしまい途方に暮れる前に，Level 1 準備編「共通基本ツールの導入方法」で説明する rmtrash を用いることをお勧めする（p.45 参照）．

●ファイル内容を見る

まず，ライフサイエンス統合データベースセンター（DBCLS）が運営する TogoWS [1]（http://

togows.org/）の機能を使って，UCSC Genome Browser[*3] の RefGene ヒト遺伝子データを先頭から 100 行入手し，newfile.txt に格納してみる．

```
TEST:kihondir saibou$ curl■http://togows.org/api/ucsc/hg38/refGene/1,100■ ↵
>■newfile.txt
% Total    % Received  % Xferd  Average  Speed  Time   Time   Time  Current
                                Dload    Upload Total  Spent  Left  Speed
100   31658   0   31658   0   0   22461   0  --:--:--  0:00:01 --:--:--  22452
```

この newfile.txt ファイルを例に，テキストデータが入ったファイルを閲覧してみよう．

まず，単純に表示するのは cat■newfile.txt である．奇妙なコマンド名だが，concatenate（連結）の意味である．複数のファイル名を引数に与えれば，連続して表示することができる．

```
0,1,1,2,2,1,0,1,0,0,1,1,1,1,0,1,0,-1,
1702        NM_194251      chr5       -       146514853        146516113        146514853
  146516113       146514853,      146516113,       0
GPR151   cmpl   cmpl   0,
202         NM_013316      chr7       -       135361794        135510127
135362884        135438331      11
  135361794,135393917,135395633,135398168,135410523,135413487,135414330,135415175,1354
22155,135438157,135509888,         135363186,135394415,135395883,135398226,135410648,1354
13613,135414432,135415262,135422353,135438423,135510127,  0  CNOT4  cmpl  cmpl
1,1,0,2,0,0,0,0,0,0,-1,
164  NM_013314  chr10 - 96191698 96271576 96191972 96271398 17 96191698,96196907,
96200074,96200981,96204056,96204531,96207010,96207871,96209837,96215320,96216652,9622382
5,96227409,96230793,96242734,96246983,96271351,  96192092,96197063,96200158,96201058,962
04088,96204616,96207053,96207899,96209907,96215389,96216734,96223989,96227566,96230834,9
6242784,96247049,96271576,  0  BLNK
  cmpl  cmpl  0,0,0,1,2,1,0,2,1,1,0,1,0,1,2,2,0,
（以下省略）
```

これでは内容があっという間に画面上方に流れてしまうので，徐々に表示するのが more■newfile.txt である．最初のページが表示されたら，スペースで次のページに移る．最後のページになるか，「q」で終了である．

```
bin  name  chrom  strand  txStart txEnd  cdsStart  cdsEnd  exonCount       exonStarts
exonEnds  score  name2  cdsStartStat  cdsEndStat  exonFrames
1278  NM_001286451 chr15 - 90930917    90932569      90931274      90932540     4
90930917,90931703,90932054,90932428,
90931405,90931944,90932110,90932569,  0  HDDC3  cmpl  cmpl  1,0,1,0,
```

*3　ファイヤーウォールの設定．読者の中には，外部ネットワークにアクセスするにはプロキシ（proxy；代理）サーバ設定による通信の中継が必要なことを，ネットワーク管理者から指示されている方がいるかもしれない．その場合は，curl コマンドのオプション -x user:password@proxy.example.com:8080 を追加してほしい．

```
161   NM_001252269   chr1  -  92842159   92961522   92843382        92961429   4   92
842159,92847182,92850847,92961375,
92844195,92847359,92850955,92961522,  0  FAM69A  cmpl  cmpl    0,0,0,0,
（中略）
newfile.txt
```

more コマンドの拡張版が，（その反対語の）less コマンドとなる．less■newfile.txt とした後に，↑↓キーで上下にスクロールする．終了は「q」である．どちらも，さらに便利な機能があるので調べてみてほしい．

ファイルの先頭だけを表示するのは head コマンドである．オプション無指定（デフォルト）では先頭 10 行を表示するが，head■-n■20■newfile.txt とすると，表示行数を 20 行に変えられる．数百万行ある巨大テキストファイルの先頭を表示するのは，シェル上では簡単である．逆に，ファイルの末尾（tail；尾）を表示するのは tail■newfile.txt といった具合である．

シェル上のコマンドは，その実行の途中経過をログファイルとして出力することがあるが，tail■-F■logfile とすることで，ファイル末尾の行の追加を待って逐次表示することができる．less コマンドを実行してから「F」を入力しても，同じことができる（このモードの終了は ctrl + c を入力する）．

●コマンド入力の便利機能

ここで，シェルの便利な機能を使ってみよう．ls■testd まで入力して tab キーを押してみてほしい．画面上では，自動的に ls■testdir2 が入力されているはずである（これが自動補完）．引数が取りうる値が一つに絞られれば，それが挿入される．複数候補があれば，tab を 2 回叩くことで候補が表示される．これを知っていれば長いファイル名も怖くない．

もう一つ，入力を楽にするのが履歴（history）機能である．↑キーを押すと，これまでに入力したコマンドを呼び出すことができる．その後に←→キー，あるいは ctrl + a で行頭，ctrl + e で行末に移動して編集もできる．また，履歴検索は ctrl + r に続いて検索文字列を入力すれば検索でき，繰り返し ctrl + r を押せば，さらにさかのぼった検索ができる．これらを知っているだけでも，かなりタイプする量を削減することができる．

シェルは，パス名の省略を適宜展開してくれる（パス名展開）．チルダ「~」はホームディレクトリに置き換えられる．OS X 上でユーザ名が saibou の時は，「~」は「/Users/saibou」を示すことになる．ファイル名はパターンでも指定することができる．アスタリスク「*」は任意の文字列，疑問符「?」は任意の 1 文字を示す．例えば，ls■*.txt とすると，「.txt」で終わる全てのファイルのリストを出力することになる．

最後に，コマンドのマニュアル（ヘルプメッセージ）を見る方法を確認しておく．一般的には man コマンドを使う．例えば，man■ls としてほしい．自動的に less コマンドを使った画面へ移る（終了は「q」）．また，ls■--help でも見ることができる．ヘルプメッセージを表示するオプションは --help，-h，引数なし，などが一般的だが，説明はたいてい素っ気ないものなので，用例などを見るには Google などで検索するのが一番である．

OS X を含め UNIX はマルチタスク OS であり，複数のアプリケーションを同時に使うことができ

コマンドラインの使い方　27

るが，これはシェル上でも可能である．例えば，10 秒待つだけのコマンド `sleep■10` を実行すると，10 秒ほど後にプロンプトが帰ってくるが，これを `sleep■10■&` とするとすぐにプロンプトが帰ってくる．少し待って return を押すと，実行が終了した「Done」というメッセージが出る．

　前者はコマンドのフォアグラウンド，後者はバックグラウンドでの実行である．この機能はコマンドラインから起動する GUI ツールでは特に便利で，うっかり ctrl + c（コマンド強制終了の方法の一つ）を押したり，ターミナルを閉じて強制終了してしまうのを避けられる．

　最後に，カレントディレクトリをホームディレクトリに戻しておこう．

```
TEST:kihondir saibou$ cd■~
TEST:~ saibou$ pwd
/Users/saibou/
```

　演習は一旦ここまでである．

📁 シェルとその機能

　先ほど述べたシェルについて，もう少し詳しく説明する．シェルは，OS のユーザインターフェース（特に断りがなければ CUI）を司るプログラムであり，その名の由来はユーザから見て OS のカーネル（核）をシェル（貝殻）のように覆い隠すイメージからである．UNIX 系 OS で使われるシェルには，いくつか種類がある．OS X では Bourne shell 系の bash がデフォルトである．他に C shell 系のシェル（tcsh など）が広く使われており，一部のツール導入で必要になることがあるので，名前だけは覚えておいてほしい．

　シェルの最も基本的な機能は，指定したコマンドに引数（argument）を与えながら起動することである．この際，プログラムのパス名を明示しない場合は，シェルはコマンドを環境変数「PATH」に指定された場所から検索する．必要なコマンドの場所を PATH に指定することを，俗に「パスを通す」という．なお，通常 PATH の指定にはカレントディレクトリは含まれない．これは意図しない（時に破壊的な）プログラムの実行を防ぐためである．「パスの通っていない」コマンドの実行には，パス名を指定する必要がある．例えば，カレントディレクトリに置かれた HOGE というプログラムであれば，「`./HOGE`」となる．なお，Homebrew（p.43 参照）によるインストールを行った場合は，通常適切に PATH が設定されているはずである．

　シェルから起動されるプログラム（プロセス）に引き継がれる文字列を収めた変数を，環境変数と呼ぶ．前述の PATH も環境変数の一つである．例えば，環境変数 HOGE に文字列 huga を定義するには，`export■HOGE="huga"` となるが，「等号（=）の前後にスペースが入らない」点に注意してほしい．また，`echo■${HOGE}` とすることで環境変数を参照して内容表示できる．

　シンボリックリンクは，OS X のエイリアスに相当する機能である．`ln■-s■newfile.txt■linkfile` とすると，linkfile を参照した時に実際には newfile.txt へのアクセスになる．もちろん，異なるディレクトリ間でもシンボリックリンクを設定する（「張る」ともいう）ことができる．巨大なファイルにシンボリックリンクを張ることで，コピーしないで複数のパスからアクセスできるようになる．なお，`-s` オプションを付けない場合はハードリンクというものが設定されるが，UNIX でのファイルの仕組みはやや込み入った話となるので，説明は割愛する．

リダイレクトとパイプ

これまで説明してきたコマンドの多くは，「ファイルを入力とし，画面を出力先」としている．しかし，実はそれらは固定されているわけではない．UNIX 上のコマンドの多くは「フィルター」として，すなわち，「標準入力 stdin から入力し，標準出力 stdout と標準エラー出力 stderr に出力する」ように設計されている．デフォルトでは標準入力はキーボード，標準出力と標準エラー出力は画面に指定されているが，必要に応じて切り替えることができる．

例えば，標準出力を画面ではなくファイルにしたいのであれば，>■filename と末尾に指定すればよい．これが，「リダイレクト」と呼ばれるシェルの機能である．なお，標準出力に対して，進捗・警告・エラーの出力先を分離したのが標準エラー出力である．2>■errorfile のようにしてリダイレクトできる．

様々なコマンドがフィルターであれば，標準出力を標準入力につなぐことで次々と処理を重ねることが可能になる．これがもう一つのシェルの機能である「パイプ」であり，2 つのコマンドを縦線「|」で区切って指定する．内部的にはパイプでつながった各コマンドは，メモリ上でデータを受け渡しながら並列動作する（前述のバックグラウンドでの実行と同じ仕組み）ため，パイプの処理は高速である．

いくつかの実例で見てみよう．以降は，紙面の都合で架空のファイル名を使ったコマンド例を示す．そのまま入力してもエラーとなるので，ファイル名などを読者の環境に合わせ，変えて試してほしい．

```
cat■newfile.txt■|■wc■>■result.txt
```

cat コマンドの標準出力が，パイプにより wc（word count）コマンドの標準入力に接続され，wc コマンドにより行数・単語数・文字数が標準出力に出力され，result.txt ファイルにリダイレクトされる．なお，フィルターであるコマンドは，ファイル名を引数に指定すればそのファイルを入力とし，引数なしであれば標準入力を入力とする．よって，前述の例と wc■newfile.txt■>■results.txt の結果は同じである．

```
head■-n■200■test.vcf■|■grep■'^\#'■|■grep■-v■'^\#\#'
```

test.vcf の先頭 200 行を見て，「#」で始まるが「##」では始まらない行（つまり，vcf のサンプル名情報などの行）を表示する．grep コマンド（文字列の検索）の引数が何やら暗号めいているが，この書き方は正規表現（regular expression）という文字列パターンの表現方法である．突き詰めれば本が一冊できるぐらいの表現力があるが，いくつかルールを知るだけでも十分便利である．

ここでは，ごく一部のルールを紹介する．
- 行頭は「^」，行末は「$」．
- 引用符「'」，二重引用符「"」，*+.?{}()[]^$|/ といった記号は直前にバックスラッシュ「\」を付けて，エスケープする．
- それ以外の文字・数字はそのまま解釈される．スペース「■」，アンダースコア「_」，ハイフン「-」もそのままで大丈夫．
- 任意の一文字はピリオド「.」，直前の文字の 0 回以上の繰り返しは「*」であるので，任意の文字

コマンドラインの使い方　29

列は「.*」となる.

- 例えば,「#123」で始まり,任意の文字列(長さ 0 の場合も含む)を挟んで「xyz」で終わるパターンは,「^\#123.*xyz$」となる.

```
cat■tab.txt■|■cut■-f■5■|■sort■|■uniq■|■wc■-l
```

タブ区切りの表が入った `tab.txt` の 1 から数えて 5 カラム目を集め,アルファベット順に並べ替え,重複行を除去し,行数を表示する.5 カラム目は何種類あるかを表示することになる.

```
cat■newfile.txt■|■head■|■paste■<(seq■10)■-■
```

少々複雑な例として,2 つの異なる標準出力をまとめてみる.まず,`newfile.txt` の先頭 10 行を取り出す.並行して,`seq` コマンドで 1 ～ 10 までの数字を並べた 10 行の出力を得る(サブシェル機能).そして,`paste` コマンドでサブシェルの出力各行と標準入力(ハイフン「-」で表す)の各行の順に,タブ区切りして出力する.つまり,行番号をつけているのである.

「単機能のコマンドを組み合わせて,柔軟に複雑な動作をさせる」,「情報は可能な限りテキストデータで表現できるようにする」ことは,UNIX 上のコマンドを特徴づける設計方針である.このおかげで,NGS 関連データの処理でも,上記の標準的な汎用コマンドの組み合わせで実現できることが少なくない.

とはいえ,このままだと複雑な作業をするコマンドは,まさに呪文になってしまう.このような時は,簡潔に作業を記述できるスクリプト言語(これもまたコマンド)で実現させる.シェルスクリプト,AWK,Ruby の例を後述する(p.34,36 参照).

ユーザとアクセス権

UNIX はもともと,マルチユーザを想定した大型コンピュータ向けの OS である.たとえ,目の前の Mac−UNIX 開発初期の 1970 年代にはあり得ない高性能計算機−があなた専用であっても,コマンドラインではそのことを意識する必要がある.

ユーザは 2 種類,すなわち一般ユーザと一人の特権ユーザ(ユーザ名は「root」)である.また,ユーザは複数のグループに所属することができる.デフォルトでは全てのユーザは staff グループに属し(プライマリグループ),管理者は admin グループに属する.

一般ユーザおよびグループには,ファイルへのアクセス権に制限があるが,特権ユーザは無制限である.無制限とはどういうことか.例えば,特権ユーザとして `rm■-rf■/*`(確認なしにパスのルート「/」以下の全てのファイル,ディレクトリを再帰的に消去する)というコマンドも実行できる.これを実行すると,システムが全消去されて一巻の終わりである.このような危険性から,たとえ一人での使用でも一般ユーザとして操作し,必要な時だけ root として操作することが推奨される(p.31 参照).

ファイルのアクセス権は,以下のような仕組みになっている.まず,ファイルは所有者とグループに所属する.そして,所有者/グループ/その他のユーザに対してそれぞれ,読み込み/書き込み/実行の許可が設定されている.なお,ディレクトリでの実行とは `cd` コマンドでの移動を表す.この

情報は，`ls -al` を実行した時の最初のカラムに表示される（**図3**）．

図3　ファイルのアクセス権の仕組み

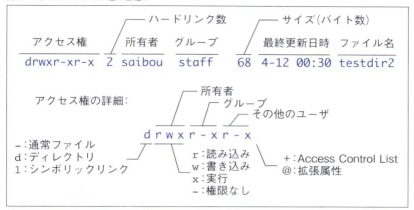

　読み込み／書き込み／実行の各権限を，それぞれ所有者／グループ／その他のユーザに対して設定できる．ディレクトリのアクセス権は，読み込みは `ls` などでのリスト表示の許可，書き込みはディレクトリ内のファイル作成と削除の許可，そして実行は `cd` による移動の許可を意味する．ディレクトリのサイズは合計サイズではなく，ファイル名と内部番号との対応表（inode）のサイズを示している．なお，ハードリンク数，Access Control List ／拡張属性については，技術的に詳細となるので本書では割愛する．

　ファイル所有者の変更について，所有者は `chown`（change owner），グループは `chgrp`（change group）を使う．また，アクセス権の変更は `chmod`（change mode）を用いる．
　`chown` コマンドは，`chown [-R] user[:group] target` の形式で使う（[ ] 内は省略可）．これで target の所有者は user となる．同時にグループも指定できる．例えば，taisho ファイルの所有者とグループを，それぞれ yuza と grupu に変更するコマンドは，`chown yuza:grupu taisho` となる．`chgrp` も同様であるが，グループ名のみの指定となる．target がディレクトリの場合は，-R オプションを使うことでそのディレクトリ以下の全てのファイルについて，再帰的に変更が適用される．
　`chmod` コマンドは，`chmod [-R] モード target` の形式で使う．モードは `<ugoa><+-><rwxX>` の形式で指定する．ugoa は所有者（u），グループ（g），その他のユーザ（o），または全ユーザ（a）を意味する．+- は追加（+）・削除（-）を，また rwx はそれぞれ読み込み（r），書き込み（w），実行（x）の許可を意味する．大文字の X は，-R オプションとともに再帰的に実行する際，含まれるディレクトリのみに実行許可，すなわち `cd` によるディレクトリ移動の許可を与える．例えば，`chmod a+x tester.sh` は（シェルスクリプトファイル）tester.sh について，全ユーザに実行許可を与えるコマンドである．`chown/chgrp/chmod` の各コマンドには，さらに多くの指定方法・機能があるので，調べてみてほしい．
　上記の操作について，自分が書き込み権限をもたないファイルに対して行うには，root としてコマンドを実行する必要がある．任意のコマンドを root として実行するには，`sudo`（substitute user id+do）コマンドを使う．例えば，`sudo chmod a+x tester.sh` とすると，現在のユーザでログイン時に使ったパスワードの入力を促される．正しいパスワードを入力すると，tester.sh の所有者にかかわらず，root の権限で `chmod` コマンドが実行される．前述の通り，`sudo` では危険な作業も可能な

点に注意してほしい.

テキストの編集

　前述の通り, UNIX 上では様々な設定をできる限り単純なテキストファイルで行う傾向があるため, テキスト編集ツール (テキストエディタ) の出番が多い. もちろん, OS X の GUI から使い慣れたエディタを使うこともできる. 有償のものであれば, Sublime Text (http://www.sublimetext.com/) などが有名である.

　ここで, シェル上で使えるエディタをいくつか紹介する.
- nano:直感的に扱うことのできるシンプルなエディタである. デフォルトでは, 画面下に Ctrl キーの後に入力するコマンド (セーブや終了など) が表示されているのも初心者向けである.
- vim:軽量, かつ強力なエディタである. 独特の「モード」を切り替えながら編集を進めるところが少々とっつきにくいが, 慣れるときわめて効率的に操作できる. 例を示すと, 文字を入力するには, まず起動直後のノーマルモードから「i」を押して挿入モードに入り, 文字を入力, ESC を押してノーマルモードに戻り, 「:wq」で保存して終了といったものになる.
- Emacs:GUI でも操作できる強力なエディタである. 非常に拡張性が高い一方, 快適にするためには自分である程度, 設定をカスタマイズする必要がある. 幸い最近は, 日本語のよく整理された情報が増えてきているようである.

　高機能なエディタには, 後述のシェルスクリプトやプログラム作成時に役立つインデント調整 (行頭の位置合わせ) や, 文法に沿った色づけなどの支援機能がある. これらの機能は作業効率に直結するので, ぜひ活用したい. どのエディタがよいのかというのは, しばしば宗教戦争に例えられる話題であるが, 近くに相談できる人がいれば, それに合わせるのが得策だろう.

システム管理に必要なコマンド

ファイルの圧縮と展開

　ファイルの圧縮と展開 (いわゆる「解凍」) は, ツールのダウンロードや相手とのやりとり, 解析結果の保存など, 日常的によく使う機能である. ファイル名が *.zip であれば PC の世界でもよく知られているが, *.tar.gz などといわれると馴染みがないかもしれないが, UNIX の世界では標準的な形式である.

　PC で一般的な zip 形式は, ファイルサイズを小さくする圧縮と, 複数のファイルをまとめて一つにするアーカイブが一体になっているが, UNIX の世界では, それぞれ別のツールで実現されている. これもまた, 前述した UNIX コマンドの設計方針の例である. とはいえ, 楽をするために標準の GNU 版 tar コマンドでは, 一部の圧縮コマンドを内蔵している.

　アーカイブに用いられる tar コマンドは tape archive の略で, 歴史の古さがうかがえる. 一方で圧縮コマンドには, 事実上の標準的な形式である gzip (ファイル名は一般に *.gz), やや低速だが高圧縮率の bzip2 (同様に *.bz2) がある. zip 形式 (同様に *.zip) に関しては, UNIX 上でも zip/unzip コマンドがある.

　よくある使い方をイディオムとして次に示す.

準備編

- `tar▪ztvf▪sample.tar.gz`：*.tar.gz の中身を確認する．中身が一つのディレクトリ以下に納められているかに注意する．そうでない場合，手動で `mkdir` と `cd` で新規ディレクトリに移動してから展開しなければ，カレントディレクトリに中身がばら撒かれることになる．なお，オプション中の z を j に変えると，tar.bz2 ファイルを扱うことができる．
- `tar▪zxvf▪sample.tar.gz`：*.tar.gz を実際に展開する．
- `unzip▪-l▪sample.zip`：*.zip の内容を確認する．
- `unzip▪sample.zip`：*.zip を展開する．
- `tar▪zcvf▪output.tar.gz▪input1.txt▪input2.txt`：2 つのファイルを *.tar.gz に圧縮する．数が多ければ，まず新規ディレクトリに納めてからディレクトリを圧縮した方が，後に便利である．展開同様にオプション中の z を j に変えると，tar.bz2 ファイルを扱うことができる．
- `zip▪output.zip▪input1.txt▪input2.txt`：*.zip へ圧縮する．

●バックアップ方法

　データ解析において，意図しないファイルの消失や変更というトラブルは常に起きうる．その原因は，操作ミス，ソフトウェアの不具合，ハードウェアトラブル，天変地異の全てがありうる．そして，その結果は時にきわめて深刻な事態となる．これをコストとの兼ね合いをとりつつ未然に防ぐこと，すなわちファイルのバックアッププランの策定と実行は，データ解析者にとって重要な責務である．

　バックアップのシンプルな方法は，「前述の `cp` コマンドに `-r` オプションを付けて，ディレクトリをコピーすること」である．これで指定したディレクトリ以下にあるファイルとディレクトリ，さらにその下のファイルなど，全てをコピーできる（再帰的コピー）．

　しかし，大サイズ・多数ファイルのコピーを行うにあたり `cp` コマンドは不安定であり，定期的バックアップで必要となる，更新されたファイルのみの差分コピーができない欠点がある．そこでよく使われるのが，バックアップ用ツール `rsync`（remote synchronize）コマンドである．

- `rsync▪-av▪/path/to/fromdir▪todir`：`fromdir` そのものと，`fromdir` 以下のファイルで更新されたものだけを，タイムスタンプを保持しながら順次コピーする．`fromdir` 以下で削除されたファイルに対しては何も行われない．
- `rsync▪-av▪/path/to/fromdir/▪todir`：最後のスラッシュを付けることで `fromdir` そのものはコピーせず，fromdir 以下のファイル群をコピーする．
- `rsync▪--dry-run▪-av▪/path/to/fromdir/▪todir`：--dry-run（省略型は -n）で実際にコピーせずに，動作確認ができる．複雑な条件を使用する場合は，事前にぜひ行ってほしい．

この他に，`rsync` コマンドはネットワーク越しにコピーが可能である．`fromdir▪todir` には，http://www.example.com/yours，ssh:username@host.example.com/yours/ などの URL を指定できる．

　ここで，先ほど作ったディレクトリのバックアップを実際にやってみよう．

```
$ cd▪~
$ rsync▪-av▪kihondir/▪kihondir-backup
```

これで，`kihondir` 以下のファイルが `kihondir-backup` にコピーされる（`kihondir-backup` 直下に `kihondir` は作られない）．賢く新規のファイルのみが差分コピーされることも確認しよう．

```
$ touch■kihondir/i_am_new
$ rsync■-av■kihondir/■kihondir-backup
```

なお，Mac OS X 環境であれば，標準装備の Time Machine という強力なバックアップツールがある．まずは，これを常に使うべきだろう．また，DropBox や Google Drive のような自動バックアップ付きのサードパーティ製のクラウドストレージを使ってもよい．

●ファイル検索とアクション実行

ファイルの検索には `find` コマンドを使う．

`find■/private/etc■-name■"*.conf"■-exec■grep■-Hn■usr■{}■\;` という例を見てみよう．まずは，`/private/etc` 以下にある「`.conf`」で名前が終わるファイルのパスを検索する．そしてヒットしたパス名は，「`{}`」で指定された部分に順次挿入され，実行される．`-exec` オプションの末尾は「`\;`」で指定する約束になっている．この場合は，各ファイルに対して `grep` コマンドで「`usr`」の文字列が含まれる部分について，ファイル名・行番号とともに表示する．複数ファイルの全文検索のオーソドックスな手段である．

📁 演習：シェルスクリプトを使ってみる

ここからまた演習になる．シェル上でのコマンド実行は手で打ち込むだけではなく，前もって作成したファイルの指示に従って行わせることもできる．この記述を「シェルスクリプト」という．

まずは，単純な例を見てみよう．以下の 3 行をテキストエディタで入力し，test.sh という名前で kihondir に保存してほしい．

#!/bin/sh
echo ICHIBAN
echo NIBAN

このシェルスクリプトの実行は，まずは `chmod■a+x■test.sh` で実行権限を与えてから，`./test.sh` とすることで行う．

```
TEST:kihondir saibou$ chmod■a+x■test.sh
TEST:kihondir saibou$ ./test.sh
ICHIBAN
NIBAN
```

無事表示されただろうか．`test.sh` の 1 行目は呪文めいているが，シェルスクリプトであることの宣言である．2 行目以降は，単に実行したいコマンドを順に書いているだけであり，これがシェルスクリプトの基本である．これでシェルスクリプト上の作業に名前を付けて，後からそっくりそのまま再現することが可能になったのである．

実はシェルスクリプトは，れっきとしたプログラミング言語で，繰り返しなども記述できる．ここで，複数の Web サイトの返答を取得するサンプルを見てみよう．まず，Level 1 準備編「3 分で学ぶ GitHub の使い方」を参考に GitHub のアカウントを作成し（p.51 参照），GitHub にログインする．次に，GitHub（https://github.com/misshie/ngsdat2）にアクセスしてほしい．CommandLineHowTo をクリックすると本項で使うスクリプト群があり，そこから getweb.sh を見つける．表示されたスクリプトをテキストエディタにコピー＆ペーストし，getweb.sh のファイル名で保存する．

```
ファイル：getweb.sh
#!/bin/sh
out="output.fasta"
urls=( "http://togows.org/api/ucsc/hg19/chr1:602,345-602,500.fasta"
"http://togows.org/api/ucsc/hg38/chr1:602,345-602,500.fasta")
for url in ${urls[*]};do
curl ${url} \
>> ${out}
done
```

2 行目はシェル変数 out を定義している．「＝」の前後に空白を入れてはいけない．8 行目で ${out} として参照している．シェル変数は環境変数とは異なり，現在のシェルスクリプトの外部からは参照することができない．スクリプト内のファイル名など固定された値（定数）を使う場合は，スクリプト先頭で分かりやすい変数名に代入し，後でそれを参照するのはよいやり方である．定数の意味を明示でき，また同じ定数を複数回使う時のタイプミスも防ぐことができる．さらに他の用途に使い回す場合も，先頭部分の変更だけで済む．

3〜4 行目では，複数の値の組である「配列」をシェル変数 urls に代入している．配列は，要素（ここでは 2 つの URL）をスペースまたは改行で区切り，丸括弧 ( ) で括ることで表される．

5〜8 行目は，for を使った繰り返しを記述している．シェル変数 urls の内容が一つずつシェル変数 url に代入されながら，do-done 間が繰り返し実行される．

6〜7 行目では，行末にバックスラッシュ「\」と直後（スペースを入れてはいけない！）の改行で複数行に分割して記述している．これを使うと，Java ベースのコマンドなどで長くて多数のオプションが必要な場合でも，ぐっと見通しよく書くことができる．

さて，このスクリプトを chmod■a+x■getweb.sh および ./getweb.sh として実行し，出力された output.fasta を cat■output.fasta で表示してみよう．このスクリプトは前述の TogoWS に対して，URL で指定した問い合わせ（例では，hg19 および hg38 で指定したヒトゲノム物理位置の塩基配列）を行い，その答えを受け取っている．

演習：スクリプト言語を活用してみる

C 言語など高級言語のソースコードをマシン語へと変換するコンパイルの後に，高速に作動する実行可能バイナリを生成する言語に対して，多少速度は犠牲になるが，ソースコード（スクリプトとも

コマンドラインの使い方　35

呼ぶ）をそのまま実行できるタイプの言語をスクリプト言語と呼ぶ．シェルスクリプトも，その一つである．他にも様々なスクリプト言語があり，適材適所で使い分けると作業を簡潔に記述できる．

例えば，スクリプト言語の一つである AWK において最も得意とするのが，タブ区切りなどになっているテーブル（テキストファイル）を対象に，各行に作業を繰り返す処理である．この条件にマッチしていれば処理を簡潔に記述でき，かつ速い．awk コマンドを含め，多くのスクリプト言語のコマンドに比較的短いスクリプトを実行させる場合は，スクリプトをファイルとして用意しないで，コマンドライン中に書く（ワンライナー）ことができる．

以下に例を示そう．

```
curl■http://togows.org/api/ucsc/hg38/refGene/1,1000■|■awk■'(10■<=■$9■&&■$9■<=■15)↵
{print■$13}'■>■results.txt
```

このコマンドラインは，UCSC Genome Browser より TogoWS 経由でヒトの RefGene 遺伝子情報のエントリー先頭 1,000 行を得てから，AWK のワンライナーを使ってエクソン数（カラム番号は 1 から数えて 9 番目）が 10 以上かつ 15 以下のトランススクリプトのみを選び，遺伝子名（カラム番号 13 番目）を表示させ，最後に標準出力をファイルにリダイレクトしている．この例では，AWK への入力が都合よくタブ区切りテキストであったため，ほとんど説明が不要な簡潔なコードになっている．

さらに，複雑な作業を行わせる場合は，AWK であればファイルにスクリプトを記述することで，より読みやすく複雑な作業をこなすことができる．あるいは Perl，Python，Ruby といった単体であらゆる処理をこなすことを指向した汎用のスクリプト言語を使う方が，簡潔に記述できることも多い．データの統計処理や可視化を行う際は，これらの用途にさらに特化した「R 言語」を使用すると，驚くほど簡潔に記述できることもある．

ここでは AWK と Ruby を例にして，やや複雑なスクリプトを説明する．前述の通りブラウザで https://github.com/misshie/ngsdat2 にアクセスし，CommandLineHowTo 以下のスクリプト群から該当するものを見つけ，テキストエディタにコピー＆ペーストし，それぞれのファイル名で保存してほしい．

- interval-gene.awk：まずは，AWK でヒトゲノム上の指定した領域内にある，遺伝子のリストを得るスクリプトを紹介する．最初に，調べたい領域を 1 行 1 領域で intervals.txt 指定する．物理位置のカンマは任意である．その上で awk■-f■interval-gene.awk■intervals.txt とすると，各領域に含まれる GENCODE 収載遺伝子が表示される．内部では getline 関数を使って，curl コマンド（ダウンロード・アップロードを行う）の結果を取り込み，ネット上の情報を取得している．

- tabsub.rb：文字列の置換を表に従って行う Ruby スクリプトである．例として，tabsub.txt にヒト染色体名を UCSC 形式＋タブ＋ NCBI（national center for biotechnology information）形式の複数行で指定してある．ruby■tabsub.rb■-t■tabsub.txt■intervals.txt とすると intervals.txt の染色体名が置換され，標準出力に出力される．これも手作業でやると，ちょっと面倒な作業である．

- sort-bed-ucsc.rb：Ruby を使った，ヒトゲノムに関する BED 形式のファイルを UCSC Genome

Browser の順序でソートするスクリプトである．BED 形式はタブ区切りで，最初の 3 カラムに染色体名・スタート位置・エンド位置が入っている．アルファベット順に染色体をソートすると，chr1，chr11，chr12……などとなってしまうため，正確に chrM，chr1……chr22，chrX，chrY と並べる必要があるが，`ruby sort-bed-ucsc.rb random.bed` とすることで上手くソートしてくれる．スクリプトを見れば，何となく仕組みが分かるのではないかと思う．NCBI 式（1，2…X，Y，MT）ソートへの改造は，ぜひ読者ご自身で試してほしい．

・`deploy-script.rb`：「スクリプトの最初に定数を定義しておけば，書き換えが楽」と前述したが，どうせなら書き換えも自動化した方がさらに楽で，正確である．これを実現する Ruby の標準ライブラリ（機能拡張のための道具箱のようなもの）の一つである，ERB（Embeded Ruby）を使った仕組みを紹介する．

サンプル名 MisterX は，sample_MisterX ディレクトリに入っているというルールにして，まずは `mkdir sample_MisterX` とする．そして，`ruby deploy-script.rb` とすると，カレントディレクトリの構造から MisterX というサンプル名を見つけ，テンプレートスクリプト（sample.sh.rtxt）内に `<%=sample %>` の形式で指定した部分にサンプル名を埋め込み，対象サンプルのディレクトリ内に `sample.sh` を出力する．この例は，工夫次第で日常の仕事の省エネに役立つと思う．

各言語には多彩なライブラリの蓄積があり，それを含めた機能が各言語のもつパワーである．例えば，バイオインフォマティクス向けに便利なライブラリとしては，BioPerl，BioPython，BioRuby，R 言語向けの Bioconductor などがあるので，調べてみてほしい．

プロジェクトとワークフロー管理の Tips

シェルスクリプトなどのスクリプト言語で一連の処理を自動化させることは，省エネだけが目的ではない．自動化により，解析を再現しやすくなることの方がより重要である．手書きの実験ノートでは，誤記やわずかな省略から生じる実際の作業との解離が，後になって問題となりかねない．

解析のためのスクリプトとその実行結果とをまとめて保存することで，「実際に動作する手順とその結果」を常にセットにすることができる．

ここでは，見通しよくプロジェクトとワークフローを管理するためのヒントを紹介しよう．

・解析結果を格納するディレクトリ名は，解析開始日で始める：例えば，2019-11-02_analysis.

・再解析の場合は直接書き換えず，新しいディレクトリに必要部分をコピーして使う：実験ノートを破くようなことはしない．

・シェルスクリプトの先頭を数字で始めると，`ls` コマンドで順序よく表示されて分かりやすい：ある程度大きな解析ワークフローであれば，各ステップの結果を確認しながら進めるため，複数のスクリプトに分割して記述するのが実用的だろう．この場合の簡易な管理方法が上記である．10 刻みで，010_，020_……990_ などとしておくと，試行錯誤のための挿入にも便利だろう．

・大きなファイル（レファレンス配列など）は，プロジェクトとは別の共通ディレクトリに置き，バージョンを十分区別できる長いファイル名を付け，スクリプト内で絶対パスで指定する：使用するコマンドやファイルのバージョン管理も大変重要である．小さなファイルやコマンドであれば，解析ディレクトリ内にコピーすれば間違いがないだろう．後述する Homebrew などを用いずに自分で

インストールしたコマンドは，パッケージ名の後ろにバージョン名を付けたディレクトリに収め，同様に絶対パスで指定する．新バージョンを入手しても旧バージョンはそのまま残しておき，過去の解析も再現可能にしておくのがよい．

・プロジェクト用の大きなファイル（FASTQ ファイルなど）はプロジェクトディレクトリ以下の別ディレクトリに置き，解析ディレクトリには相対パスで指定したシンボリックリンクを置く：異なる解析で共通のファイルを使ったことを明示でき，また，バックアップなどでプロジェクトディレクトリの位置が変わった場合にも分かりやすい．

・完了に時間がかかるコマンドの場合は，出力先は仮のファイル名にしておき，正常終了後に最終的なファイル名に変更する：エラーなどで中断してしまった結果の解析を気付かずに続けるようなミスを避けられる．シェルスクリプトでの例を以下に示す．$? に，直前に終了したコマンドの終了ステータス（0 ならば正常終了を表す）が自動的に代入されることを利用している．

```
ファイル：rename-after-success.sh
#!/bin/sh
cmd=/path/to/command
suffix=__TEMP__
out=output.txt
${cmd} > ${out}${suffix}
if [ $? -eq 0 ]; then
mv ${out}${suffix} ${out}
fi
```

　プロジェクト・ワークフロー整理のコツの詳細は，参考文献 2，3 も参照してほしい．「科学において再現性の担保は生命線」ともいえ，これはバイオインフォマティクスでも同じである．また，計算機環境も含めた再現性を研究者間で共有するというテーマは今まさにホットな領域であり，今後のより優れた解決方法の登場に期待したい．

■ おわりに

　以上，駆け足になるがコマンドラインの使い方を説明した．本項では，ごくごく基礎の NGS データの取り扱いについて紹介した．読者の方はこの後，本書で実際の NGS データを用いて様々な解析に触れるが，その操作の多くはコマンドラインを使うことになる．

　さて，世のコマンドライン使いは，このような操作を全て丸暗記しているのだろうか．もちろん，毎日行う作業は体で覚えてしまうのだが（これも大事なこと），実際は，コマンド名やエラーメッセージなどを使って Google 検索を活用している．ありがたいことに，先人のおかげで日本語による情報も多い．逆に，検索しても全く見つからない場合はタイプミスなど，自分に特有の間違いが予想される．ただ，ウェブ上には既に古くなった情報が残っていることには留意が必要である．本項も改訂にあたり，4 年の歳月分は進化している．

　壁にぶつかった時は一人で悩まず，ウェブ上の先人たちの経験と知恵を活かしてほしい．そして解決した暁には，ぜひその経験をブログや Twitter などを使って情報共有してほしい．面白いもので，情報発信する人の所には，また情報が集まるものである．とはいえ，より包括的に概念を学ぶには，

情報が分散したウェブに対して書籍に一日の長がある．さらに腕を磨くにあたっては，本書の情報を
ぜひ活用してほしい．

参考文献

1）Katayama T, Nakano M, Takagi T：TogoWS：integrated SOAP and REST APIs for interoperable bioinformatics Web services．Nucleic Acids Res 38：W706-W711，2010．
2）Noble WS：A quick guide to organizing computational biology projects．PLoS Comput Biol 5：e1000424, 2009．
3）Mishima H, Sasaki K, Tanaka M, et al：Agile parallel bioinformatics workflow management using Pwrake．BMC Res Notes 4：331，2011．

準備編 3 共通基本ツールの導入方法

坊農秀雅　ライフサイエンス統合データベースセンター（DBCLS）

　Level 2 実践編で紹介する各種データ解析において，共通して利用することになる基本的なツールが複数存在する．そこで本項では，それらの共通基本ツールのインストール方法をまとめて解説する．

📁 Mac のセットアップ

●スリープモードにならないための設定

　それぞれの解析では，一つのコマンドが数時間に及ぶこともありうる．しかしながら，Mac のデフォルト設定では，キーボードやマウスからの入力がない状態が数分〜数十分続くとスリープモードに入ってしまう．スリープモードに入ると，実行中のコマンドが止まってしまう．これを避けるため，スリープモードの設定を変更する必要がある．具体的には，「システム環境設定」の「省エネルギー」にある「ディスプレイがオフのときにコンピュータを自動でスリープさせない」にチェックを入れる（図1）．

図1　スリープモードにならないための設定

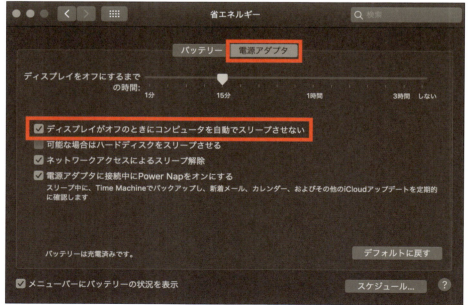

「システム環境設定」の「省エネルギー」において「電源アダプタ」のタブを選択すると，このようなウインドウが表示される（長時間にわたるデータ解析をする際には通常，電源アダプタを接続して使うからである）．これはノート型 Mac の例で，デスクトップ型では多少表示が異なるが，基本的には同じである．

●ターミナルの起動

ソフトウェアをインストールするコマンドを入力するために，「ターミナル（Terminal）」というアプリケーションを開く．ターミナルは，「アプリケーション（Applications）」フォルダの中にある「ユーティリティ（Utilities）」フォルダにある（図2）．アイコンをダブルクリックすることで起動できる．

図2 「ターミナル」の在りか

「ターミナル」は，アプリケーションフォルダの中にあるユーティリティフォルダ内にある．

●コマンドライン・デベロッパ・ツールのインストール

ターミナルに次のコマンドを入力することで，コマンドライン・デベロッパ・ツールをインストールする．このツールは，以下で説明するHomebrewを利用する際に必要となるので，前もってインストールしておく．

```
$ xcode-select --install
```

「$」はプロンプトの意味なので，コマンドの一部ではない．コピー＆ペーストする際に入れてしまいがちなので要注意だ．

■ Rのインストール

●Rとは

R（https://www.r-project.org/）とは，統計とグラフィックスを扱うためのフリーソフトウェア環境であり，様々なUNIXやWindows，MacOSなどで動作する．Rをダウンロードするには，世界中のComprehensive R Archive Network（CRAN）ミラーサイトから選択できる．

●Rのインストール手順

R version 3.6.1をインストールする手順を説明する．Rは，CRANの統計数理研究所ミラーサイ

ト（https://cran.ism.ac.jp）からインストーラをダウンロードする[*1]．Macの場合，「Download R for (Mac) OS X」をクリックし（），R for Mac OS Xのページへ進んで「R-3.6.1.pkg」をクリックしてダウンロードする（図4）．ダウンロードされたR-3.6.1.pkgをダブルクリックすると，インストーラが起動する（）．画面に表示される指示に従ってインストールを進める．

図3 CRANのRダウンロードページ

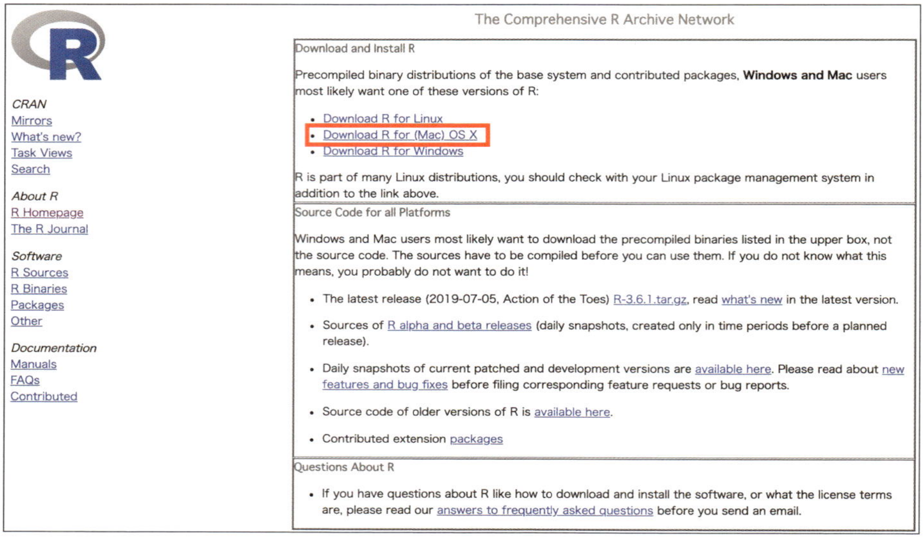

図4 CRANのMacOS X用ダウンロードページ

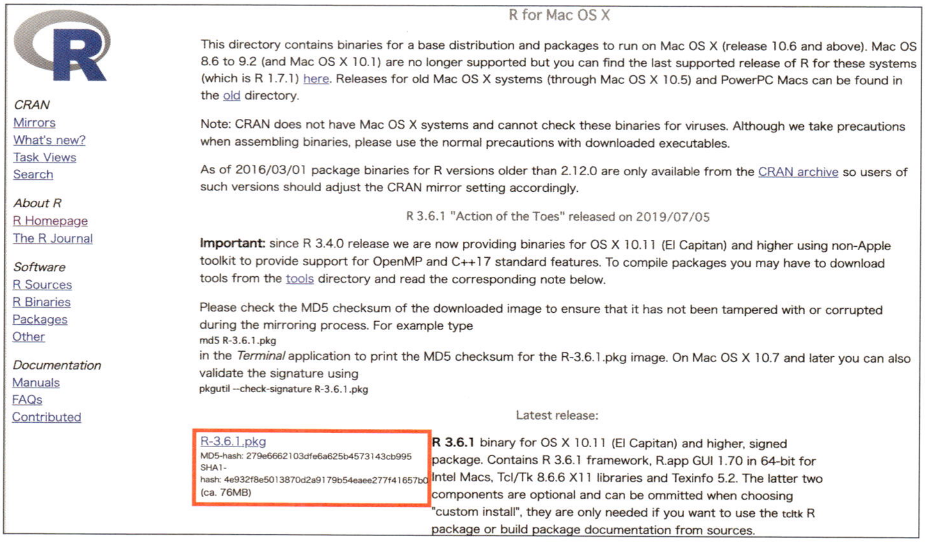

[*1] 本書を執筆している間にもRはアップデートされており，Rの最新版は2019年7月末時点で3.6.1となっている．読者の皆さんは，基本的には最新版をインストールして利用してください．

図5　MacOS X用Rインストーラの起動画面

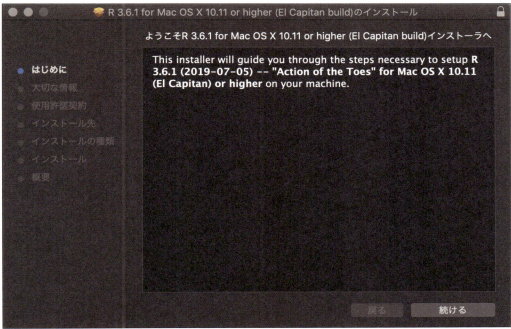

📁 Homebrewのインストール

● Homebrewとは

　MacでNGSのデータ解析を行うためには，複数のフリーソフトをインストールする必要がある．本書で解析ごとに必要なソフトが分かったとしても，それぞれのソフトウェアの開発者のホームページを探し，ソースをダウンロードし，コンパイルするのは容易ではない．しかし，パッケージ管理ソフトであるHomebrewを入れてしまえば，必要なソフトウェアをインターネットで探して，一つひとつ自分でインストールする手間が省ける．

　Homebrew (http://brew.sh/index_ja.html) とは "ビールの自家醸造" を意味し，ユーザ自身でパッケージをコンパイルし，使用することを意味する．HomebrewはRubyとGitで書かれたパッケージ管理ソフトであり，使用者がrootになる必要がないため導入が容易である．

● Homebrewのインストール手順

　Homebrewのインストールは，ターミナルに次のコマンドを入力し，実行するだけである．ただし，コマンド自体がアップデートされることがあるため，念のためHomebrewのホームページ（http://brew.sh/index_ja.html）を確認してほしい[*2]．

```
$ /usr/bin/ruby -e "$(curl -fsSL https://raw.githubusercontent.com/Homebrew/install/master/install)"
```

[*2] 初めてHomebrewを使う時などは，インストーラー内部でsudoコマンドが使われることがある．この時は，途中で現在のユーザのパスワードを入力するよう求められる．

コマンドが長くなると，このように複数行にまたがることがあるが，改行を入れずに入力する．改行を入れてしまうと正常に動かないので要注意．

Homebrew は随時アップデートされるため，使用前には必ず次のコマンドを最初に実行する．

```
$ brew doctor
```

このコマンドは，現在の Homebrew が最新版かどうかを判定するものである．ほとんどの場合，新しいものが出ているので次のコマンドを実行する．

```
$ brew update
```

このコマンドで Homebrew を最新版にアップデートできる．

```
$ brew doctor
```

ここで，もう一度 brew doctor を試してみると次のメッセージが表示され，最新版であることが確認できる．

```
Your system is ready to brew.
$ brew upgrade
```

このコマンドは，インストールしたパッケージを全て最新版にアップデートする．ただし，解析の途中でソフトウェアをアップデートしてしまうと，解析の条件が変わってしまうことがあるので，一通りの解析が終わるまではアップデートしないこと．

●wget のインストール

それでは，Linux では基本コマンドだが，Mac にはデフォルトで入っていない wget で試してみる．wget は指定したファイルをダウンロードするソフトウェアで，何らかのトラブルでダウンロードが失敗した時も，途中から再開できる機能が備わっている．本書の他の項でも使用するので，こちらをまずインストールしてみる．

インストールは次のコマンドを実行するだけである．

```
$ brew install wget
```

インストール完了後に以下のコマンドを入力する．

```
$ which wget
```

以下のようなメッセージが出てくれば，無事インストールは完了である．

```
/usr/local/bin/wget
```

44　準備編

● その他のパッケージのインストール

Level 1 準備編「コマンドラインの使い方」の「演習：基本的なコマンドで遊んでみる」（p.22 参照）でお勧めした rmtrash をインストールしてみよう.

まずはパッケージを検索するために以下のコマンドを実行すると，以下のメッセージが表示される.

```
$ brew search rmtrash
rmtrash
```

それ以降は wget と一緒である.

```
$ brew install rmtrash
```

確認は以下の通りである.

```
$ which rmtrash
```

ここで，rm コマンドの代わりに rmtrash が動く設定をする（エイリアスを切る）.

```
$ echo "alias rm=rmtrash" >> ~/.bashrc
$ source ~/.bashrc
```

これにより，rm コマンドでファイルがいきなり削除されるのではなく，ゴミ箱に移動されるようになる. 実際に試してみる.

```
$ echo > gomi.txt
$ rm gomi.txt
$ ls ~/.Trash
```

gomi.txt が表示されれば成功である. もし，この処理の前にゴミ箱を空にしていれば，Mac のゴミ箱アイコンが変わるのが分かるはずである.

本書では解析に応じて複数のソフトウェアを利用するが，以上のように Homebrew を使えば，必要な解析パッケージを簡単にインストールすることができる. ただし，Homebrew であっても，全てのソフトウェアのパッケージがあるわけではないので，本書の各項で確認するようにしよう.

📁 Bioconda のインストール

● Bioconda とは

Anaconda（アナコンダ）は Python 本体と，Python でよく利用されるライブラリをセットにした Python パッケージで，Bioconda（バイオコンダ）はその Anaconda のサブセットである. Anaconda をインストールするだけで Python 本体とライブラリがインストールされるため，環境構築が容易となる.

2019 年現在，Anaconda は Python 関係だけではなく，多くの UNIX ツールをカバーしており，Bioconda（https://bioconda.github.io/）にはバイオインフォマティクス関係のツールが多く登

録されている．そこで，Bioconda の導入方法を紹介する．

●Bioconda のインストール手順

軽量版 Anaconda である Miniconda（ミニコンダ）のページ（https://conda.io/miniconda.html）にアクセスし，MacOS X 用の Python 3.7 の 64-bit（bash installer）を選択して，Miniconda 3 をインストールする．ここでは，上記サイト上のリンクを辿ってダウンロードしないで，ターミナルを起動して，UNIX コマンドラインからファイルをダウンロードし，実行する．

```
$ curl -O https://repo.anaconda.com/miniconda/Miniconda3-latest-MacOSX-x86_64.sh
$ sh Miniconda3-latest-MacOSX-x86_64.sh

Welcome to Miniconda3 4.6.14

In order to continue the installation process, please review the license agreement.
Please, press ENTER to continue
>>>
```

と出るので，「ENTER」を押して続ける．License Agreement が表示されるので読む．スペースキーを押すと，1 ページごとに進めることができる．

「(END)」が表示されたら行末で，さらにスペースを押すと，

```
(…)
openssl
    The OpenSSL Project is a collaborative effort to develop a robust, commercial-
grade, full-featured, and Open Source toolkit implementing the Transport Layer Security
(TLS) and Secure Sockets Layer (SSL) protocols as well as a full-strength general
purpose cryptography
library.

pycrypto
    A collection of both secure hash functions (such as SHA256 and RIPEMD160), and
various encryption algorithms (AES, DES, RSA, ElGamal, etc.).

pyopenssl
    A thin Python wrapper around (a subset of) the OpenSSL library.

kerberos (krb5, non-Windows platforms)
    A network authentication protocol designed to provide strong authentication for
client/server applications by using secret-key cryptography.
cryptography
    A Python library which exposes cryptographic recipes and primitives.
```

```
Do you accept the license terms? [yes|no]
[no] >>>
```

と表示され，ライセンスに同意するかどうか聞いてくる．"yes"と入力して return キーを押すと，インストールが始まる．

```
Miniconda3 will now be installed into this location:
/Users/bono/miniconda3

  - Press ENTER to confirm the location
  - Press CTRL-C to abort the installation
  - Or specify a different location below

[/Users/bono/miniconda3] >>>
```

Miniconda3 をインストールするディレクトリを聞いてくるので，デフォルト（ホームディレクトリ以下の miniconda3 という名前のディレクトリ）のままでよければ，ENTER を押してインストールを続ける．

```
PREFIX=/Users/bono/miniconda3
installing: python-3.7.3-h359304d_0 ...
Python 3.7.3
installing: ca-certificates-2019.1.23-0 ...
installing: libcxxabi-4.0.1-hcfea43d_1 ...
installing: xz-5.2.4-h1de35cc_4 ...
installing: yaml-0.1.7-hc338f04_2 ...
installing: zlib-1.2.11-h1de35cc_3 ...
installing: libcxx-4.0.1-hcfea43d_1 ...
installing: openssl-1.1.1b-h1de35cc_1 ...
installing: tk-8.6.8-ha441bb4_0 ...
installing: libffi-3.2.1-h475c297_4 ...
installing: ncurses-6.1-h0a44026_1 ...
installing: libedit-3.1.20181209-hb402a30_0 ...
installing: readline-7.0-h1de35cc_5 ...
installing: sqlite-3.27.2-ha441bb4_0 ...
installing: asn1crypto-0.24.0-py37_0 ...
installing: certifi-2019.3.9-py37_0 ...
installing: chardet-3.0.4-py37_1 ...
installing: idna-2.8-py37_0 ...
installing: pycosat-0.6.3-py37h1de35cc_0 ...
installing: pycparser-2.19-py37_0 ...
installing: pysocks-1.6.8-py37_0 ...
installing: python.app-2-py37_9 ...
```

共通基本ツールの導入方法　47

```
installing: ruamel_yaml-0.15.46-py37h1de35cc_0 ...
installing: six-1.12.0-py37_0 ...
installing: cffi-1.12.2-py37hb5b8e2f_1 ...
installing: setuptools-41.0.0-py37_0 ...
installing: cryptography-2.6.1-py37ha12b0ac_0 ...
installing: wheel-0.33.1-py37_0 ...
installing: pip-19.0.3-py37_0 ...
installing: pyopenssl-19.0.0-py37_0 ...
installing: urllib3-1.24.1-py37_0 ...
installing: requests-2.21.0-py37_0 ...
installing: conda-4.6.14-py37_0 ...
installation finished.
Do you wish the installer to initialize Miniconda3
by running conda init? [yes|no]
[yes] >>>
```

　Miniconda3 を使うための設定を bash_profile に書き込むかどうかを聞いてくるので，これも ENTER を押して続ける.

```
no change     /Users/bono/miniconda3/condabin/conda
no change     /Users/bono/miniconda3/bin/conda
no change     /Users/bono/miniconda3/bin/conda-env
no change     /Users/bono/miniconda3/bin/activate
no change     /Users/bono/miniconda3/bin/deactivate
no change     /Users/bono/miniconda3/etc/profile.d/conda.sh
no change     /Users/bono/miniconda3/etc/fish/conf.d/conda.fish
no change     /Users/bono/miniconda3/shell/condabin/Conda.psm1
no change     /Users/bono/miniconda3/shell/condabin/conda-hook.ps1
no change     /Users/bono/miniconda3/lib/python3.7/site-packages/xonsh/conda.xsh
no change     /Users/bono/miniconda3/etc/profile.d/conda.csh
modified      /Users/bono/.bash_profile

==> For changes to take effect, close and re-open your current shell. <==

If you'd prefer that conda's base environment not be activated on startup,
   set the auto_activate_base parameter to false:

conda config --set auto_activate_base false

Thank you for installing Miniconda3!
```

　と表示されて，インストール完了．これで Miniconda3 を使う設定は終わりで，一旦「ターミナル」のウインドウを閉じ，新たな「ターミナル」のウインドウを起動する（シェルを再起動する）．

そして，次のコマンドで Bioconda を使うために必要な Anaconda の channels を設定する．

```
$ conda config --add channels defaults
$ conda config --add channels conda-forge
$ conda config --add channels bioconda
```

●Bioconda を使った様々なツールのインストール

Bioconda でインストール可能なツールのうち，本書の複数の項目で使うツールについてインストール手順を紹介する．

SRA Toolkit（SRA Tools）

SRA 形式のファイルから FASTQ 形式の配列データを得るためには，SRA Toolkit（https://github.com/ncbi/sra-tools）に含まれている fasterq-dump（ファースターキューダンプ）が必要である．

conda で以下のように SRA Toolkit をインストールすると，fasterq-dump もインストールされる．

```
$ conda install -c bioconda sra-tools
```

なお，この fasterq-dump は fastq-dump の後継コマンドで，並列処理ができるようになっている．また SRA Toolkit をインストールすると，Sequence Read Archive から配列データを取得するのに，本書の多くの項で使われている prefetch も同時にインストールされる．

Trim galore!

リード（シーケンサから得られた生の配列データ）をトリミングし，データの質を向上させることがしばしば行われる．その一つとして，Trim galore!（トリムガロア）がある．Trim galore! は，cutadapt と fastqc コマンドを起動し，配列をトリミングした後に，そのデータの質を可視化する．cutadapt は，Python で書かれたリードからアダプター配列を取り除くプログラムで，FastQC はリードのクオリティチェックのツールである．Trim galore! を conda でインストールすると，前述の cutadapt と fastqc が自動的にインストールされる．

次のコマンドで，conda を使って Trim galore! がインストール可能になる．

```
$ conda install -c bioconda trim-galore
```

kallisto

kallisto（カリスト）は，転写産物の定量を高速に行うソフトウェアである．次のコマンドを実行して kallisto をインストールする．

```
$ conda install -c bioconda kallisto
```

このソフトウェアは，Level 2 実践編「0 から始める発現解析 ver2」（p.86）と「0 から始めるトランスクリプトームアセンブル解析」（p.309）の項における発現定量解析で必要となる．

準備編 4

3分で学ぶ GitHub の使い方～作成した プログラムをオープンソースで公開する～

大田達郎 ライフサイエンス統合データベースセンター（DBCLS）

はじめに

　本項では，現代のソフトウェア開発に欠かすことのできないプラットフォームである GitHub を通じて，作成したプログラムをオープンソースで公開するための手順を解説します．「GitHub を知らない」，「名前は知っているが何をするものか知らない」という方を想定してお伝えしていきます．

GitHub とは

　GitHub は「ぎっとはぶ」と読みます．稀に「じっとはぶ」と呼ぶ主義の人がいますが，そっとしておきます．GitHub は，ユーザによるソフトウェアの公開と共有を通じて，ソフトウェア開発をサポートするためのウェブサービスで，マイクロソフト社傘下の GitHub, Inc. によって運営されています．なお，「Git」と「GitHub」は全く違うものなので，注意してください（詳しくは後述します）．

　GitHub で公開するものとして，コードスニペット（プログラムの断片），スクリプト，ソフトウェア，ドキュメント（コードを解説するテキスト），プログラムをテストするための小規模なデータ，などを想定しています．公開の許可を得ていない他人の著作物や，知的財産に関係するもの，サイズの大きなデータ（50MB 以上）は想定していません．

　GitHub で公開されたものは，「他のユーザが GitHub の機能を通じて，自由に利用できること」が利用規約で求められます[1]．詳しくは，後述する「ライセンス」（p.55）の項を参照してください．

　ここでは,自ら作成したプログラムを GitHub で公開する最速の手順について最速で説明しています．なお，以下の本文中で「原稿執筆時」と記す場合には，2019 年 2 月 28 日時点での情報となります．

準備するもの

- **アカウント登録に使う情報**
  - ユーザアカウント名の候補：既に同じユーザ名が GitHub に存在する場合は，そのユーザ名では登録できません．
  - 有効な E メールアドレス
  - 強固なパスワード：2019 年 2 月時点で GitHub から求められるパスワードは，「15 文字以上」もしくは「1 文字以上の数字と，1 文字以上のアルファベットを含む 8 文字以上」のものとなっています．
- **インターネットに接続できるコンピュータ**
- **ウェブブラウザ**

- メールソフト
- アップロードするファイル

📁 GitHub のアカウントを作成する

　コンピュータの電源を入れ，インターネットの接続を確認し，ウェブブラウザを開きます．アドレスバーに github.com と入力して，GitHub のサイトにアクセスします（ 図1 ）．

図1　GitHub サイト

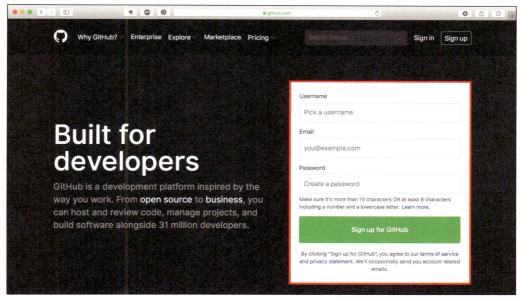

　GitHub のアカウントを持っていなければ，トップページにアカウント作成（Sign up）のためのフォームが表示されます（ 図1右 ）．ユーザ名，メールアドレス，パスワードを入力して，Sign up for GitHub をクリックします．クリックすると"Verify Account"という画面に遷移するので，指示に従ってあなたが人間であることを証明し，"Verify"をクリックします（ 図2 ）．

　なお，「人間の証明」として，原稿執筆時に筆者が新規でアカウントを作成した際には，「矢印ボタンをクリックして図を回転させ，正しい向きにパズルを作れ」というお題でしたが，異なる場合があるかもしれません．

図2 Verify Account 画面

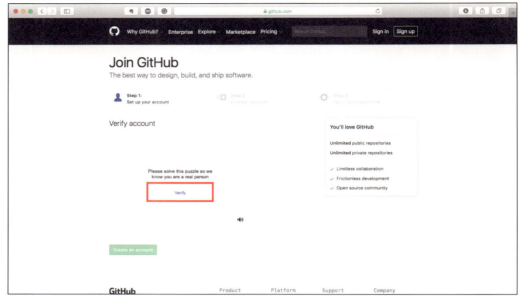

　人間の証明が完了すると，アカウントの作成が始まります．作成されると，料金プランの選択画面に遷移します（図3）．無料（Free）プランと有料（Pro）プランの大きな違いは，private repository（他の人から見えない自分だけのプロジェクト管理）の数です．
　今回はプライベートなコードの管理ではなく，コードの公開が目的なので，無料プランで OK です．選択したら"Continue"をクリックします．

図3　無料・有料プランの選択

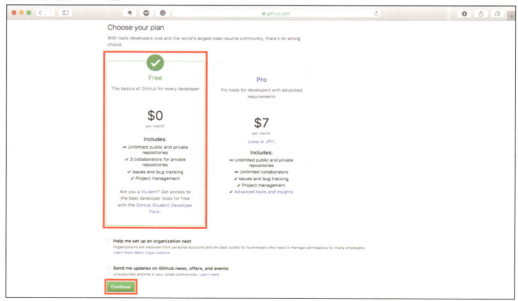

52　準備編

プランを選択すると，"Welcome to GitHub"と表示されたアンケートページに遷移します（図4）．回答しなくても特に問題はありませんが，せっかくなのでサービスにフィードバックをするのもいいでしょう．フォームを埋めて"Submit"，もしくは"skip this step"をクリックします．

図4　アンケートページ

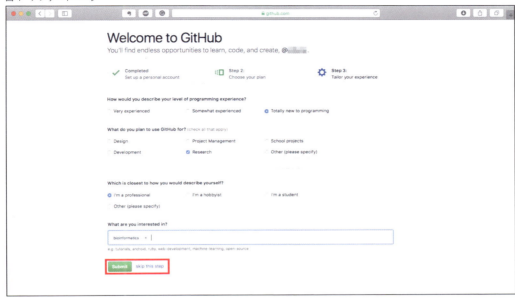

　完了すると，登録したメールアドレス宛にメールが送信された旨が表示されます．メールボックスを開いて，GitHubから届いたメールを開きます．原稿執筆時には，"[GitHub] Please verify your email address."というタイトルで届きました．メール本文中の"Verify email address"をクリックすると，認証されてDashboardに遷移します（図5）．

　ちなみに, ところどころで出てくる不思議な姿のキャラクターは, OctCatというGitHubのマスコットです．グッズもあります（https://github.myshopify.com）．

図5　Dashboard

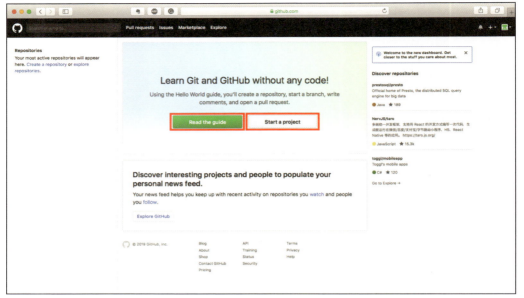

📁 新規レポジトリを作る

　GitHubはプログラムやドキュメントを公開，共有するためのプラットフォームであり，その基本的な単位が"Repository"です．「レポジトリ」と読み，略してRepo（レポ）とも呼ばれます．日本語で容器，収納という意味ですが，その名の通り，関連するプログラムやドキュメント，テストデータなどをまとめておくための一つのまとまりです．

　バイオインフォマティクスの文脈でいうと，特定の目的の解析のために作ったソフトウェアに関連するプログラムやドキュメント，あるいは一つの研究プロジェクトで利用したスクリプト群，のようなまとまりで管理しておくのがお勧めです．

　今回は，自分で書いたスクリプトを公開するためのレポジトリを作ります．GitHubの基本を学ぶRead the guide（図5の緑色の部分）は後でもできるので（https://guides.github.com/activities/hello-world/），Dashboardの"Start a project"をクリックします．

　すると，"Create a new repository"という画面に遷移します．ここでrepoの名前（Repository name），説明（description），公開範囲をPublicかPrivateか，を入力します．「レポジトリの名前はユニークな必要がある」ので，あまりにざっくりとした名前，例えば"Script"や"Analysis"などにすると，後で困るかもしれません．もっとも，名前と説明は後からでも変更できるので，そこまで深く考える必要はありませんが，ここではmy-awesome-scriptという名前にしました．Descriptionは必須ではないので，自分が分かるように説明書きをしておきましょう．また，今回はスクリプトの公開が目的なので，公開範囲はPublicを選択します．

README，LICENSE を追加する

このまま "Create a new repository" をクリックしてもいいのですが，そうすると空っぽのレポジトリができてしまいます．それでもよいのですが，ここでは重要な 2 つのファイルをあらかじめ追加しておきます．

まず一つは，README です．レポジトリには，プロジェクトや含まれるファイルを説明する README を置いておくことが強く推奨されています．自分で作ってアップロードしてもよいのですが，新規にレポジトリを作成する場合には，"Initialize this repository with a README" をチェックすることで，先に入力した name と description からシンプルな README を自動生成してくれます．その下にある "Add .gitignore" は，None のままで構いません（.gitignore については後述します．p.60 参照）．

次に，"Add a license" を行いましょう．既述の通り，GitHub は利用規約で「ユーザは，GitHub にアップロードしたファイルについて，GitHub の機能を通じて他のユーザが自由に利用できることを許可するものとする」，とあります．つまり，複製（fork），修正，再公開を許可する，ということです．

オープンソースソフトウェア（OSS）

GitHub で公開されるソフトウェアのほとんどは，「オープンソースソフトウェア（OSS）」です．OSS の定義は，「ソースコードを公開し，誰でも閲覧，改変が可能なソフトウェア」ですが[2]，「公開された OSS をユーザがどのように扱ってよいか」は，ソフトウェアに付与されたライセンスにより決定されます．

OSS のライセンスには様々なものがありますが，大きく分けて 2 つあります．一つは，公開された OSS を使って生み出されたもの（派生物）も，同じように OSS であることを課すものです．つまり，「このソフトウェアを使って作られたものは全て，同じライセンスで公開されなければならない」とするライセンスを付与するわけです．

通常の著作権の真逆ということで，"copyright" をもじって "copyleft" と呼ばれます．Copyleft の代表的なライセンスとして，GPL（https://www.gnu.org/licenses/#GPL）が挙げられます．「自分が作ったものを使ったものは全て，例外なく絶対に OSS として公開してほしい」，というポリシーの開発者が使用するライセンスですが，使う側としては，「諸事情によって公開できないプロジェクトでは，copyleft ライセンスのソフトウェアは利用できない」という問題もあります．

他方，そのような copyleft ではない，より自由な OSS ライセンスもあります．代表的なものに MIT（https://spdx.org/licenses/MIT.html），Apache 2.0（https://spdx.org/licenses/Apache-2.0.html）などがあります．これらは少しずつ二次利用できると明記されている範囲が違いますが，全ての解説は難しいので，代表的なライセンスの違いについて解説されている Choose an open source license（https://choosealicense.com/）を参照してください．このウェブサイトは目的に応じた OSS ライセンスの選択をサポートしてくれるので，OSS ライセンスについて迷った時にとても便利です．

他にも，"OSS ライセンス　比較" などのキーワードでウェブ検索をすると，色々な資料が見つかり

ます．ただし，ライセンスの内容を誤解して利用しているとトラブルになることがありますので，原典を参照している正確な資料にあたるようにしてください．

今回アップロードするスクリプトについて，特に利用を制限する必要はない，誰でも自由に使ってもらってよいという場合は，個人的には最もシンプルで要点を押さえている MIT にするのがよいと思います．このライセンスはスクリプトの改変，二次配布，商用利用を許可するが，作者は利用に際して起きることに対して一切の保証をしないことを宣言します（図6）．

公開しようとしているスクリプト，ドキュメント，データに未登録の知的財産が関係する，あるいはビジネスの材料として利用し，公開すると問題がある，という場合には止めましょう（そもそも，そういったプロダクトであれば GitHub へのアップロードは止めた方がいいでしょう）．

現代のサイエンスは，OSS として色々な人がソフトウェア，ドキュメント，データを公開することで成り立っています．その多くは MIT，Apache 2.0 のような自由度の高い OSS ライセンスで公開されています．どんなに簡単なスクリプトでも，小さなソフトウェアでも，誰かの役に立つことがあります．研究のために書いたプログラムは，公開することによって多くのメリットがあります．どんどんオープンソースで公開していきましょう．

ライセンスを選択したら，"Create repository" をクリックします（図6）．

図6　ライセンスの選択と Create repository

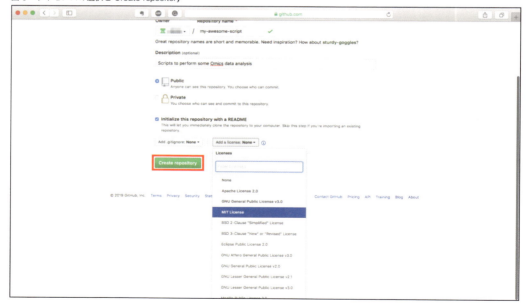

新しいレポジトリが作成されました！（図7）

図7　新規レポジトリの完了

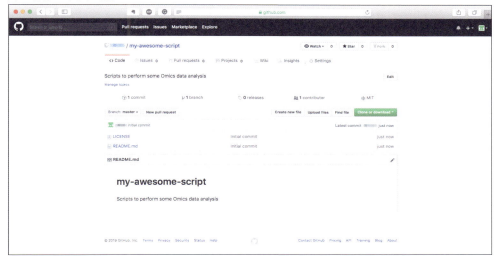

📁 ソースコードをアップロードする

　レポジトリには，自動的に作成された README.md と，LICENSE の 2 つのファイルが含まれていることが分かります．README.md の".md"は，Markdown というテキストを書くための形式です．Markdown の詳細については日本語 Markdown ユーザ会の Web サイト（https://www.markdown.jp/what-is-markdown/）に詳しくまとまっていますので，そちらを参照してください．

　LICENSE ファイルには，レポジトリ作成時に選択したライセンスが記載されています．クリックすると中身を見ることができます（図8）．

図8　レポジトリ作成時に選択した LICENSE の内容

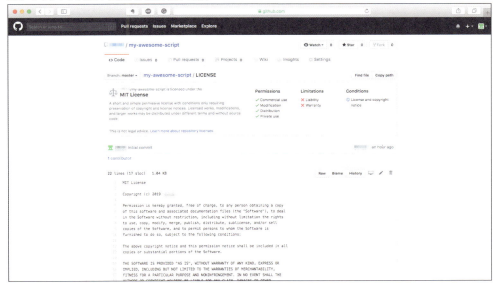

3 分で学ぶ GitHub の使い方〜作成したプログラムをオープンソースで公開する〜　　57

それでは，このレポジトリに自分で書いたスクリプトを追加してみましょう．作成したレポジトリのページ（https://github.com/＜ユーザ名＞/＜レポジトリ名＞）に戻って，Upload files をクリックします．
　"Drag files here to add them to your repository"と表示された部分にドラッグ＆ドロップでファイルを追加する，もしくは"Choose your files"をクリックしてファイルを選択します．選択したら，下の"Commit changes"にコミットメッセージを入力します（図9）．

図9　レポジトリへのスクリプト追加

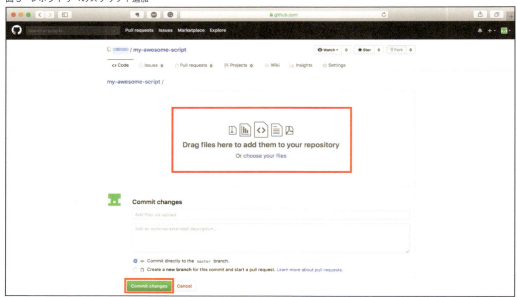

　"Commit（コミット）"とは，レポジトリに加える変更（この場合はファイルの追加）の単位です．この単位を使って，変更の巻き戻し（rollback）や削除など，履歴の管理ができます．ここでは変更内容として，「ファイルの追加」を小さい方の入力欄（コミットメッセージ）に書きましょう．コミットメッセージは，変更の一覧などを表示する際に確認するものなので，手短に書きましょう．詳しい内容を記述したい場合は，大きい方の入力欄（詳細欄）に書くことができますが，こちらは必須ではありません．
　"Commit directly to the master branch"にチェックが入っていることを確認して，"Commit changes"をクリックします（図10）．この選択肢についても後述しますが，今は特に気にする必要はありません．

58　準備編

図10　コミットメッセージの記入

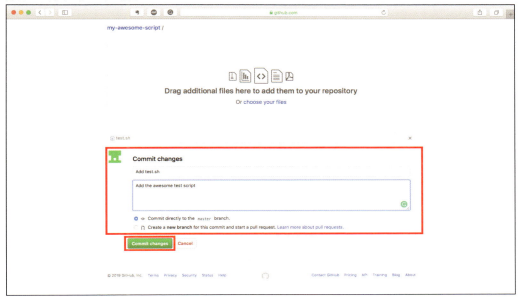

ファイルがアップロードされました！　画面に表示されているスクリプトの名前をクリックすると，その内容を見ることができます．これでスクリプトの公開が完了しました．OSSコミュニティへようこそ！

📁 GitHub についてもう少し詳しく

これでGitHubへファイルをアップロードし，公開する手順は終了ですが，ここでいくつか補足事項をお伝えします．

●Git と GitHub

本項の冒頭で「『Git』と『GitHub』は全く違うもの」とお伝えしましたが，ではGitとは何でしょうか．GitHubがウェブサービス，そしてそれを運営する会社の名前であるのに対して，Gitはソフトウェアの名前です．世界で最も有名なソフトウェア開発者の1人であるLinus Torvaldsは，オープンソースのOSであるLinuxの生みの親として知られていますが，彼のもう一つの重要かつ著名なプロダクトがGitです．Gitはversion control system（バージョン管理システム）であり，ソフトウェア開発を行う上で欠かせないものです．

ちなみに，2005年にLinusからGitのメンテナ（開発管理者）を引き継いだのは日本人の濱野 純さんで，濱野さん曰く，「今でこそ互いになくてはならない存在ですが，Gitの開発チームとGitHubの運営は，最初は仲が悪かった」のだそうです．詳しくは，小飼 弾さんの連載における濱野さんとの対談記事（http://gihyo.jp/dev/serial/01/alpha-geek/0040）を読んでみてください．

●GitHubのようなバージョン管理システムが扱う対象とそのメリット

PC上で，変更を加えたファイルの差分を管理するのは大変です．例えば，本項の執筆原稿のファ

イル名でいえば，「原稿 _final」をはじめ，「原稿 _20190228」，「原稿 _ 最終版」，「原稿 _ 最終版 _2」，「原稿 _ 提出版」，「原稿 _ 修正版」，「原稿 _ リバイズ 2」などなど，ややこしい名前のファイルが大量にデスクトップに散らばって，どれが最新のものか分からない，という経験は誰にでもありますよね（そう，誰にでもあるのです！）．コンピュータプログラムで，さらには複数人で開発するソフトウェアで，そんなことをやっていては効率的ではありません．

　そこで利用するのが，Git のようなバージョン管理システムです．このシステムが素晴らしいのは，単に変更履歴を管理しやすいだけではなく，複数の内容の異なるバージョン（ブランチといいます）を保持しながら変更を加えたり，他人が加えた変更を取り込んだり（マージ）できることです．

　バージョン管理システムが扱う対象はテキストファイルなので，論文や書籍の原稿も，もちろん Git で管理することができます．科学技術振興機構（JST）にあるバイオサイエンスデータベースセンター（NBDC）では，データベースやツールの講習会が行われていますが，その資料は Git/GitHub で管理・公開されています（https://github.com/AJACS-training）．ちなみに，スクリプト公開手順の途中で出てきて説明をスキップした「.gitignore」は，「Git で管理しない（ignore；無視する）ファイルのリスト」のことです．同じフォルダの中で管理しているけれども，公開すると困るファイルのファイル名を .gitignore の中に書いておくと，Git の管理対象外となります．

　元々はオープンソースでの Linux カーネルの開発で，別のバージョン管理システムを使っていたところ，その機能に不満があり Linus が新しいバージョン管理システムを作ったのが Git です．そのため，Git はオープンソース開発に向いた特徴がありますが，GitHub の登場によって，Git を用いたプロジェクトは，ウェブブラウザを通して管理したり，変更をマージできるようになり，効率よく進められるようになりました．

●Git を学ぶために有用な資料

　スクリプト公開手順の途中で出てきた「レポジトリ」や「コミット」，「マスターブランチ」などの用語も，Git を使う際に重要な概念です．今回は，ファイルのアップロードのみだけだったので，Git のご利益を感じることはあまりありませんでしたが，より詳しく学びたい方に以下の資料をお勧めします．

・Git（https://git-scm.com）
・Git immersion（http://gitimmersion.com）：ウェブブラウザを使いながら Git の使い方を学べるウェブサイト．筆者はこれを見ながら，自分のコンピュータで Git を使いながら覚えました．
・Resources to learn Git（https://try.github.io）：GitHub による様々な Git のチュートリアル．
・GitHub 実践入門〜 Pull Request による開発の変革（WEB+DB PRESS plus）：Git の使い方から，GitHub を通した開発までを学べる書籍です．

　Git は特殊な概念が多いので，最初はつまずくかもしれません．最初から全てを覚えようとするのではなく，少しずつ，必要だと思ったタイミングで，必要な機能だけを覚えるつもりで学ぶのがよいでしょう．

あなたが GitHub でプログラムを公開しなくてはいけない理由

「今のサイエンスは OSS によって支えられている」と述べましたが，自分が書いた一行のコードでも GitHub で公開した方がよいと，筆者を含めて多くの OSS コントリビュータは主張します.

「あなたの書いたコードはどんなにちっぽけでも，きっと誰かの役に立つ」とも書きましたが，あなたがプログラミングを本職としない研究者，あるいはプログラミングを学び始めたばかりという人であったなら，誰にでも書けるだろう簡単なプログラム（例えば hello_world.sh など）を，GitHub で公開する意味はあるのか？　と疑問に思うかもしれません.

この疑問に対して，筆者は 2 つの考えがあります．一つは，サイエンスのためにプログラムを公開するということ．もう一つは，自分のプログラミングスキル向上のためです.

●Code for Science：科学者がコードを書くということ

現代のサイエンスでは，より透明性が求められています．論文発表の際には，加工前の生データの公開と共有がファンディングやジャーナルによって義務化されつつあり，「論文に示された手順が第三者によって再現できること＝研究再現性の重要性」も，これまでになく高まっています．物理的なサンプルや器具を使うウェット実験と比較して，コンピュータで行うデータ解析は手順の再現は安価で容易ですが，そのためにはプログラムと，その実行手順の共有が必要です.

そこで，データ，例えばシーケンサから得られた配列データを DDBJ（DNA Data Bank of Japan）のような公共データベースに登録した後，それを解析するためのプログラムと，どのように実行するかを記したドキュメントを GitHub 上で公開することが，バイオインフォマティクスの分野では一般的になっています.

GitHub のレポジトリは，Zenodo（https://zenodo.org）という研究データ公開サイトとの連携によって，DOI（digital object identifier．Web 上のドキュメントに対する恒久的な識別子）を付与することができ，これによってレポジトリを論文内で引用することもできます [3].

しかし，歴戦のバイオインフォマティシャンでさえ，誰でも完璧に再現できるプログラムを提供することは簡単ではありません．計算機環境の違いや，インストールされているソフトウェアへの依存をうっかり見逃していたりして，GitHub で公開されているソフトウェアが別の計算機環境では動かない，ということはよくあります.

このようなことを避けるためには，「プログラムを作成する最初の時点から，公開して他の人に使ってもらうという前提でプログラムを書く」という意識が重要です．そのために日頃から，どんなに簡単なプログラムでも GitHub で公開する習慣をつけておけば，他の研究者によって公開されている，優れた GitHub レポジトリと比較することができます．それによって，例えばドキュメントに書いてある内容の違いや，スクリプトの書き方やライセンスの有無などを改善し，自然とモダン・サイエンスらしいプログラムを書けるようになります.

●Fire and Move：公開することでプログラミングを学ぶ

「Git と GitHub」の項で述べたように，GitHub は OSS 開発にとって，もはやなくてはならないものです．所属や目的が異なる人たちが，営利目的ではなく，誰でも自由に使えるソフトウェアを共同で開発し公開する活動は，一見するとプログラムを書く人の趣味でしかなく，メリットがないようにも思えます.

3 分で学ぶ GitHub の使い方〜作成したプログラムをオープンソースで公開する〜

しかし実際のところ，ゲノム解析で誰もが samtools を使うように，異なる所属や目的の人でも，使う道具が同じということは多いのです．そうであれば，同じ道具をそれぞれ作るよりも，皆で作って，皆で使えるようにした方が効率はよいわけです．

一方で，世界にはそういった OSS コントリビュータだけではなく，プログラミングを学びたい，必要がありプログラムを書いている，という人もたくさんいます．そういった人たちにとって，GitHub で OSS の開発を"横から眺める"ことで，多くを学ぶことができます．かくいう筆者も，GitHub のソースコード検索を利用して，他の人がどういったプログラムを書くのかを見て，その技術を自分の糧としてきました．

例えば，GitHub で"bowtie"と検索すると，他の人がどんなスクリプトを書いて bowtie を動かしているかを勉強することができます．

しかし，そうやって勉強していても，自分のやりたいことは本当にこのプログラムの書き方でいいのか？　もっといい書き方があるのではないか？　という不安は常にあります．そんな時に，恥を忍んで GitHub にプログラムを公開し，プログラマーやバイオインフォマティシャンなどに「こういうコードを書いているんだけど……」と見せると，「あ，ここはこう書いた方が見やすいし，ここはこうやって書くとすっきり……」とアドバイスをもらえたり，「ここ直しといたよ！　変更を送るからマージしてね！」という優しさをもらえることもあります（この優しさを Pull Request と呼びます）．つまり，GitHub にコードを公開することが自分自身のスキルを高めるための第一歩になるわけです．

●GitHub アカウントは，あなたの履歴書そのもの

そうやってプログラミングを行い公開しながら，少しずつ自分のスキルを高めていくと，やがて自分の GitHub アカウントは，「あなたのスキルを証明するポートフォリオ」になります．ソフトウェアエンジニアにとって，GitHub アカウントは履歴書そのもの，といっても過言ではないほどです．論文リストがその人の研究履歴や能力を語る以上に，GitHub アカウントはプログラミング技術の証明になります．

あなたが書籍を読み，ウェブで調べ，少しずつ向上したプログラミングのスキルを，例えばジョブインタビュー（面接）で口頭だけで説明するのは難しいことです．理解のある人ならば GitHub を見て能力を評価してくれますし，あなたが部下をもつボスであるなら，なおのことそうすべきです．

自分の未熟なコードを公開するのが恥ずかしい，と感じる人もいるかもしれません．そんな時は，GitHub の左上にある"Search or jump to……"の検索ボックスに，"hello wolrd"と入力して検索してみましょう．全世界に向けて公開された大量のタイプミスが，あなたの背中を押してくれるはずです．

Happy Coding！

参考文献

1）GitHub ホームページ：user-generated-content.
https://help.github.com/en/articles/github-terms-of-service#d-user-generated-content より 2019 年 11 月 2 日閲覧
2）Opensource ホームページ：what opensource.
https://opensource.com/resources/what-open-source より 2019 年 11 月 2 日閲覧
3）GitHub ホームページ：Making Your Code Citable.
https://guides.github.com/activities/citable-code/ より 2019 年 11 月 2 日閲覧

Level 2
（実践編）

0 から始める疾患ゲノム解析 ver2 ………………………………………… 64

●再現・検証：ド素人 半信半疑で やりきった !!
〜ゲノム解析で耳垢タイプをチェック！〜 ………………… 81

0 から始める発現解析 ver2 ………………………………………… 86

●再現・検証：ゲノム解析は，奥深い謎解きゲーム !? ……… 109

0 から始めるエピゲノム解析（ChIP-seq）ver2 ………… 114

●再現・検証：エピゲノムを理解したら，解析はもっと面白い … 160

0 から始めるエピゲノム解析（BS-seq）ver2 …………… 164

●再現・検証：医師で疫学研究者による楽しい再現・検証
―初めての Windows Subsystem for Linux（WSL）…… 187

0 から始めるメタゲノム解析 ………………………………………… 203

●再現・検証：リアルガチで，解析ができる事務に !? ……… 223

0 から始めるバクテリアゲノム解析 ……………………………… 246

●再現・検証 1：女子高校生による初めての
バクテリアゲノム解析 ………………………… 263

●再現・検証 2：Mac 愛用者の，
コマンド世界への初ダイブ！ ………………… 271

0 から始める動物ゲノムアセンブリ ……………………………… 274

●再現・検証：初めての NGS データを手に，
Let's アセンブリ！ ……………………………… 295

● wtdbg2 を Docker Desktop for Mac で動かす ………… 302

0 から始めるトランスクリプトームアセンブル解析………… 309

●再現・検証：解析攻略のコツは，
"error メッセージをよく読む" ……………… 321

**CWL（Common Workflow Language）があれば，
DRY 解析はもう怖くない** ………………………………………… 331

実践編

① 0から始める疾患ゲノム解析 ver2

三嶋博之 長崎大学 原爆後障害医療研究所 人類遺伝学研究分野

使用機器 Mac Book Pro（2018），mac OS High Sierra（10.13.6），CPU（2.6GHz, Intel Core i7），メモリ（32GB）
使用言語・ソフトウェア Bashシェルスクリプト，AWK，Perl，Ruby，BWA，SRA ToolKit，samtools，Picard tools，GATK4，bedtools，ANNOVAR
データ量 70GB 程度（中間ファイル含む）

📁 はじめに

　ゲノム医療のうち，これまでに最も成果を挙げている応用分野のひとつが希少疾患（rare diseases）の解析といっていいだろう．本項が対象とする希少疾患は，糖尿病や高血圧といったありふれた疾患（common diseases）に対する概念である．ありふれた疾患が多数の遺伝子の影響で発症するのに対し，希少疾患は少数の遺伝子の強い影響で発症する．その希少疾患が約 20,000 あるヒトの遺伝子のうちのたったひとつが原因で起こる場合を，単一遺伝子病と呼ぶ．本項では，この単一遺伝子病を想定した解析ワークフローを解説する．

　一般には，以下の戦略で「唯一の疾患原因遺伝子」を見つけ出す．

1. サンプルから得られた塩基配列をヒト参照ゲノム配列に貼り付け（マッピングないしアライメント），参照ゲノム配列とどこが異なるのか，ホモ接合なのかヘテロ接合なのかを検出する（バリアントコール）．
2. 想定する遺伝モデル．例えば *de novo* 変異による疾患を想定するならば，患者の両親が持たず，患者本人だけが持つバリエーションを抽出する．
3. そのバリエーションは母集団（日本人ならば日本人集団）で十分に頻度が低いものであるか．頻度が高いバリエーション（多型）が希少疾患の原因とは考えづらい．
4. そのバリエーションは，遺伝子がコードするアミノ酸配列に変化を与えるものであるか．アミノ酸が変わらない synonymous なバリエーションは，希少疾患の原因としては根拠が弱いであろうし，アミノ酸配列の長さが大幅に変化するような truncation タイプのバリエーションは，タンパク質の機能に影響を与えているかもしれない．
5. その遺伝子の機能は既知のものか？　既知の疾患原因遺伝子ではないか？　それが患者の表現型を説明できるものであれば，それが答えである．
6. 答えが見つからなければ……，そもそもバリアントコールには偽陽性も偽陰性もあることを考慮しつつ，医学情報，生物学情報，ありとあらゆる情報を駆使して候補を絞り込む地道な作業を要することも珍しくない．

本項では，公共リポジトリに登録された日本人１名の全エクソームデータに対して，一通りの解析ワークフローを適用してみる．

それでは Level 1 準備編に従って，Mac 設定・省電力モード無効化と，テキストエディタのインストールまで終わらせてほしい．本項では，ツールとデータのダウンロードとインストールが連続する．初めての解析では避けられないことなので，ご辛抱いただきたい．いかに疾患ゲノム解析がオープンソースソフトウェアと公共データに支えられているかを実感していただけると思う．

📁 マッピング

🔵 ヒト参照ゲノム配列の準備

　本項では，ヒト参照ゲノム配列の選択を以下の基準で行った．

1. 最新バージョンを使う：The Genome Reference Consortium（GRC）によるヒト参照ゲノム配列には，いくつかのバージョンがある．NGS 解析で用いるのは事実上，GRCh37 ないし GRCh38 である．過去のデータとの比較や注釈情報（アノテーション）利用のためには前者を選択することもあるが，新規の解析であれば後者の使用が妥当であろう．

2. UCSC 版を使う：解析後半では，UCSC ゲノムブラウザ（http://genome-asia.ucsc.edu/）由来の情報でアノテーション付けを行う．このため，UCSC 版の参照ゲノム配列（hg38）を使うと都合がよい．hg38 では，標準的な染色体の名前が chr1, chr2, …, chr10, …, chr22, chrX, chrY, chrM となっている．なお，GRCh37 の UCSC 版は hg19 と呼ばれる．

3. Epstein-Barr（EB）ウイルスデコイ配列の使用と，Y 染色体上の疑似常染色体領域（PAR）のマスクの採用：UCSC では，白血球細胞不死化に用いる EB ウイルス由来配列をデコイ配列（無視すべき配列を積極的にマップするための囮染色体配列）として加え，さらにゲノム上に 2 コピーある PAR 領域の Y 染色体をマスク（具体的には，塩基を「N」に置き換える）したものを公開しているので，これを使う．

4. 非標準染色体は使わない：ヒト参照ゲノム配列には，前述の標準染色体の他に，正確な物理位置が確定していない短い配列（コンティグ）や，human leukocyte antigen（HLA）領域のハプロタイプを収載したコンティグなどが含まれている．ここにマップされても解釈が難しいので，対象から除外する．

5. 日本人デコイ配列を使う：日本人全ゲノム配列データで観察された hg38 に含まれない配列を囮（デコイ）配列として，東北メディカル・メガバンク機構（ToMMo）が公開している．この領域にマップされたリードは，解析から除外する．

　これらの方針はあくまでも筆者の考える一例であり，実際の解析ではその目的に応じた修正が必要であろう．

　本項では，コマンドライン作業の見通しをよくするために，できるだけ作業をシェルスクリプトにして，それを実行するという手順で進める．まずスクリプト群をダウンロードしてみよう．ウェブブラウザで https://github.com/misshie/ngsdat2/ にアクセスし "clone or download" をクリックし，"Download ZIP" をクリックしてダウンロードする．

　なお，Safari などのブラウザによっては，ダウンロードした圧縮ファイルを自動的に開く（展開）される設定になっていることがある．本項はこれを行わない設定にして，読み進めてほしい．Safari の場合は，「Safari ＞環境設定 ＞ 一般」を選択し，「ダウンロード後，"安全な" ファイルを開く」

0 から始める疾患ゲノム解析 ver2　　65

のチェックボックスの選択を外す，という設定をしてほしい.

ターミナルを開き，以下をタイプする.

```
$ cd ~
$ mkdir -p Analysis
$ cd Analysis
$ unzip ~/Downloads/ngsdat2-master.zip
$ cd ngsdat2-master
$ less 010_download-ucsc.sh
```

ダウンロードした各スクリプトは less コマンドで確認できる.「q」キーを押して終了できる. 以下，適宜使用するスクリプトの内容を確認してほしい.

```
$ ./010_download-ucsc.sh
```

Level 1 準備編にも解説があるが，コマンドラインのファイル名は先頭部分を入力して tab キーを押し，自動補完することで楽に，間違いなく入力できる. さて，これで UCSC より hg38 参照ゲノムが RefHg38 ディレクトリにダウンロードされる. さらに，ToMMo より JRGv2 デコイ配列をダウンロードする. ウェブブラウザで https://jrg.megabank.tohoku.ac.jp/ を開き，ダウンロード > JRGv2 を選択，decoyJRGv2.fasta をクリックし，必要事項を入力・確認してダウンロードする.
ダウンロードしたファイルをカレントディレクトリに移動しておこう.

```
$ unzip ~/Downloads/decoyJRGv2*.fasta.zip
```

これで，RefHg38 ディレクトリにリファレンス作成に必要なファイル群が揃った.
これらを順に結合して，ひとつの FASTA ファイルにする. 実行してみよう.

```
$ ./020_concatinate.sh
```

上手くできたか，染色体名を表示して確認してみよう. FASTA ファイル形式では，配列名は "＞" で始まる行に納められているので，以下のコマンドで抽出できる.

```
$ cat RefHg38/hg38.fasta | grep '^>'
>chr1
>chr2
（中略）
>chrEBV
>decoy
```

と，染色体ごとに改行して表示されれば成功である.

● Burrows-Wheeler Aligner（BWA）の準備

Burrows-Wheeler Aligner のウェブページ（https://sourceforge.net/projects/bio-bwa/files/）にブラウザでアクセスし，bwa の最新版をダウンロードする．筆者執筆時のバージョンは bwa-0.7.17 であった．

以下は読者のダウンロードしたバージョン名で，ファイル名を置き換えてほしい．

```
$ tar jxvf ~/Downloads/bwa-0.7.17.tar.bz2
$ pushd bwa-0.7.17
$ make
$ ./bwa
$ popd
```

./bwa の入力後に bwa コマンドの説明が出てくれば成功である．次に，先ほど作成した参照ゲノム配列を納めた fasta ファイルに対して，インデックスを作成する．

```
$ pushd RefHg38
$ ../bwa-0.7.17/bwa index hg38.fasta
```

このコマンドの実行は，しばし時間がかかる（筆者環境で 3.5 時間）．出来上がったものを確認する．筆者のユーザー名 misshie も，各自で読み換えてほしい．

```
$ ls -lh hg38.fasta.*
-rw-r--r-- 1 misshie  staff   3.1G 2  7 16:03 hg38.fasta
-rw-r--r-- 1 misshie  staff   317K 2  7 18:44 hg38.fasta.amb
-rw-r--r-- 1 misshie  staff   1.0K 2  7 18:44 hg38.fasta.ann
-rw-r--r-- 1 misshie  staff   3.0G 2  7 18:43 hg38.fasta.bwt
-rw-r--r-- 1 misshie  staff   772M 2  7 18:44 hg38.fasta.pac
-rw-r--r-- 1 misshie  staff   1.5G 2  7 19:36 hg38.fasta.sa
$ popd
```

カレントディレクトリの変更に pushd/popd コマンドを使っている．前者で今のカレントディレクトリを覚えてから指定ディレクトリに移動，後者で覚えていたディレクトリに戻る．cd コマンドでも同様のことはできるが，ここは元のディレクトリに戻ることを強調してみた．

● 全エクソーム解析データの準備

貴重な日本人のエクソームデータが DRA で公開されているので．今回はこれを使うことにする．http://ddbj.nig.ac.jp/DRASearch/run?acc=DRR006760

このデータの研究プロジェクト詳細は，http://ddbj.nig.ac.jp/DRASearch/study?acc=DRP000999 より参照できる．文献 1 として報告されたデータであり，アジレント社の SureSelect Human All Exon 50Mb によって濃縮した後，イルミナ社 HiSeq2500 を用いて 100+100bp の paired-end でのシークエンシングで得られたデータであることが分かる．

実行してみよう．これも時間がかかる．

```
$ ./030_download-dra.sh
```

　この結果，7.0GB のファイルができていればダウンロード成功である．*.sra は，公共レポジトリに収載するための圧縮済みファイルである．これを展開するための SRA toolkit を入手しよう．

　ウェブブラウザで「NCBI SRA toolkit download」で検索し，ダウンロードページを開く（執筆時点では https://www.ncbi.nlm.nih.gov/sra/docs/toolkitsoft/）．「MacOS 64 bit architecture」を選択し，ダウンロードを開始する．終わったら展開する．

```
$ tar␣zxvf␣~/Downloads/sratoolkit.current-mac64.tar.gz
$ ls␣-lh
```

　展開された実行ファイルは，執筆時点で sratoolkit.2.9.46-1-mac64/bin に入っていた．読者のダウンロードしたバージョンで，スクリプト内のディレクトリ名は書き換えてほしい．
　早速，sra ファイルを fastq ファイルに変換してみよう．このデータは paired-end シークエンシングを行っているので，2 つの fastq ファイルに分かれている．そのままだと fastq ファイルのサイズは合計 38GB になるので，すぐに圧縮しておこう．

```
$ 040_run-sra-fastq-dump.sh
```

　これでマッピングの準備ができた．

🔵 マッピングの実行

　その前に samtools を用意しておく．マッピング結果を収めるテキストファイルである sam ファイルの操作（圧縮形式である bam ファイルへの変換，ソート，インデックス作成など）に必要なツールである．

```
$ brew␣install␣samtools
$ samtools
```

　これで操作説明が出れば，インストール完了である．
　実行してみよう．筆者環境で 5.5 時間程度かかった．

```
$ ./050_run-bwa-mem.sh
$ ls␣-lh␣DRR006760.bam
-rw-r--r--  1 misshie  staff    12G  2  9 02:41 DRR006760.bam
```

　マッピング後の bam ファイルを染色体名と物理位置で順にソートし，インデックスを作成する．

```
$ ./060_run-samtools-sort-index.sh
```

　筆者環境で 30 分程度かかった．

```
$ ls■-lh■DRR006760.sort*
-rw-r--r-- 1 misshie  staff  7.5G  2  9 05:33 DRR006760.sort.bam
-rw-r--r-- 1 misshie  staff  3.5M  2  9 05:34 DRR006760.sort.bam.bai
```

これでマッピング，ソート済み，インデックス付きの全エクソームデータの準備ができた．

COLUMN　マッピング前のトリミングの必要性

　FASTQファイルのqは，qualityのqである．塩基配列と各塩基の品質スコア（HiSeqであれば，つまり蛍光強度）を含むデータである．5'から3'に向けて品質スコアは下がる傾向があるし，paired-endであればread1よりread2のスコアが低くなる傾向がある．あまりにスコアの低い部分の情報は，マッピング時間をいたずらに長くし，その後の解釈も難しくする．また，ライブラリ長よりリード長が長ければ「読み越す」ことになり，出力配列にサンプル由来でないアダプタ配列が入り込むことになる．これもマッピングの邪魔である．

　これらの配列を最初の段階で除外するのがトリミングである．とはいうものの，比較的高品質のヒトゲノムDNAの解析に限っていえば，トリミングは必須ではないというのが筆者の判断である．現在のプロトコールはかなり安定しており，マッピングツールのソフトクリッピング（うまくマップできない配列を消さずに無視する）結果に任せてしまっても，下流の解析に大きな影響はなさそうである．

バリアントの検出

● PCR由来の重複の除去（deduplication）

　必要なソフトウェアを順にインストールしていこう．まず必要なのはOracle Java SE Development Kit．ウェブブラウザで「oracle java jdk8」と検索する．ダウンロードページに移動する．複数バージョン（例えば8u201と8u202）が表示されることもあるが，数字の一番大きいものにしておこう．また，Demos and Samplesも不要である．Accept License Agreementとともに選ぶのはMac OS X x64．ブラウザのダウンロードボタンないし ~/Downloads を開き，dmgファイルを開く．画面指示に従い，インストールを進める．

```
$ java
```

これでヘルプメッセージが表示されればインストール完了．

　次に，Picard Tools[1] のインストールを行う．sam/bamのさらに詳細な操作をするためのツールキットであり，Java環境で動作する．

```
$ brew■install■picard-tools
$ picard■SortSam■-h
```

＊1　NGSの "Next Generation" といえばスタートレックTNG，そしてピカード艦長……というネーミング．

0から始める疾患ゲノム解析 ver2　69

これでヘルプメッセージが表示されればインストール完了.

続いて，deduplication を行う．シークエンシングに使うライブラリ作成に先立ち，サンプル由来のゲノム DNA を超音波などにより，平均 500bp 程度のサイズでランダムに切断することが多い．この DNA 断片両端にアダプター配列を結合させて，シークエンシングしているわけである．ここでは「ランダム」というのが重要で，もしマッピング後に一端が全く同じ場所から始まっていれば，それはサンプルゲノム DNA 由来ではなくライブラリー作成過程の PCR で増幅された，いわば影を読んでいるだけであり，むしろ PCR 由来のエラーが混入していることが疑われる．そこで，このようなリード（ペア）の一群は塩基ごとの品質スコアが一番高いものを残して，無視するマークをつけるのがこのステップである．なお，DNA の断片化を酵素による特定配列部位の切断で行ったり，PCR 産物からスタートした場合はこのステップは適用しない．一端が同じで当たり前だからである．

ここまで読んで，「そんな方法で上手くいくのか？」と思ったアナタ．勘が鋭い．本項では割愛するが，deduplication のためのより厳密な方法は，ライブラリ作成時にランダムな ID を埋め込んでその ID の重複を検出する，分子バーコード（unique molecular identifies；UIM）の使用である．

```
$ ./070_run-markduplicates.sh
```

筆者環境では実行時間は約 25 分であった.

結果を確認してみる.

```
$ head■DRR006760.sort.dedup.bam.metrix.txt
$ ls■-lh■DRR006760.sort.dedup.bam
```

metrix.txt ファイルによると重複率は 21.9% で，処理済みの bam ファイルは 6.2GB になった．なお，今回は出力ファイルサイズを小さくすることを優先して，重複リードは削除している．

🔵 GATK のインストール

ウェブブラウザで https://software.broadinstitute.org/gatk/ にアクセスし，ダウンロードする.

```
$ unzip■~/Downloads/gatk-4.1.2.0.zip
$ gatk-4.1.2.0/gatk■--help
```

本項執筆時点のバージョンは gatk-4.1.2.0 である．ファイル名は適宜変更してほしい．これで操作説明が出ればインストール完了である.

🔵 塩基ごとの品質スコアの再校正

最初にダウンロードした FASTQ ファイルの各リードには，塩基ごとの品質スコアが付いている．このスコアは，「読み間違いである確率」を意味する．塩基ごとのスコアは HiSeq の場合であれば，蛍光強度からイルミナ社が作成した対応表に基づき算出される．最後に行うバリエーションコールはこのスコア（質）とリード数（量）を勘案してなされるが，実際の「読み間違い確率」とスコアが乖離することも知られている．そこで，「公共データベース上の既知バリエーション以外の場所で見つ

かったバリエーションは，ほとんど読み間違いだろう」という仮定でスコアと読み間違いの対応を実測し，校正するのがこのステップである．

まず，GATK とともに公開されている公共データベース上の既知バリエーションデータを，以下のスクリプトを使ってダウンロードする．

```
$ ./080_download-gatk-bundles.sh
```

COLUMN　GATK4 と GATK3

Genome Analysis ToolKit（GATK）は，マップ済 BAM ファイルをスタートとした各種バリエーション検出とその前後のデータ処理を行うツール群である．開発は米国の Broad Institute で，いわゆる「業界標準ツール」のひとつである．現在，GATK はバージョン 3 と 4 が並存している．本項ではバージョン 4 の最新版を使うことにする．ただし，一部ツールはまだバージョン 4 に移植されていないことに注意が必要である．

GATK が要求する参照ゲノム配列用インデックスファイルを作成する．

```
$ ./090_prep-reference-index.sh
```

再校正のための統計値を取得する．

```
$ ./100_run-BaseRecalibrator.sh
```

筆者環境で 40 分かかった．

最後に，統計値を実際のデータに適応して再校正を完了する．

```
$ ./110_run-ApplyBQSR.sh
```

筆者環境で 20 分かかった．

● バリアント検出

今回使用するエクソームデータは，アジレント社の SureSelect Human Exome 50Mb で濃縮（エンリッチメント）している．解析対象をこの製品の対象領域に絞ることで，解析時間とデータ量を削減することができる．というのは，濃縮といっても，FASTQ データには低 depth ながらも全ゲノム情報が含まれているからである．

本来であれば，アジレント社の Web ページ（https://earray.chem.agilent.com/suredesign/）からユーザー登録の上で対象領域情報をダウンロードしてくるのだが，上記試薬の情報は現在提供されていない（どうしてもという場合は，同社に問い合わせされたい）ため，公共データのエクソン内タンパクコーディング領域情報（Consensus Coding Sequence；CCDS）から，代用となるデータを作ってみることにする．

ウェブブラウザで UCSC ゲノムブラウザの Table Browser（http://genome-asia.ucsc.edu/

0 から始める疾患ゲノム解析 ver2　71

cgi-bin/hgTables）を開く.

　clade: Mammal
　genome: Human
　assembly: Dec. 2013 (GRCh38/hg38)
　group: Genes and Gene Predictions
　track: CCDS
　table: ccdsGene
　region: genome
　output format: BED - browser extensible data
　outputfile: ccds.bed.gz
　file type returned: gzip compressed

を入力・選択した上で，「get output」をクリックする．画面が遷移したら「Coding Exons」のみを選択して，「getBED」をクリックする．

```
$ gunzip ~/Downloads/ccds.bed.gz
```

解凍が終わったらカレントディレクトリに移動させよう．

```
$ mv ~/Downloads/ccds.bed.gz .
```

BED ファイルは，基本的に「染色体名」，「領域開始物理位置」，「領域終了物理位置」，「情報」をタブ区切りで表現したファイル形式である．特徴的なのは物理位置を 0 から数える（0-based）なことと，領域を「開始位置以上，終了位置未満」で表すことである．ダウンロードした BED ファイルは未ソートであり，領域の重複もあるので，これを修正する．

```
$ Scripts/sort-bed.rb ccds.bed > ccds.sort0.bed
$ brew install bedtools
$ bedtools merge -i ccds.sort0.bed > ccds.sort.bed
```

ここまで用意してから HaplotypeCaller を使って，実際の SNV と indel の検出を行う．

```
$ ./120_run-HaplotypeCaller.sh
```

筆者環境で 60 分かかった．

HaplotypeCaller が出力するデータは，Genomic VCF（g.vcf）ファイルで単サンプルのバリエーション情報である．さらに，参照配列と同一であると想定される領域の情報が入っているので，後で「参照配列と同じ」なのか「分からない」のかを区別できる．

二つ以上の g.vcf ファイルを GenotypeGVCFs で処理すると，複数サンプル VCF ファイルが生成される．このとき，一部のサンプルでジェノタイプが分からない場合，“./.”と表示される．今回は単サンプル VCF を作る．

```
$ ./130_run-GenotypeGVCFs.sh
```

COLUMN　複数サンプルの処理

「はじめに」に書いた戦略のうち，最も強力な手段が集団データに対しての遺伝モデルの適用である．複数サンプルから成る VCF を作成することで，この処理が容易になる．筆者らは実際のプロジェクトでは，以下のワークフローを使っている．

1. バリアント（物理位置）単位での絞り込みを行う．例えば，患者と患者の両親のトリオのうち患者のみがヘテロないしホモ接合変異アリルをもつモデル（de novo モデル）や，患者サンプル全てがヘテロ複合変異アリルをもつ（dominant モデル）場合などが考えられる．この際，一部サンプルでジェノタイプができなかった場合も考慮する．
2. SelectVariants を使い，単サンプル VCF を生成する．
3. 各単サンプル VCF に ANNOVAR でアノテーションを付加し，絞り込みを行う．
4. dominant モデルでひとつの遺伝子単位で複数の変異が残れば，複合ヘテロ接合モデルに合致するものとする．
5. 例えば，de novo モデルでは，その他の情報も使うことで最終的に 30 バリアント程度に絞り込むことができる．単サンプルを用いた本項の最後の数字と比較すると，いかに遺伝モデルの適応が強力かが分かるであろう．

出来上がった VCF ファイルから，# で始まるコメント行を除外してから行数を数えてみる．

```
$ gunzip -c DRR006760.both.vcf.gz | grep -v ^\# | wc -l
  64590
```

ここから絞り込んでいくことになる．

まず，ひとつの VCF ファイルを SNV と indel のみを含む VCF ファイルに分離する．

```
$ ./140_run-SelectVariants.sh
```

その上で，HaplotypeCaller が出力した各種統計値をもとに，SNC と indel とで異なる基準でバリアント品質を VCF ファイルの filter カラムに書き加える．ここには低品質なら満たさなかった基準名を，それ以外なら PASS が入る．

```
$ ./150_run-VariantFiltration.sh
```

PASS のついた行を数えてみよう．

```
$ gunzip -c DRR006760.snv.pass.vcf.gz | grep PASS | wc -l
  44803
$ gunzip -c DRR006760.indel.pass.vcf.gz | grep PASS | wc -l
  7244
```

最後に，SNV と indel の情報を一つの VCF ファイルにまとめる．

```
$ ./160_MergeVcfs.sh
```

0 から始める疾患ゲノム解析 ver2　73

> **COLUMN　VCF ファイルへの品質フィルターの適応について**
>
> 　GATK Best Practice（推奨プロトコール）では概ね 30 サンプル以上を同時に処理し，品質の悪いバリアントを除外する Variant Quality Score Recalibration（VQSR）を使っているが，本項を含め，必ずしも多サンプルを用意できるわけではない．この場合は固定閾値を使った除外（ハードフィルタリング）を行う．この段階で除外されてしまうと，以降の解析では初めから存在しなかったことになってしまうので，やや緩めの基準を使わざるを得ない．
>
> 　本項では，GATK ドキュメントでの推奨に準じたハードフィルタリングとした．ただし，-filter "SOR > 3.0" --filter-name "SOR3" については，やや厳し過ぎる（今回使用データの原論文での *LYST* 遺伝子変異が除外されてしまう）ので使っていない．筆者を含むグループは，逆に高品質のバリエーションを抽出する方法を探索した[2]．SNV については QUAL 値と GQ 値がよい指標になるが，indel についてはなかなかいい方法がないようである．

📁 バリエーションへのアノテーション付加

　ウェブブラウザで http://annovar.openbioinformatics.org/ にアクセスし，「User Guide」＞「Download ANNOVAR」を選択する，記述に従って ANNOVAR main package のユーザー登録ページに進み，必要事項を英語で記入し，登録メールアドレスに送られてきたアドレスにウェブブラウザでアクセスし，ダウンロードする．

```
$ tar■zxvf■~/Downloads/annovar.tar.gz
$ ./annovar/annotate_variation.pl
```

　ヘルプメッセージが出てくればインストール完了である．
　ANNOVAR に必要な各種公共データベース情報をダウンロードする．

```
$ ./210_prep-annovar-dbs.sh
```

　筆者環境で 15 分かかった．
　さらに，東北メディカル・メガバンク機構の日本人 3,500 人のアリル頻度情報（3.5KJPNv2）のダウンロードを別途行う．文献引用を含むこのデータの利用条件は，
https://jmorp.megabank.tohoku.ac.jp/201901/help/conditions-of-use/ を参照されたい．

```
$ ./220_download-ToMMo.sh
```

　ダウンロードしたファイルを ANNOVAR の genericdb 形式に変換する[*2]．

```
$ ./230_convert_35KJPNv2-snv.sh
$ ./240_convert_35KJPNv2-indel.sh
```

＊2　なお，使用する 230_*, 240_* のスクリプトは，第 1 版著者の一人である神田将和さんが公開したスクリプト（https://github.com/makohda/ToMMoVcf2Annovar）を元に作成した．

さらに，処理を高速化するためのインデックスを作成する[3].

```
$ ./250_run-compileAnnovarIndex.sh
```

ここまでの用意を元に，アノテーション情報の付加を行う.

```
$ ./310_run-table-annovar.sh
```

原因候補遺伝子の抽出と解釈

前項で出来上がったファイル DRR006760.hg38_multianno.txt は，品質フィルターを通過した SNV と indel に各種アノテーションが付加された，タブ区切りテキストファイルである.

本項で作成した各カラムの情報は，以下の通りである（ 表1 ）.

表1　本項で作成したカラム一覧

カラム番号	タイトル	内容
1	Chr	染色体名
2	Start	hg38 開始物理位置（各染色体の先頭位置を 1 とする）
3	End	hg38 終了物理位置
4	Ref	参照ゲノム配列のアリル
5	Alt	オルタナティブ（カラム 4 と異なる）アリル
6	cytoBand	染色体バンド
7	Func.refGene	exonic, intronic, UTR, splicing, ncRNA, 遺伝子外などの区別
8	Gene.refGene	遺伝子シンボル名
9	GeneDetail.refGene	UTR 領域内での位置情報
10	ExonicFunc.refGene	(non) synonymous, stop loss/gain, (non) frameshift, unknown などの区別
11	AAChange.refGene	各スプライスバリアントにおけるバリエーション詳細情報
12	avsnp150	補正版 dbSNP150 rs 番号
13	generic	ToMMo 3.5KJPNv2: SNV アリル頻度
14	generic2	ToMMo 3.5KJPNv2: SNV アリル数
15	generic3	ToMMo 3.5KJPNv2: indel アリル頻度
16	generic4	ToMMo 3.5KJPNv2: indel アリル数
17	Otherinfo	VCF ファイル由来：/het の区別
18	（なし）	VCF ファイル由来：QUAL 値
19	（なし）	VCF ファイル由来：read 数（depth）

---

[3]　このスクリプトは，Q&A サイト SeqAnswers のスレッド（http://seqanswers.com/forums/showthread.php?t=23535）での議論を元に作成した.

0 から始める疾患ゲノム解析 ver2　75

これらの情報を元に，様々な基準で注目すべきバリエーションの優先順位づけを行う．実際の作業は，行単位・タブ区切りテキストファイルの簡潔で高速な処理を得意とする AWK スクリプトで記述して，まとめてシェルスクリプトで実行し，精製ファイルの行数も表示してみた．行数は，読者のアノテーションデータのダウンロード時期によって多少増減するだろう．

```
$ ./320_run-awk-prioritize.sh
  62033 DRR006760.hg38_multianno.txt
  61370 DRR006760.hg38_p01_rare.txt
    461 DRR006760.hg38_p02_trancate.txt
   9189 DRR006760.hg38_p02_nonsynonymous.txt
    175 DRR006760.hg38_p03_trancate-hom.txt
    287 DRR006760.hg38_p03_trancate-het.txt
   4216 DRR006760.hg38_p03_nonsyn-hom.txt
   4974 DRR006760.hg38_p03_nonsym-het.txt
```

表示された数字を 表2 で解説する．

表2 AWK スクリプトの出力

multianno.txt	ANNOVAR table-annovar の出力
p1_rare	日本人での非参照アリル頻度の収載がないか，0.5% 未満である稀なバリエーション
p2_nonsynonymous	アミノ酸置換，フレームシフトのない indel など，コードするタンパク質の機能に影響を与えうる変異
p2_trancate	stop gain/loss，スプライス変異，フレームシフト indel といったコードするタンパク質の長さを大きく変化させ，その機能へのダメージが大きいと想定されるバリエーション
p3_*-hom/-het	p2 をホモ接合，ヘテロ接合で，さらに分割したもの

例えば，p03_trancate-hom.txt の行数を見ていただきたい．ホモ接合で機能に大きなダメージが想定されるバリエーションが 175 カ所もあるということを意味する．この数字は，大きな先天性疾患を持たない個人（いわゆる健常者）であっても概ね同じである．まず，様々な検出エラーがこの時点でも多く含まれているということである．また，嗅覚レセプター遺伝子群の変異など，その表現型がそれほど重要な意味を持たない場合もある．このデータの原論文では，複数サンプルに劣性遺伝モデルを適応して *LYST* 遺伝子にたどり着いている．

上記のスクリプト上の作業は，マイクロソフトエクセル上でも可能ではある．ところが実際は，入力行数の多さで動作が遅く，複雑な作業の組み合わせで再現が難しい．まずはコマンドラインで処理して，最後にエクセルを使うのが賢明だろう．

今回スクリプトで生成したような遺伝子名のカラムを含むデータのエクセルでの読み込みには，ちょっとしたコツがある．

1. エクセルを起動する．画面下の Dock 内のアイコンをクリックする．
2. 「空白のブック」を開く．
3. 画面上プルダウンメニューから「ファイル>開く」を選択．

4. 「Macintosh HD」をクリックし，「ユーザ」，「（読者のユーザー名）」，「Analysis」を順にクリック．「DRR006760.hg38_p03_trancate-hom.txt」，「開く」を順にクリック．

5. 「区切り記号付き」を選択し，「次へ＞」をクリック．

6. 「タブ」を選択し，「次へ＞」をクリック．

7. Gene.refGene で始まる 8 番目のカラムと「文字列」を選択し，完了をクリック．この作業で，強制的に該当カラムを文字列として扱うようになる．これで *OCT4* 遺伝子を「10 月 4 日」にするような誤変換を抑止できる．

8. 上部リボンから「テーブルとして書式設定」を選び（エクセルウインドウ全体の横幅を広げると表示されるはず），お好みの書式を選び，「先頭行をテーブルの見出しとして使用する」を選択して，「OK」.

これで，タイトル行のセルをクリックして，フィルタリング条件の試行錯誤がやりやすくなる．

COLUMN　実際にはどのような公共データを使って絞り込みを行うか

　本項では説明上，最小限の情報を使ってバリアントの絞り込みを行ったが，実際のプロジェクトでは様々な情報を組み合わせるべきだろう．

1. Human Genome Variation Database（HGVD）
　　京都大学 1,200 人日本人エクソームアリル頻度情報[3]．もうひとつの重要な日本人のアリル頻度情報である．

2. GnomAD アリル頻度情報
　　ExAC の後継プロジェクトで，広い世界（残念ながら日本以外）の集団のアリル頻度情報．

3. GENCODE 遺伝子情報
　　現在最も包括的な遺伝子情報であり，ENSEMBL の遺伝子情報とも統合されている．

4. Segmental Duplication 情報
　　UCSC ゲノムブラウザで，1Kb 以上でかつ 90% 以上の類似性を持つ複数のゲノム上領域のリスト．正確なマッピングが難しい領域である．筆者らは，稀にこの領域がエクソンに隣接する場合があることから，各領域両端を 500bp 削った上で解析除外領域としている．

5. OMIM
　　遺伝性疾患の重要なデータベース．対象疾患の表現型と変異遺伝子の OMIM 情報が一致すれば，疾患原因遺伝子であることの重要な根拠となる．http://omim.org/ 内の説明に従い申請することで，データのダウンロードが可能になる．定期的なアップデートをする価値がある．

6. ClinVar
　　米国 NCBI（National Center for Biotechnology Information）の疾患バリエーションデータベース．各バリエーションが疾患の原因であるかどうかの情報が納められている．筆者らは，現状では参考情報としての使用に留めている．

7. COSMIC
　　がんゲノムデータベース．一般には希少疾患とは対象が異なる．しかし，筆者らの経験では OMIM で疾患と無関係でも，COSMIC で重要視されている場合もあるため，参考情報とすべきだと考えている．

8. dbNSFP
　　様々なソフトウェアでバリエーションのタンパク機能ダメージング予測を事前に算出し，作成したデータベース．ANNOVAR もサポートしている．筆者らはあくまでも参考情報とし

Level 2：実践編 1

0 から始める疾患ゲノム解析 ver2　77

ている.

9. PubCaseFinder [4]

DBCLS によるウェブサイトサービス（https://pubcasefinder.dbcls.jp/）．日本語による表現型の指定に加え，候補遺伝子リストを使って効率的に疾患名を絞り込み，さらに関連情報を得ることができる．

おわりに

今回は 1 名のデータのみでここまで解析を進めた．1 名分の次世代シークエンサーデータと公共データベースを組み合わせることで，ここまで分かるともいえるし，ここまでしか分からないともいえる．実際のプロジェクトでは，想定される遺伝モデルに基づいたより多くのサンプル（可能なら家系のサンプル）や，表現型から想定される遺伝子の情報，サンガー法やターゲットとする領域の PCR 産物を用いた高 depth でのシークエンシングなどでの検証実験を総合して，疾患原因遺伝子の確定を目指すことになる．

本項執筆に際して，神田将和さんによる本書第 1 版の項「疾患ゲノム解析」において，多くを参考にさせていただきました．感謝申し上げます．

疾患ゲノム解析手順書

● 課題
1 名分の全エクソーム解析データから，何が分かるか

● 目的
　一般向けの記事などを読むと，「イデンシを調べれば，たちどころにその人の全てが分かる！」かのような表現に出会うことがある．本当にそんなことができるのだろうか？　実際にやってみよう．

● 手順
　「0 から始める疾患ゲノム解析 ver2」の項を参考に，以下の手順で「分かること」を抽出してみる．使用するスクリプトは https://github.com/misshie/ngsdat2/DiseaseGenomeValidation に準備した．

1. マッピング
　a. ヒトゲノム参照配列の準備
　b. BWA の準備
　c. 説明に用いた全エクソームデータの代わりに，慶應義塾大学の冨田 勝教授が教育目的に公開している，ご自身の全ゲノムデータ[5] 情報の一部を使うことにする．ダウンロード時間は筆者環境で 6 時間弱であった．データ処理は（全ゲノムデータではあるが）エクソーム解析に準じて行うこととする．
　d. マッピングの実行

2. バリアントの検出
　a. PCR 由来の重複の除去
　b. バリアント検出

3. バリエーションへのアノテーション付加

4. 疾患の原因となりうる遺伝子の抽出と解釈
　a. 遺伝子産物の変化が予想されるバリアントの数はいくつ？　実は，今回使ったサンプルだけが特別ではない．同じ条件ならば，誰もがおおむねこのような数のバリアントをもっている．
　b. サンプルの性別を確認する．Y 染色体をひとつ持っていれば男性と考えられる．*ALB* 遺伝子（4 番染色体上にあり，ほとんどの人が父母それぞれに由来する 2 コピーをもっていると想定されるアルブミン遺伝子）と *SRY* 遺伝子（Y 染色体上にある性決定遺伝子）それぞれにマップされた，平均リード数（平均 depth）を比較してみよう．

```
$ ./330_SRY-coverage.sh
```

　を実行してほしい．*SRY* の平均 depth がほぼゼロなら女性，*ALB* の半分程度なら男性ということになる．
　c. 耳垢のタイプ（湿型，乾型）を rs17822931 という SNP[6] の型から判別する（**表 3**）．

```
$ ./340_check-earwax-snp.sh
```

　を実行して欲しい．出力結果は VCF ファイルの一行である．一番最後のカラムに注目してほしい．コロン区切りで以下の 5 つの情報が入っている．

0 から始める疾患ゲノム解析 ver2　79

表3　VCF ファイルのジェノタイプカラム

GT	ジェノタイプ（遺伝型）．0/0，0/1，1/1 はそれぞれリファレンスホモ接合，ヘテロ接合，非リファレンスホモ接合を示す．耳垢表現型は，0/0 ＝湿型，0/1 ＝湿型，1/1 ＝乾型である．
AD	アレルごとのリード数．リファレンス，非リファレンスの順．
DP	品質フィルタ後の総リード数（depth ともいう）．
GQ	ジェノタイピングスコアで，99 点満点．今回は depth データを使ったので，スコアは低めになる．
PL	0/0，0/1，1/1 のそれぞれのもっともらしさ（尤度）．詳細は省略するが，ジェノタイプ判断結果が 0 になるようになっている．

さて，このサンプルの耳垢タイプはどれだろうか？

d. このジェノタイプの意味について，参考文献 5 〜 7 を参照しながら考察する．世界全体のヒト集団からみると多数派だろうか，それとも少数派だろうか？　日本の集団の中ではどうだろうか？

（作成：三嶋博之）

参考文献

1）Shimazaki H, Honda J, Naoi T, et al: Autosomal-recessive complicated spastic paraplegia with a novel lysosomal trafficking regulator gene mutation. J Neurol Neurosurg Psychiatry 85: 1024–1028, 2014. doi: 10.1136/jnnp-2013-306981.

2）Horai M, Mishima H, Hayashida C, et al: Detection of de novo single nucleotide variants in offspring of atomic-bomb survivors close to the hypocenter by whole-genome sequencing. J Hum Genet 63: 357–363, 2018.

3）Higasa K, Miyake N, Yoshimura J, et al: Human genetic variation database, a reference database of genetic variations in the Japanese population. J Hum Genet 61: 547–553, 2016. doi: 10.1038/jhg.2016.12.

4）Fujiwara T, Yamamoto Y, Kim JD, et al：PubCaseFinder：A Case-Report-Based, Phenotype-driven differential-diagnosis system for rare diseases. Am J Hum Genet 103：389-399, 2018. doi: 10.1016/j.ajhg.2018.08.003

5）Tomita M, Arakawa K: Genome Analysis Workshop: a Personal Genomics Class at Keio SFC. Keio SFC Journal 14 : 158-177, 2014.

6）Yoshiura K, Kinoshita A, Ishida T, et al: A SNP in the ABCC11 gene is the determinant of human earwax type. Nat Genet 38: 324–330, 2006.

7）Super Science High School Consortium: Japanese map of the earwax gene frequency: a nationwide collaborative study by Super Science High School Consortium. J Hum Genet 54: 499–503, 2009.

再現・検証：0から始める疾患ゲノム解析 ver2

ド素人 半信半疑で やりきった!!
〜ゲノム解析で耳垢タイプをチェック!〜

Mami **Bilingual News パーソナリティ**

使用機器 Mac mini（2018），macOS Mojave（10.14），CPU（3.0GHz，Intel Core i5），メモリ（32GB）

はじめに

　「ゲノム解析やってみない？」と清水さんに聞かれ，「ゲノム解析できたら，めっちゃかっこいいじゃん」と，軽い気持ちで引き受けてしまった私．宿題は，「ある人の耳垢が湿性か，乾性かを調べる」と単純明快だけれど，なんせ私はコードを書いたこともなければ，ゲノムの知識があるわけでもない．本当にできるのか……みんなが「三嶋さんの原稿を読めばできる！」というので，こっそり「ほんとかよ……」と思いつつ，やってみることにした．

　現在，息子（0歳）のお世話という激務の際を狙って自宅で仕事をしているので，さらにその合間を縫って作業を進めることに．締切に間に合うのか？　そもそも私に先生の原稿が理解できるのか？

　疑問だらけのまま，いざスタート！

1日目

　私の低スペック MacBook Air ではストレージが足りないらしいので，三嶋さんに教えてもらった外付け HDD（1TB）を購入．購入して4年も経っている私のパソコン，まさかゲノム解析に使う日が来るとは．

　手始めにパソコンの設定を「ディスプレイが切の時は，コンピューターを自動でスリープさせない」に変更し，テキストエディタの Brackets をダウンロード．

2日目

　外付け HDD が到着．とりあえずパソコンに刺す！　昨日ダウンロードしたはいいけれど，そもそも Brackets は何に使うものなのか？　超基本的な疑問が湧き出てきて，三嶋さんに連絡．原稿をパラパラ見ただけでも思った以上に高度で，一人怯える．

3日目

　原稿に従い，GitHub からスクリプト群の ZIP ファイルをダウンロード．展開して実行してみる．カウントダウンが始まり，中身がダウンロードされているよう！　と思ったら，早速エラーが出てしまった．

　三嶋さんに確認すると，パソコンの容量が足りなくなったのかも，とのこと．そうだ，せっかく刺した外付け HDD の存在を忘れていた……（おい）．

4日目

　外付け HDD に記録されるよう，まずは三嶋さんに教えてもらった通り，外付け HDD に「External」というエイリアスを与えてみた．

```
$ cd␣External
```

で，ちゃんといけるようになった！　さて，今私がいるのは外付け HDD の中だけれど，実行したい「010_

Level 2：実践編1

`download-ucsc.sh`」は「`ngsdat2-master`」ディレクトリにある．これはどうしたものか……またまた三嶋さんに連絡．

5日目

「`ngsdat2-master`」を外付け HDD の中に移す方法を教えてもらう．「External」の親ディレクトリがホームではなく，「/Volumes」になっていることに気付いておらず，何度かエラーを出すも無事に移動完了！　「010_download-ucsc.sh」を実行し，20 分ほどで完了．そして，三嶋さんに教えてもらって解凍．

6日目

東北メディカル・メガバンク機構のサイト（https://www.megabank.tohoku.ac.jp/）にアクセスし，「decoyJRGv2.fasta」をダウンロード．三嶋さんにやり方を教わり，「`External`」に移動させてから解凍．最初は空っぽだった「`External`」に，どんどんファイルが追加されていく！　自分の手柄（？）のようで地味に嬉しい．

「揃えたファイル群を結合して FASTA ファイルにする」ため，「`020_concatinate.sh`」を実行すると，なぜかエラーに……三嶋さんタスケテー．

7日目

どうやら，何かの拍子に私が「`020_concatinate.sh`」を書き換えてしまい，元のスクリプトが消えていたらしい．どういうこと……無自覚すぎて自分が怖い（笑）．直す方法を教えてもらい，再度「`020_concatinate.sh`」を実行．

8日目

息子が高熱を出したため，数日間空いてしまった．さて，何をしてたんだっけ……？

三嶋さんの原稿を確認し，BWA を解凍．途中でコマンドライン・デベロッパー・ツールなるものをダウンロードするようポップアップが出たので，素直にダウンロード．そのまま原稿通り進め，無事 BWA コマンドが使えるように．

9日目

「参照ゲノム配列を納めた fasta ファイルに対して，インデックスを作成する」という作業．数時間かかるらしいので，コマンドを打って放置．しかし，数時間どころか，丸一日放置しても全く終わらず．

確実におかしいので，三嶋さんと清水さんに相談．ターミナルで確認すると，パソコンのメモリー容量が足りないために，なんと朝から処理がほとんど進んでいなかったことが発覚．三嶋さん，清水さん，坊農さんとで作ったグループチャットが，にわかにザワついている．私のしょぼスペックパソコンでは無理があったらしい．申し訳なさすぎるけど，どうしようもないのでチャットを眺める．

急遽，清水さんが Mac mini とモニターを送ってくれることに．ただ，このタイミングで私は友人の結婚式のためオランダへ．本当に終わるのか！？　とりあえず，行ってきまーす（他人事）．

10日目（仕切り直し 1 日目）

帰国すると，清水さんからパソコン一式が届いていた．大きいダンボールを開けると，クッション材という名目で大量の食料品＆日用品が入っていてびっくり．さらに！　別途送ってもらったケーブルまで食料品に埋もれていた．もはや仕送り．清水さんラブ．

時差ボケでもうろうとしつつ Mac mini のセットアップを終わらせ，Brackets をダウンロード．GitHub から「ngsdat2」の ZIP ファイルをダウンロードして解凍．「010_download-ucsc.sh」を実行．次に，東北メディカル・メガバンク機構のサイトから「decoyJRGv2.fasta」をダウンロードし，「DiseaseGenomeValidation」に移動させてから ZIP を解凍．「020_concatinate.sh」を実行．

```
$ cat RefHg38/hg38.fasta | grep '^>'
```

で確認すると，ちゃんと染色体ごとに改行して表示されている．その後に，サイトから BWA をダウンロード．コマンドライン・デベロッパー・ツールをダウンロードし，BWA が使えるようになった．

今回は，ここまでで 1 時間もかかってない．さすがに 2 回目なので超絶スムーズ！　簡単！　幸せ！

前回容量不足で詰んだインデックス作成を実行．なんと 50 分で終わった．早すぎる．この Mac mini すごい．ここからは未知の世界．「030_download-dra.sh」を実行して，日本人のエクソームデータをダウンロード．30 分で終了．サイトから SRA ToolKit をダウンロードして解凍．

11日目

「040_run-sra-fastq-dump.sh」を実行．数分経っても何も表示されない．単に時間がかかっているのか，何も起きていないのか……？　不安になるも，ただ時間がかかっていただけのようで，無事に終了．放置して外出したので所要時間は不明だけれど，50 分以上はかかっていた模様．

Homebrew をインストールして，samtools を用意．これは簡単！　「050_run-bwa-mem.sh」を実行．16 時間かかった．

12日目

「060_run-samtools-sort-index.sh」を実行．これで全エクソームデータの準備完了．やったー！　ここからバリアント検出に進むむらしい．わくわくする！

Oracle のサイト（https://www.oracle.com/jp/index.html）に登録して，Oracle Java SE Development Kit をダウンロード．次に，ターミナルで Picard Tools をインストール．「070_run-markduplicates.sh」を実行．40 分ほどで終了．重複率は 0.023072 で，処理済みの bam ファイルは 18GB になった．続いてサイトから Genome Analysis ToolKit をダウンロードし，解凍．さらに，塩基ごとの品質スコアの再校正なる作業．「080_download-gatk-bundles.sh」と「090_prep-reference-index.sh」を順番に実行して放置．

13日目

「100_run-BaseRecalibrator.sh」を実行．1 時間で終了．続けて「110_run-ApplyBQSR.sh」を実行．40 分で終了．UCSC のサイト（https://genome.ucsc.edu/）からエクソームデータをダウンロードして解凍後，カレントディレクトリに移動させる．

14日目

ダウンロードした BED ファイルをソートし，領域の重複を修正する作業．言われた通り，コードを打つだけなので簡単．「120_run-HaplotypeCaller.sh」は 10 分で終了し，「130_run-GenotypeGVCFs.sh」は 2 分で終了．でき上がった VCF ファイルの行数を確認すると，56765 だった．

「140_run-SelectVariants.sh」で何やらファイルを分け，「150_run-VariantFiltration.sh」で何かを書き換える……BED ファイルの中身や見た目を想像できていないので，自分が何をしているのか全然分からなくて笑える．それでも先生の原稿に従っていれば進めちゃう，というのが面白い．もはや私自身が「中国語の部屋」の中の人状態……！　PASS のついた行を確認すると，SNV は 50837，indel は 5035 だった．

15日目

サイトから Annovar をダウンロードし，インストール．「210_prep-annovar-dbs.sh」でデータベースをダウンロードして，「220_download-ToMMo.sh」で東北メディカル・メガバンク機構の日本人 3,500 人のアリル頻度情報（3.5KJPNv2）のダウンロード．どちらもすぐ終わった！

16日目

ダウンロードしたファイルを，ANNOVAR の genericdb 形式に変換する作業．「230_convert_35KJPNv2-snv.

再現・検証：0 から始める疾患ゲノム解析 ver2　　83

sh」は 20 分、「240_convert_35KJPNv2-indel.sh」は 1 時間でできた．次に，処理を高速化するために，「250_run-compileAnnovarIndex.sh」でインデックス作成．20 分ぐらい．「310_run-table-annovar.sh」でアノテーション情報の付加．5 分で終了．

　そして「320_run-awk-prioritize.sh」でバリアント抽出！　できたーーー！

```
55969 DRR002191.hg38_multianno.txt
55385 DRR002191.hg38_p01_rare.txt
  423 DRR002191.hg38_p02_trancate.txt
 8447 DRR002191.hg38_p02_nonsynonymous.tx
  167 DRR002191.hg38_p03_trancate-hom.txt
  257 DRR002191.hg38_p03_trancate-het.txt
 3833 DRR002191.hg38_p03_nonsyn-hom.txt
 4615 DRR002191.hg38_p03_nonsym-het.txt
```

　一人の人間で変異やバリエーションがこんなにたくさんあることに驚愕．

　次に，「330_SRY-coverage.sh」で性別確認．

```
mean depth of the ALB gene on chromosome 4:
6.15999
mean depth of the SRY gene on chromosome Y:
3.83909
```

　SRY 遺伝子が *ALB* 遺伝子の半分ぐらいあるので，男性ということが分かる！

　最後に，遂に「340_check-earwax-snp.sh」で耳垢のタイプをチェックする．

```
#CHROM  POS     ID      REF     ALT     QUAL    FILTER  INFO      FORMAT  DRR002191
chr16   48224287        .       C       <NON_REF>       .       .       .         GT:AD:DP:GQ:PL  0/0:12,0:12:36:0,36,373
```

　0/0 なので……湿型！　綿棒で耳掃除できる派！

解析結果を受けて

Mami　：日本人は乾（dry）型が多いんですよね．

三嶋さん：そうなんです．ところが，極東を除いて人類全体でみると，乾いてる方がずっと少ないんです．また，北京・ソウルでは 100% dry なのに，日本人では 70%程度が dry なんですよね．それに，日本の中でも（高校生論文によると[1]）地域差があるようです．この結果から，「正常・異常」なんて，みるスケールでひっくり返るもんだなー，とか感じていただければ．

Mami　：面白いですね．日本人のゲノムと比較したら変異とされることも，世界中の人のゲノムと比較したら逆転しちゃう，みたいなことですよね．

三嶋さん：そうですね．耳垢には制菌作用やら，虫除け作用があるともいわれていますので，ある方がいいのかもしれませんが，一方で，なくたって構わない（命には別状ないので）dry 型が広がったのかもしれません．結局耳垢タイプが複数あるのも，極東で多いのも，直接的には「単なる偶然」です．「〜だから」というのは後付けの理由っぽい気がします．

Mami　：虫除け !!!!　へえ── !!　面白い．このまま dry 型が少数派でいくかと思いきや，アジア人女性はモテる傾向にあるので dry がいつか主流になる日がくるかもしれないですね，ってしょうもないこと言ってすいません．

三嶋さん：重要な点だと思います．様々な要因（天候や技術であったり，文化であったり）である集団の遺伝型が広がってゆくというのは，これまでもこれからもずーっと続くことだと思います．アジア人女性が世界で大人気というのは，結構大きなインパクトがあるのかもしれません．

Mami　：ちょっと戻りますが，やっぱり人は「正常・異常」とか，「普通・普通じゃない」とかではなく，単に「典型的」か「レア」ってことですよね．

三嶋さん：典型的とレアというのも，どの集団を基準にするかで（耳垢のように）ひっくり返っちゃうわけですね．

自分がやっている希少疾患の遺伝学では，「珍しい病気の原因バリエーションは珍しいはずだ！」という仮定で進めるので，珍しいって一体何？　というのは，とても重要なことです．

Mami　：確かに……紀伊半島とグアムに ALS（amyotrophic lateral sclerosis, 筋萎縮性側索硬化症）が多い，みたいなこともそうですよね？　そこの方々のゲノムをみたら別に珍しくないのかもというか．アーミッシュの人々特有の遺伝変異とか．

三嶋さん：はい．それがまさに，疾患原因遺伝子を探すときに考えていることです．考えまくってますね．

Mami　：どこと比較するかによってその変異というか，差が見つけられたり見つけられなかったりするってことですよね．

三嶋さん：ほんとにその通りです．あの手この手で，何と何を比べるのがよいのか，考えることになります．当たれば見事に原因遺伝子が見つかります．当たらないと，手を変え品を変え，チャレンジすることになります（泣）．

Mami　：私は 23andMe という遺伝子検査サービスに登録していて，それもあって単純にイメージとして，「より多くの国のより多くの人数とバーっと一気に比較すれば，より多くのデータが得られる」と漠然と思っていましたが，病気の原因のバリエーションを見つけるとなると，そんな単純な話ではないのですね．大変興味深いです．

解析を終えて

「ゲノム解析」がどういうプロセスで行われているのか全くイメージできていなかったので，全部が新鮮で楽しかった．これまでターミナルを使ったことがなかったので，今さら「コンピューターって本来こうやって使えるものなのか……！」と理解して感動した．

そもそも「ゲノム解析ソフトウェア」みたいなものが存在すると思っていたので，大きいデータをダウンロードして，解凍して，ファイル操作に必要なツールをインストールしてと，一つひとつ地道にやることにびっくりした．使うデータがオンライン上で普通に一般公開されていて，それも驚いた．最初は「本当にできるのか」と半信半疑だったけれど，実際やってみると，三嶋さんがド素人の私でも分かるように手順を並べてくれていたので，それに沿って進めていくだけで本当に私でもできた！

今回，三嶋さん，清水さん，坊農さんとのグループチャットを作ってもらい日常的にやりとりする中，作業についてはもちろん，ゲノムに関する一般的な疑問にもめちゃくちゃ丁寧に答えてくださり，あまりに贅沢すぎて天国のようだった．皆さんがゲノムや疾患の専門知識だけではなく，コーディングやプログラミングにも精通していることを目の当たりにし，もうほんとに畏怖の念しかない……！　今回このような機会を頂けて，本当に勉強になりました！　ありがとうございます！

参考文献

1) Super Science High School Consortium: Japanese map of the earwax gene frequency: a nationwide collaborative study by Super Science High School Consortium. J Hum Genet 54: 499–503, 2009.

実践編

2 0 から始める発現解析 ver2

小巻翔平 岩手医科大学 いわて東北メディカル・メガバンク機構 生体情報解析部門

使用機器 iMac（Retina 4K, 21.5-inch, Late 2015），macOS Mojave（10.14.6），CPU（3.3GHz Intel Core i7），メモリ（16GB）／Mac Pro（Late 2013），macOS Mojave（10.14.6），CPU（2.7GHz 12-Core Intel Xeon E5），メモリ（64 GB）

使用言語・ソフトウェア fasterq-dump, lftp, R, STAR, kallisto, awk, RSEM

データ量 リファレンスファイル（3GB），STAR/RSEM インデックスファイル（32GB），STAR アウトプットファイル（40GB），kallisto インデックスファイル（2GB），kallisto アウトプットファイル（1GB）

📁 はじめに

　本項では，ゲノムシーケンスを参照できる（ゲノムが決定されている）生物種を用いて，RNA-seq によって得られたシークエンスデータから転写産物の定量を行い，群間比較により発現量の変動を評価するまでの手順を紹介する．

　現在，RNA-seq データの処理・解析を行うツールには多種多様なものが存在し，中には推奨されていないものもあるため，適切なツールを使用することが肝要である．ここでは，遺伝子発現データを取り扱った国際コンソーシアムのひとつである GTEx で採用されている解析ツール（STAR），そして処理が速くノート PC でも実行可能であり，かつ一般的にも使用されている解析ツール（kallisto）を用いた 2 種類の遺伝子発現解析を紹介する．

　本項で紹介する解析は，~/Documents/expression というディレクトリで実施する．そこでまず，ターミナル上で下記のコマンドを実行して，作業ディレクトリを作成する．

```
$ mkdir■~/Documents/expression
```

📁 RNA-seq データの取得・変換

　シークエンスデータを用いた解析を行った研究が論文として発表される際は，使われたシークエンスデータも SRA（Sequence Read Archive）にて公開されていることがしばしばある．論文に書かれている SRA 上の ID からシークエンスデータにアクセスしたり，あるいは興味のあるサンプルや条件を SRA で検索することで，特定のシークエンスデータにアクセスすることができる．

　今回使用する研究データの Accession 番号は SRP045500 であり，ヒトの各種血液細胞の RNA-seq データである．もちろん，自分で実験して取得した fastq ファイルも下記の解析に用いることができる．その場合は「RNA-seq データの取得・変換」は不要で，リファレンスデータの準備から始める．RNA-seq データは，~/Documents/expression/seq というディレクトリに保存することにする．

　まずはターミナル上で下記コマンドを実行し，データを保存するディレクトリを作成する．

```
$ mkdir■~/Documents/expression/seq
```

86　実践編

ウェブブラウザでNCBIのページ（https://www.ncbi.nlm.nih.gov）に移動する．プルダウンでSRAを選択した状態で，キーワードに「SRP045500」を入力，検索を実行する（**図1**）．

図1　NCBIのSRA検索画面

図2　SRP045500の検索結果

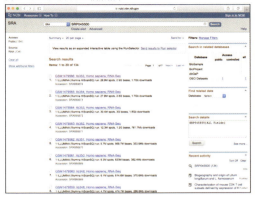

検索すると **図2** のような結果が表示される．SRP045500というIDの研究を通して登録されたデータがリストされている．

例えば，検索結果の最上位である「GSM1479566: lib355; Homo sapiens; RNA-Seq」をクリックして詳細を見る．

図3　GSM1479566の詳細

図4　Run Selectorの表示画面

研究の情報と，当該サンプルの情報が記述されている（**図3**）．さらに，Studyのshow Abstractをクリックすると，研究の概要が示される．説明文を読むと，健康なヒトといくつかの疾患を持つヒトそれぞれから，複数の血液細胞を単離してRNA-seqを実施していることが分かる．

続いて，StudyのALL runsをクリックする．Run Selectorというページに移動し，当該研究を通して登録されたデータが，細胞タイプや年齢，性別，人種といった詳細情報とともに表示される（**図4**）．LibraryLayoutはPAIRED，つまりpaired-endであると書かれている．Runsが134となっており，134個のデータがあることも分かる．

全サンプルをダウンロードして解析するのは大変であるため，今回は一部の検体を選抜して解析に用いる．具体的には，健常者と1型糖尿病患者のCD4陽性T細胞のデータを用いて，case-control比較を実施する．性別は揃えた方がよいので，女性のみにする．

　ウェブページの左側にあるcelltypeとdiseasestatus，genderにチェックを入れると，細胞タイプと疾患情報，そして性別の選択肢が表示される．そこで"cd4"，"healthy control"，"type 1 diabetes"，そして"Female"にチェックを入れるとサンプルリストが更新され，Found 7 itemsと表記される．表示されているサンプルリストに含まれる7サンプル全てにチェックが入る．その状態でSelected欄にあるRuninfo Tableをクリックして，サンプル情報を*~/Documents/expression/seq*にダウンロードする．

　ダウンロードしたファイルの内容は，エクセルやテキストエディタで閲覧できる．Run IDや年齢，細胞種，疾患情報，性別，人種などの検体情報が記述されており，これらを後述する解析で使用する．
　後ほどシークエンスデータのダウンロードに必要になるので，Run IDだけを記載したファイルもダウンロードする．Run SelectorページにてAccession Listをクリックして，ファイルを*~/Documents/expression/seq*にダウンロードする．

　シークエンスデータのダウンロードにはfasterq-dumpを使う．インストール方法はLevel 1準備編「共通基本ツールの導入方法」（p.49）を参照されたい．
　今回解析に用いるデータはpaired-endデータなので，--split-filesオプションを用いる．single-endの場合は，このオプションは不要である．1サンプル分のpaired-endデータの場合，下記のようにRun IDを指定し，fasterq-dumpによってダウンロードできる．"SRR*******"にはSRR IDを入れる．

```
$ fasterq-dump␣--split-files␣SRR*******
```

　ただし，多数のサンプルがある場合はひとつずつ入力するのは手間なので，先ほどダウンロードしたIDのリストを参照し，下記のように順次ダウンロードを実施することもできる．また，上記コマンドでダウンロードされるのは非圧縮のfastqファイルであるため，ファイルサイズが大きくなる．
　そこで，下記コマンドではファイルのダウンロードに続けて，gzip圧縮も実施している．

```
$ cd␣~/Documents/expression/seq
$ cat␣SRR_Acc_List.txt␣|␣while␣read␣line;do␣cmd="fasterq-dump␣--split-files␣${line};␣↵
gzip␣${line}*fastq";␣eval␣${cmd};␣done
```

　ダウンロードが完了したらファイルを確認する．

```
$ ls␣-lh␣*fastq.gz␣#␣ファイル一覧
$ ls␣-lh␣*fastq.gz␣|␣wc␣-l␣#␣ファイル数（合計14になるはず）
```

88　実践編

リファレンスデータのダウンロード

シークエンサーから得られたリードがゲノムのどの領域に由来するのかを推定するために，対象生物のゲノムの塩基配列を記述したリファレンスシークエンスと，遺伝子などのゲノム上の位置を記述したアノテーションファイルを準備する．

今回は ENSEMBL から，これらのデータをダウンロードして使用する．http://asia.ensembl.org/Homo_sapiens をウェブブラウザで表示させる．ヒト以外を対象とする場合は，適宜 Ensembl 上で探す．

Genome assembly の Download DNA sequence（FASTA）に各種データが含まれている．右クリックしてリンク先の URL をコピーしておく．

まず，データのダウンロードに用いる lftp をインストールする．

```
$ brew■install■lftp
```

後ほど使用する STAR では，ファイル名に .dna.primary.assembly.fa.gz が含まれているものが推奨されているので，それをダウンロードする．ダウンロード先は ~/Documents/expression/ref とする．該当するファイルが存在しない場合は，ダウンロード可能なゲノム配列データをダウンロードする．

ダウンロードは下記の方法で行う．

```
# ファイルを保存するディレクトリを作成
$ mkdir■-p■~/Documents/expression/ref
$ cd■~/Documents/expression/ref

# ensembl にアクセス
$ lftp■ftp.ensembl.org/pub/
$ ls  # 存在するディレクトリ・ファイルのリストが表示される．下記 cd を実行するごとに ls も実行して，各階層
にどのようなデータが存在するのか確認しながら進めるのがよい
$ cd■release-95
$ cd■fasta
$ cd■homo_sapiens
$ cd■dna
$ ls  # 一覧の表示  （図 5）
```

0 から始める発現解析 ver2　89

図5 FASTA のデータ一覧

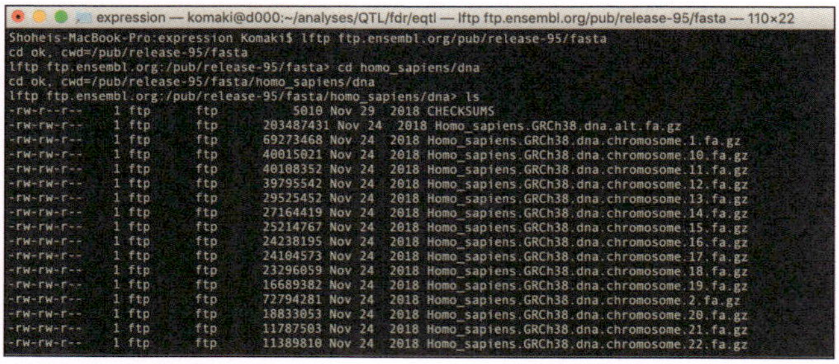

\# データをダウンロード

```
$ get■Homo_sapiens.GRCh38.dna.primary_assembly.fa.gz
```

\# ダウンロードが終了したら lftp を終了

```
$ exit
```

アノテーションファイルは，上記ウェブサイトの Gene annotation の Download GTF に置かれている．下記コマンドでファイルリストを確認し，適切なファイルをダウンロードする．

```
$ lftp■ftp.ensembl.org/pub/release-95/gtf/homo_sapiens
$ ls
$ get■Homo_sapiens.GRCh38.95.gtf.gz
$ exit
```

gz ファイルでは読み込まないツールがあるので，ファイルを解凍しておく．

```
$ gunzip■Homo_sapiens.GRCh38.dna.primary_assembly.fa.gz
$ gunzip■Homo_sapiens.GRCh38.95.gtf.gz
```

後ほど使用する kallisto というツールでは，転写産物（cDNA）のリファレンス配列を使用するので，kallisto を使う場合は下記手順でダウンロードする．

```
$ lftp■ftp.ensembl.org/pub/release-95/fasta/homo_sapiens/cdna
$ ls
$ get■Homo_sapiens.GRCh38.cdna.all.fa.gz
$ exit
```

Ensembl のリファレンスデータを用いて発現定量を行った場合，転写産物の ID が付与される．しかしながら，遺伝子名も同時に知りたい場合もあることから，ID と遺伝子名の対応表も事前に準備しておくのがよい．

```
$ cd■~/Documents/expression/ref
# R を起動する
$ R
```

90　実践編

```r
# 以下は R のコマンド
> if (!requireNamespace("BiocManager", quietly = TRUE)) ↵
install.packages("BiocManager")
> BiocManager::install("biomaRt")

# パッケージのインストール
> install.packages("dplyr") # インストール済みの場合は不要
> library(dplyr)

# 下記コマンドで対象種の Dataset 名を確認する
> ensembl = biomaRt::useEnsembl(biomart="ensembl")
> biomaRt::listDatasets(ensembl)
# ヒトの場合は 58 行目, hsapiens_gene_ensembl という dataset 名であることが分かる. 行は version によって異なるので注意

# 遺伝子 ID と遺伝子名の対応情報を取得 （図6）
> mart <- biomaRt::useMart(biomart = "ENSEMBL_MART_ENSEMBL", dataset = ↵
"hsapiens_gene_ensembl", host = 'ensembl.org')
> t2g <- biomaRt::getBM(attributes = c("ensembl_transcript_id", "ensembl_gene_id", ↵
"external_gene_name"), mart = mart)
> t2g <- dplyr::rename(t2g, target_id = ensembl_transcript_id, ens_gene = ↵
ensembl_gene_id, ext_gene = external_gene_name)
> t2g[t2g[,3] == "", "ext_gene"] <- "NA"

# 内容を確認する
> head(t2g) # 下図のような表示がされればよい
```

図6 遺伝子 ID と遺伝子名の対応情報

```
> t2g <- dplyr::rename(t2g, target_id = ensembl_transcript_id, ens_gene = ensemb
l_gene_id, ext_gene = external_gene_name)
> head(t2g)
        target_id         ens_gene ext_gene
1 ENST00000387314 ENSG00000210049    MT-TF
2 ENST00000389680 ENSG00000211459  MT-RNR1
3 ENST00000387342 ENSG00000210077    MT-TV
4 ENST00000387347 ENSG00000210082  MT-RNR2
5 ENST00000386347 ENSG00000209082   MT-TL1
6 ENST00000361390 ENSG00000198888   MT-ND1
>
```

```r
# 保存する
> write.table(t2g, "target2gene.txt", sep="\t", quote=F, row.names=F)

# R を終了する
> q()
# Save workspace image? [y/n/c]: と聞かれる. 作業内容を記録したい場合は y を, 記録不要の場合は n を入力してエンター
```

STAR，RSEM，DESeq2 を用いた処理

STAR と RSEM を組み合わせた RNA-seq データの処理方法は，ENCODE や GTEx といった主要なコンソーシアムで採用されており，そこで使われた実際のコードも公開されている．

そこで，まずは STAR と RSEM を用いたデータ処理を進め，さらに DESeq2 による解析を行う．ただし，STAR での解析には多くの計算リソースが必要になり，ノート PC では処理が困難であるため，後ほどノート PC で扱える kallisto を用いた処理・解析方法も紹介する．

● STAR

STAR は，RNA-seq データをリファレンスゲノムにマッピングするツールである．リファレンスゲノムの連続した領域へのアライメントの他，非連続的にもマッピングが可能なため，non-canonical なスプライスやキメラジャンクション，環状 RNA などにも対応できる．

まず STAR を導入する．公式ページ（https://github.com/alexdobin/STAR）にバージョンやダウンロード方法，使い方にわたる情報が掲載されている．

ここでは，原稿執筆時点での最新版である 2.7.0a を使う．

```
$ mkdir ~/Documents/expression/tools
$ cd ~/Documents/expression/tools
$ wget https://github.com/alexdobin/STAR/archive/2.7.0a.tar.gz
$ tar -xzf 2.7.0a.tar.gz
```

下記コマンドを実行して，動作するか確認する．

```
$ STAR-2.7.0a/bin/MacOSX_x86_64/STAR --version
```

また，下記コマンドを実行すると STAR の使い方が表示される．

```
$ STAR-2.7.0a/bin/MacOSX_x86_64/STAR --help
Usage: STAR  [options]... --genomeDir REFERENCE   --readFilesIn R1.fq R2.fq
Spliced Transcripts Alignment to a Reference (c) Alexander Dobin, 2009-2019

For more details see:
<https://github.com/alexdobin/STAR>
<https://github.com/alexdobin/STAR/blob/master/doc/STARmanual.pdf>


### versions
versionSTAR             020201
（中略）
### Run Parameters
runMode                     alignReads
    string: type of the run.
            alignReads              ... map reads
```

92   実践編

```
                genomeGenerate          ... generate genome files
                inputAlignmentsFromBAM ... input alignments from BAM. Presently only works
（以下略）
```

　上記の説明から分かるように，runMode で alignReads や genomeGenerate を指定することで，マッピングやリファレンスゲノムのインデックスファイルを作成させることができる．各コマンドの詳細な使い方は，ウェブ公開されているマニュアルを参照する．

　まずは runMode で genomeGenerate を用いて，インデックスファイルを作成する．この処理ではメモリが多く必要になる．哺乳類では 16GB 以上必要で，推奨は 32GB 以上，ヒトゲノムの場合は 30GB 以上が要求される．
　STAR を用いた解析を行っているコンソーシアムでは，使用したインデックスファイルを公開していることもある．例えば，下記では STAR や，それ以外のツールで使用できるインデックスファイルが公開されている．
https://github.com/broadinstitute/gtex-pipeline/blob/master/TOPMed_RNAseq_pipeline.md
　ただし，これらのファイルは各コンソーシアムの解析手法に合わせた条件下で作成されており，また，用いているツールのバージョンが異なる場合は，互換性がないこともあるので注意が必要である．

　インデックスファイルを作成するには下記コマンドを実行する．筆者の環境では 4 時間かかった．

```
# インデックスファイルを出力するディレクトリを作成
$ mkdir ~/Documents/expression/ref/STAR_reference
# STAR によるインデックス作成
$ ~/Documents/expression/tools/STAR-2.7.0a/bin/MacOSX_x86_64/STAR --runMode ↵
genomeGenerate --genomeDir ~/Documents/expression/ref/STAR_reference ↵
--genomeFastaFiles ~/Documents/expression/ref/Homo_sapiens.GRCh38.dna.primary_ ↵
assembly.fa --sjdbGTFfile ~/Documents/expression/ref/Homo_sapiens.GRCh38.95.gtf ↵
```

　上記コマンドにより，STAR によるマッピングに必要な index ファイルが STAR_reference というディレクトリ内に作成される．無事に終了した場合は finished successfully と表示される．

　インデックスファイルの準備ができたら，マッピングを行う．STAR は，次に紹介する RSEM から動かすこともできるが，今回は個別に順次処理を進める．
　まずは，マッピング後のファイルを保管するディレクトリを作成する．

```
$ mkdir -p ~/Documents/expression/STAR
$ cd ~/Documents/expression/STAR
```

　下記コマンドは，paired-end の 1 サンプル分のマッピングを行うコマンド例である．single-end の場合は，ひとつの fastq ファイルを指定すればよい（後ほど全サンプルをまとめて処理するので，下記コマンドを実行する必要はない）．

Level 2：実践編 2

0 から始める発現解析 ver2　　93

```
$ ~/Documents/expression/tools/STAR-2.7.0a/bin/MacOSX_x86_64/STAR■--runMode■ ↵
alignReads■--genomeDir■../ref/STAR_reference■--readFilesCommand■gunzip■-c■ ↵
--readFilesIn■../seq/SRR*******_1.fastq.gz■../seq/SRR*******_2.fastq.gz■ ↵
--outSAMtype■BAM■SortedByCoordinate■--runThreadN■4■--outFileNamePrefix■SRR*******■ ↵
--quantMode■TranscriptomeSAM ↵
```

　読み込ませるシークエンスファイルが非圧縮ファイルの場合（.fastq）は，`--readFilesCommand`
`gunzip■-c` が不要になる．無事マッピングが終わると，最後に finished successfully と表示される．
処理が終わると，SRR*******Aligned.sortedByCoord.out.bam などファイルが出力される．

　STAR によるマッピングでは上記の基本的なコマンドに加え，多数のオプションがある．下流でど
のような解析を行うか，どのツールを使うかによって解析の条件設定が必要になる．例えば，新規の
splicing junction を発見することが目的の場合，2-pass mapping mode で STAR を実行すること
が推奨されている．これらの細かな手法は STAR のマニュアルや，下流で使うツールのマニュアル
を確認する必要がある．幸い，利用者の多い解析ツールでは，STAR でどのようなオプションを使っ
ておくべきか，その出力結果をどうやって読み込ませるかを詳細に説明していることが多い．

　今回は複数のサンプルを解析する．サンプルごとにコマンドを手入力していては，ミスタイプなど
が生じる危険性が高くなる．そこで，下記のコマンドでサンプルごとに順次マッピングを行う．

```
$ for■sample■in■`ls■../seq/*fastq.gz■|■xargs■basename■|■cut■-f1■-d"_"■|■uniq`;■do■ ↵
echo■mapping:${sample};■../tools/STAR-2.7.0a/bin/MacOSX_x86_64/STAR■--runMode■ ↵
alignReads■--genomeDir■../ref/STAR_reference■--readFilesCommand■gunzip■-c■ ↵
--readFilesIn■../seq/${sample}_1.fastq.gz■../seq/${sample}_2.fastq.gz■--outSAMtype■ ↵
BAM■SortedByCoordinate■--runThreadN■4■--quantMode■TranscriptomeSAM■ ↵
--outFileNamePrefix■{sample};done;■echo■finished ↵
```

最後に finished と表示されれば終了である．筆者の環境では 1 サンプル 5 分かかった．

🔵 RSEM
　続いて，STAR で出力された BAM ファイルをサンプルごとに RSEM に読み込ませ，遺伝子発現
の定量を行う．RSEM は，遺伝子やアイソフォームごとに発現量を定量するソフトウェアで，STAR
から出力されたファイルを読み込んで処理することができる．

　まずは Source Code をダウンロードする．
　下記ウェブサイトの Source Code -> Latest version をクリックして，`~/Documents/expression/`
`tools/` にダウンロードし，下記コマンドを実行する．
https://deweylab.github.io/RSEM/

```
$ cd■~/Documents/expression/tools
$ tar■-zxvf■RSEM-1.3.1.tar.gz
```

RSEMでもインデックスファイルが必要になる．STARと同様に，RSEMのインデックスもインターネットで公開されていることがあるが，自分で作成しておくのがよい．

```
# インデックスファイル保存用のディレクトリを作成
$ mkdir■~/Documents/expression/ref/RSEM_reference
$ cd■~/Documents/expression/ref/RSEM_reference

# インデックス作成
$ ../tools/RSEM-1.3.1/bin/rsem-prepare-reference■--num-threads■4■--gtf ↩
Homo_sapiens.GRCh38.95.gtf■Homo_sapiens.GRCh38.dna.primary_assembly.fa■ ↩
RSEM_reference/RSEM_reference ↩
```

続いて，発現量を定量する．

```
# STAR 解析結果が保管されているディレクトリに移動
$ cd■~/Documents/expression/STAR
# 発現量定量
$ for■sample■in■`ls■../seq/*fastq.gz■|■xargs■basename■|■cut■-f1■-d"_"■|■uniq`;■do ↩
../tools/RSEM-1.3.1/rsem-calculate-expression■--num-threads■4■--paired-end■--bam ↩
{sample}Aligned.toTranscriptome.out.bam■../ref/RSEM_reference/RSEM_reference■ ↩
{sample};■done
```

../ref/RSEM_reference/rsem_reference で，RSEMのリファレンス用インデックスファイルを指定している．STARとは異なり，ディレクトリ名を入れるだけではなく，ディレクトリ内のファイル名（拡張子を除く）まで指定する必要がある．出力ファイルのうち，.genes.results と .isoforms.results には発現量に関連するスコアが記述されている．Rなどを使って自分なりのデータ処理を行う場合は，これらのファイルを使用することができる．

🔵 DESeq2

発現量データから発現変動遺伝子の検出を行う．ここでは DESeq2 を用いる．この処理も STAR，RSEM の結果が保存されているディレクトリで実施する．

```
$ cd■~/Documents/expression/STAR
```

まずは，RSEM で出力したファイルがどのサンプルに対応するのか，各サンプルはどの群（例：case，control）に属するのかを記述したファイルを準備する．RNA-seq データを SRA からダウンロードした場合は，あわせて SraRunTable.txt.csv をダウンロードしているので，それを使う．ファイルの準備はエクセル等を用いるのが最も簡単だが，Microsoft Office が利用できない場合は，下記のように R で処理することもできる．

```
# R を起動する
$ R
```

Level 2：実践編 2

0 から始める発現解析 ver2　　95

```
# 以下Rのコマンド
> df■<-■read.csv("../seq/SraRunTable.txt.csv",stringsAsFactors=F)
> df2■<-■data.frame(sample=df$Run,■group=df$diseasestatus,■path=paste0(df$Run,■↵
".genes.results"))
> write.table(df2,■"sample2condition.txt",■row.names=F,■quote=F,■sep="\t")
> q() # Rの終了
```

isoform-level の解析を行う場合は，上記コマンドの `genes.results` を `isoforms.results` に書き換える．

自身で取得した RNA-seq データを解析に用いる場合は，このファイルも自身で作成する．作成方法に決まりはないのでテキストエディタや Excel で作成して構わないが，最終的に下記のような，サンプル名・群分け・ファイルの場所（PATH）を記述したタブ切りのテキスト形式にする（**表1**）．

表1　DESeq2 に読み込ませるサンプルの情報を記載した表の例

sample	group	path
sample1	case	~/path/to/RSEM/output/sample1.genes.results
sample2	case	~/path/to/RSEM/output/sample2.genes.results
sample3	control	~/path/to/RSEM/output/sample3.genes.results
…		

続いて，DESeq2 のインストール，解析を行う．DESeq2 は R で動かすので，まず R を起動させる．また，RSEM のファイルを DESeq2 に読み込ませるために必要な tximport もインストールする．

```
$ R
```

以下は R のコマンドである．まずは RSEM で出力したファイルを読み込む．

```
# DESeq2，tximport のインストール，読み込み
> install.packages("BiocManager") # ミラーサイトを選択する．どこを選択しても問題ないが，一般的に
は地理的に近い場所を選ぶ
> BiocManager::install("DESeq2")
> BiocManager::install("tximport")
> library(DESeq2)
> library(tximport) # 警告が出るがエラーではないので無視する

# サンプル情報を記載したリストを読み込む
> s2c■<-■read.table("sample2condition.txt",■header=T,■sep="\t",■stringsAsFactors=F)
> s2c$group■<-■gsub("■","_",■s2c$group) # スペースが含まれているので置換する

# RSEM の出力ファイルの読み込み
> files■<-■s2c$path
> names(files)■<-■s2c$sample
```

```
# gene-level の解析では以下コマンド
> txi <- tximport(files, type="rsem", txIn=F, txOut=F)
# isoform-level の解析では以下コマンド
> txi <- tximport(files, type="rsem", txIn=T, txOut=T)

# length=0 を 1 に置換
> txi$length[txi$length==0] <- 1
> sampleTable <- data.frame(condition=s2c$group)
> rownames(sampleTable) <- colnames(txi$counts)
> dds <- DESeqDataSetFromTximport(txi, sampleTable, ~condition)
```

DESeq2 では，Wald 検定と尤度比検定（likelihood ratio test）の 2 つの検定を使用できる.

```
# Wald 検定
> dds_wt <- DESeq(dds)
> res_wt <- results(dds_wt)
> res_wt_naomit <- na.omit(res_wt) # NA を除外
# 尤度比検定
> dds_lrt <- DESeq(dds, test="LRT", reduced=~1)
> res_lrt <- results(dds_lrt)
> res_lrt_naomit <- na.omit(res_lrt)
```

Wald 検定の結果を表示・保存するコマンドは，以下の通りである．尤度比検定の結果を用いる場合は，res_wt_naomit を res_lrt_naomit に変更する.

```
# 遺伝子名の付与（アノテーション）
> t2g <- read.table("../ref/target2gene.txt", header=T, stringsAsFactors=F)
> res_wt_naomit$ens_gene <- row.names(res_wt_naomit)
> res_wt_naomit_annot <- merge(as.data.frame(res_wt_naomit), unique(t2g[,2:3]), ↵
by="ens_gene")

# 発現変動のある転写産物を，補正済み p 値の低い順に並べる
> res_wt_naomit_annot_sort <- res_wt_naomit_annot[order(res_wt_naomit_annot$padj),]

# 発現変動の大きな遺伝子，上位 20 個を表示させる（補正済み p 値の低い 20 遺伝子）
> head(res_wt_naomit_annot_sort, 20)

# 各カラムの説明は下記コマンドで表示させる
> mcols(res_wt_naomit)

# データフレームの保存
> write.table(res_wt_naomit_annot_sort, "Wald-test.result.txt", sep="\t", quote=F, ↵
row.names=F)
```

上記解析によって保存されたテキストファイルには，発現変動の顕著な転写産物から順にリストが記述されている．ファイルから必要な情報を抜き出すことで，作図やエンリッチメント解析などに用いることができる．本項の最後では，Metascape を使ったエンリッチメント解析について紹介する．

　ちなみに，上記解析では FASN という遺伝子が最も p 値が小さいことが分かる．この遺伝子をキーワードに文献検索すると，この遺伝子は組織によっては糖尿病や肥満などとの関連があるらしいことが分かる．

　また，DESeq2 では基本的な作図もできる．例えば，MA-plot と呼ばれる，X 軸にカウント，Y 軸に変化量を示したプロットは下記コマンドで作図できる．

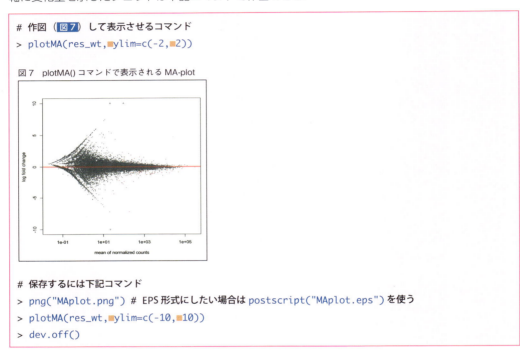

```
# 作図（図7）して表示させるコマンド
> plotMA(res_wt, ylim=c(-2, 2))
```

図7　plotMA() コマンドで表示される MA-plot

```
# 保存するには下記コマンド
> png("MAplot.png")  # EPS 形式にしたい場合は postscript("MAplot.eps") を使う
> plotMA(res_wt, ylim=c(-10, 10))
> dev.off()
```

　補正済 p 値が 0.1 を下回った遺伝子は，赤いプロットで示される．変化量がプロット領域よりも大きい遺伝子は三角形のプロットで示される．プロット領域は ylim=c() で指定できる．

　特定遺伝子の発現量（count）を示すプロットを作図するコマンドも用意されている．

```
# 発現変動の大きな遺伝子を表示させる
> head(res_wt_naomit_annot_sort)
# 上記コマンドで，FASN（ENSG00000169710）という遺伝子の発現変動が大きいことが分かる

# この遺伝子の発現量を図示する（図8）
> plotCounts(dds, gene="ENSG00000169710", intgroup="condition")
```

図 8　plotCounts() コマンドで表示される発現量のプロット

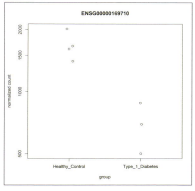

```
# 保存する際は MA-plot と同様に
> png("ENSG00000169710.png")
> plotCounts(dds, gene="ENSG00000169710", intgroup="condition")
> dev.off()

# 自前で作図するためにデータのみを抽出したい場合は，returnData=T を加える
> d <- plotCounts(dds, gene="ENSG00000169710", intgroup="condition", returnData=T)
```

ここで紹介した図以外にも，`res_wt_naomit_annot_sort` に含まれる数値を ggplot2 などに読み込ませることで，様々な種類の図を作ることができる．

kallisto と sleuth を用いた処理

上記で説明した STAR による解析では多くの計算リソースが必要であり，気軽に実施できるものではない．そこで，次に紹介するのが kallisto と sleuth を用いた解析である．

kallisto は，一般のマッピングツールと異なり，リファレンスゲノムへのアライメントを必要とせず，代わりに de Brujin Graph を用いた pseudoalignments を行っている．リファレンスゲノムへのアライメントを行わないことから処理時間が短く，ノート PC でも使用可能である点，そのためブートストラップ法を利用できる点が特徴である．kallisto のダウンロード・インストールは，Level 1 準備編「共通基本ツールの導入方法」（p.49）を参照されたい．

まずは動作確認を兼ねて，下記コマンドを実行する．

```
$ kallisto
```

無事インストールできていれば，下記のメッセージが表示される．

```
kallisto 0.44.0

Usage: kallisto <CMD> [arguments] ..
```

```
Where <CMD> can be one of:

    index       Builds a kallisto index
    quant       Runs the quantification algorithm
    bus         Generate BUS files for single cell data
    pseudo      Runs the pseudoalignment step
    merge       Merges several batch runs
    h5dump      Converts HDF5-formatted results to plaintext
    inspect     Inspects and gives information about an index
    version     Prints version information
    cite        Prints citation information
（以下略）
```

　実際に解析を行う場合は，公式サイトのマニュアルを確認する必要があるが，上記メッセージから
おおよその使い方が分かる．例えば，kallisto■index というコマンドで kallisto 用のインデックスファ
イルが作成できる．

　kallisto でもインデックスファイルが必要になる．そこで，kallisto■index というコマンドでインデッ
クスファイルを準備する．

```
$ kallisto■index
  上記コマンドを実行すると，より詳細なオプションの説明が表示される．
kallisto 0.44.0
Builds a kallisto index

Usage: kallisto index [arguments] FASTA-files

Required argument:
-i, --index=STRING              Filename for the kallisto index to be constructed

Optional argument:
-k, --kmer-size=INT             k-mer (odd) length (default: 31, max value: 31)
    --make-unique               Replace repeated target names with unique names
```

　--index でインデックスファイルにつける名前を指定，コマンドの最後には FASTA ファイルを指定
する．実際のコマンドは以下の通りである．

```
$ kallisto■index■--index=~/Documents/expression/ref/kallisto.idx■~/Documents/ ⏎
expression/ref/Homo_sapiens.GRCh38.cdna.all.fa.gz
```

　完了すると，~/Documents/expression/ref ディレクトリ内に kallisto.idx というインデックスファイ
ルが作成される．筆者の環境では 5 分で完了した．

　インデックスファイルは，kallisto 公式ページからダウンロードも可能である．

100　実践編

https://github.com/pachterlab/kallisto-transcriptome-indices/releases

ウェブからダウンロードした場合は，下記のコマンドで解凍しておく．

```
$ gunzip■Homo_sapiens.GRCh38.cdna.all.release-94_k31.idx.gz
```

上記のファイルを用いる場合，インデックスファイルのファイル名は `Homo_sapiens.GRCh38.cdna.all.release-94_k31.idx` になるため，これ以降のコマンドでは kallisto.idx を `Homo_sapiens.GRCh38.cdna.all.release-94_k31.idx` に書き換えて実行する．ヒト以外のデータを扱う場合も適宜変更する．

ツールの準備が整ったら，実際に kallisto で転写産物の定量を行う．

```
# kallisto の出力先ディレクトリを作成する
$ mkdir■-p■~/Documents/expression/kallisto
$ cd■~/Documents/expression/kallisto

# kallisto quant の使い方の説明を表示させる
$ kallisto■quant
```

最後のコマンドで，kallisto quant（転写産物の定量）の使い方の説明が表示される．

下記コマンドは，paired-end データを 1 サンプル分処理する場合のコマンド例である（後ほどまとめて処理するので，今は実行しなくてもよい）．

```
$ kallisto quant■--index=../ref/kallisto.idx■--output-dir=SRR*******■--bootstrap- ↵
samples=100■--threads=2■../seq/SRR*******_1.fastq.gz■../seq/SRR*******_2.fastq.gz
```

`--index` ではインデックスファイルを指定している．インデックスファイルの名前は必要に応じて変更する．`--output-dir` では出力先のディレクトリ名を指定している．あらかじめディレクトリを準備する必要はない．SRR******* というディレクトリが自動的に作成され，そこに kallisto の結果が出力される．`--bootstrap-samples` では，転写産物の推定値の信頼性を評価するためのブートストラップサンプリングの回数を指定する．`--threads` はスレッド数を指定する．

上記コマンドに `--pseudobam` オプションを付けると，pseudoalignment の結果を BAM ファイルとして保存することができ，別の解析ソフトに読み込ませることが可能になる．

実際に上記コマンドを実行した場合は，下記のようなメッセージが表示される．

```
[quant] fragment length distribution will be estimated from the data
[index] k-mer length: 31
[index] number of targets: 187,626
[index] number of k-mers: 108,619,921
[index] number of equivalence classes: 752,021
[quant] running in paired-end mode
[quant] will process pair 1: ../seq/SRR1550986_1.fastq.gz
```

Level 2：実践編 2

0 から始める発現解析 ver2　101

```
                          ../seq/SRR1550986_2.fastq.gz
[quant] finding pseudoalignments for the reads ... done
[quant] processed 15,170,780 reads, 12,950,322 reads pseudoaligned
[quant] estimated average fragment length: 169.477
[  em] quantifying the abundances ... done
[  em] the Expectation-Maximization algorithm ran for 1,148 rounds
[bstrp] number of EM bootstraps complete: 100
```

最後の bstrp の数値が 100 に到達したら，処理が終了する．筆者の環境では 1 サンプル 15 分かかった．使用メモリは 4GB ほどであった．

今回のように多サンプルを処理する場合は手作業だと大変，かつ `--output-dir` と 処理する `fastq` ファイルを入れ違えてしまうと，データ名と内容が入れ替わってしまう危険があるので，間違いがないように for で処理させる．

```
$ cat ../seq/run_ids | while read sample; do echo processing{sample}; kallisto ⏎
quant --index=../ref/kallisto.idx --output-dir=${sample} --bootstrap-samples=100 ⏎
--threads=4 ../seq/${sample}_1.fastq.gz ../seq/{sample}_2.fastq.gz; done; echo ⏎
finished
```

最後に finished と表示されて終了したら，出力結果を確認する．例えば，サンプル名 SRR1550986 の出力結果を確認するなら下記の通りである．

```
$ ls -lh SRR1550986/
```

うまく処理できていれば，下記の 3 ファイルが出力されている．

```
abundance.h5
abundance.tsv
run_info.json
```

全サンプルの出力結果を確認するためには，以下のコマンドを実行する．

```
$ find ~/Documents/expression/kallisto -type f
```

📁 sleuth

kallisto で出力したファイルを sleuth に読み込ませることで，可視化や解析を行う．ただし，どのサンプルの処理結果もファイル名が同じため，サンプルを区別できるように sleuth に教える必要がある．また，各サンプルの情報（例：case か control か）も与える必要があるため，これらの情報を記載したファイルを作成する．

ファイルの作成はエクセル等を用いるのが最も簡単だが，Microsoft Office が利用できない場合は

下記のように R で作成することもできる.

```
# kallisto の作業と同じく，sleuth も ~/Documents/expression/kallisto で作業する
$ cd■~/Documents/expression/kallisto
# R を起動する
$ R

# 以下 R のコマンド
> df■<-■read.csv("../seq/SraRunTable.txt.csv",stringsAsFactors=F)
> df2■<-■data.frame(sample=df$Run,■group=df$diseasestatus,■path=df$Run)
> write.table(df2,■"sample2condition.txt",■row.names=F,■quote=F,■sep="\t")
> q() # R の終了
```

　これにより，タブ切りのテキストファイルが作成される．今回のようにサンプル数が少なければ，エクセルやメモ帳でも作成できる．最終的に下記のようなサンプル名，コンディション（例：case/control），kallisto の出力ファイルが含まれるディレクトリのパスをタブ切りにしたテキストファイルを用意する．

　今回は，kallisto の出力ファイルを保存したディレクトリの名前をサンプル名にしたので，path が sample と同名になる．path の部分は，明示的に記述するならば ~/Documents/expression/kallisto/SRR1550989 になる（**表2**）.

表2　sleuth に読み込ませるサンプルの情報（一部）

sample	condition	path
SRR1550989	Health Control	SRR1550989
SRR1551005	Type 1 Diabetes	SRR1551005
SRR1551011	Type 1 Diabetes	SRR1551011

　続いて，sleuth を準備する．sleuth は R で使用するパッケージのひとつであり，R を立ち上げた状態でインストールする．同じく以下の公式サイトを参考にする．
https://pachterlab.github.io/sleuth/download

```
# R を起動させる
$ R
# 以下は R のコマンド
> source("http://bioconductor.org/biocLite.R")
> biocLite("rhdf5")
> install.packages("devtools")
> devtools::install_github("pachterlab/sleuth")
# sleuth パッケージを読み込む
> library("sleuth")
```

　上手くインストールできていれば，最後のコマンド `library("sleuth")` で sleuth がロードされる.

0 から始める発現解析 ver2　103

```r
# サンプル情報を読み込む
> s2c <- read.table("sample.txt", header=T, stringsAsFactors=F, sep="\t")
> s2c$condition <- gsub(" ","_",s2c$condition)
# 表示させて内容を確認する
> s2c


# 遺伝子 ID と遺伝子名の対応表を読み込む
> t2g <- read.table("../ref/target2gene.txt", header=T, stringsAsFactors=F)


# kallisto の出力ファイルを読み込む
# isoform-level でデータを読み込む場合は以下
> so <- sleuth_prep(s2c, extra_bootstrap_summary=T, target_mapping=t2g)
# gene-level でデータを読み込む場合は以下
> so <- sleuth_prep(s2c, extra_bootstrap_summary=T, target_mapping=t2g, aggregation_ ←
column='ens_gene', gene_mode=T)


# kallisto の結果を眺める（先頭の 20 行のみ）
> head(kallisto_table(so), 20)
# 表示される表は Sample1 の transcriptA, Sample2 の transcriptA, Sample1 の transcriptB…と
いう具合に, 縦に長く続いている. 縦に遺伝子, 横にサンプルというマトリックス形式ではない


# 遺伝子 ID に対応する遺伝子名を付与する
> kallisto.df <- kallisto_table(so)
> kallisto.df$target_id2 <- sub("\\..*","",kallisto.df$target_id)
> kallisto.df <- merge(kallisto.df,t2g, by.x="target_id2", by.y="target_id")
# 遺伝子レベルで解析する場合は, 最後を by.y="ens_gene" に変更する


# 今回は使わないが, このデータは別の解析などにも活用できるので保存しておく
> write.table(kallisto.df, "kallisto_res.txt", row.names=F, quote=F)
```

sleuth では 2 種類の発現量比較が実施できる. それらが尤度比検定（likelihood ratio test）と Wald 検定である. sleuth 作成者は前者を推奨しているが, 後者でのみ算出される数値もあるため, 今回は両方紹介する.

まずは, 尤度比検定についてである.

```r
> so <- sleuth_fit(so, ~condition, 'full')
# fitting measurement error models と表示されるが, これはエラーメッセージではない
> LRT <- sleuth_fit(so, ~1, 'reduced')
> LRT <- sleuth_lrt(LRT, 'reduced', 'full')
> LRT_table <- sleuth_results(LRT, 'reduced:full', 'lrt', show_all=F)
```

```
# 検定結果を眺める（先頭 10 行のみ）
> head(LRT_table, 10)
# 転写産物や p 値，q 値などが表示される
# p 値の低い順に並べ替えるには，以下のコマンドを実行する
> LRT_table <- LRT_table[order(LRT_table$pval),]
> head(LRT_table,10)
# p 値が最小なのは ENST00000503567.5（FAM153A）であることが分かる．また，遺伝子レベルで解析した場
合は，ENSG00000169710（FASN）が最も低い p 値を示す
# q 値など別の指標で並べ替える場合は，LRT_table$ の後の文字を変更する

# 結果を保存する
> write.table(LRT_table, "LRT_res.sorted.txt", row.names=F, quote=F, sep="\t")
```

発現量をボックスプロットおよびヒートマップで図示する．

```
> library(ggplot2)
> p <- plot_bootstrap(LRT, "ENST00000503567.5", units="est_counts", color_
by="condition")
# 図を表示させる（図9）
> p
```

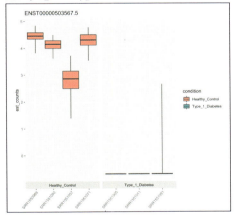

図9　plot_bootstrap() コマンドで作成される発現量のプロット

```
# 図を保存する
> ggplot2::ggsave("ENST00000503567.5.png", p)
# 拡張子を .pdf や .eps にすることでファイル形式を選択できる
# width や height で画像サイズも指定できる
# 作図に使われている生データは，下記で抜き出すことができる
> data <- as.data.frame(LRT$bs_quants)
> head(data)
# 箱ひげ図の棒の上下端が max/min，箱の上下が upper/lower，箱内の横線が mid に対応している．このデー
タを用いて ggplot2 などで作図できる
```

```
# ヒートマップ
# p 値の低い 20 遺伝子で作図する (図10)
# 上記のコマンドで既に p 値の低い順に並べ替えてあるので，上から順に 20 個の遺伝子 ID を指定する
> transcripts <- LRT_table$target_id[1:20]
# ヒートマップは gtable オブジェクトのため ggsave() は使えず，直接書き出す必要がある
> pdf('heatmap.pdf')  # ここでは PDF 形式で保存してみる
> plot_transcript_heatmap(LRT, transcripts, units="tpm")
> dev.off()
```

図10　plot_transcript_heatmap() コマンドで出力されるヒートマップ

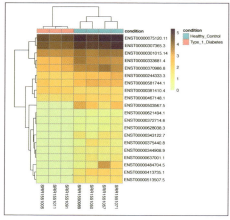

続いて Wald 検定である．

```
> WT <- sleuth_wt(so, 'conditionType_1_Diabetes')
# condition に続けて群の名前を記述する．適切な名前でない場合は，エラーメッセージとともに適切な名前が提示されるので，それを用いたコマンドを再実行する．
> WT_table <- sleuth_results(WT, 'conditionType_1_Diabetes')
# q 値の小さい順に並べ替える
> WT_table <- WT_table[order(WT_table$qval),]
# 結果を保存する
> write.table(WT_table, "WT_res.sorted.txt", row.names=F, quote=F, sep="\t")
```

Wald 検定の結果を volcanoplot で図示する (図11)．デフォルト設定では，q 値が 0.1 を下回る転写産物が赤いプロットで示される．

```
> p3 <- plot_volcano(WT, 'conditionType_1_Diabetes', 'wt')
> ggsave("volcanoplot.png", p3)
```

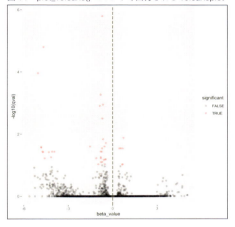

図11 plot_volcano() コマンドで出力される volcanoplot

volcano plot 作図用のデータは WT_table にも含まれているので，ggplot2 などを使って自分で作図することができる

■ エンリッチメント解析

RNA-seq データの処理と基本的な解析は紹介したが，併せてエンリッチメント解析についても簡単に紹介する．この解析によって，個々の転写産物の変動ではなく，例えば，変動した遺伝子群にどのような機能や特徴を有した遺伝子が多く含まれているかを示すことができる．

まずは，発現変動のみられた転写産物のリストを作成する．DESeq2 や sleuth で保存したファイルから作成する．

```
# 以下はコマンドラインで実行する
# DESeq2 で保存したファイルを使う場合（例：Wald 検定結果を保存したファイルの 6 項目目にある p 値が，10⁻³
を下回る転写産物の遺伝子 ID ［1 項目目］を抽出する）
$ awk '{if($6<=1e-3){print $1}}' Wald-test.result.txt > Wald-test.p1e-03.txt
# sleuth で保存したファイルを使う場合（例：4 項目目にある p 値が 10⁻⁵ を下回る転写産物のみ）
$ awk '{if($4<=1e-05){print $1}}' WT_res.sorted.txt > WT_res.p1e-05.txt
```

上記コマンドで，注目したい遺伝子群の ID リストが作成される．

Metascape のウェブページをウェブブラウザで開く．
http://metascape.org/gp/index.html#/main/step1
Step1 の Select File…で，上記で作成した ID リストのファイルを指定する．ここではデフォルトで解析を実施する．Step3 で Express Analysis をクリックし，解析が完了したら Analysis Report Page をクリックし，結果を閲覧する．
今回使った健常者と糖尿病患者の血液細胞（CD4）の解析結果では，Table2. Top 19 clusters with their representative enriched terms. に Epstein-Barr virus infection がトップに示されている．

発現解析手順書

● **課題**

グリーンアノールの RNA-seq データを用いた遺伝子発現解析

● **概要**

ゲノム配列が分かっているのはヒトだけではない．Ensembl ウェブサイトでデータを閲覧してみると，Human, Mouse, Zebrafish, その他にも聞いたことのない生物の名前まで様々な種のゲノムデータが公開されていることが分かる．このおかげで，ヒトでは観察できない，特定の分類群でのみ観察できる生命現象に気軽にアプローチすることができる．

本課題では，グリーンアノールの尾の再生に着目した研究（doi:10.1371/journal.pone.0105004）データを用いて解析を行う．

● **目的**

切断後に再生が進んだグリーンアノールの尾のうち，先端側（S1）と根元側（S5）の組織で発現に差のある遺伝子を探索する．

● **手順**

「0 から始める発現解析 ver2」を参考に，以下の手順で解析を実施する．なお，Mac Book の使用を想定している．

1. SRA Toolkit, lftp, kallisto, R をインストールする．
2. R に sleuth パッケージをインストールする．
3. BioProject PRJNA253971 に含まれる SRA データのうち，S1-D015, S5-D015, S1-D026, S5-D026, S1-D047, S5-D047, S1-D061, S5-D061 の 8 サンプル分を SRA Toolkit を用いてダウンロードする．
4. Ensemble から，グリーンアノール（*Anolis carolinensis*）の転写産物（cDNA）のリファレンス配列をダウンロードする．
5. 遺伝子 ID と遺伝子名の対応表を作成する．
6. kallisto でインデックスファイルを作成し，転写産物の定量を行う．
7. サンプル名・群分け（condition）・kallisto で出力されたディレクトリのパスを含むテキストファイルを作成する．
8. R の sleuth パッケージを用いて，kallisto の出力データを読み込む．
9. sleuth を用いて，遺伝子ごと・サンプルごとの発現量をまとめた表を作成・保存する．
10. 尤度比検定を行い，尾の先端と根元の間で発現量が異なる遺伝子をリスト化する．
11. q 値が最小の遺伝子について，ヒトではどのような働きをもっているのか，インターネット検索で調べる．
12. 発現に差があった遺伝子を抽出して，ヒートマップを作成する．
13. Wald 検定を行い，その結果を用いて volcano プロットを作成する．
14. DAVID（metascape はグリーンアノールに未対応なので）に，q 値が 0.05 を下回る遺伝子の ID リストを読み込ませ，GO（gene ontology）解析を実施する．

（作成：小巻翔平）

再現・検証：0 から始める発現解析 ver2

ゲノム解析は，奥深い謎解きゲーム!?

三田村亜紀 岩手医科大学 学務部 いわて東北メディカル・メガバンク事務室

使用機器 MacBook Air（13-inch, 2017），macOS Mojave，CPU（1.8GHz，Intel Core i5），メモリ（8GB）
データ量 空き容量（再現前：86GB，検証前：40GB，終了後：31GB）

はじめに

　私は業務でも私用でも Windows を使用していましたが，私用の PC 買い替えに当たり，「iPhone を使っているなら Mac が便利」と同僚から助言があり，あまり深く考えずに購入しました．私用 PC は，映画を観る他，iPhone のバックアップくらいにしか利用しておらず，ターミナルやコマンドとは無縁の生活でした．

　また生物学は，大学時代に読んだ本で「DNA が二重らせん構造であること」を知っている程度でしたが，数年前に現在の部署の広報事務担当となり，先生方の研究成果を分かりやすく世間に伝えるためには，自分が少しでも理解していないと話にならない，と痛感したことがきっかけで，分子生物学のマンガを読んで勉強しました．

解析前

　再現時には，SRA Toolkit, Homebrew, R（dplyr, sleuth, gridExtra），kallisto をダウンロードしていたので，課題の手順 1，2 は省略．

1日目（5月19日）

10分

　課題発表．サンプルデータをダウンロードする前に，データを入れるためのディレクトリをコマンドで作成した．

2日目（5月20日）

1 時間

　NCBI のページ(https://www.ncbi.nlm.nih.gov/)にアクセスし，SRA を選択しキーワードに「PRJNA253971」を入力．小巻先生の原稿の通りに選択を続け，8 個にチェックを入れダウンロード．ヒトの時と同様にデータが「ダウンロード」に入ってしまい，原稿の記載（「…expression/seq にダウンロードする」）の通りにならない．先生に聞いてドラッグ＆ドロップで seq に移動．

　run_id が最初から数えて第 10 項目だったので，下記コマンドで run_ids を作成した．

```
$ tail -n+2 SraRunTable.txt | cut -f10 > run_ids
```

　その後，1 行ずつ読み込んでファイルを作成した（手順 3）．この作業がヒトよりも時間を要した．まだ 1 サンプルの処理しか終わっていない状態で，空き容量が 30GB を切ったので，ヒトのリファレンスデータの一部（後述）を削除した．その結果，空き容量が 40GB まで増えた．

　8 サンプルの読込と圧縮ファイル作成が完了したのは，約 6 日後だった．空き容量は 28GB になっていた．休まず壊れず働いてくれた Mac に感謝．

Level 2：実践編 2

3日目 (5月26日)

2時間

　ヒトの時，リファレンスデータのダウンロードで原稿をよく読まなかったため，90個近いファイルをダウンロードした悲劇があったので，今回はじっくり読んだ……が，必要なファイルが分からなかったので質問．ダウンロードすべきデータを教えてもらって，lftp のコマンドで「homo_sapiens」を「anolis_carolinensis」へ変更して入力するも，エラーが出たので再び質問．対応策を教えてもらい，下記コマンドと ls を繰り返してダウンロードした（手順4）．

　コマンドでインターネットにつなげられることに感動！

```
$ lftp ftp.ensemble.org/pub/release-95/fasta/anolis_carolinensis/dna
```

4日目 (5月27日)

2時間

　前回ヒトで使用してから R のバージョンが更新され，ネットにつながっていないと先に進まないことから，先生の Mac で遺伝子 ID と遺伝子名の対応表（手順5）を作成した．

　その際，アノールでは対応表に空欄が生じるが，そのままでは後々エラーとなるため，空欄に「NA」を入力する下記コマンドを教えていただいた．

```
$ t2g[ t2g[ , 3 ] == "" , "ext_gene" ] <- "NA"
```

5日目 (5月28日)

1時間

　自宅で昨日の復習．1回目は原稿と同じコマンド（ヒトのまま）を入れてしまい，空欄が「NA」にならなかった．その後，修正を試みたが失敗．別ターミナルを立ち上げ，2回目は落ち着いてコマンドをアノールに変更し，成功．「エンターキーを押す前に見直す」ことの大切さを学ぶ．容量が大きかった iTunes の Podcast を9割削除．空き容量が 35GB まで増えた．

6日目 (5月31日)

5時間

　どのディレクトリで作業するのか分からなかったので，「ID と遺伝子名の対応表の準備」まで戻り，ref で作業することを確認し移動．再現時，「--index ~…」では上手くいかなかったので，「kallisto index」で表示された下記コマンドへ変更して入力．インデックスファイルが無事作成された（手順6）．

```
$ kallisto index -i ~/Documents/expression/anolis/ref/kallisto.idx ~/Documents/
expression/anolis/ref/Anolis_carolinensis.AnoCar2.0.cdna.all.fa.gz
```

　kallisto の出力先ディレクトリを作成．転写産物の定量を行うも，エラー．現在作業しているディレクトリがどこかを調べた結果，ヒトの kallisto のディレクトリにいることが分かったので，一旦上の階層に戻ってから，アノールの kallisto のディレクトリへ移動した．

　1サンプルの処理にかかる時間を調べるため，下記コマンドを実行したところ，所要時間は5分程度だった（ヒトの時は1サンプル45分程度）．

```
$ kallisto■quant■-i■../ref/kallisto.idx■-o■SRR1502164■-b■100■-t■2■../ ↵
seq/SRR1502164_1.fastq.gz■../seq/SRR1502164_2.fastq.gz
```

　残りのサンプルの処理をするためには，先ほど処理した「SRR1502164」を「{sample}」から外さないといけないため，run_ids を下記コマンドで表示して確認した．

```
$ cat■../seq/run_ids
```

　run_ids の 2 行目以降を処理するコマンドを入れればよいことが分かったので，下記コマンドを入力した．

```
$ tail■-n+2■../seq/run_ids■|■while■read■sample;■do■echo■processing■$sample;■kallisto
quant■-i■../ref/kallisto.idx■-o■$sample■-b■100■-t■4■../seq/${sample}_1.fastq.gz■../
seq/${sample}_2.fastq.gz;■done;■echo■finished
```

全てのサンプル処理（24 ファイルの出力）が終わるまで，30 分程度かかった．

　sample.txt の 1 行目を sample，condition，path に指定するコマンドを入力．コンディション情報を抜き出すコマンドで，アノールではどの項目が condition に該当するのか分からず，質問．第 6 項目の「S1」「S5」を抜き出すことが分かったので，下記コマンドで抜き出す項目を表示させた（手順 7）．

```
$ awk■'BEGIN{FS="\t";OFS="\t"}{print■$10,■$6,■$10}'■../seq/SraRunTable.txt
```

　表示された結果，「S1-D015」「S5-D015」など，余計な表示（ハイフン以降）があるため，下記コマンドを入力した．

```
$ awk■'BEGIN{FS="\t";OFS="\t"}{print■$10,■$6,■$10}'■../seq/SraRunTable.txt■|■ ↵
sed■-e■'s/-....//g'
```

　無事に「S1」「S5」を抜き出せたので，以下コマンドで sample.txt を作成した．

```
$ awk■'BEGIN{FS="\t";OFS="\t"}{print■$10,■$6,■$10}'■../seq/SraRunTable.txt■|■ ↵
sed■-e■'s/-....//g'■|■tail■-n+2■>>■sample.txt
```

　R を起動し，sleuth を読み込む．続けてサンプル情報，遺伝子 ID と遺伝子名の対応表を読み込んだ．原稿の通り「kallisto の出力ファイルを読み込む」を実行し，遺伝子名の付与までできたので，「遺伝子レベルで解析する」コマンドも試す．原稿の下記コマンドまで入力した（手順 8，9）．

```
> ■so■<-■sleuth_prep(s2c,■extra_bootstrap_summary=T,■target_mapping=t2g, ↵
aggregation_column='ens_gene',■gene_mode=T)
```

　遺伝子レベルで解析するとどう違うのか確認するため，ターミナルで表示させたところ，「＜0 行＞（または長

さ 0 の row.names)」と表示されたため，なぜこうなったのかを考えることになった．

　kallisto.df と target2gene.txt をターミナルで表示させて見比べ，kallisto.df の target_id は「ENSACAG（以下 11 桁の数字）」，target2gene.txt の target_id は「ENSACAT（以下 11 桁の数字）」となっており，共通していないことからマージされず，「0 行」となったことが判明．target2gene.txt で「ENSACAG」がある項目は ens_gene のため，下記コマンドを実行した．

```
> kallisto.df<- merge(kallisto.df,t2g, by.x="target_id2", by.y="ens_gene")
```

無事，マージできたことを確認し保存．

　その後，尤度比検定を実行し，p 値の低い順に並べ替え結果を保存（手順 10）．
　q 値が最小の遺伝子を ENSEMBL のページなどで検索し，ヒトでは骨やタンパク質に関連する働きをもつことが分かった（手順 11）．
　続いて，ボックスプロットやヒートマップを作成した（手順 12）．ヒートマップは，色を変えるコマンドを先生から教えていただいたので，自宅で挑戦することにした．

7日目 (6月2日)
30分

　ヒートマップの色を変えるため，kallisto に移動してから R を起動．その後，sleuth と ggplot を呼び出した．
　先生から，色を指定する際はカラーコードを使用するのがよいと助言いただいたので，原色大辞典というサイト（https://www.colordic.org）でカラーコードを調べ，p 値が高→中→低と濃い色から薄い色へ，参考にした論文の図と似ている色味でグラデーションさせるため，下記コマンドを入力し作図した（図1，2）．

```
> pdf('heatmap.pdf')
> plot_transcript_heatmap(LRT, transcripts, units="tpm", color_high="#001384", color_mid="#051ebc", color_low="#ffffff")
> dev.off()
```

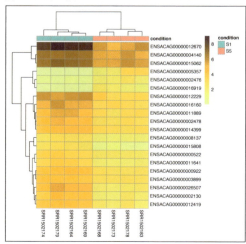

図1　ヒートマップ

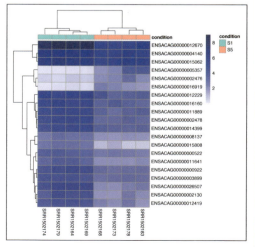

図2　グラデーションの色味にしたヒートマップ

8日目 (6月14日)
1時間

　kallisto に移動し R を起動．sleuth を呼び出した．ヒトのコマンドの「`Type_1_Diabetes`」を「`S5`」に変更して Wald 検定を行い，q 値の小さい順に並べ替えた．その結果を volcano plot で作図し（**図3**），R を終了した（手順 13）．

図3　volcano plot

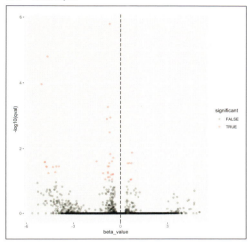

9日目 (6月18日)
2時間

　DAVID（https://david.ncifcrf.gov/summary.jsp）でエンリッチメント解析を行った．Functional Annotation を選択し，q 値が 0.05 を下回る遺伝子リストを下記コマンドで表示させ，遺伝子 ID のリストにコピペした．

```
$ awk '{if($4<=0.05 && $5<0){print $1}}' WT_res.sorted.txt
```

　Step2 で ENSEMBL_GENE_ID，Step3 で Gene list を選択し，Step4 に進んだ．
　その後，Check Defaults のチェックを外し，Gene_Ontology の＋マークを選択し画面を展開させ，GOTERM_BP_FAT にチェックを入れ，Functional Annotation Clustering を押下．別ウインドウで結果が表示されたので wound を検索し，Cluster30 に，外傷応答に関係する遺伝子が 6 件ヒットしていることを確認した（手順 14）．

おわりに

　清水先生から今回のお話をいただいた時には，今後の業務に活かせるかも，という真面目な理由と，謎解きゲームに参加するくらいの軽い気持ちでお引き受けしましたが，予想以上に大変で後悔したことも多々ありました．
　ご指導いただいた小巻先生にはたくさん質問をしてしまいましたが，嫌な顔一つせずにご回答くださり，ありがとうございました．あと少しで検証完了という頃に，先生が入院してしまった時にはどうなることかと思いましたが，無事に最後までたどり着けてよかったです．

0から始めるエピゲノム解析（ChIP-seq）ver2

尾崎 遼 筑波大学 医学医療系 バイオインフォマティクス研究室

使用機器 iMac（27-inch, Late 2012），macOS Mojave（10.14.6），CPU（2.9 GHz Intel Core i5），メモリ（8GB），ストレージ（3TB，Fusion Drive）

使用言語・ソフトウェア Bash, fastp, FastQC, Bowtie2, macs2, samtools, homer, deepTools, RStudio, IGV, bedtools, picard, Java, R, perl

データ量 1サンプルあたり fastq.gz 1つで 1.2GB（ChIP-seq），fastq.gz 2つで 3.1GB（ATAC-seq）

はじめに

ChIP-seq（chromatin immunoprecipitation sequencing）とは，DNA と転写因子の結合やヒストン修飾などのエピゲノム状態を計測するための実験技術である．具体的には，タンパク質と DNA をホルマリンなどで架橋（クロスリンク）した後，DNA を切断し，タンパク質に対する抗体を用いて DNA を回収，シーケンシングを行う．シーケンスされたリードは，特定のタンパク質が結合していた DNA 配列・ゲノム領域が濃縮される．

クロマチンアクセシビリティ解析のひとつである ATAC-seq（assay for transposase-accessible chromatin using sequencing）は，オープンクロマチン領域を特定する実験技術である．このような解析はプロモーターやエンハンサーなどの転写制御領域の絞り込みに有効である．

ChIP-seq データ解析のセクションでは，マウスの乳房腫瘍細胞株である AT-3 細胞に IFN-γ を添加した状態の BRD4，および IRF1 に対する ChIP-seq データ[1]を用いる．ATAC-seq データ解析のセクションでは，ヒトのリンパ芽球様細胞株である GM12878 細胞に対する ATAC-seq データ[2]を用いる．これらのデータの解析を通じ，ChIP-seq と ATAC-seq データ解析に必要なコマンドを概説する．

解析準備

Level 1 準備編「共通基本ツールの導入方法」（p.40）を参照し，以下を行う．
- スリープモードにならないための設定
- ターミナルの起動
- コマンドライン・デベロッパ・ツールのインストール
- Homebrew のインストール
- wget のインストール
- Bioconda のインストール
- Trim galore! のインストール

fastp のインストール

fastp はリードのトリミングを行うツールである．以下のコマンドで fastp をインストールする．

```
$ conda install -c bioconda fastp
```

● Bowtie2 プログラム のインストール

Bowtie2 は，リファレンスゲノム配列（Reference genome sequences）にリードをマッピングするために用いるツールである．

以下のコマンドで，Bowtie2 をインストールする．

```
$ conda install -c bioconda bowtie2
```

● Pre-built index の取得

マッピングのためのデータベースである Pre-built index を取得する．Bowtie2 のページ (http://bowtie-bio.sourceforge.net/bowtie2/index.shtml) へアクセスする．右側の "Indexes" という箇所から，対象の生物種に合った Pre-built index をダウンロードする．

本項で使用する種はマウスなので，Mus musculus（mm10）のリンク先アドレス（ftp://ftp.ccb.jhu.edu/pub/data/bowtie2_indexes/mm10.zip）をコピーし，以下のコマンドでマウスゲノム（mm10）のインデックスファイルをダウンロードし，解凍する．

```
$ mkdir ~/bowtie2_index  # Pre-built index を入れるためのディレクトリを作成する
$ cd ~/bowtie2_index     # Pre-built index を入れるためのディレクトリに移動する
$ wget ftp://ftp.ccb.jhu.edu/pub/data/bowtie2_indexes/mm10.zip
$ unzip mm10.zip
```

同様に，以下のコマンドで，ヒトリファレンスゲノム配列 (hg38) 用の Pre-built index をダウンロードし，さらにダウンロードされた圧縮ファイルを解凍する．

```
$ cd ~/bowtie2_index
$ wget ftp://ftp.ncbi.nlm.nih.gov/genomes/archive/old_genbank/ ↩
Eukaryotes/vertebrates_mammals/Homo_sapiens/GRCh38/seqs_for_alignment_pipelines/ ↩
GCA_000001405.15_GRCh38_no_alt_analysis_set.fna.bowtie_index.tar.gz
$ tar xvzf bowtie2_index/ ↩
GCA_000001405.15_GRCh38_no_alt_analysis_set.fna.bowtie_index.tar.gz
```

なお，Illumina の iGenomes のページ (https://support.illumina.com/sequencing/sequencing_software/igenome.html) でも，様々な生物種のゲノムに対する Pre-built index が配布されている．

● MACS2 のインストール

ChIP-seq のピーク検出を行うソフトウェアである MACS2 のインストールを行う．

現行の MACS2 は，標準では python 2 および python 3 に対応している．しかしながら，python 2 は 2020 年 1 月にサポートが終了する [3]．そのため，今後の継続性を考慮し，ここでは python 3 でのインストール方法を紹介する．

まず，MACS2 をインストールする環境を作る．

```
$ mkdir ~/tools
$ cd ~/tools
$ python3 -m venv MACS2/
$ source MACS2/bin/activate
```

以下のコマンドで MACS2 の python 3 版をインストールする．

```
$ pip install --upgrade pip
$ pip install numpy
$ pip install macs2
```

以下のコマンドで MACS2 がインストールされたことを確認する．

```
$ macs2 --help   # ヘルプメッセージが出力されれば OK
```

以下のコマンドで，MACS2 をインストールした環境から離脱する．

```
$ deactivate
```

MACS2 を使用する際には，あらかじめ以下のコマンドで MAC2 をインストールした環境に変えればよい．

```
$ source ~/tools/MACS2/bin/activate
```

● samtools のインストール

SAM/BAM ファイルを操作するためのソフトウェアである samtools（http://www.htslib.org/）をインストールする．

以下のコマンドで samtools をインストールする．

```
$ brew install samtools
```

● HOMER のインストール

HOMER は，モチーフ解析など様々な NGS 解析のツールキットである．

以下のコマンドで HOMER をインストールする．

```
$ conda install -c bioconda homer
```

以下のコマンドで，HOMER でマウスゲノム（hg38）を使えるようにする．

```
$ perl /anaconda3/share/homer-*/configureHomer.pl -install hg38
```

以下のコマンドで，HOMER でマウスゲノム（mm10）を使えるようにする．

```
$ perl■/anaconda3/share/homer-*/configureHomer.pl■-install■mm10
```

deepTools のインストール

deepTools は，マッピングされたリードの分布を可視化するのに便利なツールである．
以下のコマンドで deepTools をインストールする．

```
$ conda■install■-c bioconda■deeptools■samtools
$ deeptools■--version
```

R および RStudio のインストール

統計言語 R では，パッケージ（ライブラリ）を追加インストールすることで，NGS 解析も含めた様々
なバイオインフォマティクス解析を行うことができる．また，RStudio は R を GUI（grafical user
interface）で操作するためのソフトウェアである．
以下のコマンドで，R および RStudio をインストールする．

```
$ brew■install■r
$ brew■cask■install■rstudio
```

IGV のインストール

IGV（integrated genome viewer）は，米国 Broad Institute の開発した GUI のゲノムブラウ
ザである．ゲノムブラウザは，ゲノム上にマッピングされたリードの分布やゲノム上の領域，遺伝子
モデルといった，ゲノムに関連づいたデータを可視化するためのソフトウェアである．
以下のコマンドで IGV をインストールする．

```
$ brew■install■igv
```

bedtools のインストール

bedtools は，ゲノム領域群について重なりを調べるといった様々な操作が可能なツールである．
以下のコマンドで bedtools をインストールする．

```
$ brew■install■bedtools
```

ChIPpeakAnno のインストール

ChIPpeakAnno は R のパッケージであり，ChIP-seq や ATAC-seq のデータから検出されたピー
クへのアノテーションを行うツールである．
まず，以下のコマンドで RStudio を起動する（**図1**）．

```
$ open■-a■RStudio
```

0 から始めるエピゲノム解析（ChIP-seq）ver2　117

図1　RStudio の起動画面

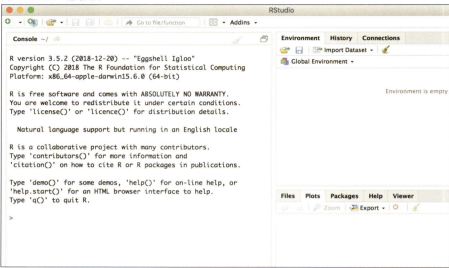

すると，上図のようなウィンドウが表示される．RStudio では，左側の Console という領域にある">"の右側に R のコマンドを入力する．

次に，以下の R のコマンドで CHIPpeakAnno をインストールする。なお，"Update all/some/none? [a/s/n]:" と表示されたら "a" と入力して，エンターを押すようにする．

```
> if (!requireNamespace("BiocManager", quietly = TRUE))install.packages("BiocManager")
> BiocManager::install("ChIPpeakAnno")
```

使用するデータの取得

遺伝子モデルのダウンロード

マウスの遺伝子モデルをダウンロードする．ここでは GENCODE（https://www.gencodegenes.org）の遺伝子モデルを使用する．GENCODE は，欧州 EMBL-EBI の Ensembl プロジェクトによる，ヒトとマウスのリファレンス遺伝子モデルである．

ヒトの場合は https://www.gencodegenes.org/human/，マウスの場合は https://www.gencodegenes.org/mouse/ にアクセスし，Content が "Comprehensive gene annotation"，Regions が "CHR" である行の GTF のダウンロードリンクをコピーする．

以下のコマンドで，GENCODE のマウスのリファレンス遺伝子モデルをダウンロードする．

```
$ mkdir■~/gencode
$ cd■~/gencode
$ wget■ftp://ftp.ebi.ac.uk/pub/databases/gencode/Gencode_mouse/release_M20/gencode.↵
vM20.annotation.gtf.gz
$ gzip■-d■gencode.vM20.annotation.gtf.gz
```

gencode.vM20.annotation.gtf ができていることを確認する．

🔵 今回使用する ChIP-seq の FASTQ ファイルのダウンロード

FASTQ ファイルだけではなく，解析を重ねると様々なファイルが出力されて煩雑になる．そこでまず，FASTQ ファイルを格納するディレクトリを作成し，そこで FASTQ ファイルをダウンロードするようにする．

以下のコマンドで，ChIP-seq 解析用のディレクトリを作成し，さらにその下に FASTQ ファイルを保存するディレクトリを作成する．

```
$ mkdir■~/chipseq     # ChIP-seq 解析用のディレクトリを作成する
$ cd■~/chipseq       # ChIP-seq 解析用のディレクトリへ移動する
$ mkdir■fastq       # FASTQ ファイルを入れるディレクトリを作成する
```

以下のマウスで行われた ChIP-seq 実験の FASTQ ファイルをダウンロードする．

ここでは，EMBL-EBI が運営する ENA（European Nucleotide Archive）から FASTQ ファイルを 3 つダウンロードする．

1）マウス AT-3 細胞（IFN-γ 添加時）における BRD4 ChIP-seq

SRR5208824.fastq.gz をダウンロードする．

```
$ cd■~/chipseq/fastq
$ wget■ftp://ftp.sra.ebi.ac.uk/vol1/fastq/SRR520/004/SRR5208824/SRR5208824.fastq.gz
```

2）マウス AT-3 細胞（IFN-γ 添加時）における IRF1 ChIP-seq

SRR5208828.fastq.gz をダウンロードする．

```
$ cd■~/chipseq/fastq
$ wget■ftp://ftp.sra.ebi.ac.uk/vol1/fastq/SRR520/008/SRR5208828/SRR5208828.fastq.gz
```

3）マウス AT-3 細胞における Input DNA ChIP-seq

Input DNA 実験は，ChIP-seq の実験のネガティブコントロールとして用いられる．ChIP-seq のコントロール実験のサンプルは，MACS2 によるピーク検出の際に非特異的なピークを除去するために用いられる．

SRR5208838.fastq.gz をダウンロードする．

```
$ cd■~/chipseq/fastq
$ wget■ftp://ftp.sra.ebi.ac.uk/vol1/fastq/SRR520/008/SRR5208838/SRR5208838.fastq.gz
```

ChIP-seq 解析

FASTQ ファイルの名称変更

　公共レポジトリからダウンロードしてきた FASTQ ファイルやシーケンサーから出力された FASTQ ファイルでは，サンプルの識別子（ID）がファイル名に用いられる場合が多い．このままでも解析はできるが，サンプルの識別子が解析者にとって解釈しづらい場合，どのファイルがどの ChIP-seq 実験のサンプルに対応するかを確認する必要が生じ，煩雑になる．

　そこで今回は，人間に解釈しやすいファイル名に変更してから解析を進める．

　SRR5208824.fastq.gz をコピーし，BRD4_ChIP_IFNy.R1.fastq.gz に名前を変更する．

```
$ cd■~/chipseq/fastq
$ cp■SRR5208824.fastq.gz■BRD4_ChIP_IFNy.R1.fastq.gz
```

以下，他の 2 つのファイルについても同様に実行する．

```
$ cp■SRR5208828.fastq.gz■IRF1_ChIP_IFNy.R1.fastq.gz
$ cp■SRR5208838.fastq.gz■Input_DNA.R1.fastq.gz
```

FASTQ ファイルの QC・前処理

　シーケンシングが問題なく行われたかを調べるために，FASTQ ファイルに含まれるリードの性質を検証する必要がある．これをリードの QC（quality control）と呼ぶ．FastQC を用いて，FASTQ ファイルのリードの QC を行う．

　まず，FastQC の結果を入れるディレクトリを作成する．

```
$ cd■~/chipseq
$ mkdir■fastqc
```

以下のコマンドで，FastQC を実行する．

```
$ cd■~/chipseq
$ fastqc■-o■fastqc■fastq/BRD4_ChIP_IFNy.R1.fastq.gz
```

同様に，他の FASTQ ファイルに対しても FastQC を実行する．

```
$ cd■~/chipseq
$ fastqc■-o■fastqc■fastq/IRF1_ChIP_IFNy.R1.fastq.gz
$ fastqc■-o■fastqc■fastq/Input_DNA.R1.fastq.gz
```

fastqcディレクトリの中に，以下のファイルができていることを確認する．

```
BRD4_ChIP_IFNy.R1_fastqc.html
BRD4_ChIP_IFNy.R1_fastqc.zip
IRF1_ChIP_IFNy.R1_fastqc.html
IRF1_ChIP_IFNy.R1_fastqc.zip
Input_DNA.R1_fastqc.html
Input_DNA.R1_fastqc.zip
```

FastQCの結果のレポートは *.html に出力されており，*.html はウェブブラウザで開くことができる（図2）．

図2　FastQCの結果レポート

左側のカラムには，各評価指標の結果が要約されている．特に，赤い×印のある項目は注意する．

0から始めるエピゲノム解析（ChIP-seq）ver2　121

● fastp による FASTQ ファイルのリードトリミング

シーケンサーから出力されたリードの塩基配列は，塩基読み取りエラーや 3' 端へのアダプター配列の混入などにより，生体内に存在塩基配列が含まれる．そのため，そのままではリードがゲノムに適切にマッピングしないことが起こりうる．

そこで，リードの塩基がエラーである可能性が高い塩基（クオリティスコアが低い塩基）を削ったり，リードがアダプター配列を含む場合にその部分を削るといった操作が必要となる．このような操作を一般に，リードのトリミングと呼ぶ．リードトリミングツールのひとつである fastp[4] を用いて，FASTQ ファイルのリードトリミングを行う．

まず，`fastp` の結果を入れるディレクトリを作成する．

```
$ cd■~/chipseq
$ mkdir■fastp      # fastp という名前のディレクトリを作る
```

以下のコマンドで，`BRD4_ChIP_IFNy.R1.fastq.gz` に対して fastp を実行する．ここではリードトリミング後の FASTQ ファイルを，BRD4_ChIP_IFNy.R1.trim.fastq.gz として出力させる．

```
$ cd■~/chipseq
$ fastp■-i■fastq/BRD4_ChIP_IFNy.R1.fastq.gz■-o■fastp/ ↵
BRD4_ChIP_IFNy.R1.trim.fastq.gz■--html■fastp/BRD4_ChIP_IFNy.fastp.html
```

同様に，`IRF1_ChIP_IFNy.R1.fastq.gz`，`Input_DNA.R1.fastq.gz` に対して fastp を実行する．

```
$ cd■~/chipseq
$ fastp■-i■fastq/IRF1_ChIP_IFNy.R1.fastq.gz■-o■fastp/IRF1_ChIP_IFNy.R1.trim.fastq.gz■ ↵
--html■fastp/IRF1_ChIP_IFNy.fastp.html
$ fastp■-i■fastq/Input_DNA.R1.fastq.gz■-o■fastp/Input_DNA.R1.trim.fastq.gz■--html■ ↵
fastp/Input_DNA.fastp.html
```

fastp ディレクトリ内に以下のファイルができていることを確認する．

```
BRD4_ChIP_IFNy.fastp.html
BRD4_ChIP_IFNy.R1.trim.fastq.gz
IRF1_ChIP_IFNy.fastp.html
IRF1_ChIP_IFNy.R1.trim.fastq.gz
Input_DNA.fastp.html
Input_DNA.R1.trim.fastq.gz
```

以下のコマンドで，fastp のレポートを確認できる（**図3**）．

```
$ cd ~/chipseq
$ open fastp/BRD4_ChIP_IFNy.fastp.html
```

図3　fastp のレポート画面

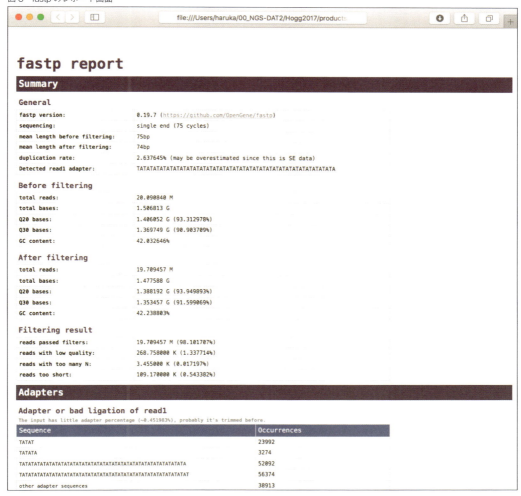

> **COLUMN** **FASTQ のリードの 3' 端の塩基を全てのリードから除く操作が必要な場合がある**
>
> Illumina 社製の DNA シーケンサーの最後のサイクル（最後の塩基）では，塩基読み取り精度が低くなることが知られている．そのため，シーケンサーを動かす実験者やシーケンシングセンター，受託企業の方針によっては，目的のリード長のサイクルに 1 塩基分サイクルを追加し，FASTQ ファイルの前処理の段階で 3' 端の 1 塩基を削る場合がある．例えば，100 塩基長のリードがほしいときには，101 サイクル回してリード長が 101 塩基のリードからなる FASTQ ファイルを取得し，データ解析の段階で 3' 端の 1 塩基を削って 100 の塩基のリード長の FASTQ ファイルを出力させるといった具合である．
>
> このような場合には，fastp などのリードトリミングツールによって最後の 1 塩基を削る操作が必要となる．fastp ではすべてのリードが同じ長さの場合，"--trim_tail1=1" というオプションを使用することで，すべてのリードの 3' 端の 1 塩基を削ることができる（ペアエンドリードの場合は，"--trim_tail1=1 --trim_tail2=1"）．
>
> 一方，すでにリードトリミング後の FASTQ ファイルである場合，"--max_len1 N"（N は正の整数）というオプションを使用することで，Read 1 で N 塩基を越えるリードがあったら N 塩基になるまで 3' 端から塩基を削るという処理を行うことができる（ペアエンドリードの場合は "--max_len1 N --max_len2 N"）．

🔵 リードのゲノムへのマッピング

Bowtie2 によるリファレンスゲノム配列へのリードのマッピングは計算が重いため，計算終了までに数時間〜半日かかる場合がある．そこで，複数のコアに計算を分散させることで計算の高速化を図りたい．そのためにまず，Mac のコア数を確認する．

以下のコマンドで，Mac のコア数を確認する．以下の例では，Total Number of Cores: 2 と表示されている．最近の Mac で搭載されている Intel の Core シリーズでは，ハイパースレッディング・テクノロジー（hyper-threading technology）が用いられており，ひとつのコアで 2 スレッドが動作するため，同時に動作可能なスレッド数は 4 となる．

```
$ system_profiler SPHardwareDataType | grep Cores
      Total Number of Cores: 2
```

🔵 Bowtie2 によるリードのゲノムへのマッピング

次に，Bowtie2 によってリードをリファレンスゲノム配列へマッピングする．

まず，Bowtie2 の計算結果を入れるディレクトリを作成する．

```
$ cd ~/chipseq
$ mkdir bowtie2
```

次のコマンドで，Bowtie2 により，BRD4_ChIP_IFNy.R1.trim.fastq.gz のリードをマウスリファレンスゲノム（mm10）へマッピングする．

```
$ cd␣~/chipseq
$ bowtie2␣-p␣2␣-x␣data/external/bowtie2_index/mm10␣\
␣-U␣BRD4_ChIP_IFNy.R1.trim.fastq.gz␣>␣bowtie2/BRD4_ChIP_IFNy.trim.sam
```

- -p：使用するコア数を指定する.
- -x：リファレンスゲノム配列の Pre-built index の接頭辞を指定する.
- -U：FASTQ ファイルを指定する.

なお，Bowtie2 はデフォルトでは最もスコアが高いアラインメントをひとつだけ出力する．もし，最もスコアが高いアラインメントが複数見つかった場合は，その中からランダムにひとつ選ぶ.

計算が終了する際に，以下のようなどのくらいのリードがマッピングされたかの割合が出力される．一般に，overall alignment rate が極端に低い場合は，実験がうまくいっていなかったり，リファレンスゲノム配列の選択が不適切であるなど，何らかの異常の可能性がある.

```
19709457 reads; of these:
  19709457 (100.00%) were unpaired; of these:
    1163507  (5.90%) aligned 0 times
    13206029(67.00%) aligned exactly 1 time
    5339921 (27.09%) aligned >1 times
94.10% overall alignment rate
```

bowtie2 フォルダの中に，BRD4_ChIP_IFNy.trim.sam が出力されていることを確認する．これは SAM 形式のファイルと呼ばれる.

同様に，他の FASTQ ファイルに対しても Bowtie2 を実行する.

```
$ cd␣~/chipseq
$ bowtie2␣-p␣2␣-x␣data/external/bowtie2_index/mm10␣\
␣-U␣IRF1_ChIP_IFNy.R1.trim.fastq.gz␣>␣bowtie2/IRF1_ChIP_IFNy.trim.sam
$ bowtie2␣-p␣2␣-x␣data/external/bowtie2_index/mm10␣\
␣-U␣Input_DNA.R1.trim.fastq.gz␣>␣bowtie2/Input_DNA.trim.sam
```

以下のファイルができていることを確認する.

```
bowtie2/IRF1_ChIP_IFNy.trim.sam
bowtie2/Input_DNA.trim.sam
```

SAM ファイルを直接扱うよりは，SAM ファイルをバイナリ化して圧縮した BAM ファイルへ変換した方が，後々の解析で便利である．そこで，samtools を用いて Bowtie2 から出力された SAM ファイルを BAM ファイルへ変換する.

次のコマンドでは，① SAM を BAM に変換し，② SAM からユニークなリード（複数のゲノム領域にマップされたリード）を抽出し，③さらに BAM をソートしている.

```
$ cd␣~/chipseq
$ samtools␣view␣-bhS␣-F␣0x4␣-q␣42␣bowtie2/BRD4_ChIP_IFNy.trim.sam␣|␣samtools␣sort␣-T␣ ↵
bowtie2/BRD4_ChIP_IFNy.trim␣-␣>␣bowtie2/BRD4_ChIP_IFNy.trim.uniq.bam
```

"-F␣0x4" によってマップされなかったリードを除き，"-q␣42" によってユニークなリードだけを抽出することができる．

以下のファイルができていることを確認する．

```
bowtie2/BRD4_ChIP_IFNy.trim.uniq.bam
```

同様に，残りの SAM ファイルについても BAM への変換を行う．

```
$ cd␣~/chipseq
$ samtools␣view␣-bhS␣-F␣0x4␣-q␣42␣bowtie2/IRF1_ChIP_IFNy.trim.sam␣|␣samtools␣sort␣-T␣ ↵
bowtie2/IRF1_ChIP_IFNy.trim␣-␣>␣bowtie2/Input_DNA.trim.uniq.bam
$ samtools␣view␣-bhS␣-F␣0x4␣-q␣42␣bowtie2/Input_DNA.trim.sam␣|␣samtools␣sort␣-T␣ ↵
bowtie2/Input_DNA.trim␣-␣>␣bowtie2/Input_DNA.trim.uniq.bam
```

BAM ファイルを読み込む際に，BAM のインデックス（拡張子が .bam.bai）が必要になる場合が多い．そこで，以下のコマンドで BAM のインデックスを作成する．

```
$ cd␣~/chipseq
$ samtools␣index␣bowtie2/BRD4_ChIP_IFNy.trim.uniq.bam
$ samtools␣index␣bowtie2/IRF1_ChIP_IFNy.trim.uniq.bam
$ samtools␣index␣bowtie2/Input_DNA.trim.uniq.bam
```

以下のファイルができていることを確認する．

```
bowtie2/BRD4_ChIP_IFNy.trim.uniq.bam.bai
bowtie2/IRF1_ChIP_IFNy.trim.uniq.bam.bai
bowtie2/Input_DNA.trim.uniq.bam.bai
```

● MACS2 によるピーク検出

ChIP-seq のリードのマッピング結果は，抗体によってどのゲノム領域由来の DNA 断片が濃縮されたかを反映している．目的とする生命現象（転写因子の結合やヒストン修飾など）が起こっているゲノム領域を見つけるには，マッピングされたリードが局所的に集中した箇所（ピーク）を検出すればよい．なお，ChIP-seq のリードのマッピング結果には，非特異的なバックグラウンドノイズも含まれるため，統計的に意味のあるピークを検出する必要がある．

ここで，ChIP-seq からのピーク検出ソフトウェアとしてよく使われる MACS2 を用いる．

```
$ cd␣~/chipseq
$ mkdir␣macs2      # MACS2 の出力結果を保存するディレクトリを作成する（必須ではない）
```

以下のコマンドで，bowtie2/BRD4_ChIP_IFNy.trim.uniq.bam および bowtie2/IRF1_ChIP_IFNy.trim.uniq.bam に対してそれぞれ MACS2 を適用し，ピーク検出を行う．なお，ここでは，bowtie2/Input_DNA.trim.uniq.bam を ChIP-seq 実験のネガティブコントロールとして，"-c" で指定している．

```
$ cd ~/chipseq
$ source ~/tools/MACS2/bin/activate      # MACS2 がインストールされた環境へ切り替える
$ macs2 callpeak -t bowtie2/BRD4_ChIP_IFNy.trim.uniq.bam \
 -c bowtie2/Input_DNA.trim.uniq.bam -f BAM -g mm -n BRD4_ChIP_IFNy --outdir macs2 ↵
-B -q 0.01
$ macs2 callpeak -t bowtie2/IRF1_ChIP_IFNy.trim.uniq.bam \
 -c bowtie2/Input_DNA.trim.uniq.bam -f BAM -g mm -n IRF1_ChIP_IFNy --outdir macs2 ↵
-B -q 0.01
$ deactivate      # 元の環境へ切り替える
```

- -g：生物種を指定する．マウスだと mm，ヒトだと hs にする．
- -q：ピークを出力する際の「補正された p 値」（adjusted p-value），あるいは q 値 (q-value) の閾値を表す．デフォルトでは q 値の閾値は 0.05 である．p 値ではなく q 値を用いるのは，多重検定補正のためである．MACS2 では，ピークの"確からしさ"に関する統計的仮説検定をピーク候補の数だけ行う（多重検定）．このような場合，たとえ帰無仮説を棄却できない場合でも何度も検定を行えば，少なくとも一度は帰無仮説が棄却される割合が検定回数にしたがって増え，偽陽性の危険性が高まる．そのため，多重検定補正が必要となる．この場合，通常の p 値ではなく p 値に多重検定補正を施した q 値（q-value）や，FDR (false discovery rate) で閾値を設定する．MACS2 では，BH 法（Benjamini-Hochberg method）を用いて FDR を計算している．多重検定補正については参考文献 5 を参照されたい．
- -B：bigBed ファイルを出力させる．
- -c：コントロールのデータを指定する．ChIP-seq のコントロール実験が実施されていないといった理由から，コントロールのデータを用いない場合は使用しない．

　以下のファイルができていることを確認する．

```
BRD4_ChIP_IFNy_model.r   # ChIP DNA フラグメント長の推定結果
BRD4_ChIP_IFNy_peaks.narrowPeak   # ピーク領域を表す narrowPeak ファイル
BRD4_ChIP_IFNy_peaks.xls     # ピークの詳細情報を示す Excel ファイル
BRD4_ChIP_IFNy_summits.bed     # ピーク領域の中で頂上となる部分（summit）を表す BED ファイル
BRD4_ChIP_IFNy_treat_pileup.bdg   # ChIP-seq データのリードカバレッジを表す bed Graph ファイル
BRD4_ChIP_IFNy_control_lambda.bdg     # コントロールのデータのリードカバレッジの局所的なバイアスの
大きさを表す bedGraph ファイル
```

　*peaks_.narrowPeak は，BED6+4 format 形式のファイルである．*_peaks.narrowPeak や *_summits.bed では，検出されたピークの情報が 1 行ずつ記載されている．
　例えば，次の head コマンドを使って，ファイルの最初の 10 行を表示することができる．

```
$ head macs2/BRD4_ChIP_IFNy_peaks.narrowPeak
chr1    4807514    4808176    BRD4_ChIP_IFNy_peak_1    117   .   8.68079
        15.22217   11.75610   520
chr1    4857437    4857680    BRD4_ChIP_IFNy_peak_2    35    .   4.76915
        6.42381    3.56659    44
chr1    4857758    4858397    BRD4_ChIP_IFNy_peak_3    216   .   12.20127
        25.56099   21.63464   266
chr1    5018884    5019146    BRD4_ChIP_IFNy_peak_4    48    .   5.54587
        7.84017    4.84834    123
chr1    5019310    5019671    BRD4_ChIP_IFNy_peak_5    60    .   6.07428
        9.09495    6.02557    165
chr1    5022794    5023366    BRD4_ChIP_IFNy_peak_6    117   .   8.68079
        15.22217   11.75610   450
chr1    5082960    5083202    BRD4_ChIP_IFNy_peak_7    80    .   5.95644
        11.26737   8.04385    189
chr1    6214644    6215164    BRD4_ChIP_IFNy_peak_8    95    .   7.50730
        12.85034   9.50346    161
chr1    7088391    7088703    BRD4_ChIP_IFNy_peak_9    73    .   6.72497
        10.58313   7.39270    149
chr1    9747880    9748331    BRD4_ChIP_IFNy_peak_10   78    .   6.70945
        11.01250   7.80631    189
```

　*_peaks.narrowPeak の最初の 10 列は，以下のような情報が載っている．

- 1列目：染色体番号
- 2列目：ピークの 5' 端
- 3列目：ピークの 3' 端
- 4列目：ピーク名
- 5列目：ピークの -10*log10(qvalue) を整数に変換した値
- 6列目：ピークのストランド（ChIP-seq のピークはストランド情報はないため . と表示）
- 7列目：バックグラウンドとの fold change
- 8列目：-log10(pvalue)
- 9列目：-log10(qvalue)
- 10列目：ピークの 5' 端からピークの頂上への相対的な位置

　また，*_summits.bed は検出されたピークの頂上部分の位置を示す．列の説明は，*_peaks. narrowPeak の 1 〜 5 行目に相当する．

```
$ head macs2/BRD4_ChIP_IFNy_summits.bed
chr1    4808034    4808035    BRD4_ChIP_IFNy_peak_1    11.75610
chr1    4857481    4857482    BRD4_ChIP_IFNy_peak_2    3.56659
chr1    4858024    4858025    BRD4_ChIP_IFNy_peak_3    21.63464
chr1    5019007    5019008    BRD4_ChIP_IFNy_peak_4    4.84834
```

```
chr1    5019475    5019476    BRD4_ChIP_IFNy_peak_5     6.02557
chr1    5023244    5023245    BRD4_ChIP_IFNy_peak_6     11.75610
chr1    5083149    5083150    BRD4_ChIP_IFNy_peak_7     8.04385
chr1    6214805    6214806    BRD4_ChIP_IFNy_peak_8     9.50346
chr1    7088540    7088541    BRD4_ChIP_IFNy_peak_9     7.39270
chr1    9748069    9748070    BRD4_ChIP_IFNy_peak_10    7.80631
```

次に，いくつのピークが検出されたかを数える．ピークひとつが1行で表されるので，`wc -l` でファイルの行数を計算すれば，検出されたピーク数が分かる．

```
$ cd ~/chipseq
$ wc -l macs2/*_peaks.narrowPeak
    9348 macs2/BRD4_ChIP_IFNy_peaks.narrowPeak
     907
macs2/BRD4_ChIP_IFNy_peaks.overlapped_with_IRF1_ChIP_IFNy_peaks.narrowPeak
    3866 macs2/IRF1_ChIP_IFNy_peaks.narrowPeak
```

次に，BRD4 のピークと IRF1 のピークがどのくらい重なるかを調べる．2つのピーク集合の間での重なりを調べるために `bedtools` を使用する．

以下のコマンドでは，`-a` で指定したピーク群（`BRD4`）のうち，`-b` で指定したピーク群（`IRF1`）と重なるものを抽出する．

```
$ cd ~/chipseq
$ bedtools intersect -u -a macs2/BRD4_ChIP_IFNy_peaks.narrowPeak -b macs2/IRF1_ChIP_↩
IFNy_peaks.narrowPeak > macs2/BRD4_ChIP_IFNy_peaks.overlapped_with_IRF1_ChIP_IFNy_↩
peaks.narrowPeak
```

同様に，IRF1 のピークのうち，BRD4 のピークと重なるものを抽出する．

```
$ cd ~/chipseq
$ bedtools intersect -u -a macs2/IRF1_ChIP_IFNy_peaks.narrowPeak -b macs2/BRD4_ChIP_↩
IFNy_peaks.narrowPeak > macs2/IRF1_ChIP_IFNy_peaks.overlapped_with_BRD4_ChIP_IFNy_↩
peaks.narrowPeak
```

次のコマンドでは，`-a` で指定したピークのうち，`-b` で指定したピークと重ならないものを抽出する．

```
$ cd ~/chipseq
$ bedtools intersect -v -a macs2/BRD4_ChIP_IFNy_peaks.narrowPeak -b macs2/IRF1_ChIP_↩
IFNy_peaks.narrowPeak > macs2/BRD4_ChIP_IFNy_peaks.not_overlapped_with_IRF1_ChIP_↩
IFNy_peaks.narrowPeak
$ bedtools intersect -v -a macs2/IRF1_ChIP_IFNy_peaks.narrowPeak -b macs2/BRD4_ChIP_↩
IFNy_peaks.narrowPeak > macs2/IRF1_ChIP_IFNy_peaks.not_overlapped_with_BRD4_ChIP_↩
IFNy_peaks.narrowPeak
```

Level 2：実践編 3

0 から始めるエピゲノム解析（ChIP-seq）ver2   129

以下のコマンドで，それぞれの行数（ピーク数）を調べる．

```
$ cd■~/chipseq
$ wc■-l■macs2/*overlapped*.narrowPeak
    8441 macs2/
BRD4_ChIP_IFNy_peaks.not_overlapped_with_IRF1_ChIP_IFNy_peaks.narrowPeak
     907 macs2/BRD4_ChIP_IFNy_peaks.overlapped_with_IRF1_ChIP_IFNy_peaks.narrowPeak
    2957 macs2/IRF1_ChIP_IFNy_peaks.not_overlapped_with_BRD4_ChIP_IFNy_peaks.narrowPeak
     909 macs2/IRF1_ChIP_IFNy_peaks.overlapped_with_BRD4_ChIP_IFNy_peaks.narrowPeak
```

　ここまでの結果から，BRD4 ChIP-seqのピークは9,348カ所あり，そのうちIRF1 ChIP-seqのピークと重なるものは907カ所であること，逆にIRF1 ChIP-seqのピークと重なるものは3,866カ所あり，そのうちBRD4 ChIP-seqのピークと重なるものは，909カ所あることが分かる．

🔵 TIPS ChIP-seqピーク検出ソフトウェアの選択

　ChIP-seqピーク検出ソフトウェアには多くの種類があるが，以下のような特徴の違いがある．詳細は参考文献6を参照されたい．
- DNAフラグメント長の予測の有無：リファレンスゲノム配列にマッピングされたリードの向きから，DNAフラグメント長を予測する（MACS2，SPP，F-Seq）．
- ピーク同定のアルゴリズムの違い：局所ポアソン（MACS2），負の二項分布（CisGenome），ゼロ過剰負の二項分布（ZINBA），隠れマルコフモデル（BayesPeak）．
- 同定できるピークの広さの違い：H3K27me3，H3K36me3などのより広いピークの同定（SICER，ZINBA，BroadPeak），ラミナ結合ドメインの決定（Enriched Domain Detector）．
- GC含量，mappabilityを考慮する（PeakSeq，PICS，ZINBA）．
- ヌクレオソームの位置検出（NPS，nucleR）．

🔵 BAMファイルのBigWigファイルへの変換

　ゲノムブラウザでの可視化をする際，BigWigファイルでリードがどの箇所にどのくらいの情報だけをみたい場合は，BAMファイルをそのまま可視化するよりも，一旦BigWigファイルに変換して可視化した方が動作が軽量である．
　以下のコマンドで，BAMファイルをBigWigファイルへ変換する．

```
$ cd■~/chipseq
$ mkdir■deeptools    # deepTools の出力結果を保存するディレクトリを作成する
$ cd■~/chipseq
$ bamCoverage■-b■bowtie2/BRD4_ChIP_IFNy.trim.uniq.bam■-o■deeptools/ ↩
BRD4_ChIP_IFNy.trim.uniq.bw■-of■bigwig■--normalizeUsing■CPM
```

同様に，残りのBAMファイルについても実行する．

```
$ cd■~/chipseq
$ bamCoverage■-b■bowtie2/IRF1_ChIP_IFNy.trim.uniq.bam■-o■deeptools/ ↩
IRF1_ChIP_IFNy.trim.uniq.bw■-of■bigwig■--normalizeUsing■CPM
```

```
$ bamCoverage -b bowtie2/Input_DNA.trim.uniq.bam -o deeptools/
Input_DNA.trim.uniq.bw -of bigwig --normalizeUsing CPM
```

以下のファイルができていることを確認する．

```
deeptools/BRD4_ChIP_IFNy.trim.uniq.bw
deeptools/IRF1_ChIP_IFNy.trim.uniq.bw
deeptools/Input_DNA.trim.uniq.bw
```

● IGVによるピークの確認（目視）

実際にソフトウェアを動かしただけでは，本当に生命科学的な現象をデータから抽出することができたのかは分からない．そこで，ソフトウェアの出力した結果の検証が必要となる．そのためには，元のデータ（この場合はゲノムにマッピングされたリード）とソフトウェアの計算結果（ここでは検出されたピーク）を実際に「目で見て」，整合性を確かめることが検証として有効である．

そのような用途に，ゲノムブラウザと呼ばれる種類のソフトウェアは有効である．IGV（integrated genome viewer）は米国のBroad Instituteが開発したゲノムブラウザであり，NGSデータの可視化によく用いられる．ここでは，IGVを用いてピーク検出結果の確認を行う．

以下のコマンドでIGVを起動すると，図4のようなウィンドウが現れる．

```
$ igv
```

図4 IGVを用いたピーク検出結果

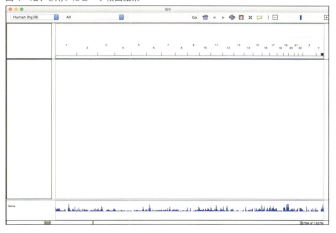

まず，マッピングの際に使用したゲノムのバージョンをIGVにおいて設定する必要がある．
左上のタブから"Mouse (mm10)"を選択する．"Loading genome"と表示されるので，表示が消えるまで待つ（図5）．

図5　ゲノムのバージョンにおける Mouse（mm10）の選択

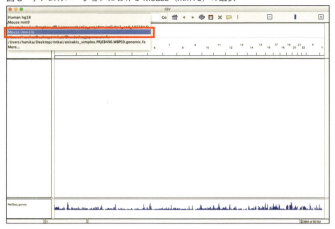

次に，ファイルを読み込む．ここでは，MACS2 で検出した ChIP-seq のピークの BED ファイルと，deepTools で変換した bigWig ファイルを読み込む（**図6**）．

ファイルを読み込むには"File"メニューの"Load from File…"を選択し，目的のファイルを選べばよい．ここでは macs2/BRD4_ChIP_IFNy_peaks.narrowPeak，deeptools/BRD4_ChIP_IFNy.trim.uniq.bw，macs2/IRF1_ChIP_IFNy_peaks.narrowPeak，deeptools/IRF1_ChIP_IFNy.trim.uniq.bw を選択して読み込む．

図6　BED ファイルと bigWig ファイルの読み込み

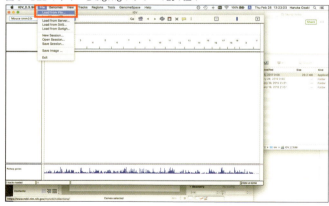

ChIP-seq 実験がうまくいっているかを確かめる QC として，ポジティブコントロールとなる領域にピークが検出されているかを調べる．ポジティブコントロールの遺伝子としては，転写因子 ChIP-seq であれば標的の転写因子が制御していることが知られる遺伝子の転写開始点周辺，ヒストン修飾 ChIP-seq であればプロモーター領域，エンハンサー領域，インシュレーター領域といった転写制御領域などが挙げられる．

ここでは，BRD4 と IRF1 の両方のターゲット遺伝子である *Cd274* 遺伝子の転写開始点周辺をみる[1]．*Cd274* は，本庶 佑博士のノーベル生理学・医学賞受賞で話題となった PD-L1 をコードする

遺伝子である．

　ゲノムブラウザは通常，検索窓に遺伝子名を打ち込むとその遺伝子の領域に移動してくれる．*Cd274* と検索窓に入力すると，*Cd274* 遺伝子の領域へ移動する． 図7 のように，*Cd274* の転写開始点付近に，BRD4 および IRF1 のピークが検出されていることが分かる．

図7　BRD4 と IRF1 のピーク検出

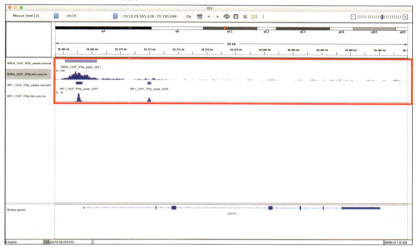

"File" > "Save image…" で，現在見ている IGV の画面を画像として保存することもできる．

COLUMN　IGV で隣接する遺伝子が重なって見づらい場合

　遺伝子モデルのトラックで右クリックをしてメニューを開き，"Expanded" を選ぶと，隣接する遺伝子の遺伝子モデルが互いに重ならないようになる（ 図8 ）．

図8　遺伝子モデルの重複回避の方法

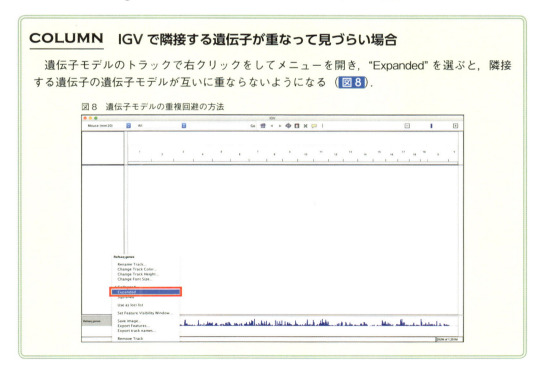

Level 2：実践編 3

0 から始めるエピゲノム解析（ChIP-seq）ver2　133

● HOMER によるモチーフ検索

ピーク領域に対して DNA モチーフ解析を行うことで，検出されたピーク領域が目的とする転写因子の結合領域の配列特徴を有していることの検証および，他にどのような転写因子が多く共局在しているかの仮説構築を行うことができる．

ここでは，転写因子 ChIP-seq 実験がうまくいっているかを確認するために，MACS2 で検出したピーク領域に標的とした転写因子の DNA 結合モチーフがピーク領域に濃縮しているかをモチーフ解析によって評価する．ここでは，モチーフ探索のために HOMER を用いる．

まず，HOMER の結果を保存するディレクトリを作成する．

```
$ cd■~/chipseq
$ mkdir■homer
```

以下のコマンドで，macs2/BRD4_ChIP_IFNy_summits.bed に対して HOMER が実行される．

```
$ cd■~/chipseq
$ mkdir■homer/BRD4_ChIP_IFNy
$ findMotifsGenome.pl■macs2/BRD4_ChIP_IFNy_summits.bed■mm10■homer/BRD4_ChIP_IFNy■ ↵
-size■200■-mask
```

- "mm10" はマウスゲノムを表す．ヒトの場合は "hg38" などにする．
- "homer/" 以下に，"homerResults.html" と "knownResults.html" という 2 つのレポートが出力される．"homerResults.html" は新規にモチーフを探索した結果を，"knownResults.html" は既知のモチーフの有無をスキャンした結果をそれぞれ記録している．

同様に，macs2/IRF1_ChIP_IFNy_summits.bed についても HOMER を実行する．

```
$ cd■~/chipseq
$ mkdir■homer/IRF1_ChIP_IFNy
$ findMotifsGenome.pl■macs2/IRF1_ChIP_IFNy_summits.bed■mm10■homer/IRF1_ChIP_IFNy■ ↵
-size■200■-mask
```

homer/BRD4_ChIP_IFNy および homer/IRF1_ChIP_IFNy のそれぞれに，以下のようなファイルが出力される．このうち，"homerResults.html" と "knownResults.html" には，それぞれ新規モチーフの探索の結果および既知モチーフのスキャンの結果が要約されている．

```
homerMotifs.all.motifs
homerMotifs.motifs10
homerMotifs.motifs12
homerMotifs.motifs8
homerResults
homerResults.html
knownResults
```

```
knownResults.html
knownResults.txt
motifFindingParameters.txt
seq.autonorm.tsv
```

例えば，homer/IRF1_ChIP_IFNy/homerResults.html を開くと，見つかったモチーフの情報が並べられている．IRF1 のモチーフがトップにあることから，IRF1 ChIP-seq が IRF1 の特異的結合を反映したデータになっていることが確認できる（**図9**）．

一方，BRD4 はコンセンサスモチーフがないことが知られており[7]，homer/BRD4_ChIP_IFNy//homerResults.html に BRD4 のモチーフは含まれない．

図9　IRF1 の特異的結合を反映した IRF1 ChIP-seq

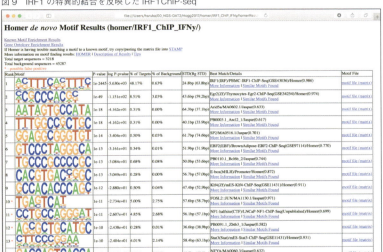

● deepTools による ChIP-seq のリードのシグナル分布の可視化

IGV などのゲノムブラウザでは，ひとつの領域でのリードのマッピングの様子を可視化したが，ヒトやマウスでは遺伝子が数万種類あるため，ゲノムブラウザでは全ての遺伝子領域についてリードのマッピングやピーク検出の傾向をみるのは現実的でない．

まず，リードが作るシグナルが遺伝子領域の集合に対して，どのように分布しているかを調べたい．この場合，個々の遺伝子領域は長さが異なるため，遺伝子領域を一定の大きさにスケーリングする必要がある．このスケーリングしたシグナルを遺伝子領域に関して平均してプロットした図を metagene plot と呼ぶ．

以下のコマンドで，マウスの遺伝子モデルの GTF ファイル（~/gencode/gencode.vM20.annotation.gtf）を regions，BRD4 ChIP-seq の bigWig ファイルを scoreFile（deeptools/BRD4_ChIP_IFNy.trim.uniq.bw）として，matrix ファイル（deepTools 独自の形式のファイル）を作成する．`computeMatrix` コマンドの "scale-regions" というモードを使用する．

```
$ cd ~/chipseq
$ computeMatrix scale-regions \
--regionsFileName ~/gencode/gencode.vM20.annotation.gtf \
--scoreFileName deeptools/BRD4_ChIP_IFNy.trim.uniq.bw \
--outFileName deeptools/BRD4_ChIP_IFNy.trim.uniq.matrix_gencode_vM20_gene.txt.gz \
--upstream 1000 --downstream 1000 \
--skipZeros
```

以下のコマンドで，Metagene plot を作成する．

```
$ cd ~/chipseq
$ plotProfile -m deeptools/BRD4_ChIP_IFNy.trim.uniq.matrix_gencode_vM20_gene.txt.gz \
-out deeptools/metagene_BRD4_ChIP_IFNy_gencode_vM20_gene.pdf \
--plotTitle "GENCODE vM20 genes"
```

結果は  図10 のようになり，転写開始点にリードが集中していることが分かる．この結果は，データが転写因子の ChIP-seq データであることと整合的である．

図10　転写開始点へのリード集中

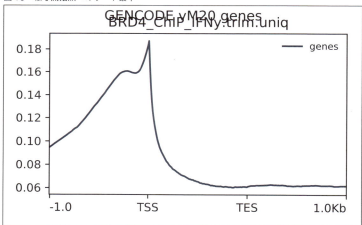

次のコマンドで，遺伝子領域集合に対する ChIP-seq のリードのシグナルのヒートマップを作成できる．

```
$ cd ~/chipseq
$ plotHeatmap -m deeptools/BRD4_ChIP_IFNy.trim.uniq.matrix_gencode_vM20_gene.txt.gz \
-out deeptools/heatmap_BRD4_ChIP_IFNy_gencode_vM20_gene.pdf \
--plotTitle "GENCODE vM20 genes"
```

結果は図11のようになる．Metageneプロットは，遺伝子方向について平均化したリード分布を表すが，ヒートマップでは，マウスの持つ遺伝子における特定の遺伝子群の転写開始点上流に，BRD4のリードが多くマッピングされている様子が分かる．

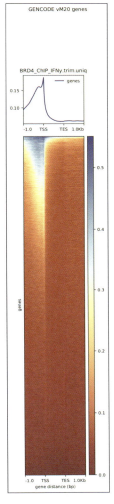

図11　ChIP-seqのヒートマップ

同様に，以下のコマンドで，IRF1のChIP-seqデータについてもmetagene plotとヒートマップを作成する．

```
$ cd ~/chipseq
$ computeMatrix scale-regions \
--regionsFileName ~/gencode/gencode.vM20.annotation.gtf \
--scoreFileName deeptools/IRF1_ChIP_IFNy.trim.uniq.bw \
--outFileName deeptools/IRF1_ChIP_IFNy.trim.uniq.matrix_gencode_vM20_gene.txt.gz \
--upstream 1000 --downstream 1000 \
--skipZeros
$ plotProfile -m deeptools/IRF1_ChIP_IFNy.trim.uniq.matrix_gencode_vM20_gene.txt.gz \
```

0から始めるエピゲノム解析（ChIP-seq）ver2　137

```
-out■deeptools/metagene_IRF1_ChIP_IFNy_gencode_vM20_gene.pdf■\
--plotTitle■"GENCODE■vM20■genes"
$ plotHeatmap■-m■deeptools/IRF1_ChIP_IFNy.trim.uniq.matrix_gencode_vM20_gene.txt.gz■\
-out■deeptools/heatmap_IRF1_ChIP_IFNy_gencode_vM20_gene.pdf■\
--plotTitle■"GENCODE■vM20■genes"
```

　領域の集合 regions（例：ゲノム上のすべての遺伝子領域，ゲノム上のすべての転写開始点，別の転写因子 ChIP-seq ピーク領域）を参照点として，その regions から相対的なシグナルの分布を平均化して表示する可視化方法を aggregation plot と呼ぶ．Aggregation plot では，多数の領域でのリードのマッピングの様子の平均像を見ることができる．

　また，metagene plot は遺伝子領域（通常は転写開始点から転写終結点までの範囲）の長さの遺伝子間での違いをスケーリングしてそろえることで，遺伝子領域に対するリードの分布を可視化することができる．

　次に，以下のコマンドで，BRD4 ChIP-seq のリードの分布（deeptools/BRD4_ChIP_IFNy.trim.uniq.bw）が IRF1 ChIP-seq のピーク（macs2/IRF1_ChIP_IFNy_summits.bed）を中心としたときに，ゲノム全体としてどうなっているかを aggregation plot として描くための準備をする．computeMatrix コマンドの "reference-point" というモードを使用する．

```
$ cd■~/
$ computeMatrix■reference-point■\
--regionsFileName■macs2/IRF1_ChIP_IFNy_summits.bed■\
--scoreFileName■deeptools/BRD4_ChIP_IFNy.trim.uniq.bw■\
--referencePoint■center■\
--upstream■1000■\
--downstream■1000■\
--outFileName■deeptools/BRD4_ChIP_IFNy.trim.IRF1_ChIP_IFNy_summits.matrix.txt.gz■\
--skipZeros
```

　次に，以下のコマンドで aggregation plot を作成する．

```
$ plotProfile■-m■deeptools/BRD4_ChIP_IFNy.trim.IRF1_ChIP_IFNy_summits.matrix.txt.gz■\
-out■deeptools/aggregation_BRD4_ChIP_IFNy.trim.IRF1_ChIP_IFNy_summits.pdf■\
--regionsLabel■"IRF1_ChIP_IFNy■Peaks"
```

　結果は 図12 のようになる．この図から，ピークの前後数百塩基の範囲にリードが集中していることが分かる．

図12 aggregation plot

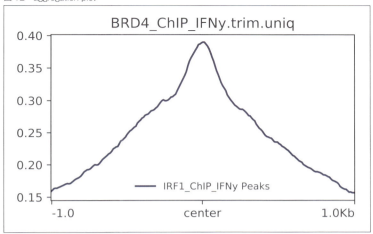

```
$ plotHeatmap -m deeptools/BRD4_ChIP_IFNy.trim.IRF1_ChIP_IFNy_summits.matrix.txt.gz \
-out deeptools/heatmap_BRD4_ChIP_IFNy.trim.IRF1_ChIP_IFNy_summits.pdf \
--samplesLabel "BRD4_ChIP_IFNy" \
--regionsLabel "IRF1_ChIP_IFNy Peaks"
```

結果は図13のようになる．この図から，IRF1のピークの一部について，その周辺にBRD4のリードが集中していることが分かる．

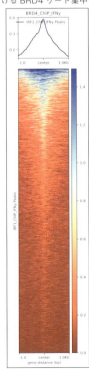

図13 IRF1の一部のピーク周辺におけるBRD4リード集中

0から始めるエピゲノム解析（ChIP-seq）ver2　139

さらに，以下のように --scoreFileName に複数の bigWig ファイルを指定することで，複数の ChIP-seq データにおけるリードの分布を同時に可視化することができる．plotHeatmap の --kmeans でクラスタ数を指定することにより，k-means アルゴリズムでゲノム領域をクラスタリングして表示させることもできる（図14）．

```
$ computeMatrix scale-regions \
--regionsFileName ../data/gencode/gencode.vM20.annotation.gtf \
--scoreFileName deeptools/BRD4_ChIP_IFNy.trim.uniq.bw \
deeptools/IRF1_ChIP_IFNy.trim.uniq.bw \
--outFileName deeptools/chipseq_matrix_gencode_vM20_gene.txt.gz \
--upstream 1000 --downstream 1000 \
--skipZeros
$ plotHeatmap -m deeptools/chipseq_matrix_gencode_vM20_gene.txt.gz \
-out deeptools/heatmap_BRD4_ChIP_IFNy_gencode_vM20_gene.k3.pdf \
--kmeans 3 \
--plotTitle "GENCODE vM20 genes"
```

図14　ゲノム領域のクラスタリング表示

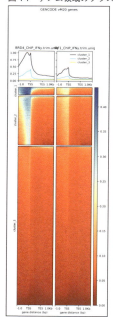

● **GREAT によるピーク領域に対するオントロジー・パスウェイ解析**

　ChIP-seq のピークを解釈する手段のひとつとして，そのピークがどのような機能や性質を持った遺伝子の周辺に濃縮するかを調べる方法がある．GREAT（genomic regions enrichment of annotations tool）というウェブサービスを利用することで，ピーク領域を近くの遺伝子に割り当て，

その遺伝子の持つ機能や性質がバックグラウンドに比べて，どんなものが濃縮しているかを簡単に調べることができる．

まず，以下のコマンドで，GREAT で受け付けてもらえるように加工する．具体的には，1 列目～6 列目だけを抽出して BED フォーマットにする．

```
$ cd ~/chipseq
$ cut -f 1,2,3,4,5,6 macs2/BRD4_ChIP_IFNy_peaks.narrowPeak > macs2/BRD4_ChIP_IFNy_ ◄┘
peaks.narrowPeak.bed
$ cut -f 1,2,3,4,5,6 macs2/IRF1_ChIP_IFNy_peaks.narrowPeak > macs2/IRF1_ChIP_IFNy_ ◄┘
peaks.narrowPeak.bed
```

ここで，head コマンドを使い BED ファイルの先頭 10 行を見て，先のコマンドの結果を確認する．

```
$ cd ~/chipseq
$ head macs2/*.narrowPeak.bed
==> macs2/BRD4_ChIP_IFNy_peaks.narrowPeak.bed <==
chr1    4807514  4808176  BRD4_ChIP_IFNy_peak_1     117    .
chr1    4857437  4857680  BRD4_ChIP_IFNy_peak_2     35     .
chr1    4857758  4858397  BRD4_ChIP_IFNy_peak_3     216    .
chr1    5018884  5019146  BRD4_ChIP_IFNy_peak_4     48     .
chr1    5019310  5019671  BRD4_ChIP_IFNy_peak_5     60     .
chr1    5022794  5023366  BRD4_ChIP_IFNy_peak_6     117    .
chr1    5082960  5083202  BRD4_ChIP_IFNy_peak_7     80     .
chr1    6214644  6215164  BRD4_ChIP_IFNy_peak_8     95     .
chr1    7088391  7088703  BRD4_ChIP_IFNy_peak_9     73     .
chr1    9747880  9748331  BRD4_ChIP_IFNy_peak_10    78     .

==> macs2/IRF1_ChIP_IFNy_peaks.narrowPeak.bed <==
chr1    3405415  3405606  IRF1_ChIP_IFNy_peak_1     95     .
chr1    3408231  3408677  IRF1_ChIP_IFNy_peak_2     586    .
chr1    6406537  6406748  IRF1_ChIP_IFNy_peak_3     143    .
chr1    6717606  6717857  IRF1_ChIP_IFNy_peak_4     207    .
chr1    7139854  7140166  IRF1_ChIP_IFNy_peak_5     25     .
chr1    7660520  7660678  IRF1_ChIP_IFNy_peak_6     107    .
chr1    9129013  9129176  IRF1_ChIP_IFNy_peak_7     95     .
chr1    9703961  9704130  IRF1_ChIP_IFNy_peak_8     90     .
chr1    9943944  9944140  IRF1_ChIP_IFNy_peak_9     35     .
chr1    10220210 10220391 IRF1_ChIP_IFNy_peak_10    88     .
```

次に，GREAT のウェブサイト（http://great.stanford.edu）にアクセスする．

まず，"Species Assembly" でゲノムのバージョンを選ぶ．ここでは "Mouse: NCBI build 38 (UCSC mm10, Dec/2011)" を選択する．次に，"Test regions" の BED file には「ファイルを選択」（Choose File）ボタンをクリックして，作成した BEF ファイル（IRF1_ChIP_IFNy_peaks. narrowPeak.bed）を選ぶ（図15．黒矢印は筆者が説明のために追加した）．

図15　Species Assembly におけるゲノムバージョン選択

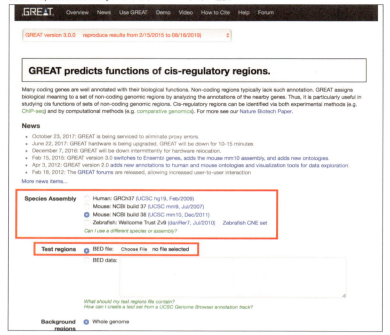

次に，Association rule settings の「Show settings」ボタンを押すと，図16 の項目が現れる．GREAT ツールは，与えた BED ファイルの領域（今回はピーク領域）に対し遺伝子を割り当てるが，その割り当て方を選択できる．今回は，「Basal plus extension」を選択し，「Submit」ボタンを押す．

なお，エンハンサーも含まれるピーク領域を対象にする場合は，「Two nearest genes」を選択するとよい．

図16　ピーク領域に対する遺伝子割り当て

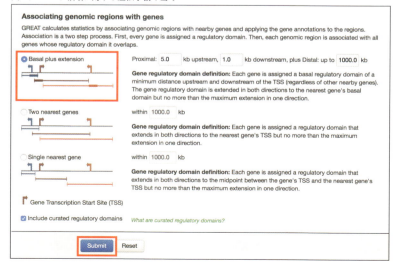

142　実践編

以下に，結果画面の一部を示す（図17）．灰色のバーで項目が示されている．

「Job Description」の左側のプラスマークをクリックすると，処理された内容が示される．

図17　遺伝子割り当て結果（一部）

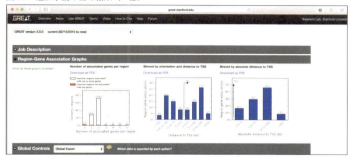

「Job Description」の中のAssociated genomic regionsの項目では，どのピークが何の遺伝子に割り当てられたかを示すリンク「View all genomic region-gene associations」がある（図18）．これを保存しておくと，後でどんな遺伝子が割り当てられたかを確認する際に便利である．

図18　遺伝子に対するピークの割り当てを示すリンク

Job Description

Job ID:	20190316-public-3.0.0-wGMdbi
Display name:	IRF1_ChIP_IFNy_peaks.narrowPeak
Test set:	IRF1_ChIP_IFNy_peaks.narrowPeak.bed (3,866 genomic regions) Show in UCSC genome browser.　How do I look at my regions in the genome?
Background:	Whole genome background
Assembly:	Mouse: NCBI build 38 (UCSC mm10, Dec 2011)　What gene set does GREAT use?
Associated genomic regions:	Basal+extension (constitutive 5.0 kb upstream and 1.0 kb downstream, up to 1000.0 kb max extension). Curated regulatory domains are included. 59 of all 3,866 genomic regions (1.5%) are not associated with any genes. View all genomic region-gene associations.　Which genes are my regions associated with? Revise the region-gene association rule.　How are my regions associated with genes?

次に，ページをスクロールして結果を見ていく（図19）．例えば，生物学的プロセス（Biological process）に関する遺伝子オントロジー（gene ontology；GO）では“innate immune response”，“antigen processing and presentation of exogenous antigen”，“immune effector process”といった免疫関連の機能タームが有意になっていることから，IRF1 ChIP-seqのピーク領域周辺には免疫応答関連遺伝子群が濃縮していることが分かる．

図19　スクロールした結果ページ

GO Biological Process (20+ terms)　Global controls

Table controls: Export　Shown top rows in this table: 20　Set　Term annotation count: Min: 1　Max: Inf　Set　Visualize this table: [select one]

Term Name	Binom Rank	Binom Raw P-Value	Binom FDR Q-Val	Binom Fold Enrichment	Binom Observed Region Hits	Binom Region Set Coverage	Hyper Rank	Hyper FDR Q-Val	Hyper Fold Enrichment	Hyper Observed Gene Hits	Hyper Total Genes	Hyper Gene Set Coverage
innate immune response	30	1.6401e-20	5.5043e-18	2.4264	140	3.62%	191	5.8653e-8	1.7820	96	260	2.12%
antigen processing and presentation of exogenous antigen	35	2.1753e-19	6.2575e-17	9.8890	29	0.75%	871	3.4450e-2	2.1635	13	29	0.29%
immune effector process	39	4.0929e-19	1.0566e-16	2.2643	149	3.85%	403	3.1402e-4	1.4946	96	310	2.12%
negative regulation of immune system process	60	2.8079e-17	4.7117e-15	2.1932	143	3.70%	289	1.6495e-5	1.7527	69	190	1.52%
defense response to virus	63	5.5487e-17	8.8674e-15	3.2763	70	1.81%	283	1.3504e-5	1.8961	55	140	1.21%
regulation of immune effector process	77	1.0905e-14	1.4259e-12	2.1904	120	3.10%	421	5.0233e-4	1.5664	74	228	1.63%
positive regulation of lymphocyte mediated immunity	99	1.1496e-12	1.1691e-10	3.2053	52	1.35%	954	4.3320e-2	1.6088	29	87	0.64%
response to virus	100	1.8723e-12	1.8850e-10	2.3502	86	2.22%	297	2.1930e-5	1.7325	70	195	1.54%
leukocyte mediated cytotoxicity	104	4.6589e-12	4.5102e-10	5.2221	28	0.72%	833	2.5489e-2	2.3167	12	25	0.26%
regulation of T cell proliferation	105	4.6791e-12	4.4866e-10	2.3345	84	2.17%	399	2.8133e-4	1.9114	40	101	0.88%
negative regulation of T cell proliferation	111	1.6967e-11	1.5389e-9	3.3941	43	1.11%	782	2.0939e-2	2.0871	16	37	0.35%
negative regulation of leukocyte activation	113	2.2427e-11	1.9982e-9	2.2236	87	2.25%	360	1.2646e-4	1.9216	43	108	0.95%
regulation of innate immune response	114	2.3088e-11	2.0390e-9	2.3269	79	2.04%	288	1.6017e-5	1.9800	48	117	1.06%
regulation of cytokine biosynthetic process	116	2.4972e-11	2.1674e-9	2.5296	67	1.73%	525	2.5052e-3	1.8520	33	86	0.73%
negative regulation of cell activation	124	5.1184e-11	4.1558e-9	2.1641	89	2.30%	348	1.0425e-4	1.9051	45	114	0.99%
negative regulation of lymphocyte activation	126	5.4309e-11	4.3396e-9	2.2702	80	2.07%	325	6.2526e-5	2.0460	39	92	0.86%
cell killing	129	1.0868e-10	8.4817e-9	4.0212	32	0.83%	943	4.1389e-2	2.0475	14	33	0.31%
negative regulation of lymphocyte proliferation	136	1.8424e-10	1.3639e-8	2.7746	52	1.35%	521	2.3197e-3	2.1669	22	49	0.48%
regulation of interleukin-2 production	144	5.1086e-10	3.5717e-8	2.8619	47	1.22%	471	1.2197e-3	2.4132	19	38	0.42%
positive regulation of immune effector process	147	5.5435e-10	3.7967e-8	2.1805	78	2.02%	726	1.3889e-2	1.5513	45	140	0.99%

また，"MSigDB Pathway" を見ると，"Genes involved in Interferon alpha/beta signaling"，"Genes involved in Interferon Signaling" などのパスウェイが有意になっており，IRF1 ChIP-seq のピーク領域周辺にはインターフェロンに応答して発現変動する遺伝子群が濃縮していることも分かる（図20）．

図20　インターフェロンに応答して発現変動する遺伝子群

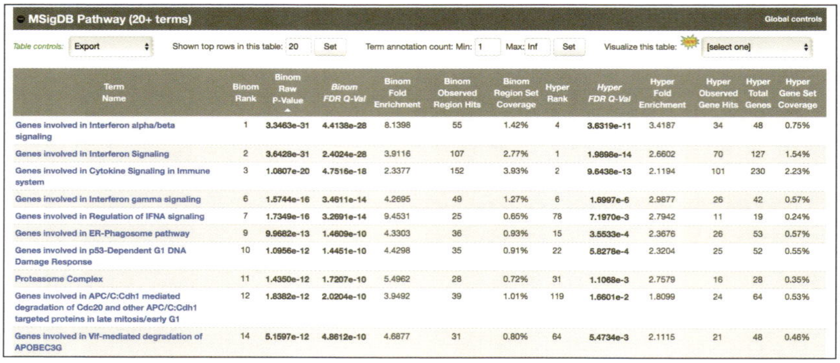

COLUMN　GREAT の受け付けるヒトリファレンスゲノムのバージョンに注意

　本項の解析は GREAT version 3.0.0 で実施したが，その後 2019 年 8 月に version 4.0.4 がリリースされた．GREAT では，画面上部のプルダウンメニューからバージョンを切り替えることができる．

　Version 4.0.4 では，ヒトゲノムの hg19 および hg38，マウスの mm9 および mm10 が利用できる．自分の使っているリファレンスゲノムのバージョンを選択するよう注意する必要がある．

● ChIPpeakAnno によるピークへのアノテーション

ピークがどのような遺伝子領域に存在するかを調べるため，MACS2 で検出したピークに対して，R の ChIPpeakAnno パッケージによるピークへのアノテーションを行う．

まず，以下のコマンドで RStudio を起動する．

```
$ cd ~/chipseq
$ open -a RStudio
```

なお，以下では適宜 R のパッケージをインストールする．その際には，"Update all/some/none? [a/s/n]:" と表示されたら "a" と入力してエンターを押し，次に進む．

以下では，「BRD4 ChIP-seq のピークの集合」と「IRF1 ChIP-seq のピークの集合」がどのくらい重なるかを調べる．

```
> library(ChIPpeakAnno)
```

144　実践編

```
> gr1 <- toGRanges("macs2/BRD4_ChIP_IFNy_peaks.narrowPeak", format="narrowPeak",
header=FALSE)
> gr2 <- toGRanges("macs2/IRF1_ChIP_IFNy_peaks.narrowPeak", format="narrowPeak",
header=FALSE)
> ol <- findOverlapsOfPeaks(gr1, gr2)  # ピーク同士の重なりを調査する
> makeVennDiagram(ol, NameOfPeaks=c("BRD4", "IRF1"))  # 重なりをベン図として可視化する (図21)
```

図21 ベン図にしたピーク同士の重なり

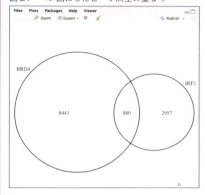

次に，ピークを最も近い転写開始点の遺伝子へ割り当てる．

```
> BiocManager::install("TxDb.Mmusculus.UCSC.mm10.ensGene")  # マウスゲノム mm10 の遺伝子モ
デルのパッケージをダウンロードする
> library(TxDb.Mmusculus.UCSC.mm10.ensGene)  # マウスゲノム mm10 の遺伝子モデルのパッケージを
ロードする
> annoData <- toGRanges(TxDb.Mmusculus.UCSC.mm10.ensGene)
> seqlevelsStyle(gr1) <- seqlevelsStyle(annoData)  # 染色体名のスタイルをそろえる
> anno1 <- annotatePeakInBatch(gr1, AnnotationData=annoData)  # ピークを最も近い転写開始点
(TSS) に割り当てる
> pie1(table(anno1$insideFeature), main="BRD4")  # ピークが遺伝子からみてどの領域に置いたのかを，
円グラフとして表示する (図22)
```

図22 BRD4 遺伝子からみたピーク領域

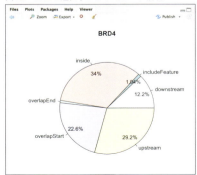

上の図から，転写開始点に重なるピーク（overlapStart）が多いことが分かる．

```
> seqlevelsStyle(gr2) <- seqlevelsStyle(annoData)   # 染色体名のスタイルをそろえる
> anno2 <- annotatePeakInBatch(gr2, AnnotationData=annoData)   # ピークを最も近い転写開始点
（TSS）に割り当てる
> pie1(table(anno2$insideFeature), main="IRF2")   # ピークが遺伝子からみてどの領域に置いたのかを，
円グラフとして表示する（図23）
```

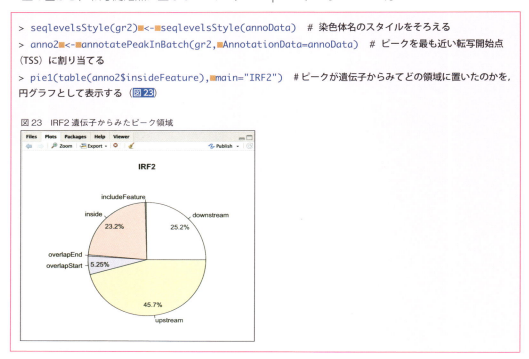

図23　IRF2遺伝子からみたピーク領域

上の図から，IRF2 のピークは転写開始点の上流に多いことが分かる．

また以下のコマンドで，BRD4 と IRF2 の ChIP-seq ピークが重なる領域はどのような特徴を持つかを調べることができる（図24）．

```
> overlaps <- ol$peaklist[["gr1///gr2"]]
> aCR <- assignChromosomeRegion(overlaps, nucleotideLevel=FALSE, 
                                precedence=c("Promoters", "immediateDownstream", 
                                             "fiveUTRs", "threeUTRs", 
                                             "Exons", "Introns"), 
                                TxDb=TxDb.Mmusculus.UCSC.mm10.ensGene)
> pie1(aCR$percentage, main="BRD4 & IRF1")
```

図24 ピークが重なる領域の特徴

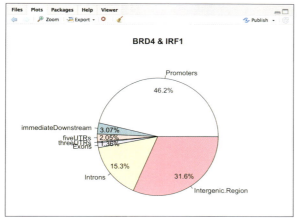

　上のアノテーションには遺伝子 ID は含まれているが，遺伝子名が含まれていない．遺伝子名も対応づいていた方が便利なことが多いため，遺伝子 ID に対応する遺伝子名を追加する．

```
> BiocManager::install("EnsDb.Mmusculus.v79")
> library(EnsDb.Mmusculus.v79)
> anno1$feature[is.na(anno1$feature)] <- "."   # エラーを避けるために NA をピリオドに変える
> anno1$geneName <- mapIds(EnsDb.Mmusculus.v79, keys=anno1$feature, column=
"GENENAME", keytype="GENEID")
> anno1[1:2]
GRanges object with 2 ranges and 14 metadata columns:
                                          seqnames        ranges strand |
                                             <Rle>     <IRanges>  <Rle> |
  BRD4_ChIP_IFNy_peak_1.ENSMUSG00000025903     chr1 4807514-4808176      * |
  BRD4_ChIP_IFNy_peak_2.ENSMUSG00000033813     chr1 4857437-4857680      * |
                                              score signalValue    pValue
                                          <integer>   <numeric> <numeric>
  BRD4_ChIP_IFNy_peak_1.ENSMUSG00000025903       117     8.68079   15.22217
  BRD4_ChIP_IFNy_peak_2.ENSMUSG00000033813        35     4.76915    6.42381
                                             qValue      peak
                                          <numeric> <character>
  BRD4_ChIP_IFNy_peak_1.ENSMUSG00000025903   11.7561
  BRD4_ChIP_IFNy_peak_1
  BRD4_ChIP_IFNy_peak_2.ENSMUSG00000033813    3.56659
  BRD4_ChIP_IFNy_peak_2
                                              feature start_position
                                          <character>      <integer>
  BRD4_ChIP_IFNy_peak_1.ENSMUSG00000025903 ENSMUSG00000025903
     4807788
  BRD4_ChIP_IFNy_peak_2.ENSMUSG00000033813 ENSMUSG00000033813
     4857814
```

```
                        end_position feature_strand
                          <integer>      <character>
   BRD4_ChIP_IFNy_peak_1.ENSMUSG00000025903      4886770          +
   BRD4_ChIP_IFNy_peak_2.ENSMUSG00000033813      4897909          +
                          insideFeature distancetoFeature
                            <factor>        <numeric>
   BRD4_ChIP_IFNy_peak_1.ENSMUSG00000025903   overlapStart        -274
   BRD4_ChIP_IFNy_peak_2.ENSMUSG00000033813      upstream         -377
                          shortestDistance
                             <integer>
   BRD4_ChIP_IFNy_peak_1.ENSMUSG00000025903          274
   BRD4_ChIP_IFNy_peak_2.ENSMUSG00000033813          134
                        fromOverlappingOrNearest  geneName
                          <character> <character>
   BRD4_ChIP_IFNy_peak_1.ENSMUSG00000025903   NearestLocation  Lypla1
   BRD4_ChIP_IFNy_peak_2.ENSMUSG00000033813   NearestLocation  Tcea1
   -------
   seqinfo: 23 sequences from an unspecified genome; no seqlengths
```

以下のコマンドで，結果をタブ区切りファイルとして保存する．

```
> if(!dir.exists("ChIPpeakAnno"))■dir.create("ChIPpeakAnno")
> df_anno1■<-■as.data.frame(anno1)
> write.table(df_anno1,■"ChIPpeakAnno/BRD4_ChIP_IFNy_peaks.annot.txt",■sep="\t",■ ↵
quote=F)
```

📁 ATAC-seq 解析の準備

🔵 必要なソフトウェアのインストール

FastQC，fastp，Bowtie2，MACS2 のインストールを行う．詳しくは，前項「0 から始める発現解析 ver2」（p.86）を参照されたい．

Bowtie2 の ヒトリファレンスゲノム（hg38）用の Pre-built index をダウンロードする．Bowtie2 の Pre-built index のダウンロードについては前項を参照されたい．

🔵 Picard のインストール

Picard は，BAM ファイルに対して様々な操作を施すツールキットである．ここでは，Picard を ATAC-seq のマッピング結果の QC に使用する．

Picard は Java 1.8 に依存しているため，正常に動作するには Java 1.8 がインストールされている必要がある．まず，インストールされている Java のバージョンを確認する．java■-version を実行して "1.8." で始まるバージョン名が表示されれば問題ない．

```
$ java■-version
```

```
java version "1.8.0_45"
Java(TM) SE Runtime Environment (build 1.8.0_45-b14)
Java HotSpot(TM) 64-Bit Server VM (build 25.45-b02, mixed mode)
```

Java 1.8 がインストールされていない場合は，https://www.oracle.com/technetwork/java/javase/downloads/index.html からインストーラーをダウンロードしてインストールする.

次に，以下のコマンドで Picard をインストールする.

```
$ brew install picard-tools
```

ATAC-seq データのダウンロード

ヒトの GM12878 細胞に対する ATAC-seq 実験を行ったデータを用いる[2]. 通常，ATAC-seq ではペアエンドシーケンシングが行われる. そのため，ひとつのサンプルについて，リードペアの Read 1 および Read 2 に対応する 2 つの FASTQ ファイルをダウンロードする. Read 1 と Read 2 は *_1.fastq，_2.fastq というようなファイル名になっている場合が多い.

まず，以下のコマンドで ATAC-seq 解析用のディレクトリを作成する.

```
$ mkdir ~/atacseq
```

次に，ATAC-seq の FASTQ ファイルを格納するディレクトリを作成する.

```
$ mkdir ~/atacseq/fastq
```

以下のコマンドで，ATAC-seq の FASTQ ファイルをダウンロードする.

```
$ cd ~/atacseq/fastq
$ wget ftp://ftp.sra.ebi.ac.uk/vol1/fastq/SRR891/SRR891269/SRR891269_1.fastq.gz
$ wget ftp://ftp.sra.ebi.ac.uk/vol1/fastq/SRR891/SRR891269/SRR891269_2.fastq.gz
```

以下のファイルが ~/atacseq/fastq にダウンロードされたことを確認する.

```
SRR891269_1.fastq.gz
SRR891269_2.fastq.gz
```

📁 ATAC-seq 解析

ATAC-seq では，トランスポゼースである Tn5 がオープンクロマチン領域の DNA を切断すると同時に，シーケンシング用のアダプターを端に挿入する. これにより，オープンクロマチン領域由来の DNA 断片をシーケンシングすることができ，結果としてオープンクロマチン領域をリードが局所的に集中したピークとして検出することができる（図25）[8].

今回は，ヒトのリンパ芽球様細胞株である GM12878 細胞に対する ATAC-seq データ[2]を用いて，

0 から始めるエピゲノム解析（ChIP-seq）ver2　149

ATAC-seq 解析の流れを説明する．

図25　オープンクロマチン領域におけるリードの局所集中

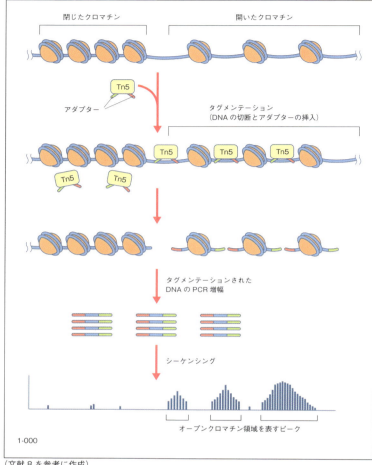

（文献 8 を参考に作成）

📁 FASTQ ファイルの QC・前処理

🔵 FastQC による FASTQ ファイルの QC

以下のコマンドで，Read 1 と Read 2 の FASTQ ファイルそれぞれに対して FastQC を実行する．

```
$ cd ~/atacseq/
$ mkdir fastqc
$ fastqc -o fastqc data/fastq_atacseq/SRR891269_1.fastq.gz
$ fastqc -o fastqc data/fastq_atacseq/SRR891269_2.fastq.gz
```

以下のファイルができていることを確認する.

```
SRR891269_1_fastqc.html
SRR891269_1_fastqc.zip
SRR891269_2_fastqc.html
SRR891269_2_fastqc.zip
```

コマンドが終了したら,以下のコマンドでレポートを確認する.

```
$ cd■~/atacseq/
$ open■fastqc/SRR891269_1_fastqc.html
$ open■fastqc/SRR891269_2_fastqc.html
```

● fastp によるリードトリミング

以下のコマンドで,fastp によって FASTQ のリードのトリミングを行う.ペアエンドリードの場合は,入力(--in1 および --in2)と出力(--out1 および --out2)について,それぞれ Read 1 と Read 2 に対応するファイル名を指定する.

```
$ cd■~/atacseq/
$ mkdir■fastp
$ fastp■--in1■data/fastq_atacseq/SRR891269_1.fastq.gz■--in2■data/fastq_atacseq/ ◂┘
SRR891269_2.fastq.gz■\
--out1■fastp/SRR891269_1.trim.fastq.gz■--out2■fastp/SRR891269_2.trim.fastq.gz■\
--html■fastp/SRR891269.fastp.html
```

以下の出力ファイルがきちんと出力されているかを確認する.ペアエンドリードの場合,レポート(.html および .json)のファイルはひとつになる.

```
fastp/SRR891269.fastp.html
fastp/SRR891269_1.trim.fastq.gz
fastp/SRR891269_2.trim.fastq.gz
```

fastp のレポートを確認する (図26).

```
$ cd■~/atacseq/
$ open■fastp/SRR891269.fastp.html
```

図26 fastp のレポート

Bowtie2 によるペアエンドリードのマッピング

● Mac のコア数の確認

以下のコマンドで，Mac のコア数を確認する．出力結果はコア数が 2 の場合の例を示しており，実際には使用するマシンに依存して変化する．

```
$ system_profiler SPHardwareDataType | grep Cores
      Total Number of Cores: 2
```

● Bowtie2 の実行

Bowtie2 によって，ATAC-seq のリードをヒトリファレンスゲノム配列にマッピングする．

以下のコマンドで，Bowtie2 を実行する．-1 と -2 で Read 1, Read 2 の FASTQ ファイルを指定する．

```
$ cd ~/atacseq/
$ bowtie2 -p 2 --no-mixed --no-discordant -X 2000 \-x data/external/bowtie2_index/
GCA_000001405.15_GRCh38_no_alt_analysis_set.fna.bowtie_index \
-1 fastp/SRR891269_1.trim.fastq.gz -2 fastp/SRR891269_2.trim.fastq.gz > bowtie2/
SRR891269.trim.sam
```

- -X 2000：ペアエンドリードのマッピングの際に，Read 1 の 5' 端と Read 2 の 5' 端の間の距離が 2,000 塩基以下になるマッピングだけを探索するように指定する．

- `--no-mixed`：ペアエンドリードをペアとしてマッピングできなかった際に，シングルエンドリードとしてマップさせるようにしない．
- `--no-discordant`：Discordant alignment（ペアエンドのリード同士の向きが 図28 のようになっていなかったり，フラグメント長が -X で指定された最大値を超えてしまうようなアラインメント）を出力しない．

以下のコマンドで，SAM ファイルからマップされなかったリードを除き BAM に変換し，BAM をソートする．さらに BAM のインデックスを作成する．

```
$ cd ~/atacseq/
$ samtools view -bhS -F 0x4 bowtie2/SRR891269.trim.sam | \
samtools sort -T bowtie2/SRR891269.trim - \
> bowtie2/SRR891269.trim.bam
$ samtools index bowtie2/SRR891269.trim.bam
```

以下のコマンドで，適切なペアとしてマップされたリード（"read mapped in proper pair"）のみを抽出する．

```
$ cd ~/atacseq/
$ samtools view -f 0x2 -bh bowtie2/SRR891269.trim.bam \
> bowtie2/SRR891269.trim.proper_pairs.bam
$ samtools index bowtie2/SRR891269.trim.proper_pairs.bam
$ picard MarkDuplicates \
I=bowtie2/SRR891269.trim.proper_pairs.bam \
O=bowtie2/SRR891269.trim.proper_pairs.rmdup.bam \
M=bowtie2/SRR891269.trim.proper_pairs.rmdup.bam.log.txt \
REMOVE_DUPLICATES=true
$ samtools index bowtie2/SRR891269.trim.proper_pairs.rmdup.bam
```

● Picard によるフラグメント長（インサートサイズ）の分布の可視化

ATAC-seq は通常，ペアエンドでシーケンシングされる．まず，ATAC-seq の実験がうまくいったかの検証のため，フラグメント長（DNA 断片の長さ）の分布を調べる（図27）．

図27　フラグメント長の分布

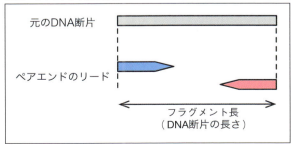

```
$ cd■~/atacseq/
$ mkdir■picard
$ picard■CollectInsertSizeMetrics■\
INPUT=bowtie2/SRR891269.trim.proper_pairs.rmdup.bam■\
OUTPUT=picard/insert_size_metrics.txt■\
HISTOGRAM_FILE=picard/hist.pdf■\
MINIMUM_PCT=0
```

　picard/hist.pdf を開き，結果を確認する (**図28**. 黒矢印は筆者が説明のために追加した). 黒矢印は，左からヌクレオソームの 1，2，3 個分の DNA 断片長に相当する．なお，10 bp ごとに現れる細かいピークの連なりは helical pitch と呼ばれ，DNA の二重らせん構造の繰り返しに対応している．

図 28　フラグメント長の分布結果

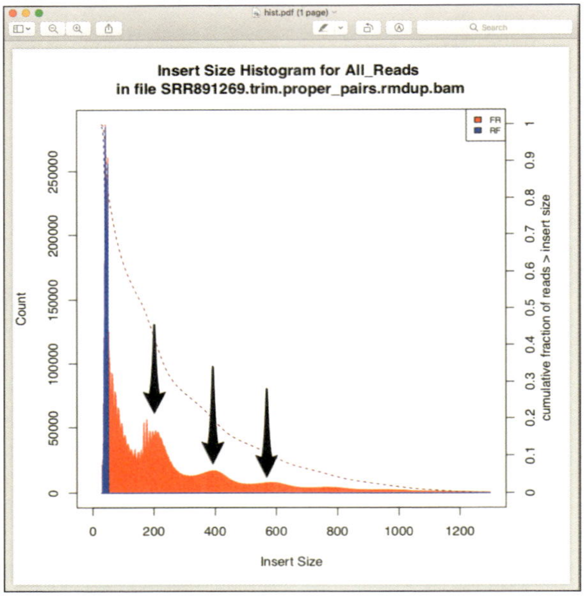

●MACS2 によるピーク検出

　ChIP-seq の場合と異なり，ATAC-seq ではインプット DNA などのコントロール実験が行われないことが多い．以下では，コントロールデータなしで ATAC-seq からピーク検出を行う．
　以下のコマンドで，MACS2 によるピーク検出を行う．

```
$ cd■~/atacseq
$ source■~/tools/MACS2/bin/activate      # MACS2 がインストールされた環境へ切り替える
$ macs2■callpeak■-t■bowtie2/SRR891269.trim.proper_pairs.rmdup.bam■\
-f■BAM■--nomodel■--shift■-50■--extsize■100■-g■hs■-n■SRR891269_atacseq■\
-B■--outdir■macs2
$ deactivate       # 元の環境へ切り替える
```

COLUMN　ATAC-seq データに MACS2 を使うときのコツ

　ATAC-seq では，リードの 5' 端の位置（の 4 〜 5 塩基下流）が Tn5 の挿入部位に相当する．Tn5 の挿入部位をピークとして MACS2 に検出させたい場合は，以下のようにリード長に依存したパラメータを設定する．この設定の仕方は，あたかもリードの 5' 端の位置を中心とした 2 x（リード長）の幅のリードがあるように，MACS2 に認識させることに相当する．
・--shift (-1) x（リード長）
・--extsize 2 x（リード長）
　上の例では，FastQC や Fastp の結果からリード数が概ね 50 bp であることが分かっているため，"--shift -50 --extsize 100" とした．
　ファイルが出力されていることを確認する．

```
macs2/SRR891269_atacseq_peaks.narrowPeak   # ピーク領域を示す bed ファイル
macs2/SRR891269_atacseq_peaks.xls # ピーク領域と，関連するリード数等の詳細データ
macs2/SRR891269_atacseq_summits.bed #ピーク領域での頂上部分を表す bed ファイル
macs2/SRR891269_atacseq_treat_pileup.bdg # リードの集積度を示す bedGraph ファイル
macs2/SRR891269_atacseq_control_lambda.bdg #バックグラウンドとして使用した，ポワソン分布
における lambda 値を表す bedGraph ファイル
```

　以下のコマンドで，ピーク数を確認する．

```
$ cd ~/atacseq
$ wc -l macs2/SRR891269_atacseq_peaks.narrowPeak
  51129 macs2/SRR891269_atacseq_peaks.narrowPeak
```

　以下のコマンドで，染色体ごとのピーク数を確認する．

```
$ cd ~/atacseq
$ cut -f 1 macs2/SRR891269_atacseq_peaks.narrowPeak | uniq -c | sort -r
4775 chr1
4500 chr2
3633 chr3
3405 chr6
3243 chr5
3147 chr4
（以下省略）
```

🔵 IGV によるピークの確認

　ChIP-seq の時と同様に，ポジティブコントロールの領域において MACS2 による検出されたピークが存在するかを，IGV で確認する．以下のコマンドで IGV を起動する．

```
$ igv
```

まず，マッピングの際に使用したリファレンスゲノムのバージョンを IGV において設定する必要がある．左上のタブから"human hg38"を選択する．"human hg38"がない場合は"More…"を選択し，出てきた画面で"human hg38"を検索して"OK"をクリックする．"Loading genome"と表示されるので，表示が消えるまで待つ．

次に，メニューから"File > Load File…"を選び，"macs2/SRR5208814_peaks.narrowPeak"および"bowtie2/SRR891269.trim.proper_pairs.rmdup.bam"をそれぞれ選択して読み込む．

ここでは，GM12878 で働くことが知られる転写因子 NF-κB1 をコードする遺伝子 *NFKB1* の転写開始点付近を選択する．図29 のように，ATAC-seq が集中してマッピングされており，それらの領域で MACS2 によってピークが検出されていることが分かる．

この結果から，少なくとも，GM12878 細胞で転写することが知られている遺伝子のひとつにおいて，期待される転写開始点におけるオープンクロマチンが今回の解析で見出せることが分かった．

図29 MACS2 によるピーク検出

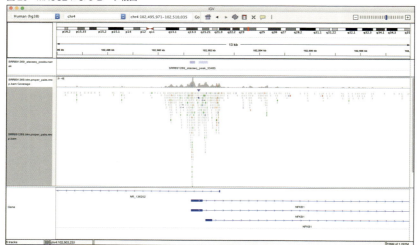

まとめ

本項では，マウス AT-3 細胞に BRD4 および IRF1 に対する ChIP-seq データ，ヒト GM12878 細胞に対する ATAC-seq データを用いてピークコールを行い，ピーク領域のアノテーションやリードの分布の可視化などを行った．ATAC-seq 解析のセクションでは触れなかったが，ChIP-seq 解析のセクションを参考にすることで，deepTools を用いてヒートマップなどを描いたり，MACS2 で作成したピーク領域を用いてモチーフ解析やピークアノテーションといった解析へ進めることができる．

今回紹介した解析方法は，様々な生物種における転写因子やヒストン修飾の ChIP-seq，ATAC-seq のデータにおいても使用できる．

エピゲノム解析（ChIP-seq）手順書

● **課題**

マウス網膜から iPS 細胞へのリプログラミング前後でのヒストン状態（ChIP-seq）の解析

● **概要**

受精卵からゲノムが変化せずともエピゲノムの状態が変化することで，様々な性質を持った細胞への分化していく．一方，リプログラミングにより，分化した細胞を未分化な状態の iPS 細胞へと変化させることができる．この際に，どのようなエピゲノム状態の変化が起こるだろうか．

今回は，桿体細胞から誘導した iPS 細胞（r-iPS）およびマウス成体網膜の ChIP-seq を行ったデータ[9] を元に ChIP-seq 解析を行う．

● **目的**

リプログラミングによって観察される H3K4me3 および H3K9me3 のピークを分化細胞と比較し，出現・消失ピーク周辺の遺伝子群を同定する．H3K4me3 は活性化した遺伝子のプロモーター領域にみられ，H3K9me3 はヘテロクロマチン領域にみられる．

※本項で解析しているデータ以外にも，公開されているデータがいくつかある．これらにチャレンジする際，データのダウンロードは原稿に記載があるように wget コマンドで行うとよい．

● **方法**

◆ **（A）リプログラミングで消失する H3K4me3 ChIP-seq ピーク，遺伝子群の同定**

H3K4me3 ChIP-seq の比較として，下記の（イ）と（ニ）の比較を行い，網膜では観察され r-iPS で観察されない H3K4me3 ピークを探す．また，それらのピークの周辺にある遺伝子群にはどのような機能に関連しているのかを GREAT で調べる．さらに，IGV で少なくともひとつの遺伝子領域で各サンプルのピークの確認を推奨する（参考文献 1 で言及される遺伝子を参照）．

なお，MACS2 によるピーク検出の際には（イ）のコントロールとして（ハ）を，（ニ）のコントロールとして（ヘ）を使用することとする．

◆ **（B）リプログラミングで出現する H3K9me3 ChIP-seq ピーク，遺伝子群の同定**

H3K9me3 ChIP-seq の比較として，（ロ）と（ホ）の比較を行い，網膜では観察されず r-iPS で観察される H3K9me3 ピークを探す．また，それらのピークの周辺にある遺伝子群にはどのような機能に関連しているのかを GREAT で調べる．さらに，IGV で少なくともひとつの遺伝子領域で各サンプルのピークの確認を推奨する（参考文献 1 で言及される遺伝子を参照）．

なお，MACS2 によるピーク検出の際には（ロ）のコントロールとして（ハ）を，（ホ）のコントロールとして（ヘ）を使用することとする．

◆ **解析用 FASTQ データのダウンロード**

以下の FASTQ ファイルのリンクから wget でダウンロードする．

（イ）マウス成体網膜の H3K4me3 ChIP-seq データ
GSM2319450: H3K4me3-AB2-Adult-Rod_M_N-P21 replicate 1
ftp://ftp.sra.ebi.ac.uk/vol1/fastq/SRR425/005/SRR4252855/SRR4252855.fastq.gz

（ロ）マウス成体網膜の H3K9me3 ChIP-seq データ

GSM2319498: H3K9me3-AB1-Adult-Rod_M_N-P21 replicate 1
ftp://ftp.sra.ebi.ac.uk/vol1/fastq/SRR425/004/SRR4252904/SRR4252904.fastq.gz

（ハ）マウス成体網膜の Input DNA データ
GSM2319543: INPUT-Adult-Rod_M_N-P21 replicate 1
ftp://ftp.sra.ebi.ac.uk/vol1/fastq/SRR425/009/SRR4252949/SRR4252949.fastq.gz

（ニ）r-iPS の H3K4me3 ChIP-seq データ
GSM2319460: H3K4me3-AB2-IPS-Rod_I_Y-8601
ftp://ftp.sra.ebi.ac.uk/vol1/fastq/SRR425/006/SRR4252866/SRR4252866.fastq.gz

（ホ）r-iPS の H3K9me3 ChIP-seq データ
GSM2319506: H3K9me3-AB1-IPS-Rod_I_Y-8601
ftp://ftp.sra.ebi.ac.uk/vol1/fastq/SRR425/002/SRR4252912/SRR4252912.fastq.gz

（ヘ）r-iPS の Input DNA データ
GSM2319554: INPUT-IPS-Rod_I_Y-8601
ftp://ftp.sra.ebi.ac.uk/vol1/fastq/SRR425/000/SRR4252960/SRR4252960.fastq.gz

なお，今回使用しないデータも含めた論文 1 のデータは，https://www.ncbi.nlm.nih.gov/geo/query/acc.cgi?acc=GSE87064 から確認できる．

●手順

「0 から始めるエピゲノム解析（CHIP-seq）ver2」の原稿を参考に，以下の手順で CHIP-seq データ解析を実施する．

1. 解析用 Mac の電源を入れる．空きディスク容量が 60 GB 以上であることを確認する．
2. スリープモードにならないように設定する．
3. ターミナルを起動する．
4. コマンドライン・デベロッパ・ツールをインストールする．
5. Homebrew（OS X 用パッケージマネージャー）をインストールする．
6. wget をインストールする．
7. Anaconda3 をインストールする．
8. FASTQC をインストールする．
9. Fastp をインストールする．
10. Bowtie2 をインストールする．
11. MACS2 をインストールする．
12. samtools をインストールする．
13. HOMER をインストールする．
14. deepTools をインストールする．
15. R と RStudio をインストールする．
16. IGV をインストールする．
17. bedtools をインストールする．
18. ChIPpeakAnno（R パッケージ）をインストールする．
19. マウスリファレンスゲノム配列の Bowtie2 用のインデックスをダウンロードする．
20. 使用する FASTQ データをダウンロードする．

21. FASTQC によってリードの QC を行う.

22. Fastp によってリードのトリミングを行う.

23. Bowtie2 によってマウスゲノム配列へマッピングする.

24. MACS2 によってピーク検出を行う.

25. BAM ファイルを BigWig ファイルに変換する.

26. IGV によって narrowPeak ファイルと BigWig ファイルを読み込み，ピークの確認をする.

27. ChIPpeakAnno によってピーク領域のアノテーションを行う.

28. HOMER によってモチーフ解析を行う.

29. deepTools によって，遺伝子の転写開始点周辺などのリードの集積を確認する.

30. deepTools によって，ピーク情報を用いた ChIP-seq シグナルヒートマップを作成する.

（作成：尾崎 遼）

参考文献

1）HoggSJ, Vervoort SJ, Deswal S, et al: BET-bromodomain inhibitors engage the host immune system and regulate expression of the immune checkpoint ligand PD-L1. Cell Rep 18: 2162-2174, 2017.

2）Buenrostro, JD, Giressi PG, ZabaLC, et al: Transposition of native chromatin for fast and sensitive epigenomic profiling of open chromatin, DNA-binding proteins and nucleosome position. Nat Methods 10: 1213-1218, 2013.

3）Python Developer's Guide. https://devguide.python.org/#status-of-python-branches

4）Chen S, Zhou Y, Chen Y, et al: fastp: an ultra-fast all-in-one FASTQ preprocessor. Bioinformatics 34: i884-i890, 2018.

5）山田陸裕・上田泰己：5. 大規模データの解析における問題点. 蛋白質核酸酵素 54：1307, 2009.

6）Bailey T, et al: Practical guidelines for the comprehensive analysis of ChIP-seq data. PLoS Comput Biol 11: e1003326, 2013.

7）Chiang CM: Brd4 engagement from chromatin targeting to transcriptional regulation: selective contact with acetylated histone H3 and H4. F1000 Biol Rep 1: 98, 2009.

8）Meyer CA, Liu XS: Identifying and mitigating bias in next-generation sequencing methods for chromatin biology. Nat Rev Genet 15: 709, 2014.

9）Aldiri, Issam, et al: The dynamic epigenetic landscape of the retina during development, reprogramming, and tumorigenesis. Neuron 94: 550-568, 2017. https://www.ncbi.nlm.nih.gov/pmc/articles/PMC5508517/

再現・検証：0から始めるエピゲノム解析（ChIP-seq）ver2

エピゲノムを理解したら，解析はもっと面白い

新井凛太郎 聖光学園

使用機器 iMac（27-inch，Late 2012），macOS Mojave（10.14.6），CPU（2.9GHz Intel Core i5），メモリ（8GB），ストレージ（3TB，Fusion Drive）

はじめに

尾崎先生からエピゲノム解析の資料をいただいた時，初めは簡単だと思った．30ある手順を行い，その後，感想文のようなものを書くのを2カ月で終わらせるだけだと思っていたからだ．

今までお店でしか見たことのないような大きなPCが家に届いて，嬉しかった．しかし，届いたiMacにシステムが入っておらず，セットアップを試みたがインストールできなかったため，セットアップ済みの別のiMacを送ってもらうことになった．ところが，届くのが1カ月遅れ，1カ月しか期間がないという事態になった．

解析準備

作業を始める前にデータを取得する．これにすごい時間がかかる．3日ほど使う（ただし，並行して1番から作業を行うこともできるが，とても動きが鈍くなってしまう可能性がある．また，データは開く時に環境が悪いと，PC全体がとても重くなるので，データを開くのは極力減らした方がいい）．

- **手順1**：iMacの容量がどれくらいあるか，Siriに聞いてみた．3.06TBですといわれ，"TB（テラバイト）"が分からず調べてみる．1TB = 1,000GBだと分かり，iMacの容量は約3,000GBと判明した．
- **手順2**：「システム環境設定」を開き，「省エネルギー（電球のマーク）」の設定をするとスリープモードにならないようにできる．
- **手順3**：「アプリケーション」フォルダからターミナルを起動する．起動自体は簡単だった．
- **手順4**：初め，コピーの仕方が分からずに，尾崎先生の原稿に書いてあるコマンドを手で打っていた．コマンドを打った後，難しい英語がたくさん表示され，意味が分からず困惑した．
- **手順5**：Homebrewもコマンドライン・デベロッパ・ツールと同様に，原稿にあるコマンドをコピーし，その後ターミナルに貼り付けた．

ひたすらインストール，ダウンロード

- **手順6**：wgetも同様の作業をし，インストール（手順7〜19までも同様の作業を行う）．
  注意すべき点：手順14のdeepToolsはインストールに時間がかかる（4時間ほど）．
- **手順7**：Anacondaをインストールした．
- **手順8**：FastQCをインストールした．
- **手順9**：fastpをインストールした．
- **手順10**：Bowtie2をインストールした．
- **手順11**：MACSをインストールした．
- **手順12**：samtoolsインストールした．

- **手順13**：HOMER をインストールした．
- **手順14**：deepTools をインストールするコマンドではエラーが出た．
- **手順15**：R と RStudio をインストールした．
- **手順16**：IGV をインストールした．
- **手順17**：bedtools をインストールした．
- **手順18**：ChIPpeakAnno（R パッケージ）をインストールした．
- **手順19**：マウスリファレンスゲノム配列の Bowtie2 用インデックスをダウンロードした．

  手順 4 〜 19 は時間がかかるだけで（10 時間かかった），難しい作業ではなかった．
- **手順20**：使用する FASTQ ファイルをダウンロードした（8 時間）．

ファイルをデータ変換

手順 21 〜 25 は，ファイルのデータを変換する作業になっている．
- **手順21**：FastQC によってリードの QC を行った．この辺りから，とてつもなく難しくなる．19 までは，4 の時の難しさと変わりがない．しかし，この後からターミナルと他のものを一緒に使うことが多々出てくる．難しさが一気に上がった気になってしまう（実際に難しかった……）．
- **手順22**：fastp によってリードのトリミングを行った（初めはトリミングという言葉さえ分からず，段々，時間をかけてじっくりやらないと混乱しそうだった）．
- **手順23**：Bowtie2 によってマウスゲノム配列へマッピングした（ひたすらデータを変換していく作業だった）．
- **手順24**：MACS2 によってピーク検出を行った（データの選別作業のように感じた．MACS2 で条件に当てはまるものを探した）．
- **手順25**：BAM ファイルを BigWig ファイルに変換した．ここら辺までは手順 21 と似ている．

複雑だから整理，整理

- **手順26**：IGV によって narrowPeak ファイルと BigWig ファイルを読み込み，ピークの確認をした．IGV は，データを謎のグラフにできる代物らしい．そのグラフは拡大などもできる．数学の授業では使えそうかもしれない？　とても面白かった．

尾崎 Voice

　MACS2 によって，ピークとして検出された領域において，BigWig のシグナルがピーク様である状態を確認できたと思います．これは，MACS2 によるピーク検出が上手くいっていることを示します．また，サンプルと関連が深いことが知られている遺伝子領域を調べることで，ピークの有無が既存知識と整合性があるかを確かめられたと思います．例えば，網膜で働くことが知られている遺伝子の一つである *Crx* 遺伝子領域では，H3K4me3 のシグナルやピークが成体網膜で見られるのに対し，iPS では消失していました．

　同様に，網膜で働く *Rbp3* 遺伝子領域では，成体網膜で見られた H3K4me3 のシグナルやピークが，iPS では減弱していました．H3K4me3 は転写活性化と相関するヒストン修飾なので，特に成体網膜で働く遺伝子周辺では，H3K4me3 のピークがリプログラミングで消失すると考えられます．

　さらに，*Rbp3* 遺伝子領域では成体網膜でなかった H3K9me3 ピークが，リプログラミングで出現しました．H3K9me3 は，転写抑制との関連が知られていることから，この結果は成体の網膜で働く遺伝子が iPS へのリプログラミングによって，H3K9me3 依存的に転写抑制されたことを示唆します．

- **手順27**：ChIPpeakAnno によって，ピーク領域のアノテーションを行った．Rstudio とターミナルはあまり相性が良くない気がする．コピーしたものを，間違えて違う方に打ってしまうからだ．Rstudio に打つべきものをターミナルに打ってしまうなど，ミスが多かった．

Level 2：実践編 3

尾崎 Voice

　ピーク領域のアノテーションにより，ゲノム中でどんな場所（エキソン，イントロン，プロモーター，遺伝子間領域など）にピークが多いかが分かります．

　ここでは，H3K4me3 ピークと H3K9me3 ピークを比べると，H3K4me3 はプロモーター領域に多く，H3K9me3 は遺伝子間領域に多いという結果になりました．これは，それぞれのヒストン修飾の機能が転写活性と転写抑制であることを反映していると考えられます．また，ChIPpeakAnno では各ピークがどんな遺伝子の近くにあるかが分かります．これにより，例えば，条件間で出現・消失するピーク周辺の遺伝子群には，どのような機能があるかを調べることもできます．

● **手順 28**：HOMER によるモチーフ解析を行った．カラフルなアルファベットがたくさん出てきた．モチーフ解析は何かを評価するものらしいので，何かしら評価しているのだろうが分からない．だんだん，よく分からなくなってきた．

尾崎 Voice

　転写因子は DNA に結合します．転写因子は，種類によって異なる特徴的な DNA 配列に結合することが知られています．この特徴的な DNA 配列の情報を，"モチーフ"と呼びます．ピーク領域にどのようなモチーフが濃縮しているかが分かれば，そこに結合する転写因子を類推できます．なお，カラフルなアルファベットは ACGT です．シーケンスロゴ（sequence logo）といい，各位置での塩基の特異性を表現します．

　リプログラミングで消失した H3K4me3 ChIP-seq ピークでは，*CRX* や *MEF2C* といった網膜で働くことが知られる転写因子のモチーフが濃縮していました．一方，リプログラミングで出現した H3K9me3 ChIP-seq ピークでは，眼の発生に関与することが知られている *FOXC1* のモチーフが見つかりました．

　これらの結果は，網膜で働く転写因子群が結合する領域のエピゲノム状態を変化させるように，リプログラミング時にエピゲノム変化が起こることを示唆します．

● **手順 29**：deepTools によって，遺伝子の転写開始点周辺などのリードの集積を確認した．しかしリードの集積を見て，一体何なのかよく分からなかった．

尾崎 Voice

　遺伝子領域に対する分布を見ることで，各エピゲノム修飾に知られる機能と整合性があるかを確かめることができます．これにより，ChIP-seq データの品質を確認したり，エピゲノム修飾の未知の機能の発見につながるかもしれません．

　H3K4me3 では TSS の周辺，特に TSS 下流にシグナルが濃縮していました．一方，H3K9me3 では TSS の上流にシグナルが多く，また遺伝子領域全体になだらかにシグナルが見られます．この結果からも，2 種類のヒストン修飾には異なる機能があることが示唆されます．

● **手順 30**：deepTools によって，ピーク情報を用いた ChIP-seq シグナルヒートマップを作成した．作ったはいいが読める気がしない．サーモグラフィにしか見えなかった．しかし，実際はリードの分布を可視化できるというものだった．

162　実践編

尾崎 Voice

　サーモグラフィでもよく使われる可視化方法「ヒートマップ」の一種です．リプログラミングで消失するH3K4me3 ChIP-seqピーク群の周辺では，H3K4me3のシグナルが網膜では高く，iPSでは低いという結果となりました．

　同様に，リプログラミングで出現するH3K9me3 ChIP-seqピーク周辺では，H3K9me3のシグナルが網膜では低く，iPSでは高かった．これらの結果から，リプログラミングで変化するピーク群をちゃんと得られていることが確認できます．

　手順26～30は内容が複雑になってくるため，頭で整理しないと自分が何をやっているかが分からなくなる（書き出してもいいかもしれない）．

尾崎 Voice

　ここまでの結果から，リプログラミングで消失したH3K4me3領域は，網膜で働く転写因子の結合領域で見られることから，網膜で働く遺伝子群の転写をiPSでの抑制に寄与すると考えられます．

　同様に，リプログラミングによって出現したH3K9me3領域も，網膜で働く遺伝子群の転写抑制につながると考えられます．これらのことからリプログラミングにおいては，分化した組織・細胞の機能をリセットする役割をエピゲノムが担っていると考えられます．

COLUMN　今回の解析で活躍したアプリとWebサイト

●アプリ
- Anaconda（https://www.anaconda.com）
- Integrative Genomics Viewer 2.5.2（https://software.broadinstitute.org/software/igv/）
- RStudio（https://rstudio.com）
- FastQC（https://www.bioinformatics.babraham.ac.uk/projects/fastqc/）

● Webサイト
- Qiita（https://qiita.com/FukuharaYohei/items/3468bd2a6b2f07b8963e）
- ばいばいバイオ（https://www.kimoton.com/）
- biopapyrus（https://bi.biopapyrus.jp/rnaseq/qc/fastqc.html）

おわりに

　インストールやダウンロードには，ものすごく時間がかかった．インストールにかかる時間が2d（2日）と出てきた時に，何だこれは，と驚いた……（特に，手順20番以降は1時間待ちが当たり前になってくる）．さらに，コマンドをコピーして，ターミナルにコピーしたものを貼りenterを押すだけなのに，何度も「command not found」や「no such a file」と表示された……

　また，解析用FastQCのダウンロードしたデータはとても重かったが，IGVなど新しいアプリを使えて面白かった．試してみるデータはたくさんあったため，ただ指示されたことをやるだけではなく，使い方がよく分かった．「ここをこうすれば良い」，「このアプリとあのアプリは同時に開くと重くなる」，などといったルールが分かった．

　そして，今までできなかったところができるようになると嬉しい．ただ，この量を一人でやるのはとても大変な気がした．自分の思い通りに機械は動かず，とてもイライラする．これを短期間でやるよりも，もっと長い時間をかけてじっくりやりたかった．"エピゲノム"というものを理解している人がやれば，もっと面白いのかもしれないと思った．

Level 2：実践編 3

実践編 4　0から始めるエピゲノム解析（BS-seq）ver2

小野加奈子 岩手医科大学 いわて東北メディカル・メガバンク機構 生体情報解析部門

使用機器	Mac Pro (Late 2013), CPU (2.7 GHz 12-Core Intel Xeon E5), メモリ (64GB), OS High Sierra (10.13.6), SSD (1TB) ※Bismarkを動かす要件としてメモリ16GB推奨，12GBは必須
使用言語・ソフトウェア	wget v1.20.1, FastQC v0.11.8, SRAToolkit v2.9.6, Trim galore! v0.6.1, Bismark v0.22.1, R v3.6.0, BiocManager v1.30.4 (Rパッケージ), methylKit v1.10.0 (Rパッケージ), genomation v1.16.0 (Rパッケージ)
データ量	RRBS データ 2 ファイル（合計12.0GB），リファレンス配列データ（常染色体のみ2.8GB）

はじめに

　本項では，DNA メチル化解析手法のひとつである reduced representation bisulfite sequencing（RRBS）法のデータ解析手順について解説する．RRBS 法は制限酵素 *Msp* I を用いてプロモーター領域と CpG アイランドを濃縮し，対象領域を限定してバイサルファイトシークエンシングを行うことで，効率よく DNA メチル化をとらえるための手法である．バイサルファイトシークエンシングの中でも比較的データ量が軽量で，初めて解析に取り組む方でも扱いやすい．

　なお，解析を始めるにあたり，スリープモードにならないための設定やコマンドライン・デベロッパ・ツール，Homebrew のインストールは済んでいるものとして解説する．

解析準備

ディレクトリの準備とツールのインストール

　初めに，ターミナルを開き解析に使用するディレクトリを用意する．本項では，rrbs ディレクトリを起点のディレクトリとする．rrbs ディレクトリを作成した後，cd コマンドでそこに入り，この下層にさらに 6 つのディレクトリを作成する．

```
$ cd ~
$ mkdir rrbs
$ cd rrbs
$ mkdir rawdata tools ref fastqc trim map
```

　ディレクトリが用意できたので，解析に使用するツール類をインストールする．まず，Level 1 準備編「共通基本ツールの導入方法」(p.40) の項を参照しながら，R, wget, Trim galore!, SRAToolkit のインストールを行ってほしい．Homebrew がインストールされているので，brew コマンドを使用してインストールできるものはそちらでインストールしていく．

　ここでインストールしてもらいたいのは，bowtie2 と SAMtools であり，これらのツールはマッピングで使用する Bismark の動作に必要である．

```
$ brew install bowtie2
$ brew install samtools
```

　続いて，バイサルファイト処理後の配列をマッピングするためのツールであるBismark[1]をインストールする．wget コマンドを使ってファイルをダウンロードするため，Bismark の配布サイト（https://www.bioinformatics.babraham.ac.uk/projects/bismark/）をブラウザで開いておく．ターミナル上ではまず，tools ディレクトリに cd コマンドで移動する．

　次に，wget コマンドに続けて，先ほど表示したサイトの「Download Now」（図1）をクリックした先に表示される，bismark_v0.22.1.tar.gz（図2）のURL をドラッグ＆ドロップする．こうすることで，gz ファイル保存先のURL が入力される．gz ファイルのダウンロード後，tar コマンドで gz ファイルを展開する．展開後，/usr/local/bin/ ディレクトリにファイルを移動させる．

　bismark -v と入力し，Bismark のバージョン情報が表示されればOK だ．読者の方は，本書で解析をする時点での最新バージョンを利用いただきたい．

図1　Bismark のダウンロード画面

図2　bismark_v0.22.1.tar.gz のURL

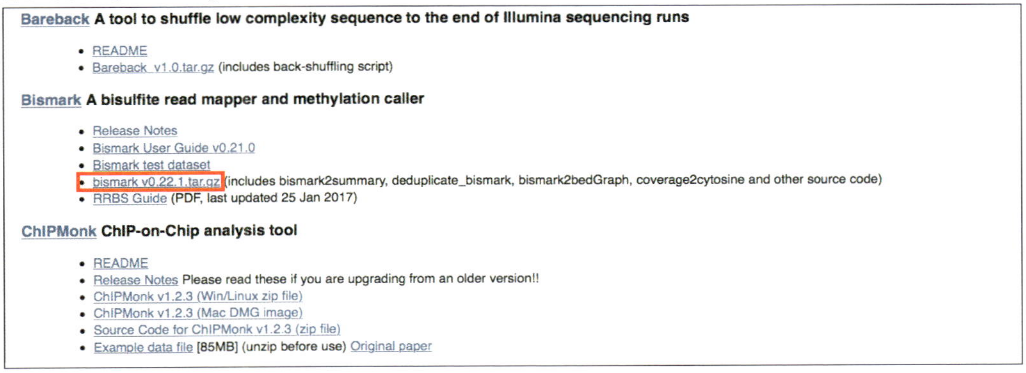

```
$ cd ~/rrbs/tools
$ wget https://www.bioinformatics.babraham.ac.uk/projects/bismark/bismark_v0.22.1.tar.gz
$ tar xvzf bismark_v0.22.1.tar.gz
$ mv Bismark_v0.22.1/* /usr/local/bin/
$ bismark -v
```

0 から始めるエピゲノム解析（BS-seq）ver2　165

```
            Bismark - Bisulfite Mapper and Methylation Caller.

                    Bismark Version: v0.22.1
      Copyright 2010-19 Felix Krueger, Babraham Bioinformatics
             www.bioinformatics.babraham.ac.uk/projects/
                https://github.com/FelixKrueger/Bismark
```

最後に R の環境設定を行う．ここでは Bioconductor を利用し，methylKit [2] と genomation [3] という R パッケージをインストールする．Bioconductor の利用方法は第 1 版で紹介されていたが，方法が若干変更されている．BiocManager というパッケージが必要だが，そのままインストールしようとするとエラーが出る．試しに実行してみよう．途中，CRAN のミラーサイトを選ぶように表示されるが，「Japan」となっている 40 を選択しよう．

```
$ R   # ターミナル上で R を起動する

> install.packages("BiocManager")

--- このセッションで使うために，CRAN のミラーサイトを選んでください ---
Secure CRAN mirrors
（省略）

35: Hungary [https]              36: Iceland [https]
37: Indonesia (Jakarta) [https]  38: Ireland [https]
39: Italy (Padua) [https]        40: Japan (Tokyo) [https]
41: Japan (Yonezawa) [https]     42: Korea (Busan) [https]

Selection: 40
URL 'https://cran.ism.ac.jp/bin/macosx/el-capitan/contrib/3.6/BiocManager_1.30.4.tgz' を
試しています
Content type 'application/x-gzip' length 288867 bytes (282 KB)
==================================================
downloaded 282 KB

ダウンロードされたパッケージは，以下にあります
/var/folders/v5/vcdjbm6d7mbczp43h_dhm94c0000gn/T//Rtmpnc9I4Y/downloaded_packages
警告メッセージ:
doTryCatch(return(expr), name, parentenv, handler) で :
共有ライブラリ '/Library/Frameworks/R.framework/Resources/modules//R_X11.so' を読み込めません :
dlopen(/Library/Frameworks/R.framework/Resources/modules//R_X11.so, 6): Library not
loaded: /opt/X11/lib/libSM.6.dylib
Referenced from: /Library/Frameworks/R.framework/Resources/modules//R_X11.so
Reason: image not found
```

想定通り，インストールに失敗したと思う．これは，XQuartzがインストールされていない場合に表示されるエラーである．XQuartzの配布サイト（https://www.xquartz.org）から入手しよう．「XQuartz-2.7.11.dmg」をクリックし，ダウンロードされたインストーラを開く（図3）．インストール画面が表示されたら，指示に従ってインストールしよう（図4）．「インストールが完了しました」と表示されれば完了だ．インストーラはゴミ箱に捨ててしまってよい．

図3　XQuartz-2.7.11.のインストーラ

図4　XQuartz-2.7.11.のインストール画面

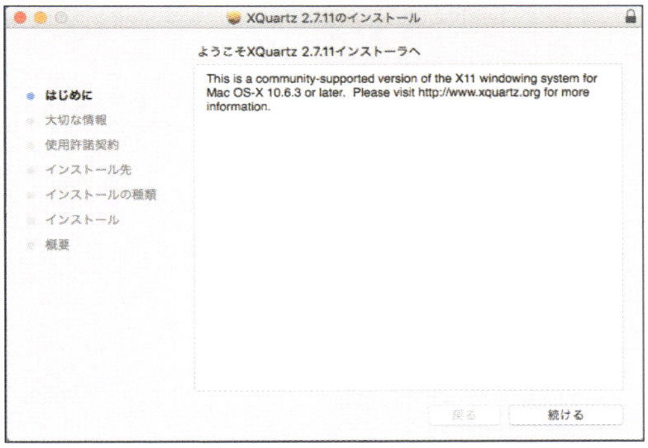

XQuartzがインストールされたところで，改めてBiocManagerをインストールしよう．今度は問題なくインストールできるはずだ．続けて，`BiocManager::install()`で必要なパッケージをインストールしていこう．パッケージのインストールを始めると，依存関係にあるパッケージも自動的に次々とインストールされていく．この時，methylKitの"K"は大文字での入力が必要なので，ご注意いただきたい．`packageVersion()`で各パッケージのバージョンが表示されれば完了だ．後で使うまで一旦，Rを終了させておく．

```
> install.packages("BiocManager")
> BiocManager::install("methylKit")
> BiocManager::install("genomation")
> packageVersion("BiocManager")
[1] '1.30.4'
> packageVersion("methylKit")
[1] '1.10.0'
> packageVersion("genomation")
[1] '1.16.0'

> q() #R を終了するコマンド
```

これで解析環境を整えることができた．ここからは，実際のデータ解析のステップに入っていく．読者が本項で示したデータ以外のデータを解析する場合，ここまでの部分はやり直さなくてよい．

解析データのダウンロード

解析に使用するデータのダウンロードを行う．今回は慢性リンパ性白血病（chronic lymphocytic leukemia；CLL）B細胞のRRBSデータセット[4]の一部（https://www.ncbi.nlm.nih.gov/geo/query/acc.cgi?acc=GSE66121）を使用する（図5）．今回用いたデータのIDは下記の通りである．

SRR1812639　血液サンプル　細胞種：CD19+ B-cells　慢性リンパ性白血病患者
SRR1812671　血液サンプル　細胞種：CD19+ B-cells　健常者

図5　CLLのB細胞のRRBSデータセットの一部

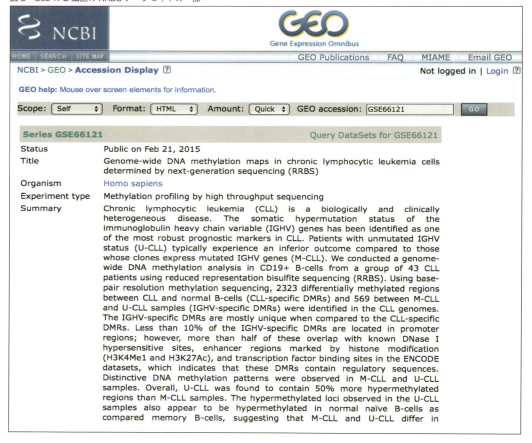

まず，処理前のデータを格納するrawdataディレクトリに移動する．次に，SRA Toolkitの`fastq-dump`コマンドで`gzip`オプションを設定し，圧縮状態で指定したIDのfastqファイルを圧縮状態でダウンロードする．2つともファイルサイズがかなり大きいので，安定したネット環境での実施をオススメする．ダウンロードが済んだら，`ls`コマンドでファイルの存在を確認する．この時，`lh`オプションをつけるとファイルサイズなども表示される．確認したら，`gunzip`コマンドでダウン

ロードしたファイルを展開する．展開後に `ls` コマンドで確認すると，1.6GB だったファイルが約 6GB になっていることが分かる．

```
$ cd ~/rrbs/rawdata

$ fastq-dump --gzip SRR1812671
$ fastq-dump --gzip SRR1812639

$ ls -lh
-rw-r--r-- 1 XXXX  XXXX    1.6G  1 26 11:29 SRR1812639.fastq.gz
-rw-r--r-- 1 XXXX  XXXX    1.6G  1 26 11:16 SRR1812671.fastq.gz
#XXXX は読者ごとに異なる

$ gunzip SRR1812639.fastq.gz
$ gunzip SRR1812671.fastq.gz

$ ls -lh
-rw-r--r-- 1 XXXX  XXXX    6.1G  1 26 15:03 SRR1812639.fastq
-rw-r--r-- 1 XXXX  XXXX    6.0G  1 26 15:03 SRR1812671.fastq
#XXXX は読者ごとに異なる
```

　次に，リファレンス配列のデータをダウンロードする．Level 2 実践編「0 から始める疾患ゲノム解析 ver2」（p.64）の項に倣ってダウンロードするが，「5: 日本人デコイ配列を使う」については，解析対象のデータセットが日本人由来ではないため，実行しなくてよい．
　まず，リファレンス配列を保存するフォルダに移動する．ref ディレクトリ内にシェルスクリプト [010_download-ucsc.sh] を作ろう．ref ディレクトリに移動し，テキストエディタの vi を起動する．その際，スペースに続いてファイル名を入力すると，新しいファイルが作成される．

```
$ cd ~/rrbs/ref/

#vi を起動し，010_download-ucsc.sh という新しいファイルを作成する
$ vi 010_download-ucsc.sh
~
~
~
"010_download-ucsc.sh" [New File]
```

　この状態で「i」を入力するとインサートモードに切り替わり，ファイルへの入力が可能になる．

```
~
~
-- INSERT --
```

0 から始めるエピゲノム解析（BS-seq）ver2　169

インサートモードの状態で下記のように入力しよう．このスクリプトは，ヒトのリファレンス配列の圧縮ファイルをダウンロードし，解凍まで実施する．入力後，「esc」ボタンを押すとインサートモードを終了できる．

```
#!/bin/bash
set -euo pipefail
u1="ftp://hgdownload.soe.ucsc.edu"
u2="goldenPath/hg38/bigZips/analysisSet"
u3="hg38.analysisSet.chroms.tar.gz"
curl -O ${u1}/${u2}/${u3}
tar zxvf ${u3}    #ここまで入力したら「esc」ボタンでインサートモードを終了する
```

この後に「:wq」と入力すると，010_download-ucsc.sh ファイルに入力した内容が保存される．「:w」はファイルの保存，「:q」は vi を終了するためのコマンドで，「:wq」はこれらを組み合わせたものである．less で作成したファイルを確認すると，先ほど入力した内容が保存されていることが分かる．less コマンドは「q」を入力すると終了できる．

```
$ less■010_download-ucsc.sh

#!/bin/bash
set -euo pipefail
u1="ftp://hgdownload.soe.ucsc.edu"
u2="goldenPath/hg38/bigZips/analysisSet"
u3="hg38.analysisSet.chroms.tar.gz"
curl -O ${u1}/${u2}/${u3}
tar zxvf ${u3}

010_download-ucsc.sh (END)    #内容を確認したら「q」を入力し，less コマンドを終了する
```

シェルスクリプトができたが，このままだと単なるファイルなので，chmod コマンドで実行権限を付与してスクリプトを実行しよう．実行するとダウンロードの進捗が確認できる（図6）．

```
$ chmod■a+x■010_download-ucsc.sh
$ ./010_download-ucsc.sh
```

図6　解析データのダウンロード進捗

% Total		% Received	% Xferd	Average Speed		Time	Time	Time	Current
				Dload	Upload	Total	Spent	Left	Speed
9	905M	9 90.0M	0	0	3589k	0	0:04:18	0:00:25	0:03:53 2209k

```
$ ls
010_download-ucsc.sh              hg38.analysisSet.chroms.tar.gz
hg38.analysisSet.chroms
```

170　実践編

本項では，16GB のメモリで全ゲノム DNA メチル化解析を可能にするため，リファレンス配列は「常染色体のみ」を使用することにした．メモリに余裕がある場合は，解析の目的に応じて性染色体などを含めて実施しても構わない．常染色体の .fa ファイルを ref ディレクトリ以下に移動しよう．

```
$ for i in $(seq 1 22)
> do
> mv hg38.analysisSet.chroms/chr${i}.fa ~/rrbs/ref
> done

$ ls
010_download-ucsc.sh     chr15.fa        chr21.fa        chr8.fa
chr1.fa                  chr16.fa        chr22.fa        chr9.fa
chr10.fa                 chr17.fa        chr3.fa         hg38.analysisSet.chroms
chr11.fa                 chr18.fa        chr4.fa         hg38.analysisSet.chroms.tar.gz
chr12.fa                 chr19.fa        chr5.fa
chr13.fa                 chr2.fa                         chr6.fa
chr14.fa                 chr20.fa        chr7.fa
```

最後に，遺伝子アノテーションファイルをダウンロードする．ファイルは UCSC Genome Browser から取得するため，サイト（https://genome.ucsc.edu/index.html）を開く．メニューの Tools から Table Browser を選択すると（**図7**），設定画面に移動する．

図7　UCSC Genome Browser の Table Browser

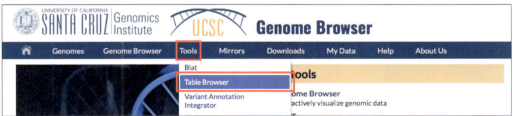

設定画面では **図8** のように設定する．設定を確認したら「get output」をクリックし，次の画面に移動する．

図8 UCSCの設定画面

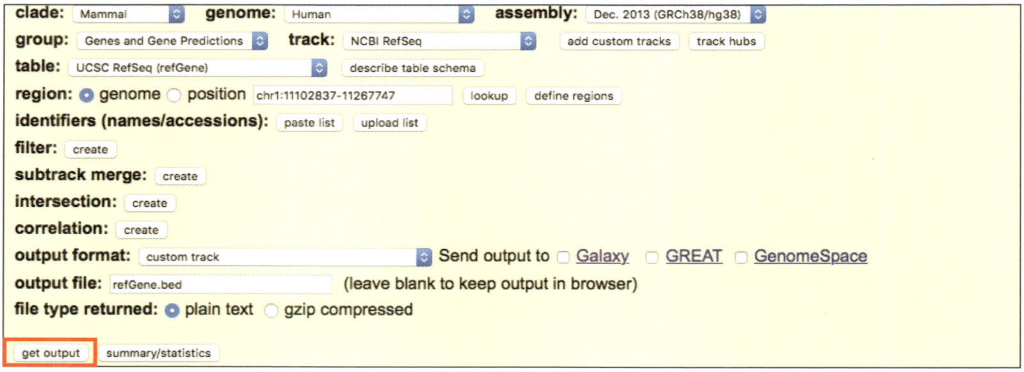

Output refGene as Custom Track 画面が表示されたら，「Create one BED record per: Whole Gene」が選択されていることを確認する．問題なければget custom track in file をクリックし（**図9**），ダウンロードを開始する．終了すると，DownloadsディレクトリにrefGene.bedというファイルがある．このファイルをrrbs/ref ディレクトリに移動する．

図9 Output refGene as Custom Track 画面

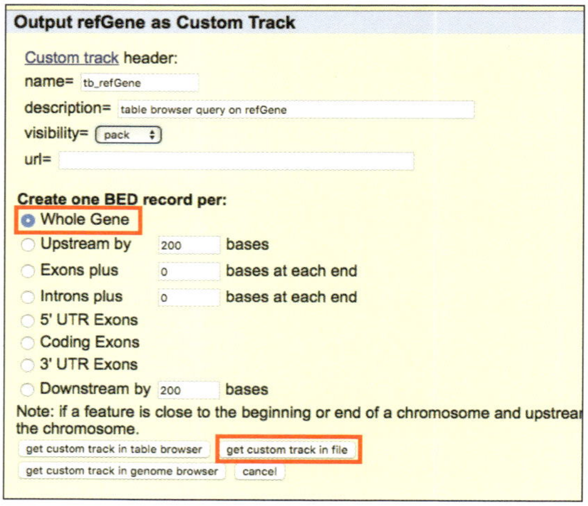

```
$ mv■~/Downloads/refGene.bed■~/rrbs/ref
$ ls
010_download-ucsc.sh
chr1.fa     chr14.fa    chr19.fa    chr3.fa     chr8.fa                 refGene.bed
chr10.fa    chr15.fa    chr2.fa     chr4.fa     chr9.fa
chr11.fa    chr16.fa    chr20.fa    chr5.fa     hg38.analysisSet.chroms
chr12.fa    chr17.fa    chr21.fa    chr6.fa     hg38.analysisSet.chroms.tar.gz
```

遺伝子アノテーションファイルのダウンロードまで終了した．これで解析を始めるのに必要な準備が一通り終了した．

情報解析

● FastQC で確認

早速，実際に解析してみよう．まず rrbs ディレクトリに戻ろう．ここでは，先ほど作成した fastqc ディレクトリに，FastQC から出力されるファイルを保存する．

FastQC を用いて，処理前の fastq ファイルの状態を確認してみよう．`fastqc` コマンドに続けて，いくつかオプションを設定してほしい．FastQC はそのままだと長いリードを解析する際に，3' 末端の塩基をまとめて解析してしまう．これを防ぐために `--nogroup` オプションを設定する．`-o` オプションでは，FastQC の結果の出力先ディレクトリを設定する．`-t` オプションでは処理に使用する CPU の数を指定できる．ここでは 4 としているが，使用している環境に応じて適宜変更してほしい．

最後に解析する fastq ファイルを指定する．解析対象の fastq が複数ある場合は，`*`（ワイルドカード）を使用して一気に解析してもよい．

```
$ cd ~/rrbs
$ mkdir fastqc
$ fastqc --nogroup -o fastqc/ -t 4 rawdata/*.fastq
```

実行後，fastqc フォルダを確認すると zip ファイルと html ファイルができる．`open` コマンドで html ファイルを開いてみよう．ブラウザで html ファイルが開かれる（図10, 11）．

```
$ open fastqc/SRR1812639_fastqc.html
$ open fastqc/SRR1812671_fastqc.html
```

図10　html ファイルその 1

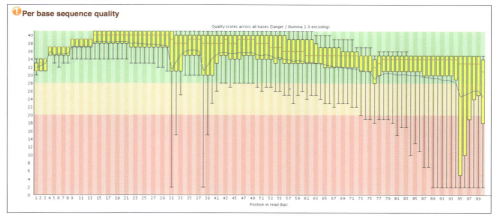

図11 html ファイルその2

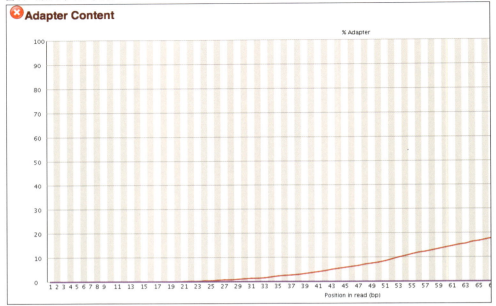

　Per base sequence quality をみると，後半のリードにクオリティスコアが低いものが含まれていることが分かる（図10）．また，一番下にある Adapter Content を確認するとアダプター配列が含まれているようだ（図11）．次のステップで取り除こう．

● トリミング

　次に，fastq ファイルからアダプター配列など不要な配列をトリミングしていく．トリミングには Trim galore! を用いる．このソフトでは RRBS 解析のためのオプションが選択できる．また，自動でアダプター配列を検出してくれる点も便利である．
　trim_galore コマンドで fastq ファイルのトリミングを実行しよう．-q でクオリティスコアのカットオフを設定できる．-j オプションでは，処理に使用するコア数を指定できる．--rrbs オプションでは，トリミング対象のデータが RRBS のサンプルであることを設定できる．
　解析対象のデータを指定した後，-o オプションでトリミング後のファイルが出力されるディレクトリを指定する．ここでは，初めに作成した trim ディレクトリを指定しよう．実行後，trim ディレクトリに処理後の fastq ファイルとレポートファイルが出力される．処理後の fastq ファイルにも FastQC を実行してみよう．Per base sequence quality において，先ほど後半のリードに含まれていたクオリティが低いものがトリミングされたことが分かる（図12）．また，Adapter Content を確認するとアダプター配列がなくなったことが分かる（図13）．

```
$pwd     #rrbs ディレクトリにいることを確認
/Users/XXXX/rrbs      #XXXX は読者ごとに異なる

$ trim_galore -q 20 -j 4 --rrbs rawdata/SRR1812639.fastq -o trim/
```

```
$ trim_galore -q 20 -j 4 --rrbs rawdata/SRR1812671.fastq -o trim/
$ fastqc --nogroup -o fastqc/ -t 4 trim/*.fq
$ open fastqc/SRR1812639_trimmed_fastqc.html
$ open fastqc/SRR1812671_trimmed_fastqc.html
```

図12 トリミング後の Per base sequence quality

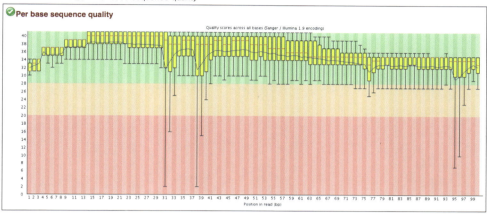

図13 トリミング後の Adapter Content

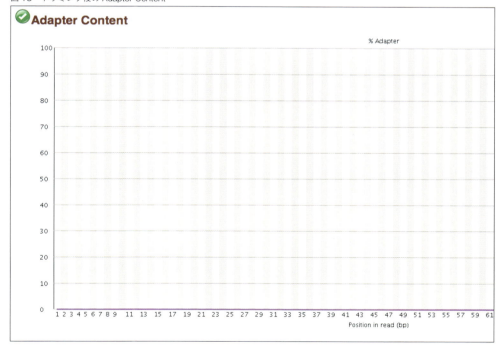

🔵 マッピング

　トリミングが完了したので，次はマッピングを行う．DNA メチル化データの解析では，ダウンロードしたリファレンス配列をそのままマッピングに使用することができない．RRBB などのバイサルファイト処理を行う実験では，メチル化されていないシトシン (cytosine；C) がチミン (thymine；T) に変換されている．このため，リファレンス配列もバイサルファイト処理を考慮したものに変換する必要がある．マッピングツールの Bismark には，この変換を行ってくれるコマンドが含まれているので利用しよう．

　変換を行ってくれるコマンドは `bismark_genome_preparation` である．解析準備でダウンロードした染色体ごとのリファレンス配列は，`ref` ディレクトリに保存されているはずである．`bismark_genome_preparation` コマンドに続けてリファレンス配列の保存場所を入力し，実行する．この変換には時間を要する．バージョン 0.22.0 以降では，マルチコアオプション `--parallel` を使用することができるようになった．変換が終わると，`ref` ディレクトリの下層に Bisulfite_Genome ディレクトリができているはずだ．ここに変換されたリファレンス配列が入っている．メモリ 16GB の環境，かつシングルコアモードで実行した場合は，完了まで 4 時間程度必要である．

```
$ bismark_genome_preparation■--parallel■4■~/rrbs/ref/
Using 4 threads for the top and bottom strand indexing processes each, so using 8 cores
in total
Writing bisulfite genomes out into a single MFA (multi FastA) file
Bisulfite Genome Indexer version v0.22.1 (last modified: 14 April 2019)
Step I - Prepare genome folders - completed

（省略）

$ ls■ref/
010_download-ucsc.sh        chr15.fa        chr22.fa        hg38.analysisSet.chroms
Bisulfite_Genome            chr16.fa        chr3.fa         hg38.analysisSet.chroms.
tar.gz
chr1.fa                     chr17.fa        chr4.fa         refGene.bed
chr10.fa                    chr18.fa        chr5.fa
chr11.fa                    chr19.fa        chr6.fa
chr12.fa                    chr2.fa         chr7.fa
chr13.fa                    chr20.fa        chr8.fa
chr14.fa                    chr21.fa        chr9.fa
```

　変換したリファレンス配列を使って，`bismark` コマンドによるマッピングを実行する．マッピング結果は初めに作成したディレクトリに出力する．

　rrbs ディレクトリにいる状態で下記のように実行する．`bismark` コマンドに続けて，リファレンス配列が含まれるディレクトリを指定する．解析対象のファイルはトリミング済みの fastq ファイルを指定すること．`-o` オプションで map ディレクトリを指定しよう．

　また，この処理では使用するコア数を `--multicore` オプションで指定することができる．指定がないとひとつのコアで処理を行うため，時間がかかってしまう．使用している PC のスペックを確認の

上，使用コア数を増やせる場合は `--multicore` オプションの使用を検討するのが望ましいだろう.

ただし，メモリ 16GB なら 2 コア，32GB なら 4 コアというように，搭載されている最大コア数よりも余裕をもたせた方が安全だ．この処理は筆者の環境で，1 ファイル当たり 1 時間程度かかった．メモリ 16GB の Mac でマルチコアオプションなしで実行した場合は，1 サンプル当たり 2 時間半程かかる.

```
$ bismark■ref/■trim/SRR1812639_trimmed.fq■--multicore■4■-o■map/
$ bismark■ref/■trim/SRR1812671_trimmed.fq■--multicore■4■-o■map/
```

処理が終わったら map ディレクトリの中を確認してみよう．下記のように，bam ファイルとレポートファイルが出力されるはずだ.

```
$ ls■map/
SRR1812639_trimmed_bismark_bt2.bam     SRR1812639_trimmed_bismark_bt2_SE_report.txt
SRR1812671_trimmed_bismark_bt2.bam     SRR1812671_trimmed_bismark_bt2_SE_report.txt
```

🔵 DNA メチル化部位の抽出

ここからの解析にはマッピング後に出力された bam ファイルを用いるが，出力直後のままでは解析に用いることができない．methylKit で使用するためには，bam ファイルを染色体番号順にソートしておく必要がある.

bam ファイルのソートには SAMTools を用いる．map ディレクトリに移動し，下記のように実行する．`-@` オプションは，処理に使用するコア数を指定するものである．マッピング時と同様に必要に応じてコア数を増やしても構わない．`-T` オプションでは，処理時に作成される一時ファイルの保存場所を指定する．ここでは `tmpsam` とした．続けて，`-o` オプションで出力後の .bam 前のファイル名を入力する．出力後の bam ファイルの名前は任意だが，ここでは `ID_sort.bam` とした.

正規の方法は以上だが，別の方法として出力先をリダイレクト "`>`" で指定することで，`-T` オプションと `-o` オプションの省略も可能である．終了するとソートされた bam ファイルが出力される.

```
$ cd■map
$ samtools■sort■-@■4■SRR1812639_trimmed_bismark_bt2.bam■-T■tmpsam■-o■SRR1812639_sort.bam
$ samtools■sort■-@■4■SRR1812671_trimmed_bismark_bt2.bam■>■SRR1812671_sort.bam

$ ls
SRR1812639_sort.bam
SRR1812639_trimmed_bismark_bt2.bam
SRR1812639_trimmed_bismark_bt2_SE_report.txt
SRR1812671_sort.bam
SRR1812671_trimmed_bismark_bt2.bam
SRR1812671_trimmed_bismark_bt2_SE_report.txt
```

ここからは，ターミナル上で R を起動して解析を行う．まず，rrbs ディレクトリに戻り，`R` を起

0 から始めるエピゲノム解析（BS-seq）ver2 177

動する．起動したら，R パッケージの `methylKit` と `genomation` を呼び出しておく．methylKit は，メチル化率の算出や遺伝子アノテーションとの関連づけを行うことができるパッケージである．このパッケージには，bismark で出力された bam ファイルを読み込むための関数が組み込まれているため，bismark でのマッピング後の解析には適したツールであるといえる．genomation は，methylKit の機能を補完するのに有用なパッケージである．

なお，下記の `library()` コマンド後のメッセージは省略してある．

```
$ cd ~/rrbs
$ R
R version 3.6.0 (2019-04-26) -- "Planting of a Tree"
Copyright (C) 2019 The R Foundation for Statistical Computing
Platform: x86_64-apple-darwin15.6.0 (64-bit)


（省略）


> library(methylKit)
> library(genomation)
```

先ほどソートした bam ファイルから，メチル化率の算出を行う．まず，bam ファイルのパスを変数に代入しよう．作成した変数を `list()` でひとまとめにする．

```
> file1 <- "map/SRR1812639_sort.bam"
> file2 <- "map/SRR1812671_sort.bam"
> file.list <- list(file1,file2)
```

次に，methylKit の `processBismarkAln` 関数を用いてメチル化率の算出を実行する．引数の `location` は，先ほど作成した file.list（＝ bam ファイルの保存場所）を指定する．`sample.id` では，`list` 関数を用いてサンプル名を設定できる．`assembly` はマッピングで hg38 を使用したので，そちらを指定する．`read.context` は CpG サイトを指定した．`treatment` では同じグループのサンプルを指定できる．今回は CLL を 1，健常者を 0 とした．

この処理は解析対象のファイル数によって時間がかかる．`obj` の中身を見てみると，methylRawList オブジェクトが格納されていることが分かる．ここには，bam ファイルから抽出された CpG サイトの情報が list 型で保存されている．

```
> obj <- processBismarkAln(location=file.list,sample.id=list("CLL","normal"), ↵
assembly="hg38",read.context="CpG",treatment=c(1,0))
Trying to process:
map/SRR1812639_sort.bam
 using htslib.
（省略）


> obj
methylRaw object with 2465257 rows
```

178　実践編

```
--------------
    chr start     end strand coverage numCs numTs
1 chr1 10497 10497       +       45    45     0
2 chr1 10525 10525       +       44    42     2
3 chr1 10542 10542       +       45    44     1
4 chr1 10563 10563       +       44    42     2
5 chr1 10571 10571       +       44    41     3
6 chr1 10577 10577       +       44    43     1
--------------
sample.id: CLL
assembly: hg38
context: CpG
resolution: base


methylRaw object with 2370279 rows
--------------
    chr start     end strand coverage numCs numTs
1 chr1 10497 10497       +       60    59     1
2 chr1 10525 10525       +       59    56     3
3 chr1 10542 10542       +       60    59     1
4 chr1 10563 10563       +       60    55     5
5 chr1 10571 10571       +       57    56     1
6 chr1 10577 10577       +       60    49    11
--------------
sample.id: normal
assembly: hg38
context: CpG
resolution: base

treatment: 1 0
```

　次に obj に格納された情報を使って，メチル化率の分布を確認してみよう．getMethylationStats コマンドでヒストグラムを描画して，分布を確認することができる（**図14**）．obj は list 型なので，一つ目のサンプルを見たい場合には [[1]] を入力する．引数 plot は，ヒストグラムを描画するかどうか指定できる．ここでは T を指定したが，F を指定すると統計量の数値のみ表示される．

```
> getMethylationStats(obj[[1]], plot=T)
> getMethylationStats(obj[[2]], plot=T)
```

　次に，CpG サイトにおけるカバレッジの分布も見てみよう．getCoverageStats は，カバレッジの分布を描画するためのコマンドだ（**図15**）．また，描画したヒストグラムは，任意の名前をつけて保存することも可能である．ここでは PDF 形式で保存する一例を示す．

0 から始めるエピゲノム解析（BS-seq）ver2　179

```
> getCoverageStats(obj[[1]],plot=T)
> getCoverageStats(obj[[2]],plot=T)

> pdf("CLL_coverage.pdf")    # 作図デバイスを開く
> getCoverageStats(obj[[1]],plot=T)
> dev.off()                  # 作図デバイスを閉じる
```

図14 Histogram of % CpG methylation

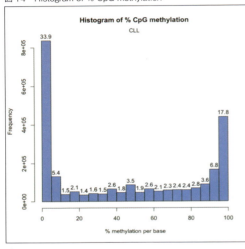

図15 Histogram of CpG coverage

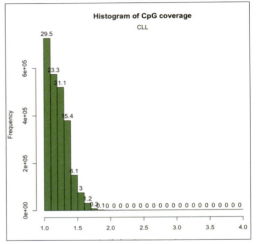

　サンプル間の比較などの解析を行うためには，各データを1つのオブジェクトにまとめる必要がある．`unite`関数でデータをまとめよう．`obj`で確認した時には約240〜250万行あったが，`meth`では約185万行のデータになった．これは，`unite`関数の処理によって，`obj`に含まれる全てのサンプルでデータが存在する塩基の情報のみが，`meth`に保存されたためである．

```
> meth <- unite(obj,destrand=F)
> meth
methylBase object with 1858307 rows
--------------
    chr start   end strand coverage1 numCs1 numTs1 coverage2 numCs2 numTs2
1 chr1 10497 10497      +        45     45      0        60     59      1
2 chr1 10525 10525      +        44     42      2        59     56      3
3 chr1 10542 10542      +        45     44      1        60     59      1
4 chr1 10563 10563      +        44     42      2        60     55      5
5 chr1 10571 10571      +        44     41      3        57     56      1
6 chr1 10577 10577      +        44     43      1        60     49     11
--------------
sample.ids: CLL normal
destranded FALSE
```

```
assembly: hg38
context: CpG
treament: 1 0
resolution: base
```

　次に，2 つのサンプル間でメチル化が変化しているかどうかを検定する．`calculateDiffMeth` 関数を使用するが，ここでは 2 サンプルのみなので，フィッシャーの正確確率検定が適用される．また，この処理も時間を要するため，引数 `mc.core` で処理に使用するコア数を指定してもよいだろう．`diff` に格納された中身を見てみると，「pvalue」と pvalue が補正された「qvalue」が算出されていることが分かる．

```
> diff■<-■calculateDiffMeth(meth,mc.cores=4)
> diff
methylDiff object with 1858307 rows
--------------
   chr start   end strand     pvalue     qvalue  meth.diff
1 chr1 10497 10497      + 1.00000000 0.68066626  1.6666667
2 chr1 10525 10525      + 1.00000000 0.68066626  0.5392912
3 chr1 10542 10542      + 1.00000000 0.68066626 -0.5555556
4 chr1 10563 10563      + 0.69598767 0.68066626  3.7878788
5 chr1 10571 10571      + 0.31488920 0.68066626 -5.0637959
6 chr1 10577 10577      + 0.01235177 0.08649876 16.0606061
（省略）
```

　さらに，`getMethylDiff` 関数を使って，メチル化率に違いがあった場所を抽出する．引数の `type` で「hyper」を指定すると，メチル化が増加した箇所（= hyper methylation），「hypo」を指定するとメチル化が低下した箇所（= hypo methylation）を抽出できる．また引数の `difference` は，メチル化率の差が何％より大きい塩基を選択するか，`qvalue` では qvalue の閾値を設定できる．

```
> diff25p_hyper■<-■getMethylDiff(diff,■difference=25,■qvalue=0.01,■type="hyper")
> diff25p_hypo■<-■getMethylDiff(diff,■difference=25,■qvalue=0.01,■type="hypo")
```

　次に，遺伝子アノテーションとの関連づけを行う．UCSC からダウンロードしてある `refGene.bed` を `readTranscriptFeatures` 関数で読み込んで，`annotateWithGeneParts` 関数で `diff25p_hyper`，`diff25p_hypo` オブジェクトにそれぞれ遺伝子アノテーションを付与してみよう．メチル化に違いのある領域がどこに分布しているのか，サマリーが表示される．`annotateWithGeneParts` 関数を使用する際には，アノテーションを付与したいオブジェクトを `GRanges` オブジェクトに変換しなければならない．
　下記のように実行すると，アノテーション付与の前にオブジェクトの形を変換してくれる．

```
> gene.obj■<-■readTranscriptFeatures("ref/refGene.bed")
> annotateWithGeneParts(as(diff25p_hyper,"GRanges"),gene.obj)
```

```
Summary of target set annotation with genic parts
Rows in target set: 32921
-----------------------
percentage of target features overlapping with annotation:
   promoter       exon     intron intergenic
      50.27      36.38      37.27      22.16


percentage of target features overlapping with annotation:
(with promoter > exon > intron precedence):
   promoter       exon     intron intergenic
      50.27      12.39      15.18      22.16


percentage of annotation boundaries with feature overlap:
promoter     exon    intron
   11.04     0.80      1.38


summary of distances to the nearest TSS:
   Min. 1st Qu.  Median    Mean 3rd Qu.     Max.
      0     300     989   14492    6989  1504638


> annotateWithGeneParts(as(diff25p_hypo,"GRanges"),gene.obj)
Summary of target set annotation with genic parts
Rows in target set: 56550
-----------------------
percentage of target features overlapping with annotation:
   promoter       exon     intron intergenic
       6.18      12.59      46.68      40.80
percentage of target features overlapping with annotation:
(with promoter > exon > intron precedence):
   promoter       exon     intron intergenic
       6.18      10.42      42.60      40.80


percentage of annotation boundaries with feature overlap:
promoter     exon    intron
    5.26     1.26      5.36
summary of distances to the nearest TSS:
   Min. 1st Qu.  Median    Mean 3rd Qu.     Max.
      0    6630   21262   60477   60954  3547459
```

　最後に，メチル化が増加した箇所と低下した箇所を具体的な遺伝子名と関連づける．まず，diff25p_hyper を meth.diff が大きい順，diff25p_hypo を meth.diff が負側に大きい順に並べ替えるためのオブジェクトを作る．order 関数で並べ替えるが，diff25p_hyper を並べ替える場合は，先頭に"-"をつけるのを忘れないようご注意いただきたい．

```
> o1■<-order(-diff25p_hyper$meth.diff)
> o2■<-order(diff25p_hypo$meth.diff)
```

　並べ替え用オブジェクトを作ったら，`annotateWithGeneParts` 関数を使ってアノテーション情報を付加する．作成したオブジェクトには，転写開始領域（transcript start site；TSS）までの距離が `dist.to.TSS` として保存されている．これを利用して，TSS までの距離が 1000 以内となるものだけを抽出する．抽出したデータは，必要に応じて CSV ファイルなどに保存しよう．また，今までに作成したオブジェクトを保存して後日使用したい場合は，`save.image()` で保存しておくことができる．

　得られた変動遺伝子のパスウェイ解析などについては，Level 2 実践編「0 から始める発現解析 ver2」（p.86）の項を参照いただきたい．

```
> a1■<-■annotateWithGeneParts(as(diff25p_hyper[o1,],"GRanges"),gene.obj)
> f1■<-■abs(a1@dist.to.TSS$dist.to.feature)■<=■1000
> diff25p_hyper_TSS1000■<-■a1@dist.to.TSS[f1,]
> head(diff25p_hyper_TSS1000)
      target.row dist.to.feature feature.name feature.strand
71             6             875    NM_020780              +
976            8               8    NM_005595              +
6276          15             -13    NM_006338              -
6399          16            -164    NR_046784              -
6621          18              99    NM_033445              -
494           22             275 NM_001323599              -
> write.csv(diff25p_hyper_TSS1000,"hyper.csv",quote=F)

> a2■<-■annotateWithGeneParts(as(diff25p_hypo[o2,],"GRanges"),gene.obj)
> f2■<-■abs(a2@dist.to.TSS$dist.to.feature)■<=■1000
> diff25p_hypo_TSS1000■<-■a2@dist.to.TSS[f2,]
> head(diff25p_hypo_TSS1000)
      target.row dist.to.feature  feature.name feature.strand
6896          69             393     NR_015407              -
3352         110            -542 NM_001164489              -
254          143            -465     NM_172364              -
636          173             386     NR_144554              +
636.1        174             413     NR_144554              +
636.2        175             428     NR_144554              +
> write.csv(diff25p_hypo_TSS1000,"hypo.csv",quote=F)
> save.image("rrbs.RData")
```

Level 2：実践編 4

0 から始めるエピゲノム解析（BS-seq）ver2　183

> **COLUMN　血液細胞の DNA メチル化解析 ～細胞組成による補正～**
>
> 　ゲノム配列は一生変化することがなく，基本的には個体のどの細胞でも同じ配列であるが，エピゲノムはそうではない．エピゲノムは，個体の置かれている環境の変化や疾患の発症によって変化しうる．また DNA メチル化においては，細胞種によって特異的なパターンを示すことが知られており，さらには検体処理のプロトコルの違いによってもパターンが変化してしまう．環境の変化や疾患発症による DNA メチル化の差をとらえたい場合は，どのようにしてバイアスを減らすかが重要なポイントとなる．
>
> 　本項での解析に使用したデータでは，白血病患者と対象健常者の血液中の CD19 陽性 B リンパ球を単離した上で，DNA メチル化解析に用いた．このように，可能ならば高い純度で単離されたサンプルを用いることが望ましいが，実際の現場では時間や場所，人員などの問題があり，実施するのが難しいことも多いだろう．
>
> 　そのような状況の場合，血液検体の DNA メチル化解析においては，細胞組成による補正が可能である．単離した細胞の DNA メチル化データを取得すれば，血液細胞の組成を推定することができる[5]．この推定した細胞組成を利用すれば，DNA メチル化データを補正可能となる．筆者の機関でもセルソーターを用いて単離した血液細胞の DNA メチル化データを作成し，そのデータを元に細胞組成の推定を行っている．この推定値を用いることで細胞種に特異的なメチル化パターンの影響を減らし，さらに検体処理プロトコルの違いによるバイアスも補正できることが報告されている[6]．血液由来のサンプルを使用する際は，このような点も考慮するのが望ましいだろう．

📁 まとめ

　本項では，ヒト血液細胞の RRBS データを用いて，DNA メチル化に変化が認められる箇所を抽出する方法について紹介した．今回はヒトのデータを用いたが，リファレンス配列があれば他の生物種のデータでも解析することができる．また，Bismark と methylKit を中心とした方法だったが，これ以外にも BS-seq データ解析のための便利なツールが提供されている．

　その中からどのツールを使って解析をするかは標準化されているわけではないため，実際には解析をしながらああでもない，こうでもないと悩みつつ進めなければならない．筆者も初めてコマンドラインに触れた時は大変戸惑ったが，日々の業務で触れていくうちにできるようになった時は嬉しいものだった．もし本項が DNA メチル化解析をやってみたい，と考えている方にとって少しでもお役に立てるのならば，筆者にとってこれ以上喜ばしいことはない．

　最後に本項の執筆にあたり，第 1 版の光山統泰先生のエピゲノム解析（WGBS）の項を参考にさせていただいた．この場を借りて御礼を申し上げたい．また，執筆中にたくさんのアドバイスをくださった編集の清水先生と坊農先生，再現・検証を快く引き受けてくださった原田先生，そして日々温かいご指導をくださる教室員の皆様に深く感謝する．

エピゲノム解析（BS-seq）手順書

● 課題
マウスの脂肪細胞における DNA メチル化の比較

● 目的
　マウスの褐色脂肪細胞（SRR3467837）と白色脂肪細胞（SRR3467841）における DNA メチル化を比較する[7].

● 手順
　「0 から始めるエピゲノム解析（BS）ver2」の項を参考に，以下の手順で RRBS データの解析を実施する.

1. 解析用 Mac の電源を入れる．スリープモードにならないための設定を行う.
2. ターミナルを起動する.
3. コマンドライン・デベロッパ・ツールと Homebrew インストールする.
4. Level 1 準備編「共通基本ツールの導入方法」の項を参考に，次のツールをインストールする.
   R，wget，Trim galore!，SRA Toolkit
5. brew コマンドで次のツールをインストールする.
   Bowtie2，SAMtools
6. wget コマンドで Bismark をダウンロードする.
7. 6. でダウンロードしたファイルを解凍し，適切なディレクトリに移動する.
8. R パッケージの BiocManager，methylKit，genomation をインストールする.
9. 解析するデータをダウンロード・解凍する.
   ※ペアードエンドのデータであるため，--split-files オプションを使用すること.
10. シェルスクリプトを作成し，下記 URL からマウスリファレンスゲノム（mm10）をダウンロードする.
    ftp://hgdownload.soe.ucsc.edu/goldenPath/mm10/bigZips/chromFa.tar.gz
11. リファレンス配列を保存するディレクトリの中に常染色体の .fa ファイルのみ残し，他は別ディレクトリに移動する.
12. マウスの遺伝子アノテーションデータをダウンロードする.
    a. assembly: Dec.2011（GRCm38/mm10）
    b. group: Genes and Gene Predictions
    c. track: NCBI RefSeq
    d. table: UCSC RefSeq（refGene）
    e. region: genome
    f. output format: custom track
    g. file type returned: plain text
13. FastQC で解析するデータの状態を確認する.
14. Trim Galore! でトリミングを行う.
    ※ペアードエンドのデータであるため，--paired オプションを使用すること.
15. Bismark でバイサルファイトシークエンシング用リファレンス配列を準備する.

Level 2：実践編 4

0 から始めるエピゲノム解析（BS-seq）ver2　185

16. Bismark でマッピングを行う.
   ※ -1 オプションでひとつ目の fastq, -2 オプションで 2 つ目の fastq を指定すること.
17. SAMTools で, 16. で出力される bam ファイルを染色体番号順にソートする.
18. R を起動し, methylKit, genomation パッケージを読み込む.
19. 17. で作成したファイルを読み込む.
20. メチル化率のヒストグラム, リードカバレッジのヒストグラムを作成する.
21. メチル化が変化した CpG サイトを抽出する.
22. 21. で抽出した位置に遺伝子アノテーションを行う.
23. アノテーション結果の一覧を得る.

(作成：小野加奈子)

参考文献

1）Krueger F, Andrews SR：Bismark：a flexible aligner and methylation caller for Bisulfite-Seq applications. Bioinformatics 27：1571-1572, 2011.
2）Akalin A, Kormaksson M, Li S, et al：methylKit：a comprehensive R package for the analysis of genome-wide DNA methylation profiles. Genome Biology 13：R87, 2012.
3）Akalin A, Franke V, Vlahovicek K, et al：genomation: a toolkit to summarize, annotate and visualize genomic intervals. Bioinformatics, 2014. doi: 10.1093/bioinformatics/btu775.
4）Kushwaha G, Dozmorov M, Wren JD, et al：Hypomethylation coordinates antagonistically with hypermethylation in cancer development：a case study of leukemia. Human Genomics 10（Suppl 2）：18, 2016.
5）Houseman EA, Accomando WP, Koestler DC, et al：DNA methylation arrays as surrogate measures of cell mixture distribution. BMC Bioinformatics 13：86, 2012.
6）Shiwa Y, Hachiya T, Furukawa R, et al：Adjustment of Cell-Type Composition Minimizes Systematic Bias in Blood DNA Methylation Profiles Derived by DNA Collection Protocols. PLoS One 11：e0147519, 2016.
7）Lim YC, Chia SY, Jin S, et al：Dynamic DNA methylation landscape defines brown and white cell specificity during adipogenesis. Molecular Metabolism 5：1033-1041, 2016.

再現・検証：0 から始めるエピゲノム解析（BS-seq）ver2

医師で疫学研究者による楽しい再現・検証
—初めてのWindows Subsystem for Linux（WSL）

原田 成 慶應義塾大学 医学部 衛生学公衆衛生学教室

使用機器 DELL PRECISION TOWER 7810，Windows 10 Pro（1809）＋ Windows Subsystem for Linux，CPU（Intel Xenon CPU E5-2609 v3 1.90GHz），メモリ（128GB）
Mac mini（mid 2011），mac OS High Sierra（10.13.6），CPU（2.5GHz Intel Core i5），メモリ（16GB）

解析前

　今回の検証にあたって，執筆者のバリエーションとして，医師で疫学研究者でもある原田にやってみてもらったら面白いのでは，ということでご指名いただいた．本当にできるか，というのと，やる時間が果たしてあるのか，というのがかなり不安であったが，色々なエクスキューズを並べてしまいつつも，お引き受けした．

　ただし，本当に「0 から始める」エピゲノム解析だったのかというと，やや疑義がある部分もある．というのも，確かにエピゲノムの解析は初めてなのだが，R は 3 年前から日常的に使用しており，特にメタボロームコホートの大規模データを使用した解析を行っている．また，R を使った遺伝子発現の解析もワークショップで行ったことがある．したがって，最後の R で行っている部分は，自分にとっては大変慣れ親しんだ言語で，「0 から始める」とはとてもいえない状態であった．

　一方で，作業の大半を占める Unix ベースのコマンドラインの使用経験は，ほぼない．清水厚志先生が主催された GWAS（genome wide association study）のワークショップで，一度 Virtual Box を使った Linux のコマンドラインをごく簡単に学んだことがあり，cd や ls くらいだけは使えるという状況で，この部分に関しては「0.1 から始める」というくらいが適当だった．ただ，頂いた小野加奈子さんの原稿は簡潔明瞭で，少なくとも 0.1 から始めれば，誰でもできることは疑いないと思われた．

1日目 （2019 年 5月8日）

15：00〜19：00

　10 連休の GW が明けて，令和になった．初回の打ち合わせは 3 月半ばのことだったのだが，その後忙殺されてしまい，ようやく時間がとれた．連休中は 10 か月になる娘と騒々しく過ごしたが，職場は相変わらず静かである．心機一転，延び延びになっていた再現・検証を急いで進めたい．

　清水先生から送って頂いた 2011 年産の Mac mini を使用して，早速作業を開始する．Mac を使うのは，父親の Mac を使っていた中学生の頃以来だから 20 年ぶりで，かなり変わっているとはいえ，何となく懐かしさを覚える．とはいえ，設定はすぐに終わってあっさりなじむことができた．クラリスワークスを使ったりしていたけれど，今も存命しているのだろうか？

　三嶋博之先生と清水先生の書かれた「コマンドラインの使い方」に，ざっと目を通す．2018 年に清水先生が主催された徳島のワークショップで Linux のコマンドラインを少し使ったので，雰囲気は何となく分かる．ひとまず問題なく始められそうだ．使ったこともないツールを使って，やったこともないことをするのを繰り返してきた研究人生なので，この状況はある意味，大変親しみ深い．アドレナリンが出てくる．

　ターミナルを起動し，ディレクトリの準備と Homebrew のインストールを行う．ここまではさくさく進んだ．コマンドライン・ディベロッパ・ツール，wget，fastqc，cutadapt，bowtie2，samtools と順調にインストー

ルが終了.

　TrimGalore のインストールにあたって，usr/local/bin がどこにあるのか疑問を抱いて探すのに少し時間がかかってしまったが，無事に発見．Bismark のインストール，SRA Toolkit のダウンロードと順調に進んだ．R は普段から使っている言語なので，R の環境設定も問題なし．なお，テキストよりもツールのバージョンが全体に上がっていたが，全て最新版を用いる方針とした．

　解析準備が完了したので，最後に解析データのダウンロードに取りかかったが，たかが 1.6GB 程度の圧縮ファイルのはずが，やたらと時間がかかる．タイムアウトのエラーが出るなどしてやり直し，結局一晩放置しておくこととして，この日は終了した．

2日目 (5月9日)

10：30～10：35

　SRR1812671 のダウンロードは無事に終わっていた．これにどの程度時間がかかったのかが分からない……（と思ったが，後で harada/ncbi/public/sra の中を覗いたら 20：37 にファイルが変更されていたので，2 時間程度かかったようだ）．とりあえず SRR1812639 のダウンロードを進めながら，このレポートを書き始めることとした．

12：45～17：30

　無事にダウンロードされていたので再開．

　FastQC で確認，トリミングと快調に進むも，マッピングの `bismark_genome_preparation` の実行中に，Mac がフリーズしてしまう．やむを得ず，小野さんと清水先生にご連絡．Mac mini が古いせいか……？　2011 年製だが，メモリは 16GB と積んである．

　実はこの状況を，すでに先行して勉強を進めていた大学院生が発見してくれていたので，緊急避難的に，`bismark_genome_preparation` が実行済のファイルを小野さんから受取済みであった．これを使用して先に進める．だが，bismark の実行も異常に時間がかかる．厳しいかと思いつつも，ひとまず一晩放置する．

　色々考えたのだが，せっかく再現・検証する以上は，今後自分の環境でもできるようにしたいと考えた．ただ，Mac を購入することは現実的でない．というのも，普段は研究の必要上，R と sas を使用しているのだが，sas が Windows でしか動かないので，マシンは Windows ベースにならざるを得ないのである．

　そこで調べたところ，どうやら最近の Windows は簡単に Linux が動くそうなのである．そこで，本書的にはいかにも邪道だが，Windows Subsystem for Linux（WSL1）上で Ubuntu を使用して，また最初から始めてみることにした．自分の Windows のメインマシンにはメモリが 128GB 積んであり，スペックが足りないということは流石にないはずである．

　Google で検索して進めたが，WSL と Ubuntu のインストールは一瞬だった．Mac と多少違うので Google 先生のお世話になりながら，ひとまず各ツールのインストールなどの準備は，R 以外について完了した．意外とあっさり，Windows 上で Linux らしきものが動くので感動した．WSL の Ubuntu 上でも，基本的に小野さんの原稿通りに進めれば問題ない．時折，「〇〇」がないよ，とコマンド上でいわれるので，いわれた通りに，

```
$ sudo␣apt-get␣install␣[package]
```

として進めていけばよいだけである．

　この環境下の TIPS としては，普通に動かすと `/usr/local/bin/` にアクセス権限がないようなので，アクセスする必要がある際には `sudo` をつける必要がある．例えば，

```
$ sudo␣cp␣TrimGalore-0.6.2/trim_galore␣/usr/local/bin/
```

また，zip ファイルを Mac のコマンドラインだと tar で解凍してくれるようだったが，この環境だとしてくれない（本来，tar.gz を解凍するコマンドのようだ）．

そこで，

```
$ sudo␣apt-get␣install␣unar
```

で unar をインストールして，

```
$ unar␣0.6.2.zip
```

unar コマンドは何でも解凍できて，大変便利な代物であった．ここまでで R 以外の解析準備は完了した．

　R は Windows に入っているものとは別に，Linux 用に改めてインストールする必要があるようだ．PC に，Windows と Linux の 2 つの R がインストールされているという奇妙な状況になる．裸の R なので，大量のパッケージのインストールに恐ろしく時間がかかる．その上，なぜか "Matrix" のパッケージのインストールだけがどうしてもエラーが出る．これがないと Biobase がインストールできない．WSL のせいかどうか分からないが，R は普通に Windows 上で動かした方がよいかも知れない．
　夕方から会議などが目白押しで，この日はここまでとした．

3日目 (5月10日)

10：30～11：30

　やはり bismark もメモリ不足と思われる現象で，途中で止まってしまっていた．清水先生が仰るには 14GB のメモリが必要とのことで，かなりギリギリかもしれない．Reference のサイズを小さくするなどの対処法を考えてくださるとのこと．今日 Mac でできることはもうないだろう．

　自分としては，Windows PC の WSL 上でこのまま独自に進めてみようと考えた．R の "Matrix" のパッケージのインストールについて，隣室の詳しい先生にも伺ってみて，かなり真剣に一緒に考えてくださったものの，解決法は不明であった．どうしても，Matrix だけがインストールできないため，Matrix が必要なパッケージ群，ggplot2 や Biobase がインストールできない．仕方ないから，R は Windows で動かしたら？　とのこと．やはりそうするしかないだろう．
　R 使用までは WSL で，R は Windows で，という方針とする．そもそも Virtual Box ではなく WSL でやる利点は，Linux と Windows 環境を自由に行き来できる点にあるわけで，特段 R を WSL で動かす必要はないように思われる．独力でやる，という今回のコンセプトを遵守するため，それ以外の点は一切ご相談しなかった．
　その後，隙間時間にちまちま Windows PC に解析データをダウンロードしておく．こればかりはマシンスペックが上がっても速くはならず，Mac と同程度に時間を要した．

17：00～20：30

　自分の時間がとれたので，午前中に決めた方針で再開．この 2 日間ですっかり Unix/Linux に慣れてきて，時折 Google 検索しながらも順調に進める．引っかかった点は 2 点で，まず 1 点目は，WSL だと Linuxbrew に PATH が通っていないので，PATH を通す必要がある．
　例えば，

再現・検証：0 から始めるエピゲノム解析（BS-seq）ver2　189

```
$ export■PATH=■'/home/linuxbrew/.linuxbrew/bin:/home/linuxbrew/.linuxbrew/ ↵
sbin':"$PATH"
```

　さも知っているかのように書いているが，「PATH を通す」という概念も今回初めて知った．インターネット上の知の集積は偉大である．2点目は，シェルスクリプトを書く時に，何も考えず Windows のメモ帳で書くと CR ＋ LF で改行される（ということを今回初めて知った）のだが，これだと Linux が読んでくれないようだ．そのために，LF で改行できるテキストエディターをインストールする必要がありそうだったのだが，今回は Mac で作成したシェルスクリプトを流用することとした．

　後は，小野さんの原稿通りにコマンドを書き進めるだけである．FastQC で確認，トリミングと進む．Mac mini よりマシンパワーは格段に上だが，トリミングが大して速くない．cutadapt がシングルコアだからだろうか？　調べてみるとマルチコアでやる方法もあるようだ．試しに -j■8 を加えてマルチコアでやったら，2 ～ 4 倍くらいの速度が出た．いずれにせよ，bismark の実行速度を考えたら誤差のようなものではあるが……

```
$ trim_galore■-q■20■-rrbs■rawdata/SRR1812639.fastq■-j■8■-o■trim/
```

　さて，Mac mini で詰まったマッピングの `bismark_genome_preparation`，今回はというと 35GB もメモリを使っている．流石にすんなりいくだろうか．

4日目 （5月13日）

16：45～16：55
　翌日，隙間時間に研究室に立ち寄ると `bismark_genome_preparation` が完了していた！　続けて bismark のコマンドを打って，学内の会議に出かける．

18：45～20：30
　18：30 に会議が終わった．17：00 ～ 17：30 の予定と聞いていたのは気のせいだったのだろうか？　内容自体は重要な会議なので致し方ない．おかげで，無事に bismark も終わっていた．マッピングが完了したので，後は DNA メチル化部位の抽出のみである．samtools で bam ファイルを染色体順にソートし，WSL 上の作業はここまでとする．翌日 R を動かせば完了だろう．

　さて，Mac mini での作業について，小野さんから，マッピングのリファレンスを常染色体のみにして進めてください，という指示があった．これで Mac mini でもうまくいくとよいのだが，リファレンスを常染色体のみに整理して，`bismark_genome_preparation` のコマンドを打って，翌日に期待する．

5日目 （5月14日）

14：30～16：30
　残念ながら，また Mac mini がフリーズしてしまっていた．急ぎ清水先生と小野さんに連絡．
　Windows マシンの方は，後は R を回すだけである．WSL のフォルダから Windows の R のフォルダに移してしまって，DNA メチル化部位の解析を進める．CLL（chronic lymphocytic leukemia；慢性リンパ性白血病）のヒト血液細胞では，健康なヒト血液細胞に比べて，非常に広範に CpG サイトのメチル化率が変化していることが分かる．
　メチル化率が上昇するサイトもあれば低下するサイトもあり，どちらも多いようだ．TSS の距離までが 1,000 以内のサイトに絞っても，まだ 20,000 サイト程あり，DNA メチル化の網羅的研究の深淵さを垣間見るようだった．

6日目 (5月15日)

19：00〜20：30

WSL で再現終了しました！　と清水先生に意気揚々と報告したら，小野さんの再現だけではなく，自分自身の課題もあるのだという．

なるほど……どうも簡単すぎるなと思った……

今後，Mac ではなく Windows + WSL で進めてよいとお墨付きをいただいたので，以降は WSL のみで進める．翌々日からは出張続きなどでもう時間がとれないので，なんとか翌日までに終わらせたい．とにもかくにも，ダウンロードに時間がかかるので，明朝までにダウンロードを終わらせよう．

【課題】マウスの脂肪細胞における DNA メチル化の比較
【目的】マウスの褐色脂肪細胞（SRR3467837）と白色脂肪細胞（SRR3467841）における DNA メチル化を比較する

なるほど．いつもヒトのデータばかり扱っており，動物のデータを扱うのは人生初である．まずしたことは，「マウスって染色体は何対なのでしょうか」と，Google 先生にお伺いしました．19 対＋性染色体とのこと．

手順1 〜 7 はすでに完了済とする．このとき，ついでに最初にまとめて，今回の解析に必要な新規ディレクトリを作ってしまうこととした．

```
$ cd■~/rrbs
$ cd■mkdir■rawdata_mm10■ref_mm10■map_mm10■fastqc_mm10■trim_mm10
$ ls
fastqc fastqc_mm10 map map_mm10 rawdata rawdata_mm10 ref ref_mm10 tools trim
trim_mm10
```

手順8 を始めてしまうと，それ以降何もできなくなってしまうので，先に 9 〜 12 を終わらせることにした．

手順 9. マウスリファレンスゲノム（mm10）をダウンロードする

ftp://hgdownload.soe.ucsc.edu/goldenPath/mm10/bigZips/chromFa.tar.gz

先に，chromFa.tar.gz が解凍される先のフォルダ ~/rrbs/ref_mm10/mm10 を作ってしまい，そこにダウンロードすることにした．

```
$ cd■~/rrbs/ref_mm10
$ mkdir■mm10
$ cd■mm10
```

hg38 とは少しだけアドレスが違うので，それに沿ってシェルスクリプトを書き直した．先にも述べた通り，Linux ベースの LF 改行のテキストファイルで作成する点に注意が必要だ．

[010_download-ucsc_mm10.sh]

```
#!/bin/bash
set -euo pipefail
```

再現・検証：0 から始めるエピゲノム解析（BS-seq）ver2　191

```
u1="ftp://hgdownload.soe.ucsc.edu"
u2="goldenPath/mm10/bigZips/"
u3="chromFa.tar.gz"
curl -O ${u1}/${u2}/${u3}
tar zxvf ${u3}
```

Windows 上で作成したシェルスクリプトは，/mnt/ 以下に存在する．これを WSL のフォルダにコピーした．

```
$ cp■/mnt/c/Users/SH/Desktop/010_download-ucsc_mm10.sh■~/rrbs/ref_mm10/mm10
```

シェルスクリプトを実行，さくさくとダウンロードできた．

```
$ chmod■a+x■010_download-ucsc_mm10.sh
$ ./010_download-ucsc_mm10.sh
```

手順 10. 染色体のみのリファレンス配列データ（mm10.fasta）を作成する

同様に，mm10.fasta を作成するためのシェルスクリプトを作成した．調べた通り，マウスの常染色体は 19 対．

手順 11. 手順 10 の元になった .fa ファイルは，適当なディレクトリを作成し移動する

元になった .fa ファイルは移動させた．

```
$ cd■../
$ cp■/mnt/c/Users/SH/Desktop/020_concatinate_mm10.sh■~/rrbs/ref_mm10
```

[020_concatinate_mm10.sh]

```
#!/bin/bash
set -euo pipefail
d="mm10"
out="mm10.fasta"
cat\
$d/chr1.fa■$d/chr2.fa■$d/chr3.fa■$d/chr4.fa■$d/chr5.fa\
$d/chr6.fa■$d/chr7.fa■$d/chr8.fa■$d/chr9.fa■$d/chr10.fa\
$d/chr11.fa■$d/chr12.fa■$d/chr13.fa■$d/chr14.fa■$d/chr15.fa\
$d/chr16.fa■$d/chr17.fa■$d/chr18.fa■$d/chr19.fa■$d/chrX.fa■$d/chrY.fa■$d/chrM.fa■>■$out
```

これで ref_mm10 直下には，作成した mm10.fasta だけが残った．

```
$ chmod■a+x■020_concatinate_mm10.sh
$ ./020_concatinate_mm10.sh
$ ls
020_concatinate_mm10.sh   mm10   mm10.fasta
```

手順 12. マウスの遺伝子アノテーションデータをダウンロードする

UCSC のサイトからダウンロード．例によって Windows から WSL のフォルダに移動させた．

```
$ mv■/mnt/c/Users/SH/Desktop/refGene_mm10.bed■~/rrbs/ref_mm10
```

手順 13. 解析するデータをダウンロード・解凍する

ペアードエンドのデータであるため，`--split-files` オプションを使用すること．

いよいよ本丸のダウンロードを行う．`--split-files` オプションを使用する必要があるとのことで，追加してコマンドを実施．一晩で全部ダウンロードしてほしいので，「;」でコマンドをつないで一気にやってもらう．

```
$ cd■~/rrbs/rawdata_mm10
$ ~/rrbs/tools/sratoolkit.2.9.6-ubuntu64/bin/fastq-dump■--split-files■--gzip ←
SRR3467837;■~/rrbs/tools/sratoolkit.2.9.6-ubuntu64/bin/fastq-dump■--split-files■ ←
--gzip■SRR3467841
```

とにかく異常に時間がかかるが，一晩放置すれば問題ないだろう．

7日目 （5月16日）

9 : 50

ダウンロードが完了していることを祈りながら，PC を覗く．

timeout のエラー
fastq-dump.2.9.6 sys: timeout exhausted while reading file within network system module
- mbedtls_ssl_read returned -76 (net - reading information from the socket failed
が何回も出ているが，ダウンロードはされている様子であった．

```
Read 24781447 spots for SRR3467837
Written 24781447 spots for SRR3467837
Read 24475538 spots for SRR3467841
Written 24475538 spots for SRR3467841
```

```
$ ls■-lh
total 5.5G
-rw-rw-r-- 1 harada harada 1.5G May 15 00:54 SRR3467837_1.fastq.gz
-rw-rw-r-- 1 harada harada 1.3G May 15 00:54 SRR3467837_2.fastq.gz
-rw-rw-r-- 1 harada harada 1.5G May 15 05:10 SRR3467841_1.fastq.gz
-rw-rw-r-- 1 harada harada 1.3G May 15 05:10 SRR3467841_2.fastq.gz

$ gunzip■-k■SRR3467837_1.fastq.gz■&&■gunzip■-k■SRR3467837_2.fastq.gz■&&■gunzip■-k ←
SRR3467841_1.fastq.gz■&&■gunzip■-k■SRR3467841_2.fastq.gz
$ ls
SRR3467837_1.fastq    SRR3467837_2.fastq    SRR3467841_1.fastq    SRR3467841_2.fastq
SRR3467837_1.fastq.gz   SRR3467837_2.fastq.gz   SRR3467841_1.fastq.gz   SRR3467841_2.fastq.gz
```

Level 2：実践編 4

再現・検証：0 から始めるエピゲノム解析（BS-seq）ver2　193

spots の数を見ても，容量を見ても，ダウンロードされたデータに問題はないだろう．`--split-files` オプションの結果か，ファイルがそれぞれ 2 分割されている．

手順 14. FastQC で解析するデータの状態を確認する

粛々とコマンドを回すのみである．

```
$ cd ~/rrbs
$ fastqc --nogroup -o fastqc_mm10/ -t 8 rawdata_mm10/*.fastq
$ cd ~rrbs/fastqc_mm10
$ cp *fastqc.html /mnt/c/Users/SH/Desktop
```

`html` ファイルは Windows で開いてみた．小野さんの再現・検証でみたヒトのデータよりも，もともと質の悪くないデータにみえる．

手順 15. Trim Galore! でトリミングを行う

一応，`-j 4` でマルチコアを指定してみた．たいして高速化されるわけではないのだが．

```
$ cd ~/rrbs
$ trim_galore -q 20 -rrbs rawdata_mm10/SRR3467837_1.fastq -j 4 -o trim_mm10/ && ↵
trim_galore -q 20 -rrbs rawdata_mm10/SRR3467837_2.fastq -j 4 -o trim_mm10/ && trim_galore ↵
-q 20 -rrbs rawdata_mm10/SRR3467841_1.fastq -j 4 -o trim_mm10/ && trim_galore -q 20 ↵
-rrbs rawdata_mm10/SRR3467841_2.fastq -j 4 -o trim_mm10/
$ fastqc --nogroup -o fastqc_mm10/ -t 8 trim_mm10/*.fq
$ cd fastqc_mm10
$ cp *trimmed_fastqc.html /mnt/c/Users/SH/Desktop
```

少し質が良くなっているようにもみえるが，それほど大きな変化ではないようにみえる（後述するが，このコマンドは結果的には誤りであった）．

手順 16. Bismark でバイサルファイトシークエンシング用リファレンス配列を準備する

さて，本日一番時間のかかるところ．コマンド自体はとても簡単なのだが……

```
$ bismark_genome_preparation ~/rrbs/ref_mm10
```

4 時間かかって無事に完了したようだ．

```
$ ls
020_concatinate_mm10.sh  Bisulfite_Genome  mm10  mm10.fasta  refGene_mm10.bed

$ cd ~/rrbs/ref_mm10/Bisulfite_Genome
$ ls -lh CT_conversion
total 6.1G
-rw-rw-r-- 1 harada harada 846M May 15 15:03 BS_CT.1.bt2
```

```
-rw-rw-r-- 1 harada harada 632M May 15 15:03 BS_CT.2.bt2
-rw-rw-r-- 1 harada harada 4.7K May 15 12:56 BS_CT.3.bt2
-rw-rw-r-- 1 harada harada 632M May 15 12:56 BS_CT.4.bt2
-rw-rw-r-- 1 harada harada 846M May 15 17:07 BS_CT.rev.1.bt2
-rw-rw-r-- 1 harada harada 632M May 15 17:06 BS_CT.rev.2.bt2
-rw-rw-r-- 1 harada harada 2.6G May 15 12:55 genome_mfa.CT_conversion.fa


$ ls■-lh■GA_conversion
total 6.1G
-rw-rw-r-- 1 harada harada 846M May 15 14:31 BS_GA.1.bt2
-rw-rw-r-- 1 harada harada 632M May 15 14:31 BS_GA.2.bt2
-rw-rw-r-- 1 harada harada 4.7K May 15 12:56 BS_GA.3.bt2
-rw-rw-r-- 1 harada harada 632M May 15 12:56 BS_GA.4.bt2
-rw-rw-r-- 1 harada harada 846M May 15 16:06 BS_GA.rev.1.bt2
-rw-rw-r-- 1 harada harada 632M May 15 16:06 BS_GA.rev.2.bt2
-rw-rw-r-- 1 harada harada 2.6G May 15 12:55 genome_mfa.GA_conversion.fa
```

手順 17. Bismark でマッピングを行う

-1 オプションで 1 つ目の fastq，-2 オプションで 2 つ目の fastq を指定すること．

念のため，Bismark_User_Guide.pdf を読む．単に -1 の後に 1 ファイル目，-2 の後に 2 ファイル目を指定すればいいということらしい．

すでに 17：45 だが，今日帰るまでに bismark 終わってくれるだろうか？　ちょっと厳しいかもしれない．その場合，残りは翌日か．1 日で終えたかったが，流石に bismark 関連コマンドの実行時間が長く，厳しい．

```
$ bismark■ref_mm10/■-1■trim_mm10/SRR3467837_1_trimmed.fq■-2
trim_mm10/SRR3467837_2_trimmed.fq --multicore 8 -o map_mm10/ && bismark
ref_mm10/ -1 trim_mm10/SRR3467841_1_trimmed.fq -2
trim_mm10/SRR3467841_2_trimmed.fq --multicore 8 -o map_mm10/
```

頑張って動いてね，と思ったら，[FATAL ERROR]: Number of bisulfite transformed reads are not equal between Read 1 (#3097177) and Read 2 (#3077571). が吐き出される．

SRR3467837_1_trimmed.fq と trim_mm10/SRR3467837_2_trimmed.fq の長さが違う，ということだろう．Ctrl + C でコマンドを止める．このショートカット，めちゃくちゃ危険すぎるだろう……コピーする時は Ctrl + Shift + C なのだが，プログラムが回っている最中に何かコピーしようとして Shift を押し忘れたら，地獄行きである．

見てみると，rawdata では完全にサイズが一致しているのに対して，trim ではサイズが一致していない．

```
$ ls■-l■rawdata_mm10■total■27841404
-rw-rw-r-- 1 harada harada 5704851292 May 15 00:54 SRR3467837_1.fastq
-rw-rw-r-- 1 harada harada 1568172367 May 15 00:54 SRR3467837_1.fastq.gz
-rw-rw-r-- 1 harada harada 5704851292 May 15 00:54 SRR3467837_2.fastq
-rw-rw-r-- 1 harada harada 1347639712 May 15 00:54 SRR3467837_2.fastq.gz
```

```
-rw-rw-r-- 1 harada harada 5633880404 May 15 05:10 SRR3467841_1.fastq
-rw-rw-r-- 1 harada harada 1568609083 May 15 05:10 SRR3467841_1.fastq.gz
-rw-rw-r-- 1 harada harada 5633880404 May 15 05:10 SRR3467841_2.fastq
-rw-rw-r-- 1 harada harada 1347698028 May 15 05:10 SRR3467841_2.fastq.gz

$ ls -l trim_mm10
total 18127668
-rw-rw-r-- 1 harada harada   3349 May 15 12:08 SRR3467837_1.fastq_trimming_report.txt
-rw-rw-r-- 1 harada harada 4695981022 May 15 12:08 SRR3467837_1_trimmed.fq
-rw-rw-r-- 1 harada harada   3127 May 15 12:13 SRR3467837_2.fastq_trimming_report.txt
-rw-rw-r-- 1 harada harada 4648279760 May 15 12:13 SRR3467837_2_trimmed.fq
-rw-rw-r-- 1 harada harada   3471 May 15 12:18 SRR3467841_1.fastq_trimming_report.txt
-rw-rw-r-- 1 harada harada 4632425620 May 15 12:18 SRR3467841_1_trimmed.fq
-rw-rw-r-- 1 harada harada   3300 May 15 12:23 SRR3467841_2.fastq_trimming_report.txt
-rw-rw-r-- 1 harada harada 4586021210 May 15 12:23 SRR3467841_2_trimmed.fq
```

　これが原因に違いないが，要するにトリミングも paired で行わないといけないということだろう．手順書にその記載が一切ないのは，流石にちょっと不親切では……？　と，やや毒づきながら調べると（もっとも，こういうふうに手探りで進めるのが研究であって，この程度の不親切さは，むしろ優しさともいえる），

```
$ trim_galore --paired R1.fastq R2.fastq
```

　とすればよいとのことであったので，トリミングをやり直す．trim_galore も結構時間かかるんだよなあ……30 分から 1 時間くらいか？　マルチコア指定するなら pigz をインストールすれば速くなるぞ，と trim_galore に前回いわれたので，

```
$ sudo apt-get install pigz
```

で pigz をインストールした上で，6 コア指定にして `trim_galore --paired` を実行した．Ubuntu, あれをインストールしろ，これをアンインストールしろ，ここにパスを通せとか，結構的確なアドバイスをくれるのでありがたい．確かに格段に速くなった．

```
$ cd ~/rrbs
$ trim_galore -q 20 -rrbs --paired rawdata_mm10/SRR3467837_1.fastq rawdata_mm10/ ↵
SRR3467837_2.fastq -j 6 -o trim_mm10/ && trim_galore -q 20 -rrbs --paired rawdata ↵
mm10/SRR3467841_1.fastq rawdata_mm10/SRR3467841_2.fastq -j 6 -o trim_mm10/
$ fastqc --nogroup -o fastqc_mm10/ -t 8 trim_mm10/*.fq
$ cd fastqc_mm10
$ cp *val*html /mnt/c/Users/SH/Desktop
```

　ところで，こんなことをしていたら，あっという間に C ドライブの容量が一杯になってきてしまった．D ドライブの容量はかなり余裕があるのだが……WSL は C ドライブで動いているらしく，今回の解析データは全て C ドライブの容量を食ってしまう．一応，他のドライブに構築することもできなくはないようだが，自分の知識では厳しい．とりあえず，最初の再現に使ったデータ類は全て D ドライブに移してしまうことにした．

さて，paired のトリミング結果を見ると，そうでない場合よりも質が良い．ペアになっている両方の基準を満たさないといけないからだろう．満を持して，今度こそ bismark を実行した．結局，ペア間で微妙にファイルサイズが違うのが気になるが，少なくとも Total Sequences はペア同士で一致していたので，問題ないはずだ．

```
$ bismark■ref_mm10/■-1■trim_mm10/SRR3467837_1_val_1.fq■-2■trim_mm10/ ↵
SRR3467837_2_val_2.fq■--multicore■8■-o■map_mm10/■&&■bismark■ ↵
ref_mm10/■-1■trim_mm10/SRR3467841_1_val_1.fq■-2■trim_mm10/ ↵
SRR3467841_2_val_2.fq■--multicore■8■-o■map_mm10/
```

無事，先程のエラーは起こらずに回っているようだ．見ていると，bowtie2 のメモリ使用量が 48GB，1.9GHz の CPU をほぼ 100% 使ってしまっている．もう少し使用するコア数を減らした方がよかったのか……？

22：00〜23：00

恐る恐る PC を覗くと，無事に bismark が終わっている．素晴らしい．後半だけで 2 時間 40 分かかっていたようなので，おそらく合計 6 時間くらいだろうか．これだけの仕事を寝ている間に頑張ってくれているのだから，ありがたい限りである．

```
$ ls
fastqc_mm10   map_mm10   rawdata_mm10   ref_mm10   tools   trim_mm10
$ ls■map_mm10
SRR3467837_1_val_1_bismark_bt2_PE_report.txt
SRR3467841_1_val_1_bismark_bt2_PE_report.txt
SRR3467837_1_val_1_bismark_bt2_pe.bam
SRR3467841_1_val_1_bismark_bt2_pe.bam
```

bam ファイルはペアで一つにまとまっているようだ．ペアードエンドのデータは，要するに Read1 と Read2 の両方を使って，リファレンスとアラインメントできる確率を上げる，と理解したのだが，正しいだろうか．そのため，ここまでは Read1 と Read2 の 2 ファイルを使って解析してきたのだが，ここでマッピング結果は一つにまとめられる，と．

Mapping efficiency はそれぞれ 76.0% と 77.0% とあるが，これはどの程度の水準の数字なのだろうか．また，シングルエンドに比べてどのくらい改善されているものなのだろうか．

手順 18. SAMtools で，手順 14 で出力される bam ファイルを染色体番号順にソートする

ここまで来たら後は簡単，のはず．bam ファイルをソートして，Windows にコピーした．ここで WSL と Ubuntu はお役御免で，手順 18 以降は Windows で R を回すだけである．

```
$ cd■map_mm10
$ samtools■sort■-@■8■SRR3467837_1_val_1_bismark_bt2_pe.bam■>■SRR3467837_sort.bam
$ samtools■sort■-@■8■SRR3467841_1_val_1_bismark_bt2_pe.bam■>■SRR3467841_sort.bam
$ ls■map_mm10
SRR3467837_1_val_1_bismark_bt2_PE_report.txt
SRR3467841_1_val_1_bismark_bt2_PE_report.txt
SRR3467837_1_val_1_bismark_bt2_pe.bam
```

再現・検証：0 から始めるエピゲノム解析（BS-seq）ver2　197

```
SRR3467841_1_val_1_bismark_bt2_pe.bam
SRR3467837_sort.bam
SRR3467841_sort.bam
```

手順 19. R を起動し，methylKit，genomation パッケージを読み込む

インストールコマンド（実際には，既に小野さん原稿再現時にインストール済）．

```
> if■(!requireNamespace("BiocManager",■quietly■=■TRUE))■install.  ↵
packages("BiocManager")
> BiocManager::install("methylKit")
> BiocManager::install("genomation")
```

パッケージを読み込む．

```
> library("methylKit")
> library("genomation")
```

手順 20. 手順 16 で作成したファイルを読み込む

今回は褐色脂肪細胞を Brown，白色脂肪細胞を White とした．assembly に mm10 を，read.context に CpG を指定した．また，treatment の指定は褐色脂肪細胞を 1，白色脂肪細胞を 0 とした．ここだけはそれなりに時間を要する．1 ファイル当たり 20 ～ 30 分だろうか．

```
> file1■<-■"SRR3467837_sort.bam"
> file2■<-■"SRR3467841_sort.bam"
> file.list■<-■list(file1,■file2)

> obj■<-■processBismarkAln(location=file.list,■sample.■id=list("Brown","White"),■  ↵
assembly="mm10",■read.context="CpG",■treatment=c(1,0))
> obj

methylRawList object with 2 methylRaw objects

methylRaw object with 1833477 rows
--------------
   chr   start      end strand coverage numCs numTs
1 chr1 3037802 3037802      +       12     9     3
2 chr1 3037820 3037820      +       12    11     1
3 chr1 3037825 3037825      +       12    12     0
（省略）
```

198　実践編

手順21. メチル化率のヒストグラム，リードカバレッジのヒストグラムを作成する

ここからのコマンドは，小野さんの再現・検証で使ったコードと同一である．**図1**〜**4**のようになった．

図1　褐色細胞のメチル化状態の分布

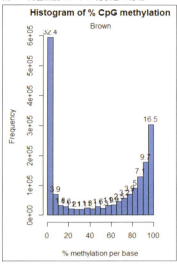

図2　褐色細胞のリードカバレッジ

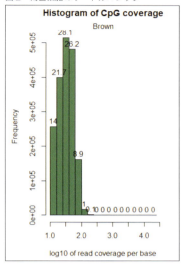

図3　白色細胞のメチル化状態の分布

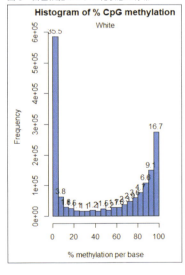

図4　白色細胞のリードカバレッジ

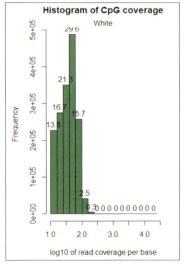

```
> getMethylationStats(obj[[1]], plot=T)
> getMethylationStats(obj[[2]], plot=T)
> getCoverageStats(obj[[1]], plot=T)
> getCoverageStats(obj[[2]], plot=T)
```

手順 22. メチル化が変化した CpG サイトを抽出する

メチル化状態が変化した CpG サイトのみを抽出した.

```
> meth■<-■unite(obj,■destrand■=■F)

> diff■<-■calculateDiffMeth(meth)
> diff

methylDiff object with 1467787 rows
--------------
   chr    start      end strand    pvalue    qvalue meth.diff
1 chr1 3037802 3037802      + 1.0000000 0.8474441 -3.260870
2 chr1 3037820 3037820      + 0.6399431 0.8474441 13.405797
3 chr1 3037821 3037821      - 1.0000000 0.8474441  7.142857
（省略）

> diff25p_hyper■<-■getMethylDiff(diff,■difference■=■25,■qvalue■=■0.01,■type■=■"hyper")
> diff25p_hypo■<-■getMethylDiff(diff,■difference■=■25,■qvalue■=■0.01,■type■=■"hypo")

> gene.obj■<-■readTranscriptFeatures("refGene.bed")
> annotateWithGeneParts(as(diff25p_hyper,"GRanges"),gene.obj)
Summary of target set annotation with genic parts
Rows in target set: 1795
-----------------------
percentage of target features overlapping with annotation:
  promoter        exon      intron intergenic
      1.45        3.29       39.22      57.27
（省略）

> annotateWithGeneParts(as(diff25p_hypo,"GRanges"),gene.obj)

Summary of target set annotation with genic parts
Rows in target set: 3234
-----------------------
percentage of target features overlapping with annotation:
  promoter        exon      intron intergenic
      1.98        2.23       38.81      58.32
（省略）
```

多重比較調整後の有意水準を 0.01 として，褐色脂肪細胞でメチル化率が 25% 以上有意に上昇している CpG サイトが 1,795 か所，25% 以上有意に低下している CpG サイトが 3,234 か所であった.

手順 23. 手順 20 で抽出した位置に遺伝子アノテーションを行う

最後に，遺伝子アノテーションを実施した．

手順 24. アノテーション結果の一覧を得る

再現時と同様に進める．

```
> o1■<-■order(-diff25p_hyper$meth.diff)
> o2■<-■order(diff25p_hypo$meth.diff)

> a1■<-■annotateWithGeneParts(as(diff25p_hyper[o1,],"GRanges"),gene.obj)
> f1■<-■abs(a1@dist.to.TSS$dist.to.feature)■<=■1000
> head(a1@dist.to.TSS[f1,])

       target.row dist.to.feature feature.name feature.strand
1527            7             937    NM_015509              +
1527.1         52             961    NM_015509              +
739           239            -926  NM_001038633              -
383           246             639  NM_001282131              -
2685          264             449  NM_001205280              +
15131         311             526  NM_001130417              -

> a2■<-■annotateWithGeneParts(as(diff25p_hypo[o2,],"GRanges"),gene.obj)
> f2■<-■abs(a2@dist.to.TSS$dist.to.feature)■<=■1000
> head(a2@dist.to.TSS[f2,])

       target.row dist.to.feature feature.name feature.strand
585            29            -294 NM_001322136              -
2655.1         61            -224    NM_052872              -
961            88            -239    NR_024167              -
22841         130              25    NR_030399              -
2655.2        157             -65    NM_052872              -
2655.3        183             -66    NM_052872              -
```

TSS までの距離が 1,000 以内となるものだけを下記のようにオブジェクトに格納して，終了とした．

```
> diff25p_hyper_TSS1000■<-■a1@dist.to.TSS[f1,]
> diff25p_hypo_TSS1000■<-■a2@dist.to.TSS[f2,]
```

　本日の作業時間はわずか 1 時間半．データ解析よりも，データ解析を行うに足るデータを準備するプロセスに非常に時間を要するのは，疫学だろうとバイオインフォマティクスだろうと，どの世界でも同じだと改めて痛感した次第である．

Level 2：実践編 4

再現・検証：0 から始めるエピゲノム解析（BS-seq）ver2　201

まとめ

　終わってみると，Mac mini でのマッピングでメモリ不足に陥った以外，ほとんどつまづいたことがなかった……（これでいいのだろうか？）．独力で WSL を使用して進めることができ，自分としては大変楽しかった．

　WSL に挑戦してみて，比較的歯応えのある再現・検証となり，ちょうどよかったのかもしれない．ほぼ一度も Linux を触ったことがない人が，始めて一週間足らずでこのくらいまでできますよ，という例示として役立つとよいなと思う．ただ，後半のマウスの課題は，前半の CLL の課題よりもさらにマシンパワーが必要な印象で，メモリが 16GB だとやや環境としては厳しい可能性はありそうである．

　とにかく分かりやすいテキストで，まさに「0 から始めて」，「誰でもできる」解析に違いないと感じた．小野先生，清水先生，坊農先生，お疲れ様でした．これをきっかけに，DNA メチル化の研究をやってみようという方が一人でも増えれば嬉しく思う．

　Linux も触ってみると非常に面白い．ただ，WSL はマシンスペックの割に，動きがもっさりしているようにも思う．自分もせっかくなので，Linux ベースの PC を 1 台用意してみてもよいのかな，と感じた令和の初夏であった．

実践編 5　0から始めるメタゲノム解析

志波 優　東京農業大学 生命科学部 分子微生物学科

使用機器	MacBook Pro（13-inch, 2016），CPU（2GHz Intel Core i5），メモリ（8GB），OS macOS High Sierra（10.13.6），SSD（250GB）
使用言語・ソフトウェア	QIIME 2 v2019.4, sratoolkit v2.9.1, rename v1.6
データ量	約3GB

はじめに

　メタゲノム解析には，16S rRNA遺伝子等の系統マーカー遺伝子領域のみをシーケンスし，菌種組成を解析するメタ16S解析（アンプリコン解析）と，全ゲノムシーケンスを行い，菌種組成に加えて遺伝子組成の解析も行えるメタゲノム解析（ショットガン解析）の二つの解析手法がある．メタゲノム解析の概要については優れた成書[1, 2]があるので，そちらを参照されたい．

　本項ではメタ16S解析を対象とし，統合解析パイプラインであるQIIME 2（チャイムと発音，https://qiime2.org/）を用いる．マウスの腸内細菌叢のデータセットを用いて，OTU（operational taxonomic units）構築，多様性解析，菌種同定，変動菌種の検出といったメタ16S解析の基本的な解析プロトコルを紹介する．本項で示したコマンドや解析に必要なファイル（メタデータなど）は，GitHub（https://github.com/youyuh48/NGSDRY2/）から閲覧可能である．

解析準備

● Minicondaのインストール

　QIIME 2はMac OS XまたはLinux上で動作するが，本項ではMac環境での手順を解説する．最初に，Python環境とパッケージ管理システムのcondaがセットになったMinicondaをインストールする．具体的な手順は，Level 1準備編「共通基本ツールの導入方法」の項の「Homebrewのインストール」（p.43）と「Biocondaのインストール」（p.45）の手順を参照の上，実行してほしい．

● QIIME 2のインストール

　原稿執筆時の最新バージョン（2019.4）をインストールする．
　以下のコマンドを入力し，condaを最新環境にアップデートする．

```
$ conda update conda
（中略）
The following packages will be UPDATED:
（中略）
（アップデートの必要がある場合は以下が表示される）
Proceed ([y]/n)? y （を入力してエンターキーを押す）
```

（アップデートの必要がない場合は以下が表示される）

```
All requested packages already installed.
```

　以下のコマンドを入力し，wget コマンドをインストールする．

```
$ conda■install■wget
（中略）
Proceed ([y]/n)? y（を入力してエンターキーを押す）
（アップデートの必要がない場合は以下が表示される）
All requested packages already installed.
```

　インストール準備が完了したので QIIME 2 のサイト（https://qiime2.org/）に行く．ページ上段のメニュー Docs をクリックし，Natively installing QIIME 2 をクリックする．ページ中段の「Install QIIME 2 within a conda environment」の箇所に環境別のインストールコマンドを表示するタブがあるので，macOS/OS X (64-bit) をクリックする（**図1**）．

図1　QIIME2 のインストール説明

　インストールに必要なコマンドがボックス内に表示されるので，コマンドを 1 行ずつターミナルにコピーして貼り付けるとよい．以下のコマンドを入力し，インストールに必要なファイルをダウンロードする．なお，QIIME 2 のバージョンは 2019.4 のように「リリース年．月」で表記されるので，バージョンが上がっていた際には，以降の表記を適宜変えて入力してほしい．

```
$ wget■https://data.qiime2.org/distro/core/qiime2-2019.4-py36-osx-conda.yml
（最終行に saved というメッセージが表示されたら OK）
'qiime2-2019.4-py36-osx-conda.yml' saved [5033/5033]
```

　以下のコマンドを入力し，QIIME 2 をインストールする．

```
$ conda■env■create■-n■qiime2-2019.4■--file■qiime2-2019.4-py36-osx-conda.yml
（以下のようなメッセージが表示されたら OK）
To activate this environment, use:
> conda activate qiime2-2019.4
（中略）
```

204　実践編

以下のコマンドを入力し，不要になったファイルを削除する．

```
$ rm qiime2-2019.4-py36-osx-conda.yml
```

インストールされた QIIME 2 を実行するには，最初に以下のコマンドを入力して実行環境を呼び出す．ターミナルを開き直すたびに，最初に一回実行する必要がある．作業を中断する際にターミナルを閉じた場合には，注意が必要である．

```
$ conda activate qiime2-2019.4
```

環境が呼び出されると，ターミナルのプロンプト部分（$ の前）に環境名（バージョン）が表示される．以下のコマンドを入力し，適切にインストールされたことを確認する．

```
(qiime2-2019.4) $ qiime --help
（以下のようなメッセージが表示されたら OK）
Usage: qiime [OPTIONS] COMMAND [ARGS]...
（中略）
```

SRA Toolkit のインストール

続いて，conda で SRA Toolkit をインストールする．具体的な手順は，Level 1 準備編「共通基本ツールの導入方法」の項の「SRA Toolkit（SRA Tools）」（p.49）のインストールの手順を参照の上，実行してほしい．

rename のインストール

引き続き，conda で rename をインストールする．

```
$ conda install rename
（中略）
Proceed ([y]/n)? y
（以下のようなメッセージが表示されたら OK）
Executing transaction: done
```

次に以下のコマンドを入力し，適切にインストールされたことを確認する．

```
$ rename
（以下のようなメッセージが表示されたら OK）
Usage:
  rename [switches | transforms] [files]
（中略）
```

16S rRNA 遺伝子リファレンスデータベースのダウンロード

QIIME 2 の Web サイトにアクセスする．メニュー Docs をクリックし，ページ下部の Data

0 から始めるメタゲノム解析　205

resources をクリックする．ページ上段の Taxonomy classifiers for use with q2-feature-classifier の場所に，系統分類で用いる代表的な 16S rRNA 遺伝子リファレンスデータベースである Greengenes と Silva から作られた，Naive Bayes classifier 用のトレーニングファイルがダウンロードできる（**図2**）．Greengenes よりも Silva の方が収録されているデータが多く頻繁に更新されているが，その分データも大きく，解析にメモリも時間も要する．

　本項では，既に作成された Greengenes のトレーニングファイルを用いる．ブラウザ上で「Greengenes 13_8 99% OTUs full-length sequences」をクリックし，ファイルをダウンロードする．なお，系統分類用トレーニングファイルは各実験で用いられた 16S rRNA 遺伝子増幅プライマー配列を使って，データベースから構築した方がベストなパフォーマンスを発揮するので，その手順は公式サイト内の Training feature classifiers with q2-feature-classifier を参照されたい．

図2　Naive Bayes classifier 用のトレーニングファイルのダウンロード画面

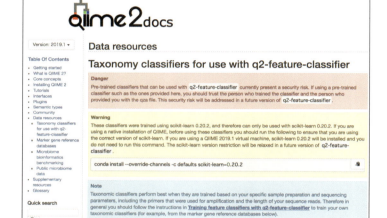

　以下のコマンドを順に入力し，ファイルがダウンロードされたことを確認する．ちなみに，Downloads というディレクトリ・ファイル名を全てキーボードで入力する必要はない．ファイル名の先頭の数文字，例えば Dow と入力して，TAB キーを押すと補完される．

　TAB による補完機能はディレクトリやファイル名だけではなく，QIIME のコマンドやオプションにも有効である．今後入力する時は適宜 TAB キーを押して，補完機能を利用するのがよい．

```
$ cd ~/Downloads/
$ ls -lh gg-13-8-99-nb-classifier.qza
-rw-r--r--@ 1 yuh   staff    100M  2  3 11:51 gg-13-8-99-nb-classifier.qza
（ファイル名が一致していること，ファイルサイズが 100M であることを確認）
```

　続いて以下のコマンドを順に入力し，解析用のディレクトリをホームディレクトリ以下に作成し，ダウンロードしたファイルを移動する．

```
$ mkdir■~/qiime2
$ mv■gg-13-8-99-nb-classifier.qza■~/qiime2
$ cd■~/qiime2
$ ls
gg-13-8-99-nb-classifier.qza（と表示されたら OK）
```

🔵 解析用データのダウンロード

　本項では，参考文献 3 の研究において MiSeq でシーケンスされたマウス糞便試料のデータを用いる．この論文では野生型と遺伝性肥満マウス（*ob/ob* マウス）を用いて，乳酸菌 *L. paracasei* K71 株摂取による腸内細菌叢への影響を解析している．

　ブラウザで NCBI SRA を検索し，NCBI の SRA ページ（https://www.ncbi.nlm.nih.gov/sra）へ行く．検索窓に「PRJDB7113」を入力し，Search をクリックする．ページ上段の Send results to Run selector をクリックすると，SRA Run Selector が開く．BioProject にひも付けられて登録されているサンプルとメタデータの一覧が表示される．

　登録されている全 23 サンプルをダウンロード対象とする．Total の Download にある RunInfo Table ボタンと Accession List ボタンをそれぞれクリックし，サンプル情報と SRA ID リストに対応する 2 つのファイルをダウンロードする（図3）．

図3　SRA 検索結果

	Runs	Bytes	Bases	💾 Download	
Total:	23	953.00 Mb	1.56 G	RunInfo Table	Accession List
🔴 Selected:				RunInfo Table	Accession List

23 Runs found

Run	BioSample	Sample name	Experiment	MBases	MBytes	host diet	host genotype	sample name
DRR138886	SAMD00127653	SAMD00127653	DRX131624	76	47	AIN-93G diet	wild-type	Fec-WT-8
DRR138885	SAMD00127652	SAMD00127652	DRX131623	71	43	AIN-93G diet	wild-type	Fec-WT-7
DRR138884	SAMD00127651	SAMD00127651	DRX131622	82	50	AIN-93G diet	wild-type	Fec-WT-6
DRR138883	SAMD00127650	SAMD00127650	DRX131621	87	53	AIN-93G diet	wild-type	Fec-WT-5
DRR138882	SAMD00127649	SAMD00127649	DRX131620	53	32	AIN-93G diet	wild-type	Fec-WT-4
DRR138881	SAMD00127648	SAMD00127648	DRX131619	65	40	AIN-93G diet	wild-type	Fec-WT-3
DRR138880	SAMD00127647	SAMD00127647	DRX131618	70	42	AIN-93G diet	wild-type	Fec-WT-2
DRR138879	SAMD00127646	SAMD00127646	DRX131617	61	38	AIN-93G diet	wild-type	Fec-WT-1
DRR138878	SAMD00127645	SAMD00127645	DRX131616	48	30	AIN-93G diets containing K71	ob/ob	Fec-K2-8
DRR138877	SAMD00127644	SAMD00127644	DRX131615	72	43	AIN-93G diets containing K71	ob/ob	Fec-K2-7
DRR138876	SAMD00127643	SAMD00127643	DRX131614	69	42	AIN-93G diets containing K71	ob/ob	Fec-K2-6
DRR138875	SAMD00127642	SAMD00127642	DRX131613	65	40	AIN-93G diets containing K71	ob/ob	Fec-K2-5
DRR138874	SAMD00127641	SAMD00127641	DRX131612	74	46	AIN-93G diets containing K71	ob/ob	Fec-K2-4
DRR138873	SAMD00127640	SAMD00127640	DRX131611	56	34	AIN-93G diets containing K71	ob/ob	Fec-K2-3
DRR138872	SAMD00127639	SAMD00127639	DRX131610	50	31	AIN-93G diets containing K71	ob/ob	Fec-K2-2
DRR138871	SAMD00127638	SAMD00127638	DRX131609	51	31	AIN-93G diets containing K71	ob/ob	Fec-K2-1
DRR138870	SAMD00127637	SAMD00127637	DRX131608	61	37	AIN-93G diet	ob/ob	Fec-AIN-8
DRR138869	SAMD00127636	SAMD00127636	DRX131607	54	32	AIN-93G diet	ob/ob	Fec-AIN-7
DRR138868	SAMD00127635	SAMD00127635	DRX131606	59	35	AIN-93G diet	ob/ob	Fec-AIN-6
DRR138867	SAMD00127634	SAMD00127634	DRX131605	66	40	AIN-93G diet	ob/ob	Fec-AIN-5
DRR138866	SAMD00127633	SAMD00127633	DRX131604	82	50	AIN-93G diet	ob/ob	Fec-AIN-3
DRR138865	SAMD00127632	SAMD00127632	DRX131603	123	75	AIN-93G diet	ob/ob	Fec-AIN-2
DRR138864	SAMD00127631	SAMD00127631	DRX131602	68	42	AIN-93G diet	ob/ob	Fec-AIN-1

Level 2：実践編 5

0 から始めるメタゲノム解析

ダウンロードされたファイルを，以下のコマンドを入力し解析用ディレクトリに移動する．

```
$ cd■~/qiime2
$ mv■~/Downloads/SRR_Acc_List.txt■.
$ mv■~/Downloads/SraRunTable.txt■.
```

以下のコマンドを入力し，ファイル SRR_Acc_List.txt の中身を確認する．

```
$ cat■SRR_Acc_List.txt
DRR138864
DRR138865
DRR138866
（中略）
```

　以下のコマンドを入力し，ID リストの SRA ファイルをまとめてダウンロードする．ちなみに，ダウンロードされた SRA ファイルは別のディレクトリ（~/ncbi/public/sra）に保存されるため，コマンド実行後に現在のディレクトリにファイルは表示されない．

```
$ prefetch■--option-file■SRR_Acc_List.txt
（中略）
（以下のようなメッセージが表示されたら OK）
23) 'DRR138886' was downloaded successfully
```

以下のコマンドを入力し，FASTQ ファイルを格納するディレクトリを作成し移動する．

```
$ mkdir■fastq
$ cd■fastq
```

　ダウンロードした SRA ファイルを FASTQ ファイルに変換するには，fastq-dump コマンドで変換する．fastq-dump コマンドは一度にひとつの RunID しか，引数として受け付けない．そこで cat と xargs コマンドを組み合わせることで，RunID リストの値を一行ずつ fastq-dump へ渡す処理を繰り返し実行できる．以下のコマンドを入力する．

```
$ cat■../SRR_Acc_List.txt■|■xargs■-n1■fastq-dump■--gzip■--split-files
（中略）
（以下のようなメッセージが最後に表示されたら OK）
Written 134223 spots for DRR138886
```

　以下のコマンドを入力し，変換された FASTQ ファイルが ID ごとに 2 つずつ（_1 と _2）あることを確認する．

```
$ ls■*
DRR138864_1.fastq.gz     DRR138875_2.fastq.gz
DRR138864_2.fastq.gz     DRR138876_1.fastq.gz
（中略）
```

以下のコマンドを入力し，FASTQ ファイルが全部で 46 ファイルあることを確認する．

```
$ ls■*■|■wc■-l
46
```

続いて，FASTQ ファイル名を MiSeq 形式の SampleName_S1_L001_R1_001.fastq.gz のようなファイル名に変換する（S はサンプル番号，R はリード番号を意味する）．`rename` コマンドで複数のファイル名を一括修正できる．以下のコマンドを入力する．

```
$ rename■'s/_1/_S1_L001_R1_001/'■*.fastq.gz
$ rename■'s/_2/_S1_L001_R2_001/'■*.fastq.gz
```

以下のコマンドを入力し，ファイル名の変換が意図通りに行われたことを確認する．

```
$ ls
DRR138864_S1_L001_R1_001.fastq.gz DRR138875_S1_L001_R2_001.fastq.gz
DRR138864_S1_L001_R2_001.fastq.gz DRR138876_S1_L001_R1_001.fastq.gz
（中略）
```

🔵 メタデータの作成

サンプルの属性や群分けなどの情報を記述したデータであるメタデータを作成する．メタデータの書式の詳細については，QIIME 2 の Web サイトの Metadata in QIIME 2 を参照してほしい．本項では，先ほどダウンロードした SraRunTable.txt ファイルを表計算ソフトで開いて加工する．表計算ソフトは，Excel や Mac にプレインストールされている Numbers などでもよい．

この表を以下の手順で加工する（**図4**の表が完成形，GitHub でも閲覧可）．

1. E 列，H 列，I 列をまとめて選択してコピーし，新しいファイルを開いてペーストする．
2. A 列の一行目の値 Run を #SampleID に修正する．
3. B 列の host_diet のカラムはマウスに与えた食餌を意味しているが，このままでは文字列が長すぎるので，以下の表のように短くする（置換機能を用いるとよい）．
4. C 列の host_genotype のカラムはマウスの genotype を意味しているが，このままでは文字列が長すぎるので，以下の表のように短くする．
5. D 列に，新たに group カラムを追加する．D1 セルに group と入力する．以降のセルに，以下の表の "ob-AIN" のように B 列と C 列を連結した文字列を入力する．
6. 名前を付けて保存で，保存場所としてホームディレクトリの qiime2 フォルダを選択し，ファイル名「metadata.txt」として保存する．Excel の場合は，「名前を付けて保存」からファイル形式「タブ区切りテキスト（.txt）」を選択する．Numbers の場合は，タブ区切りテキスト形式で保存できないので，まず作成した表全体を選択してコピーし，テキストエディットを開く．「新規書類」→「フォーマットメニュー」から「標準テキストにする」を選択し，ペーストで貼り付け，ファイルメニューから保存を選択することで，タブ区切りテキスト形式のファイルができる．

0 から始めるメタゲノム解析　209

図4 完成したメタデータの表

	A	B	C	D	E
1	#SampleID	host_diet	host_genotype	group	
2	DRR138864	AIN	ob	ob-AIN	
3	DRR138865	AIN	ob	ob-AIN	
4	DRR138866	AIN	ob	ob-AIN	
5	DRR138867	AIN	ob	ob-AIN	
6	DRR138868	AIN	ob	ob-AIN	
7	DRR138869	AIN	ob	ob-AIN	
8	DRR138870	AIN	ob	ob-AIN	
9	DRR138871	K71	ob	ob-K71	
10	DRR138872	K71	ob	ob-K71	
11	DRR138873	K71	ob	ob-K71	
12	DRR138874	K71	ob	ob-K71	
13	DRR138875	K71	ob	ob-K71	
14	DRR138876	K71	ob	ob-K71	
15	DRR138877	K71	ob	ob-K71	
16	DRR138878	K71	ob	ob-K71	
17	DRR138879	AIN	WT	WT-AIN	
18	DRR138880	AIN	WT	WT-AIN	
19	DRR138881	AIN	WT	WT-AIN	
20	DRR138882	AIN	WT	WT-AIN	
21	DRR138883	AIN	WT	WT-AIN	
22	DRR138884	AIN	WT	WT-AIN	
23	DRR138885	AIN	WT	WT-AIN	
24	DRR138886	AIN	WT	WT-AIN	
25					

📁 解析

●FASTQ ファイルのインポート

　ターミナルのプロンプト部分に（qiime2-2019.4）$ のような環境名が表示されていない場合，最初に以下のコマンドを入力し，実行環境を呼び出す．

```
$ conda■activate■qiime2-2019.4
```

　以下のコマンドを入力し，FASTQ ファイルをインポートする．なお，バックスラッシュ"\"は日本語キーボードでは￥マークのキーを押す．表示は￥マークで問題ない．バックスラッシュを入力してエンターキーを押すことで，長いコマンドを複数の行に分割して入力できる（一行のコマンドとして認識される）

```
$ cd■~/qiime2
$ qiime■tools■import■\
--type■'SampleData[PairedEndSequencesWithQuality]'■\
--input-path■fastq■\
--input-format■CasavaOneEightSingleLanePerSampleDirFmt■\
--output-path■demux.qza
（最後の行はバックスラッシュなしでエンターキー押す）


（以下のようなメッセージが表示されたら OK）
Imported fastq as CasavaOneEightSingleLanePerSampleDirFmt to demux.qza
```

210　実践編

続いて以下のコマンドを入力し，サマリーファイルを作成する．

```
$ qiime demux summarize \
--i-data demux.qza \
--o-visualization demux.qzv

（以下のようなメッセージが表示されたら OK）
Saved Visualization to: demux.qzv
```

● 結果ファイルの閲覧方法

QIIME 2 から出力されるファイルは拡張子が .qza のファイルと，データを図表として可視化した .qzv ファイルの 2 種類がある．いずれのファイルも zip 圧縮されており，直接中身を閲覧することはできない．

.qza ファイルは，QIIME 2 でツール間の入出力ファイルとして使われ，ユーザが直接扱う場面は少ない．多くの場合では，ユーザが閲覧する実行結果は .qzv ファイルである．

.qzv ファイルは以下のコマンドにより，中身をグラフィカルに閲覧できる．

```
$ qiime tools view ファイル名.qzv
（例）$ qiime tools view demux.qzv
```

結果によっては，数値データやプロット画像のダウンロードも可能である．また，コマンドではなくブラウザで QIIME2 view（https://view.qiime2.org/）を開き，ファイルをアップロードして閲覧する方法もある（**図5**）．QIIME 2 がインストールされていない環境でも閲覧することが可能であり，ブラウザのタブやウィンドウを複数作成すれば複数ファイルを同時に閲覧することもできるため，本項ではブラウザで閲覧する方法を推奨する．

図5 ブラウザの QIIME2 view 画面

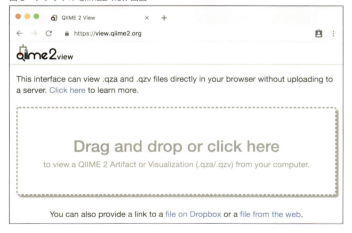

0 から始めるメタゲノム解析 211

● インポート結果の確認

demux.qzv ファイルをブラウザの QIIME2 view で開いて，FASTQ ファイルのインポート結果を確認する．Overview タブには，サンプル数，サンプルごとのリード数，統計値が表示される．サンプル数が 23 個であることを確認する．サンプル間でのリード数は，最小の 84,334 リードから最大の 216,616 リードまで幅があることが分かる．

Interactive Quality Plot タブには，リード長の分布，塩基位置ごとの Quality Score の分布が表示される（**図6**）．今回のデータセットは MiSeq の Paired-end でリード長が 300bp であり，Forward Reads と Reverse Reads の 2 つのプロットが表示されている．Quality Score の分布の箱ひげ図では，黒い箱は Quality Score を小さい方から並べて 25 から 75 パーセンタイル範囲を，点線は Lower Whisker（9th Percentile）の値を示す．プロット上でカーソルを動かすと，当該塩基位置における Quality Score の分布が下の表に表示される．プロット上で拡大したい領域をドラッグで囲むと拡大され，ダブルクリックすると拡大が解除される．Quality Score が急落した箇所を拡大するのに便利である．

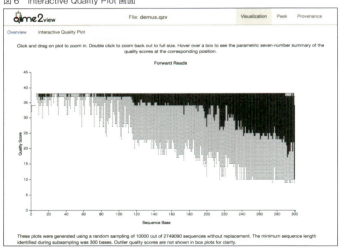

図6　Interactive Quality Plot 画面

以降の処理で，Quality Score が低い塩基以降を削るトリミングがある．トリミングの明確な基準は示されていないが，中央値が 20 未満になる塩基以降をトリミングするのが一般的なようである．
今回は Forward リードは最後の 10 塩基以降を，Reverse リードについては最後の 50 塩基以降を次工程でトリミングする．

● シーケンス QC と Feature table の構築

続いてリード配列のトリミング，ペアエンドリードのマージ，配列クラスタリングによる OTU（operational taxonomic units）構築，キメラ配列の除去等の一連の工程を QIIME 2 に実装されている DADA2（https://benjjneb.github.io/dada2/）で行う．QIIME 2 では，クラスタリング

後の代表配列を一般的な OTU という表現ではなく，「Feature」と呼んでいる．

以下のコマンドを入力し DADA2 を実行する．筆者の環境で 3.5 時間程度かかった．

```
# 使用可能な CPU コア数を確認
$ sysctl -n hw.logicalcpu_max
$ qiime dada2 denoise-paired \
--verbose \
--p-n-threads 0 \（使用可能な全 CPU コアを使う）
--p-trim-left-f 17 \（Forward の 5′ 側からトリミングする塩基数 =PCR のプライマー長）
--p-trim-left-r 21 \（Reverse の 5′ 側からトリミングする塩基数 =PCR のプライマー長）
--p-trunc-len-f 290 \（Forward の 5′ 側から使用する塩基数，以降トリミングされる）
--p-trunc-len-r 250 \（Reverse の 5′ 側から使用する塩基数，以降トリミングされる）
--i-demultiplexed-seqs demux.qza \
--o-table table.qza \
--o-representative-sequences rep-seqs.qza \
--o-denoising-stats stats-dada2.qza

（以下のようなメッセージが表示されたら OK）
Saved FeatureTable[Frequency] to: table.qza
Saved FeatureData[Sequence] to: rep-seqs.qza
Saved SampleData[DADA2Stats] to: stats-dada2.qza
```

続いて以下のコマンドを入力し，サマリーファイルを作成する．

```
$ qiime metadata tabulate \
--m-input-file stats-dada2.qza \
--o-visualization stats-dada2.qzv
```

作成したフォルダ内の stats-dada2.qzv ファイルを QIIME2 view で開いて，各種統計値を確認する．input（入力リード数）が各工程で段階的に減少し，nonchim（キメラ配列除去後）の値が最終的に Feature 構築に使用されたリード数である．nonchim のリード数を増やすには，使用するリード長を指定する --p-trunc-len-f/r を試行錯誤しながら値を振る必要がある．値を小さくすれば，その分 nonchim のリード数は増加するが，小さすぎるとペアエンドリードのマージリード数を示す merged が激減してしまう．別のデータセットで試す場合は，リード後半のクオリティが良くないことが多いため，まずは --p-trunc-len-f/r を 250/250 から試してみることをお勧めする（リード長 300bp の場合）．

パラメーター設定の詳細や実行中のエラーメッセージについては，QIIME 2 や DADA2 の Web サイトを参照されたい．今回は，平均して約半数の入力リードが nonchim リードとして残った．

● Feature table と FeatureData の集計

DADA2 の工程が完了すると，Feature table と代表配列が出力される．次のコマンドでサマリーファイルを作成する．

0 から始めるメタゲノム解析　213

```
$ qiime feature-table summarize \
--i-table table.qza \
--o-visualization table.qzv \
--m-sample-metadata-file metadata.txt

（以下のようなメッセージが表示されたら OK）
Saved Visualization to: table.qzv

$ qiime feature-table tabulate-seqs \
--i-data rep-seqs.qza \
--o-visualization rep-seqs.qzv

（以下のようなメッセージが表示されたら OK）
Saved Visualization to: rep-seqs.qzv
```

　table.qzv ファイルを QIIME2 view で開いて，Feature table の各種統計値を確認する．Number of features がいわゆる OTU 数で，今回のデータセットでは 663 である．Interactive Sample Detail タブでは，レアファクション処理の際に設定するリード数（サンプリング深度）の検証が行える．今回のデータセットでは，リード数が最小のサンプルは 43,591 リードであることが分かる．後ほど設定するサンプリング深度を，この値に設定する．Feature Detail タブでは，Feature の ID と属するリード数，出現するサンプル数が表示される．なお，これらの値は QIIME 2 のバージョンの相違により変わりうる．

　続いて，rep-seqs.qzv ファイルを QIIME2 view で開いて，Feature の代表配列を確認する．塩基配列をクリックすると，直接 NCBI の BLAST で相同性検索が行われる．

分子系統樹の計算
　以下のコマンドで Feature の代表配列をアライメントし，分子系統樹を計算する．

```
$ qiime phylogeny align-to-tree-mafft-fasttree \
--i-sequences rep-seqs.qza \
--o-alignment aligned-rep-seqs.qza \
--o-masked-alignment masked-aligned-rep-seqs.qza \
--o-tree unrooted-tree.qza \
--o-rooted-tree rooted-tree.qza

（以下のようなメッセージが最終行に表示されたら OK）
Saved Phylogeny[Rooted] to: rooted-tree.qza
```

α 多様性と β 多様性の解析
　α 多様性（サンプル内での菌種数）と β 多様性（サンプル間距離）の解析を行う．計算の過程でサンプル間のリード数をそろえるレアファクション処理が行われる．サンプリング深度は，「Feature table と FeatureData の集計」で求めたリード数が最小のサンプルの値を指定する．サンプリング

深度未満のリード数のサンプルは，多様性解析結果の出力からは除かれる．なお，レアファクション処理の部分が乱数に依存しているため，以降の実行結果は毎回差が生じうる．

```
$ qiime diversity core-metrics-phylogenetic \
--i-phylogeny rooted-tree.qza \
--i-table table.qza \
--p-sampling-depth 43256 \（レアファクション処理のサンプリング深度）
--m-metadata-file metadata.txt \
--output-dir core-metrics-results

（以下のようなメッセージが最終行に表示されたら OK）
Saved Visualization to: core-metrics-results/bray_curtis_emperor.qzv
```

続いて以下のコマンドを入力し，各種α多様性指数とメタデータとの関連解析を行う．

```
$ qiime diversity alpha-group-significance \
 --i-alpha-diversity core-metrics-results/observed_otus_vector.qza \
 --m-metadata-file metadata.txt \
 --o-visualization core-metrics-results/observed_otus-group-significance.qzv
（以下のようなメッセージが表示されたら OK）
Saved Visualization to: core-metrics-results/observed_otus-group-significance.qzv


$ qiime diversity alpha-group-significance \
 --i-alpha-diversity core-metrics-results/shannon_vector.qza \
 --m-metadata-file metadata.txt \
 --o-visualization core-metrics-results/shannon-group-significance.qzv
（以下のようなメッセージが表示されたら OK）
Saved Visualization to: core-metrics-results/shannon-group-significance.qzv


$ qiime diversity alpha-group-significance \
 --i-alpha-diversity core-metrics-results/faith_pd_vector.qza \
 --m-metadata-file metadata.txt \
 --o-visualization core-metrics-results/faith-pd-group-significance.qzv
（以下のようなメッセージが表示されたら OK）
Saved Visualization to: core-metrics-results/faith-pd-group-significance.qzv
```

続いて以下のコマンドを入力し，各種β多様性指数とメタデータとの関連解析を行う．

```
$ qiime diversity beta-group-significance \
--i-distance-matrix core-metrics-results/unweighted_unifrac_distance_matrix.qza \
--m-metadata-file metadata.txt \
--m-metadata-column group \（群分けに使うメタデータの変数名）
--o-visualization core-metrics-results/unweighted-unifrac-group-significance.qzv \
--p-pairwise
```

0から始めるメタゲノム解析　215

```
（以下のようなメッセージが表示されたら OK）
Saved Visualization to: core-metrics-results/unweighted-unifrac-group-significance.qzv

$ qiime diversity beta-group-significance \
--i-distance-matrix core-metrics-results/weighted_unifrac_distance_matrix.qza \
--m-metadata-file metadata.txt \
--m-metadata-column group \（群分けに使うメタデータの変数名）
--o-visualization core-metrics-results/weighted-unifrac-group-significance.qzv \
--p-pairwise
（以下のようなメッセージが表示されたら OK）
Saved Visualization to: core-metrics-results/weighted-unifrac-group-significance.qzv
```

　各種α多様性・β多様性指数の解析結果が core-metrics-results フォルダ内に出力されるので，ブラウザの QIIME2 view で閲覧する（表1）．α多様性の解析では，各種の多様性指数をメタデータの変数で群間比較ができる．β多様性の解析では，サンプル間の類似性を3次元プロットで視覚的に表示したり（図7），サンプル間距離の検定結果が得られる．

　なお，3次元プロットについては前述のレアファクション処理の部分が乱数に依存しているため，読者の実行結果では以下の例と見た目が大きく変わりうるが，Axis1-3 の値はほぼ同じような値で，群ごとにクラスターを作る傾向は同様のはずである．

表1　各種多様性指数の主要な結果ファイル

解析	結果ファイル	内容
α多様性	observed_otus-group-significance.qzv	OTU 数とその統計解析
	shannon-group-significance.qzv	Shannon 指数とその統計解析
	faith-pd-group-significance.qzv	系統学的多様性とその統計解析
β多様性	unweighted_unifrac_emperor.qzv	UniFrac 距離（weighyed）に基づく PCoA（主座標分析）の3次元プロット
	unweighted-unifrac-group-significance.qzv	
	weighted_unifrac_emperor.qzv	上記に OTU のリード数を加味した結果
	weighted-unifrac-group-significance.qzv	

図7　UniFrac 距離（weighted）に基づく PCoA（主座標分析）の3次元プロットとその統計解析結果

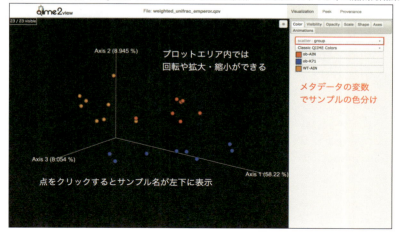

α - レアファクションカーブの作図

横軸にサンプリングしたリード深度，縦軸にα多様性指数をプロットしたカーブをα - レアファクションカーブと呼ぶ．以下のコマンドを入力して作成する．

```
$ qiime diversity alpha-rarefaction \
--i-table table.qza \
--i-phylogeny rooted-tree.qza \
--p-max-depth 114279 \ （最大サンプリング深度，最大リード数のサンプルの値）
--m-metadata-file metadata.txt \
--o-visualization alpha-rarefaction.qzv

（以下のようなメッセージが表示されたら OK）
Saved Visualization to: alpha-rarefaction.qzv
```

alpha-rarefaction.qzv ファイルを QIIME2 view で開いて確認する．

系統解析

Feature の代表配列を 16S rRNA 遺伝子リファレンスデータベースに対して相同性検索を行い，菌種を同定する．準備段階で QIIME 2 の Web サイトからダウンロードした Greengenes の Naive Bayes classifier 用トレーニングファイルを用いる．

```
# 使用可能な CPU コア数を確認
$ sysctl -n hw.logicalcpu_max
$ qiime feature-classifier classify-sklearn \
--p-n-jobs -1 \ （使用可能な全 CPU コアを使う）
--i-classifier9gg-13-8-99-nb-classifier.qza \
--i-reads rep-seqs.qza \
--o-classification taxonomy.qza
（以下のようなメッセージが表示されたら OK）
Saved FeatureData[Taxonomy] to: taxonomy.qza
```

続いて，以下のコマンドで閲覧できる形式に変換する．

```
$ qiime metadata tabulate \
--m-input-file taxonomy.qza \
--o-visualization taxonomy.qzv
（以下のようなメッセージが表示されたら OK）
Saved Visualization to: taxonomy.qzv

$ qiime taxa barplot \
--i-table table.qza \
--i-taxonomy taxonomy.qza \
--m-metadata-file metadata.txt \
--o-visualization taxa-bar-plots.qzv
```

0 から始めるメタゲノム解析　217

（以下のようなメッセージが表示されたら OK）
Saved Visualization to: taxa-bar-plots.qzv

　taxa-bar-plots.qzv ファイルを QIIME2 view で開くと，菌種同定結果が棒グラフで表示される（図8）．Taxonomic Level で分類階層を選択できる．数値データを CSV ファイルに出力することもできる．

図8　菌種同定結果

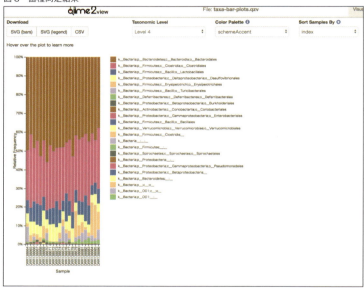

● ヒートマップの作図

　Feature table から任意の分類階級（今回は科レベル）でヒートマップを描いてみる．

```
$ qiime taxa collapse \
--i-table table.qza \
--i-taxonomy taxonomy.qza \
--p-level 5 \ （分類階級 1:Kingdom; 2:Phylum; 3:Class; 4:Order; 5:Family; 6:Genus）
--o-collapsed-table table-l5.qza
```
（以下のようなメッセージが表示されたら OK）
Saved FeatureTable[Frequency] to: table-l5.qza

```
$ qiime feature-table heatmap \
--i-table table-l5.qza \
--m-metadata-file metadata.txt \
--m-metadata-column group \ （ヒートマップに表示するメタデータの変数名）
--o-visualization heatmap_l5_group.qzv
```
（以下のようなメッセージが表示されたら OK）
Saved Visualization to: heatmap_l5_group.qzv

heatmap_l5_group.qzv ファイルを QIIME2 view で開くと，ヒートマップが表示される（図9）．

図9　科レベルのヒートマップ

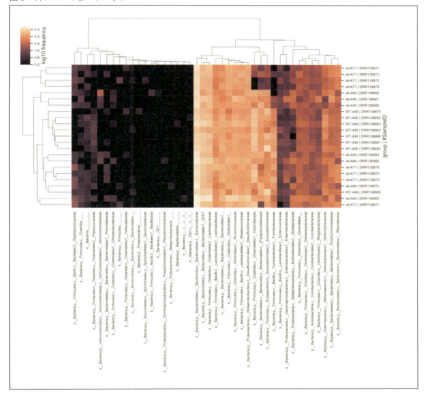

● 変動菌種の検出

　Feature table から 2 群間で有意に存在量が変動した菌種について，指定した分類階級で検出してみる．QIIME 2 には，ANCOM と gneiss の 2 つのアルゴリズムが実装されているが，本項では ANCOM を用いる方法を紹介する．ANCOM は，群間で変動する Feature が少数（25％未満）であることを前提としているので，より多くの Feature の変動が予想される場合は他の手法を検討すべきである．

　今回は，*ob/ob* マウスにおいて乳酸菌摂取により有意に変動した菌種を，科レベルで同定してみる．最初に以下のコマンドを入力し，Feature table から *ob/ob* マウスのデータだけを抽出する．

```
$ qiime feature-table filter-samples \
--i-table table.qza \
--m-metadata-file metadata.txt \
--p-where "host_genotype='ob'" \
--o-filtered-table table_ob.qza
（以下のようなメッセージが表示されたら OK）
Saved FeatureTable[Frequency] to: table_ob.qza
```

続いて以下のコマンドを入力し，ANCOM による統計解析を行う．

```
$ qiime■taxa■collapse■\
--i-table■table_ob.qza■\
--i-taxonomy■taxonomy.qza■\
--p-level■5■\（分類階級 1:Kingdom; 2:Phylum; 3:Class; 4:Order; 5:Family; 6:Genus）
--o-collapsed-table■table_ob_l5.qza
（以下のようなメッセージが表示されたら OK）
Saved FeatureTable[Frequency] to: table_ob_l5.qza


$ qiime■composition■add-pseudocount■\
--i-table■table_ob_l5.qza■\
--o-composition-table■comp_table_ob_l5.qza
（以下のようなメッセージが表示されたら OK）
Saved FeatureTable[Composition] to: comp_table_ob_l5.qza


$ qiime■composition■ancom■\
--i-table■comp_table_ob_l5.qza■\
--m-metadata-file■metadata.txt■\
--m-metadata-column■host_diet■\（比較したいメタデータの変数名）
--o-visualization■ancom_table_ob_l5_diet.qzv
（以下のようなメッセージが表示されたら OK）
Saved Visualization to: ancom_table_ob_l5_diet.qzv
```

ancom_table_ob_l5_diet.qzv ファイルを QIIME2 view で開くと，Volcano Plot，変動菌種とその存在量が表示される．

📁 おわりに

　本項では，QIIME 2 を用いたメタ 16S 解析の基本的な解析プロトコルを紹介した．残念ながら限られた紙面では，結果の見方やその解釈などを十分にカバーすることができず，紹介できなかった機能も多い．QIIME 2 はチュートリアル等の公式ドキュメントが充実しており，また Forum では活発に質問や議論がなされている．本項での不足部分はそちらを参照されたい．

参考文献

1）服部正平（編）：実験医学別冊 NGS アプリケーション 今すぐ始める！ メタゲノム解析 実験プロトコル．羊土社，2016.
2）藤 博幸（編）：よくわかるバイオインフォマティクス入門．講談社，2018.
3）志波 優，伊藤さとみ，松本雄宇・他：肥満モデルマウスにおける *Lactobacillus paracasei* K71 加熱死菌体摂取による腸内細菌叢および脂質代謝への影響．日本乳酸菌学会誌 29：152-157，2018.

メタゲノム解析手順書

● 課題

ヒト腸内細菌叢のメタ16S 解析

● 概要

　適度な運動習慣は腸内細菌叢の変化を誘導している，という報告が増えている．そこで，閉経前の 40 人の女性を対象に，運動習慣の有無で腸内細菌叢を比較した研究（https://www.ncbi.nlm.nih.gov/pubmed/28187199）のデータを用いて，腸内細菌叢のメタ16S 解析を行う．

● 目的

　運動習慣の有無による腸内細菌叢の α 多様性・β 多様性を比較するとともに，群間で有意に変動している菌種の検出を試みる．

● 手順

　「0 から始めるメタゲノム解析」の原稿を参考に，以下の手順で解析を行う．本項で示したコマンドや解析に必要なファイル（メタデータなど）は，GitHub（https://github.com/youyuh48/NGSDRY2/）から閲覧可能である．

1. 解析用 Mac の電源を入れ，空きディスク容量が 10GB 以上あることを確認する．
2. ターミナルを起動する．
3. 「解析準備」の項にある「Miniconda のインストール」，「QIIME 2 のインストール」，「SRA Toolkit のインストール」，「rename のインストール」を行う．
4. 今回の課題用に，新たに解析用のディレクトリをホームディレクトリ以下に作成し（例えば qiime2_excerise），このディレクトリの中で作業する．
5. 「解析準備」の項にある「解析用データのダウンロード」を参考に，NCBI の SRA ページから「PRJNA350839」のデータを検索し，サンプル情報と SRA ID リストに対応する 2 つのファイルをダウンロードする．続いて，SRA ファイルのダウンロードと FASTQ ファイルへの変換を行い，FASTQ ファイル名を変換する．
6. 「解析準備」の項の「メタデータの作成」を参考に，ダウンロードした SraRunTable.txt ファイルを加工してメタデータを作成する．SraRunTable.txt ファイルの H 列（Run）と N 列（host_phenotype）の新しいファイルに貼り付け，#SampleID（Run を修正），group（host_phenotype を修正）の 2 列からなるメタデータを作成する．
7. FASTQ ファイルのインポートを行う．
8. インポート結果の確認を行う．
9. シーケンス QC と Feature table の構築を行う．qiime dada2 denoise-paire コマンドにおける引数は，以下のように設定する（本来は論文のメソッドに記載されているプライマー配列の長さから --p-trim-left-f/r を決め，--p-trunc-len-f/r はインポート結果の demux.qzv ファイルの Interactive Quality Plot から判断する）．
    a. --p-trim-left-f 17
    b. --p-trim-left-r 21
    c. --p-trunc-len-f 250
    d. --p-trunc-len-r 250

Level 2：実践編 5

0 から始めるメタゲノム解析　221

10. Feature table と FeatureData の集計を行う.
11. 分子系統樹の計算を行う.
12. α 多様性と β 多様性の解析を行う.
13. α - レアファクションカーブの作図を行う.
14. 系統解析を行う.
15. ヒートマップの作図を行う（分類階級 6:Genus で行う）.
16. 変動菌種の検出を行う（分類階級 6:Genus で行う）.
    ただし，本項の手順の一部を以下のように変える.
    ・qiime feature-table filter-sample のコマンドは不要
    ・qiime composition ancom コマンドの引数 --metadata-column には group を指定

（作成：志波 優）

再現・検証：0から始めるメタゲノム解析

リアルガチで，解析ができる事務に!?

今井克子 東北大学 東北メディカル・メガバンク機構 事務補佐

使用機器 MacBook（12-inch, 2017），macOS Mojave（10.14.6），CPU（1.3GHz Intel Core i5），メモリ（8GB），ストレージ（512GB）

解析を始める前に

ある日の出来事

研究室の先生「解析もできる事務って，すごいと思いませんか？」

私　　　　「（突然なお話ですね）できたら，すごいですよね．解析は研究をしている専門的な方が行っているものですよね……」

研究室の先生「清水先生から頼まれたのですが，今まで全く解析にかかわったこともない人を探しています」

私　　　　「解析どころか，Mac も使ったことないですよ」

　　　　　（Windows も事務作業に使用する程度．解析の基礎知識もない私より，色々とできる方がたくさんいるのに？）

研究室の先生「なんとっ！　執筆デビューもしちゃうんですよ．」

私　　　　「しかし，できなかったら困りますよね（執筆体験はこれを逃したら一生ないかも……）」

研究室の先生「初心者のための本なので，できなかったとしても，本を作る上に必要なデータになりますよ．できなくても大丈夫ですよ～（笑顔）」

私　　　　「できなくても大丈夫……（本当だろうか……！？）」

　　研究室の先生から，結構な分厚さの『次世代シークエンサー DRY 解析教本』と，「MacBook」が手渡されました．本を開けてみると呪文のような文字が並んでいて，不安になってきました．

　　とりあえず，できることから始めようと思い Mac に電源を入れるも，Windows にはない見慣れないアイコンに戸惑いました．Windows の PC で調べながら MacBook の環境を整えました．隣の席から "VPN" 入れておかないと DL が止まることがあるので，入れておいた方がいいですよ」と，アドバイスがありました．職場と自宅のネット環境を整えて終わりとしようとしたところで，システム終了のやり方が分かりません．Windows のPC は電源落とした……スマホで検索してアップルマークのところだと知り，無事電源を落とすことができました．

　　その後，お手本にする原稿が志波先生からメールで届きました．A4 で印刷した原稿と DRY 解析の本を読むことにしましたが，耳慣れない専門用語ばかりで，また戸惑ってしまいました．

1日目

Level 1 準備編「コマンドラインの使い方」を進めました．

ターミナルの設定

　　Mac の見慣れないアイコンに戸惑いつつ，「ターミナルを開くには……」と独り言をいいながら進めました．

Level 2：実践編 5

Finder ＞アプリケーション＞ターミナルで，ターミナルを開きました．ターミナル＞環境設定＞プロファイル＞Homebrew を選択しターミナルの背景が黒くなり，緑の文字になりました．

コマンドに馴染むには，きちんと入力しなくては（そして，その思い込みで便利な自動補完機能を忘れてしまい，ずっと苦労する）．大文字・小文字の違い，「"」，「'」，「l（L の小文字）」，「1（数字）」，「|（記号）」，「■（半角スペース）」も大事．普段使用しない「＼（バックスラッシュ）」を Google 検索をしました（option ＋ ¥）．

Mac と Windows では，ちょっとした入力の違いがあるので，さらに戸惑いました．画面を閉じようとして，つい右上を探してしまいます．

シェルスプリクトの利用

「シェルスクリプトの利用」のところで，テキストエディタ（デフォルトのテキストエディットなど）で「test.sh」の保存ができずに悩んでいました．他のファイル形式で保存した後で，ファイル名を変更するもダメなのですね．本にも原稿にも Google 検索してみても，当たり前のように「テキストで「test.sh」保存」とだけ書いてあるので，自分が何か基本的なことが抜けているように感じました．悩んでいると，同僚から「リッチテキストになっていませんか？」と声をかけてもらいました．

テキストエディット＞フォーマット＞標準テキストにすると，サクッと保存ができました．そして無事表示されました．10 数年前に Excel か Access を習った時に，先生が最初の方に「テキストを変更しましょう」とおっしゃっていたような……うっすらとしていた記憶が蘇ってきました．「コマンドライン・デベロッパ・ツール」，「Homebrew」を無事インストールできました．

> **感想**
> 専門ソフトがフリーで使えることに驚きました．そして，こんな「ど」がつく素人のおばさんに解析できるのだろうか，と凹みました．もしかしたら，この本を手に取った人の中には，「ど素人のおばさんがチャレンジしたならば」と思ってくれる人がいるかもしれない……そう思うことにして頑張ろうと思いました．

2日目

同書に載っていた「R」の使い方を試してみました．

R のインストール

本に書いてある通りに，Web サイトで download R をクリック．次に Japan, The Institute of Statistical Mathematics, Tokyo を選択しました．本では「R-3.2.0.pkg」をダウンロードでしたが，私が行った時には「R-3.3.3.pkg」でした．パスワードを要求されたのでログインパスワードを入力し，インストールをしました．

RStudio のインストール

無事インストールが終わりました．RStudio の画面位置が微妙に違っていました．オブジェクト一覧画面とコンソール画面が逆でしたが，他は一緒だったので他のインストール作業を続けてみました．

演習：データの前処理〜解析〜可視化

順調に作業を進めていたところで，「データの可視化」で止まりました．使用していた Mac OS Mojave では，「plot3d」が対応していないことが分かりました．

3D な画像が見られると思っていたのに，残念でした．どこかの研究室の棚で見かけた「R 言語」とは，このソフトのことだと気が付きました．

> **感想**
>
> PC は新しい方が良いと思っておりましたが，時には対応が追いついていないこともあるのだと知りました．いつか続きをやってみようと思いました．ソフトをダウンロードする度に，「請求されないですよね」と心配になっています（笑）．研究費では無駄なものは購入しないように気をつけておりますので，研究に使用している優れたソフトが本当に無料なのか心配になりました．

3日目

志波 優先生の原稿「0 から始めるメタゲノム解析」を始めました．

解析準備：Miniconda のインストール

Miniconda で検索しダウンロードサイト（https://conda.io/miniconda.html）に行き，Python 3.7 の Mac OS X 用の 64bit（bash installer）をクリック，インストールプログラムをダウンロードしました．原稿では青色でしたが，ダウンロードサイトへ行くとサイトは明るい黄緑色の画面でした．ターミナルを開き，Miniconda のインストールを開始しました．

ターミナルに `cd ~/Downloads/` と入力し，実行権限を与えるために以下のコマンドを入力し，インストールしました．

```
$ chmod +x Miniconda3-latest-MacOSX-x86_64.sh
$ ./Miniconda3-latest-MacOSX-x86_64.sh
```

エンターキーを押し，Yes｜No と聞かれたので Y を押すと Thank you for installing Miniconda3! と出たので，ターミナルのウィンドウを閉じました．

ターミナルを再度開き `conda list` を入力しました．

```
# packages in environment at /Users/yuh/miniconda3:
```

と表示が帰ってきたので次に進み，正常にインストールされたことを確認できました．

QIIME2 のインストール

次のコマンドを入力してインストールしました．

```
$ conda update conda
（中略）
The following packages will be downloaded:
```

Proceed ([y]/n)? と聞かれたので「y」を入力し，エンターキーを押しました．
QIIME 2 のサイト（https://qiime2.org/）に行ってダウンロードを始めました．コピペし 1 行ずつ行うので気が楽でした．1 行目はすぐに終わるも，2 行目のダウンロードに少々時間がかかりました．3 行目，4 行目もコピペしてみましたが，「（以下のようなメッセージが表示されたら OK）」に近いメッセージが返ってきました．

再現・検証：0 から始めるメタゲノム解析　225

```
$ wget■https://data.qiime2.org/distro/core/qiime2-2019.4-py36-osx-conda.yml
1行目のダウンロードはすぐ終わる
$ conda■env■create■-n■qiime2-2019.4■--file■qiime2-2019.4-py36-osx-conda.yml
# OPTIONAL CLEANUP
長いダウンロードが終わったので3行目，4行目をコピペしました．コピペって楽だわ
# OPTIONAL CLEANUP
$ rm■qiime2-2019.4-py36-osx-conda.yml
```

　しかし，原稿と同じ「(以下のようなメッセージが表示されたら OK)」が出てきませんでした．代わりに出てきたのは下記の表示でした．

```
Verifying transaction: done
Executing transaction: - b'Enabling notebook extension jupyter-js-widgets/
extension...\n  - Validating: \x1b[32mOK\x1b[0m\n'
done
#
# To activate this environment, use
#
#     $ conda activate qiime2-2019.4
#
# To deactivate an active environment, use
#
#     $ conda deactivate
```

　志波先生にこのまま進めてよいか相談メールを送信したところ，「QIIME2 のバージョンが，原稿の 2019.1 から 2019.4 にバージョンアップしてますね．なので，微妙にメッセージが違いますが，不要ファイル削除へ進めても構いません」とお返事が届きました．
　「原稿の source■activate■qiime2-2019.1 は以降，"qiime2-2019.1" ではなく，"qiime2-2019.4" と 1 を 4 に変えて，入力ください．よろしくお願いします」とのこと．原稿にメモしないと間違いそうだわ．
　(qiime2-2019.4) $ に変わった．続けて qiime■-help を入力すると，
Usage: qiime [OPTIONS] COMMAND [ARGS]... 無事表示されたのでホッとする．

感想
　　途中で PC を落としてしまうのが怖いので，「スリープ」でそのままにしていました．バージョンが変わるとメッセージが変わることもあるので，焦らないようにしよう．日々進化しているのだから，これからインストールするものも，そういうことがあるかもしれない．

4日目

SRA Toolkit のインストール

　conda■install■sra-tools を入力するもうまくいかず，志波先生に相談メールを送ると，原稿に抜けがあったことと，入力のポイントを教えてもらいました．

226　実践編

```
$ conda config --add channels defaults
Warning: 'defaults' already in 'channels' list, moving to the top
$ conda config --add channels bioconda
$ conda config --add channels conda-forge
$ conda install sra-tools
```

Proceed ([y]/n)? y を送信すると Executing transaction: done と表示されたので，無事インストールが確認できました．

(base)$ prefetch を続けて入力すると，prefetch [options] <SRA file> [...] と入力が確認できました．

rename のインストールはスムーズにできました．

16S rRNA 遺伝子リファレンスデータベースのダウンロード

QIIME のサイトへ行き，ファイルをダウンロードしました．

「gg13-8-99-nb-classifier.qzr」だけでよいのに，「l0s -lh gg-13-8-99-nb-classifier.qza-rw-r一r一@ 1 yuh staff 100M 2 3 11:51 gg13-8-99-nb-classifier.qzr」と続けて入力すると勘違いし，エラーが出ました．正しく (base) ls -lh gg-13-8-99-nb-classifier.qza と入力しました．

-rw-r--r--@ 1 seq staff 100M 5 12 11:43 gg-13-8-99-nb-classifier.qza

ファイル名の一致とファイルサイズが 100M あることとを確認しました．100M の後ろの数字は，日付と時間ということを知りました．

解析用データのダウンロード

NCBI の SRA のページにて 2 つのファイルをダウンロードしました．解析用ディレクトリに移動するところがうまくいかず，志波先生に相談メールを送信すると入力ミスだと判明．「txt.」ではなく，正しくは「txt .」であった（スペースが抜けていました）．

志波先生から，「mv はファイルを移動するコマンドです．mv スペース 移動元のファイル スペース 移動先のファイル」とアドバイスをもらった．「mv」は移動という意味なのですね．Google 検索したら，「move」の略と分かった．

その後，正しい入力をしたはずなのになぜか動かず，同じことを 4 〜 5 回繰り返すと急に動き出しました．

```
$ cat SRR_Acc_List.txt
DRR138864
```

2019-05-12T07:21:12 prefetch.2.9.1: 23) 'DRR138886' was downloaded successfully

無事 ID リストの SRA ファイルのダウンロードが完了しました．続けて，FASTQ ファイルを格納するディレクトリの作成と移動を行いました．

```
$ mkdir fastq
$ cd fastq

$ cat ../SRR_Acc_List.txt | xargs -nl fastq-dump --gzip --split-files
xargs: illegal argument count
```

再現・検証：0 から始めるメタゲノム解析　227

```
$ cat ../SRR_Acc_List.txt | xargs -nl fastq-dump --gzip --split-files
xargs: illegal argument count
```

入力を間違えました．nl（小文字）だと思ったら n1（数字）でした．

```
$ ls *
DRR138864_1.fastq.gz        DRR138872_1.fastq.gz        DRR138880_1.fastq.gz
DRR138864_2.fastq.gz        DRR138872_2.fastq.gz        DRR138880_2.fastq.gz
DRR138865_1.fastq.gz        DRR138873_1.fastq.gz        DRR138881_1.fastq.gz
DRR138865_2.fastq.gz        DRR138873_2.fastq.gz        DRR138881_2.fastq.gz
```

FASTQ のファイル数を確認しました．

```
$ (base) SeqnoMacBook:fastq seq$ ls * | wc -l
46
```

ファイル数が 46 あることが確認できました．wc の意味を検索したら，「word count」の略であると分かりました．コマンドの意味を調べることによって，少し入力しやすくなった気がします．
FASTQ ファイル名の変換を行いました．

```
$ rename 's/_1/_S1_L001_R1_001/' *.fastq.gz
$ rename 's/_2/_S1_L001_R2_001/' *.fastq.gz
```

ファイル名の変換が行われたか確認しました．

```
$ ls
DRR138864_S1_L001_R1_001.fastq.gz DRR138875_S1_L001_R2_001.fastq.gz
DRR138864_S1_L001_R2_001.fastq.gz DRR138876_S1_L001_R1_001.fastq.gz
DRR138865_S1_L001_R1_001.fastq.gz DRR138876_S1_L001_R2_001.fastq.gz
DRR138865_S1_L001_R2_001.fastq.gz DRR138877_S1_L001_R1_001.fastq.gz
```

無事変換されていることを確認できました．

メタデータの作成

原稿を見て Excel のように見えましたが，PC を借りる時，研究室の先生から「Microsoft Office 入ってなくても大丈夫だよね」といわれたのを思い出しました．Excel に見える，何か違うものかもしれません．志波先生に相談メールをすると，Excel からタブ区切りテキストに保存するまでの詳細な手順が届きました．深読みしすぎました．やはり Excel が正解でした．

そして問題発生です．この PC には Office が入っていません．研究室の先生に「Mac に Office 入れてください！」と相談したところ，MacBook の表計算ソフト Numbers（カラフルな棒グラフマーク）と，OpenOffice 表計算の Calc で試すよう勧められました．「タブ区切りテキスト」.txt にする保存方法が分かりません．ファイルの種類の中で近いものは，テキスト CSV（.csv）です．

#SampleID	host_diet	host_genotype	group
DRR138864	AIN	ob	ob-AIN
DRR138865	AIN	ob	ob-AIN
DRR138866	AIN	ob	ob-AIN

何となくそれっぽいものができました．タブ区切りにして CSV で保存した後，ファイル名を metadata.txt と変更しました．志波先生に，「Excel が無いとできないのでしょうか」と，相談メールを送信．志波先生からは OpenOffice でタブ区切りテキストでの出力の仕方を，また坊農先生からは Numbers のタブ区切りでの保存方法を教えてもらいました．両方作成し，志波先生にメール添付にて確認していただき，無事保存することができました．

> **感想**
>
> MacBook には Excel は無かったのですが，表計算ソフト Numbers が入っていました．もし入ってない場合には，OpenOffice という手があることも知りました．使い慣れた Office が便利だけど，工夫次第で何とかなるものですね．

5日目

解析：FASTQ ファイルのインポート

実行環境を呼び出すために，source■activate■qiime2-2019.4 を入力しました．FASTQ ファイルのインポートをするために，qiime■tools■import■\ と長すぎるコマンドを打ち込みました．バックスラッシュで改行できるから見やすいけれど，それでも何度かコマンドを入力し直しました．
Imported fastq as CasavaOneEightSingleLanePerSampleDirFmt to demux.qza

遂に FASTQ ファイルのインポートを確認できました．続けて，Saved Visualization to: demux.qzv サマリーファイルの作成を確認できました．
demux.qzvz(928.9MB)

結果ファイルの閲覧方法，インポート結果の確認

スムーズに進めば，図表を目で確認できるはずなので楽しみです．

```
$ qiime■demux■summarize\
--i-data■demux.qza■\
--o-visualization■demux.qzv
Saved Visualization to: demux.qzv

$ qiime■tools■view■demux.qzv
Press  the  'q'  key,  Control-C,  or  Control-D  to  quit.  This  view  may  no  longer  be
accessible or work correctly after quitting.
Press  the  'q'  key,  Control-C,  or  Control-D  to  quit.  This  view  may  no  longer  be
accessible or work correctly after quitting.

demux.qzv （299KB)
```

Level 2：実践編 5

QIIME view を開き，点線の箱の中「Drag and drop or click here」をクリックすると，ファイルが開かれました．ファイル＞qiime2＞demux.qzv を選択すると，FASTQ ファイルのインポート結果を確認できました．overview タブをみるとサンプル数 23 個，サンプル間でのリード数は最小の 84,344 リードから最大の 216,616 リードまであると，確認することができました（図1）．

```
Demultiplexed sequence counts summary
Minimum: 84334
Median:  116416.0
Mean:    119525.65217391304
Maximum: 216616
Total:   2749090
Per-sample sequence counts
Total Samples: 23
```

図1　demux.qzv を overview タブで見る

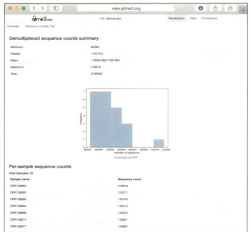

図2　Interactive Quality Plot タブ：Forward Reads と Reverse Reads

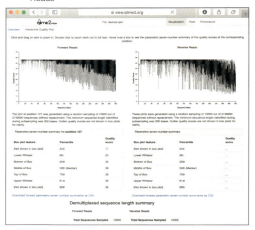

　interactive Quality Plot タブを見ると，Forward Reads と Reverse Reads の 2 つのプロットが表示されました．原稿でいただいた画面と同じものを見ることができました（図2）．

　画面をスクリーンショットし，志波先生にメール送信し確認してもらい，この表でどんなことが分かるのかを質問したところ，詳細なお返事をいただきました．その中に「Quality Score の分布が下の表に表示される．プロット上で拡大したい領域をドラッグで囲むと拡大され，ダブルクリックすると拡大が解除される．Quality Score が急落した箇所を拡大するのに便利である」とのことでした．

　試しにドラッグで囲んでみたり，ダブルクリックをしてみたところ，表が拡大したり元のサイズに戻ったりしました．箱ひげ図がたくさん書いてあるのに気がつきました．図やデータが表示されると，解析が進んでいる気がしました．

感想　図表が出来ると私でも解析を進めることができていると感じ，嬉しくなりました．次は長時間かかるものらしいので，明日頑張ろう思いました．

6 日目

シーケンス QC と Feature table の構築

志波先生の PC で 3 時間半かかると書いてあるので，自宅よりネット環境の良い職場で試すことにしました．表を見て自分でトリミングの数字を決めるのは私には難しいので，とりあえず原稿の通りに数字を入れてみました．

```
$ qiime dada2 denoise-paired \
--verbose \
--p-n-threads 0 \
--p-trim-left-f 17 \
--p-trim-left-r 21 \
--p-trunc-len-f 290 \
--p-trunc-len-r 250 \
--i-demultiplexed-seqs demux.qza \
--o-table table.qza \
--o-representative-sequences rep-seqs.qza \
--o-denoising-stats stats-dada2.qza
Running external command line application(s). This may print messages to stdout and/
or stderr.
The command(s) being run are below. These commands cannot be manually re-run as they
will depend on temporary files that no longer exist.

Command: run_dada_paired.R
/var/folders/ch/74m0bd113rnc0c8xt0gmj03c0000gn/T/tmpva1ipfan/forward
/var/folders/ch/74m0bd113rnc0c8xt0gmj03c0000gn/T/tmpva1ipfan/reverse
/var/folders/ch/74m0bd113rnc0c8xt0gmj03c0000gn/T/tmpva1ipfan/output.tsv.biom
/var/folders/ch/74m0bd113rnc0c8xt0gmj03c0000gn/T/tmpva1ipfan/track.tsv
/var/folders/ch/74m0bd113rnc0c8xt0gmj03c0000gn/T/tmpva1ipfan/filt_f
/var/folders/ch/74m0bd113rnc0c8xt0gmj03c0000gn/T/tmpva1ipfan/filt_r 290 250 17 21 2.0
2 consensus 1.0 0 1000000

R version 3.5.1 (2018-07-02)
要求されたパッケージ Rcpp をロード中です
DADA2: 1.10.0 / Rcpp: 1.0.1 / RcppParallel: 4.4.2
1) Filtering ......................
2) Learning Error Rates
284179896 total bases in 1040952 reads from 15 samples will be used for learning the
error rates.
3) Denoise remaining samples ......................
4) Remove chimeras (method = consensus)
6) Write output
Saved FeatureTable[Frequency] to: table.qza
Saved FeatureData[Sequence] to: rep-seqs.qza
Saved SampleData[DADA2Stats] to: stats-dada2.qza
```

再現・検証：0 から始めるメタゲノム解析　231

何度もコマンドを間違えました．そして，11時半にやっと正しいコマンドを入力することができたので，そのまま放置し昼休みに入りました．12時50分に見た時にはまだ動いていたけれど，13時に戻ると無事表示が出ておりました．3〜4時間を覚悟していたけれど，思っていたより時間がかかりませんでした．

```
$ qiime metadata tabulate \
--m-input-file stats-dada2.qza \
--o-visualization stats-date2.qzv
Saved Visualization to: stats-date2.qzv と出ました
stats-date2.qzv (1.2KB)

$ qiime feature-table summarize \
--i-table table.qza \
--o-visualization table.qzv \
--m-sample-metadata-file metadata.txt
Saved Visualization to: table.qzv

table.qzv(48KB)
```

とりあえず，ファイルを作成することができました（図3）．

図3 stats-dadas.qzvを見て減少を確認

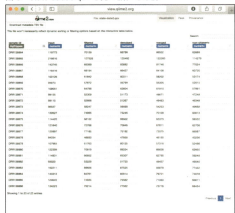

```
$ qiime feature-table tabulate-seqs \
--i-data rep-seqs.qza \
--o-visualization rep-seqs.qzv
Saved Visualization to: rep-seqs.qzv

rep-seqs.qzv(319KB)
```

何度目かの入力で反応が返ってきました．入力ミスが多くて時間がとてもかかりました．とりあえず，Feature tableとFeature Dataの集計まで終わりました．

> **感想**
> 早めに家事を終わらせ，15～30分と細切れで解析を行うので，なかなか進みません．朝の時間帯の方がミスが少ないような気がしました．今まではとりあえずコマンドを入力していたが，表で見えるようになりました．初日に比べたらすごい進化だと思いました．
> コマンドを入力ミスすると先に進まない……まるでド○クエの復活の呪文のようですね．

7日目

分子系統樹の計算をする

朝の入力はスムーズです．仕事と家事の合間にちょこちょこするよりは間違いが少ないし，間違いにも気がつきやすいです．分子系統樹ってどんなものでしょうか？ 木が枝分かれしたような図が頭に浮かんできましたが，どんな風になるのか楽しみです．

```
Saved FeatureData[AlignedSequence] to: aligned-rep-seqs.qza
Saved FeatureData[AlignedSequence] to: masked-aligned-rep-seqs.qza
Saved Phylogeny[Unrooted] to: unrooted-tree.qza
Saved Phylogeny[Rooted] to: rooted-tree.qza
```

α多様性とβ多様性の解析を原稿通りに進める

最終行に，Saved Visualization to: core-metrics-results/bray_curtis_emperor.qzv（809KB）を入力完了！発表用のポスターや論文など，事務の手続きの資料として預かることが多いのですが，図をみる目が変わりました．ひとつの図にこんなに手間がかかっているのですね（**図4**）．

図4 各種α多様性指数とメタデータとの関連解析

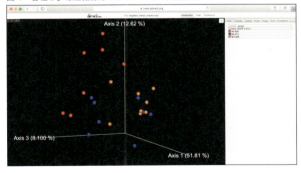

出来上がりましたが，上下左右ぐるぐる回して原稿の表に近づけようとするも，どうにもなりません．少し不安になりました．

```
Saved Visualization to: core-metrics-results/observed_otus-group-significance.qzv
(329KB)
Saved Visualization to: core-metrics-results/shannon-group-significance.qzv（329KB）
Saved Visualization to: core-metrics-results/faith-pd-group-significance.qzv（329KB）
```

スペースが抜けていたり，[un]が抜けていたりと，何度かやり直しました．

各種β多様性指数とメタデータの関連解析

入力ミスが続いて，なかなか出てこない……そうだ．予測変換方法でやってみます．

Saved Visualization to: core-metrics-results/unweighted-unifrac-group-significance.
qzv（328KB）
Saved Visualization to: core-metrics-results/weighted-unifrac-group-significance.qzv
（315KB）

感想

　原稿の図と違うけど，なんとか出来ました．タブを押すと予測変換してくれます．タブをたくさん利用
すれば，入力ミスが減ります．早く気づきたかったです（原稿の最初の方にしっかりと書いてあったのを，
忘れていました……）ついに，私が解析することができたら，「この本を購入したい」という方が数人現
れました．頑張ろう．

8～9日目

　昨日作った weighted_unifrac_emperor.qzv を QIIME2 view で閲覧しました．上下左右にぐるぐる回してみ
ますが，先生の原稿と同じようになりません．志波先生から作業内容は合っているとのことで，このまま進める
ことにしました．

α - レアファクションカーブの作図

　入力すべきコマンドを見て，何か違和感がある！（単に理解できないだけかな？）．前日作った図が原稿通りに
ならないのが気になっていただけかもしれません．

```
$ qiime␣diversity␣alpha-rarefaction␣\
--i-table␣table.qza␣\
--i-phylogeny␣rooted-tree.qza␣\
--p-max-depth␣114909␣\
--m-metadata-file␣metadata.txt␣\
--o-visualization␣alpha-rarefaction.qzv
Plugin error from diversity:

Provided max_depth of 114909 is greater than the maximum sample total frequency of
the feature_table (114279).

Debug info has been saved to /var/folders/ch/74m0bd113rnc0c8xt0gmj03c0000gn/T/qiime2-
q2cli-err-1e2r3n8s.log
```

　数字が違うの？　そういえば，114909 と 114279 の数字がどこか分からないまま，原稿通りに進めていたっ
け（分からなくても，やっているうちに理解することもあるじゃない）．
　とりあえず114279を入力．あら進みます．table.qzv ファイルを QIIME2 view で開くと，あ～この数字ですわ．

```
$ qiime diversity alpha-rarefaction \
--i-table table.qza \
--p-max-depth 114279 \
--m-metadata-file metadata.txt \
--o-visualization alpha-rarefaction.qzv
Saved Visualization to: alpha-rarefaction.qzv
```

　最大サンプリング深度，最大リード数のサンプルの値を変更して入力し動いたけど，そうすると663は679ということ？　戻ってやり直しした方がよいのか，志波先生へ相談メールを送信．待っている間に先を進めてみようかな．

```
Saved FeatureData[Taxonomy] to: taxonomy.qza
```

　間違えて taxonomy.qza.qzv ファイルを作ってしまいましたが，削除！　して1分待ちました．

```
Saved Visualization to: taxonomy.qzvtaxonomy.qza
taxonomy.qzv
```

　できました．2つともできているから大丈夫．
　早速，志波先生からお返事が届く．先生が原稿を書いた時とバージョンが変わったため，実行結果が微妙に違うとのことです．そして，「気づかれるとは鋭いですね．感覚が磨かれていると思います．おっしゃる通りです．やり直す必要があります」．また，「その際，"core-metrics-results" のフォルダは先に削除する必要があります．削除しておかないとエラーになりますので，ゴミ箱に入れてください．よろしくお願いします」．
　早く進めたくて，先生からメールが届く前にやり直しを試したけど，進まない原因はこれだったのですか．削除してやり直します．

```
Saved Visualization to: core-metrics-results/bray_curtis_emperor.qzv (809KB)
Saved Visualization to: core-metrics-results/observed_otus_group-significance.qzv
(329KB)
Saved Visualization to: core-metrics-results/shannon-group-significance.qzv (329KB)
Saved Visualization to: core-metrics-results/faith-pd-group-significance.qzv (329KB)
Saved Visualization to: core-metrics-results/unweighted-unifrac-group-significance.
qzv (328KB)
Saved Visualization to: core-metrics-results/weighted-unifrac-group-significance.qzv
(330KB)
```

a - レアファクションカーブの作図やり直し

　自分でやり直すべきところに気付くことができました（ど素人から，素人くらいに成長したかもしれません）．

```
Saved Visualization to: alpha-rarefaction.qzv (334KB)
```

　補完機能のおかげでサクサクと入力が進む（涙）．やり直し完了！

再現・検証：0から始めるメタゲノム解析　235

alpha-rarefaction.qzv ファイルを QIIME2 view で開いて確認し，画像を志波先生へ送りました（図5）．

図5　alpha-rarefaction.qzv ファイルを QIIME 2 view で確認

系統解析をする

準備段階でダウンロードしたファイルは，ここで使うのですね．

```
Saved FeatureData[Taxonomy] to: taxonomy.qza (1.3KB)
```

閲覧できる形式に変換を行う

どこかで聞いたことのある菌の名前が表に出てきました．解析が進んできました．

```
Saved Visualization to: taxonomy.qzv (365KB)
Saved Visualization to: taxa-bar-plots.qzv (365KB)
```

菌種同定結果が棒グラフで表示される．分類階層の選択を見ることができました（図6）．

図6　菌種固定結果の棒グラフ

```
Saved FeatureTable[Frequency] to: table-l5.qza
Saved Visualization to: heatmap_l5_group.qzv (455KB)
```

236　実践編

ヒートマップが表示されます（図7）.

図7　ヒートマップ

変動菌種の検出

乳酸菌の摂取によってどのように変動するでしょうか（図8）.

```
Saved FeatureTable[Frequency] to: table_ob.qza
Saved FeatureTable[Frequency] to: table_ob_l5.qza
Saved FeatureTable[Composition] to: comp_table_ob_l5.qza
Saved Visualization to: ancom_table_ob_l5_diet.qzv (412KB)
```

図8　変動菌種の検出

> **感想**
> 　確認のため，志波先生へweighted_unifrac_emperor.qzvファイルを添付してメールで送信しようとするも，全くできませんでした．MacBookのメールが一時的に動きが悪くなってしまいました．翌日，職場のメールからやっと添付送信できました．無事表示させることができました．とっても長く感じました．左右でかなり色が違うものなんですね．そして変動菌種の検出もできました．
> 　最終の手順書を一人でどこまでできるだろう．頑張ります．
> 研究室の先生「大丈夫ですか？　自宅で解析の勉強してて，おかずが少なくなったとか言われませんか？」
> 　　私　　　「大丈夫ですよ〜．主人が晩ごはんのおかずや差し入れのお菓子を買ってきてくれます」

再現・検証：0から始めるメタゲノム解析　237

10日目

一人で手順書通りできるのか

　課題は「ヒト腸内細菌叢のメタ16S解析」です．概要や目的を見ると，「運動習慣の有無で腸内細菌叢に変化するのか，女性40人を対象に比較した研究」と書いてありました．

　もうすぐ職場の健康診断が行われるので，興味がわいてきました．

気を引き締めて手順を進める

　手順1. 電源を入れて，アップルマーク＞このMacについて＞ストレージとMacintosh HDを見ると，空きディスクは10GB以上あることを確認しました（使用PCは454.2GB利用可能/499.96GBです）．

　手順2. ターミナルを起動は，Finder＞移動＞ユーティリティ＞ターミナル.app＞シェル＞新規ウィンドウ＞Hombrewで，画面が黒で文字が緑の画面にしました（私はDockにアイコン追加しているので，クリックで済ませます）．

　手順3.「Minicondaのインストール」ダウンロードサイトを探し，ダウンロード．
https://repo.anaconda.com/miniconda/Miniconda3-latest-MacOSX-x86_64.sh
ターミナルを開いて移動しました．

　QIIME 2のインストール→SRA Toolkitのインストール→renameのインストール．

　手順4. 今回の課題用に解析用ディレクトリを作成しました．

```
$ mkdir ~/qiime2_excerise
```

　Finder＞移動＞ホームで，ディレクトリができているかを確認しました．

　手順5. NCBIのSRAページからPRJNA350839のデータを検索し，https://www.ncbi.nlm.nih.gov/sra PRJNA350839をSearchしてみる．2016年10月27日のマドリード大学のものですね．

　サンプル情報とSRA IDリストに対応する2つのファイルをダウンロード（ここで失敗．データ数を見たら40人分のはずが26人分しかない……見直すと違うものをダウンロードしていました．正しいものを再度ダウンロードします）（図9）．

図9　PRJNA350839のデータ

```
send results to Run selectorをクリックし，DownLoadからRunInfo Tableボタン
SraRunTable.txt (20KB)
Accession Listボタン
SRR_Acc_List.txt (400B)
```

　Finder＞移動＞ダウンロードと移動し，ダウンロードされているのを確認しました．
ダウンロードされたファイルを，コマンドを使って解析用ディレクトリへ移動しました．
　Finder＞移動＞ホーム＞qiime2_excerise にあることを確認しました．
コマンドを入力し解析用ディレクトリに移動しました．

```
$ prefetch --option-file SRR_Acc_List.txt
$ cat SRR_Acc_List.txt
```

IDリストのSRAファイルをまとめてダウンロード……1時間超え；；；　そして，何かコピー＆ペーストをしたようで，画面がよく分からない状態になりました．

11〜12日目

再度コマンドをするがエラーになりました．再度試すと1時間……3時間……6時間後にやっと止まりました．多分終わっている？　とりあえず先に進みました．FASTQファイルを格納するディレクトリを作成したので，FASTQファイルに変換をしようとするが全くできません．悩んで迷って2日間，何も進みませんでした（涙）．

13日目

原因が分かりました（汗）．

fastqがちゃんとqiime2_excerise に作られているか気になって，先に作成しできているか確認．そのままIDリストのSRAファイルについて，ダウンロードをコマンド指示してしまいました．MacBookよ，無茶な指示してごめんなさい．順番通りに進めないと，トラブルの元です．

変換されたFASTQファイルがIDごとに2つずつあるかを確認してみると，妙にデータ量が少ないものを発見しました（**図10左**）．ターミナルを見直すとエラーが出ていました．もう一度コマンドを入力すると，無事にダウンロードできました（**図10右**）．

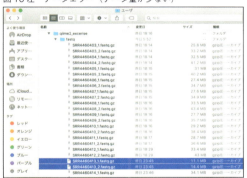 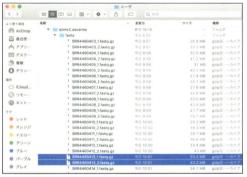

図10左　データエラー（データ量が少ない）　　図10右　正しいデータ

手順 6. # SampleID, group の 2 列のメタデータを作る

Numbers を使って作成しました（図11）．だいぶ作業に慣れてきました．

図 11 左　Numbers

図 11 右　txt ファイル

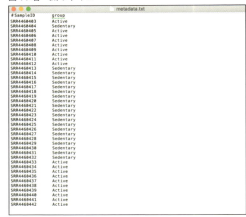

手順 7. FASTQ ファイルのインポート

demux.qza（300KB），demux.qzv（2.78KB）を作成しました．

手順 8. インポートの結果を確認

必要なのはサンプル数と，最小・最大リード数をチェックすること（図12）．必要な数字が見えるようになった．

図 12 左　インポートの結果

図 12 右　インポート結果 2

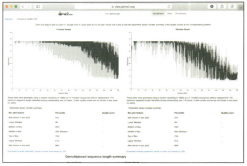

サンプル数 40
最小リード数 149,988
最大リード数 236,967

手順 9. シーケンス QC と Feature Table の構築

必要な数値を調べるものの，自信がないので前回と見比べて確認．間違っていませんでした．

手順 10. シーケンス QC と Feature table の構築

指示された引数で設定しました（図13）．

```
$ qiime dada2 denoise-paired \
--verbose \
--p-n-threads 0 \
--p-trim-left-f 17 \
--p-trim-left-r 21 \
--p-trunc-len-f 250 \
--p-trunc-len-r 250 \
--i-demultiplexed-seqs demux.qza \
--o-table table.qza \
--o-representative-sequences rep-seqs.qza \
--o-denoising-stats stats-dada2.qza
```

図13　QIIME View で states-dada2 を見る

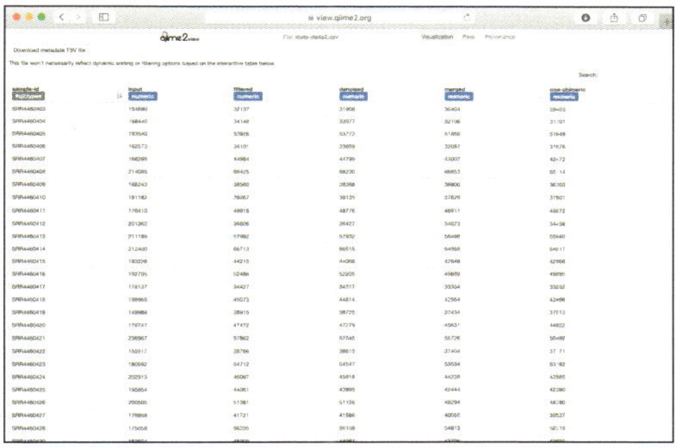

手順11. 指示通りに入力し動き出したのを確認し，PC を職場に置いて帰宅

　翌朝見ると，1時間半で終了していました（エラー出なかった！　よかった！）．stats-dada2.qza（13KB）　stats-dada2.qzv（1.2MB）　metadata.txt の「#SampleID」の文字にミスがあったようで，エラーが出ました．今までにたくさんのミスをしてきたから，間違いがどこかを探して直すことができるようになりました．

手順12. Feature table と Feature Data の集計

　ここで rep-seqs.qzv を QIIME2 で開き，Feature の代表配列を確認しました（図14）．

図14　QIIME View で開いた rep-seqs.qzv

手順 13. 分子系統樹の計算を行った

rooted-tree.qza（80KB）

コマンドを入力し Feature の代表配列とアライメントし，計算をしました．

手順 14. α の多様性と β の解析を行った

レアファクション処理のサンプリング深度を 28,476 にしました（図 15）．各種 α 多様性とメタデータとの関連解析に，何度も入力ミスで時間がかかりました．

図 15 左　β 多様性の解析の 3 次元プロット

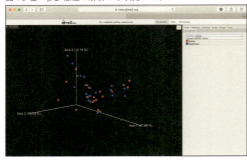

図 15 右　α - レアファクションカーブの作図

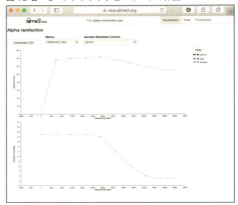

> **感想**
> データに違いが色々とあるのかと思ったのですが，そんなに差がないそうです．志波先生からこのデータに関する論文を送ってもらいました．やはり運動は健康に良いらしい．

14 日目

手順 15. 系統解析を行おうとすると，何度もエラー

gg-13-8-99-nb-classifier.qza のダウンロードをし忘れていることに気づき，慌ててダウンロードをしました．

表示したいところをクリックすると，その部分だけが棒グラフ内で表示されます（図 16）．下の方にカンピロバクターとあり，少し驚きました．クリックすると棒グラフに出てこないので，ちょっと安心しました．

図16 菌種同定結果の棒グラフ

手順16. ヒートマップの作図を行った

今回は分類階級が違うので，入力を変更しました（図17）．

```
$ qiime taxa collapse \
--i-table table.qza \
--i-taxonomy taxonomy.qza \
--p-level 6 \
--o-collapsed-table table-l6.qua
Saved FeatureTable[Frequency] to: table-l6.qua

$ qiime feature-table heatmap \
--i-table table-l6.qza \
--m-metadata-file metadata.txt \
--m-metadata-column group \
--o-visualization heatmap_l6_group.qzv
Saved Visualization to: heatmap_l6_group.qzv
```

Level 2：実践編 5

再現・検証：0から始めるメタゲノム解析　243

図 17 heatmap_16_group.qzv ヒートマップの作図

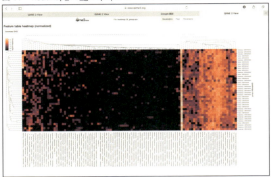

15〜16日目

手順 17. 変動菌種の検出を行うところでコマンドに悩む

前回は 4 列作ったけど今回は 2 列しかデータがないので，どうするのでしょうか？ 色々と試してみるもうまくいかず，最後の最後で少し焦ります．

17日目

志波先生に相談すると，group に変更するようアドバイスがありました（図18）．

```
$ qiime taxa collapse \
--i-table table.qza --i-taxonomy taxonomy.qza \
--p-level 6 --o-collapsed-table table_l6.qza \
Saved FeatureTable[Frequency] to: table_o6.qza
$ qiime composition add-pseudocount \
--i-table table_l6.qza \
--o-composition-table comp_table_l6.qza
Saved FeatureTable[Composition] to: comp_table_l6.qza
$ qiime composition ancom \
--i-table comp_table_l6.qza \
--m-metadata-file metadata.txt \
--m-metadata-column group \
--o-visualization ancom_table_l6_group.qzv
Saved Visualization to: ancom_table_l6_group.qzv
```

図18 変動菌種の検出

　志波先生へ答え合わせにメールを送信すると,「こちらの結果と合っています」と連絡をもらいました. 解析できました！ 終わりました.

再現と解析を終えて

　研究室の先生から,「できないことも必要なデータになる」,「執筆を体験できる」とのお話をいただき, とても気楽に考えておりました. いざ始めると, 解析どころかMacにも触れたことすらない私の脳内では, 常に「リアルガチ……リアルガチで0な状態からスタートだから……」と, 呟いておりました.

　大ざっぱな性格なため, きちんと正しいコマンドを入力することは大変でしたが, ミスをした部分の方が色々と調べるため, 理解ができたような気が致します. 作業は仕事や家事の合間に行っていたため, PCを開くものの作業できない日もありました. 原稿では17日間となっておりますが, 実際は1カ月半～2カ月近くかかっております. 単純な入力ミスでも, 優しくご指導くださった志波先生, ありがとうございました.

　コマンドやデータの見方だけではなく, 高校生向けの微生物学のお話や, 今回の手順に関する論文も読むことができ, 解析に親しみが湧くようになりました. なかなか進めることができなかった時に, 励ましてくれた研究室の皆さんありがとうございました. 家事を手伝ってくれた主人にも感謝しております.

　この度はこのような貴重な機会をいただきまして, 誠にありがとうございました. この場をお借りして心より感謝申し上げます.

実践編

6 0から始めるバクテリアゲノム解析

谷沢靖洋 国立遺伝学研究所 大量遺伝情報研究室
中村保一 国立遺伝学研究所 大量遺伝情報研究室

使用機器 Mac Book Pro（15-inch, 2016），OS X（10.14.5），CPU（2.7GHz, Intel Core i7），メモリ（16GB）
使用ソフトウェアなど FastQC，fastp，seqkit，Platanus_B，DFAST
データ量 必要メモリ8GB以上，空きディスク容量10GB以上必要

はじめに

シークエンスされたリードデータからのゲノム塩基配列の再構築（アセンブリ），および遺伝子領域とその機能予測（アノテーション）は，標準的なバクテリアゲノム解析における最上流工程であり，その後の解析結果を大きく左右する重要な工程である．

本項では，乳酸菌から得られたショートリードデータを題材として，コマンドラインツールを用いたデータの前処理とゲノムアセンブリ，オンラインツールを用いたゲノムアノテーションを行う手法を紹介する．

解析ツールのインストール

Anaconda/Miniconda のインストール

本項では，必要なソフトウェアのインストールを行うために Anaconda，またはその軽量版である Miniconda を利用する．Anaconda を利用することで，様々なソフトウェアを簡単なコマンド操作でインストールすることが可能となる．特に，Anaconda の拡張チャンネルである"Bioconda"からは，生命科学用のツールが数多く提供されている．

本項では Mac を用いて操作を行うことを想定しているが，Anaconda/Miniconda は Linux でも利用できるので，多少のアレンジは必要であるものの基本的には Linux でも同様の操作で実行可能である．Anaconda/Miniconda のインストール方法については，Level 1 準備編「共通基本ツールの導入方法」（p.40）の項を参照されたい．

以下，Anaconda（Miniconda）のインストールは完了しているものとして，本項で必要なツールの導入方法を述べる．

FastQC のインストール

FastQC はリードのクオリティチェックのためのツールである．次のコマンドでインストールする．

```
$ conda install -c bioconda fastqc
```

実行すると，依存関係にあるソフトを自動でチェックしインストールを進めてよいか確認画面が出るので，"y"を押して続行する．FastQC はプログラミング言語 JAVA で動作するが，必要であれ

ば自動で JAVA のインストールも行ってくれる.

インストールができたら,次のコマンドを実行して確認する.

```
$ fastqc
```

正常にインストールできていれば GUI の画面が表示される.マウス操作でインタラクティブに FastQC を実行したい場合には,この画面で操作を行う.本項ではコマンド操作で FastQC を実行するので,一旦 FastQC の画面は閉じておく.

また,インストールされたプログラムがどこにあるかを確認するには,次のようにすればよい.

```
$ which fastqc
/Users/ngs/miniconda3/bin/fastqc
```

fastp のインストール

fastp はリードのクオリティトリミングやアダプタ配列の除去を行うツールである.
FastQC と同様に,conda コマンドを使用してインストールする.

```
$ conda install -c bioconda fastp
```

インストールが終わったら,動作確認を兼ねてバージョンを確認してみる.

```
$ fastp -v
fastp 0.19.7
```

本項執筆時点でのバージョンは 0.19.7 であった.

seqkit のインストール

seqkit は FASTA/FASTQ 形式のファイルを扱うためのいくつかの機能を備えたユーティリティプログラムで,これも conda コマンドでインストールできる.

```
$ conda install -c bioconda seqkit
```

インストールが済んだら下記を実行して,ヘルプ画面が表示されるかを確認する.

```
$ seqkit
```

Platanus_B のインストール

Platanus_B は,高ヘテロ接合性ゲノムのアセンブルのために開発された Platanus をバクテリア用にチューニングしたもので,東京工業大学の梶谷 嶺博士らによって開発されている.Bioconda からは入手できないので,下記の手順でインストールを行う.

初めに,配布元のウェブサイト(http://platanus.bio.titech.ac.jp/platanus-b)において,MacOS 用のコンパイル済みバイナリファイルの"Download"ボタンを押してダウンロードを行う.Linux 版のバイナリファイルも同様に取得できる.

0 から始めるバクテリアゲノム解析　247

使用しているウェブブラウザによって動作が異なるが，ダウンロードフォルダに tar または tar.gz 形式で圧縮された形式のファイルが保存されるので，ダブルクリックして展開する．展開されたフォルダに含まれる "platanus_b" という名称のファイルが，プログラムの実行ファイルである．

　続いて，プログラムのインストール先のディレクトリを作成しておく．ここでは，ホームディレクトリの下に "tools" という名称のディレクトリを作成する．

```
$ mkdir ~/tools
```

ダウンロードフォルダから実行ファイルをコピーする．

```
$ cp ~/Downloads/Platanus_B_v1.1.0_190607_macOS_bin/platanus_b ~/tools/
```

　なお，上記手順は Platanus_B の開発段階のものであり，アップデートに伴い展開後のフォルダ名等が今後変更される可能性があることをご留意願いたい．また，ターミナルでのコマンド操作ではなく，マウス操作でダウンロードフォルダから tools フォルダにファイルを移動またはコピーを行ってもよい．
　動作確認を行い，ヘルプが表示されることを確認する．

```
$ ~/tools/platanus_b
```

　後の操作を簡単にするために，export コマンドを使って tools ディレクトリを環境変数 "PATH" に追加しよう．ユーザー名「ngs」の部分は，読者自身のものに合わせて変更していただきたい．

```
$ export PATH=/Users/ngs/tools:$PATH
```

　これにより，tools ディレクトリにある実行ファイル platanus_b を絶対パスや相対パスで指定することなく，どこのディレクトリからでも呼び出すことができるようになる．
　例えば，Platanus_B を実行するには次のコマンドだけ打ってヘルプが表示されるようになれば，正しく PATH の指定が行われたことになる．

```
$ platanus_b
```

　また以下のように打つと，プログラムの実体として /Users/ngs/tools/platanus_b が呼び出されていることが確認できる．

```
$ which platanus_b
```

　このように，プログラムの実体がある場所を環境変数 PATH に追加することを，一般に「PATH を通す」という．tools ディレクトリに PATH を通す代わりに，platanus_b の実行ファイルを既に PATH が通っている場所（例えば /usr/local/bin）にコピーすることでも同様の結果が得られる．

248　実践編

注意点として，作業を中断してターミナルを閉じてしまった場合には，作業再開時にターミナルを開いた後に，上記の export コマンドを再実行すること．これを避けるためには，ホームディレクトリ内にある".bash_profile"というファイルに export コマンドを記述し PATH の設定を行うことで，ターミナル起動時に自動的に反映されるようにすればよい（本項では省略する）．また，PATH の設定時の export コマンドの操作に失敗すると，コマンドが効かなくなることがある．この場合には，一度ターミナルを閉じて，新たなターミナルを開けば回復する．

📋 データの入手と前処理

以下の解析では，ホームディレクトリ直下に analysis という名称で作業ディレクトリを作成し，その中にデータファイルや解析結果を格納して行うことにする．

```
$ cd   # ホームディレクトリに移動
$ mkdir■analysis
$ cd■analysis
$ pwd
/home/ngs/analysis
```

次に reads というディレクトリを作り，その中にリード配列のデータを格納する．

```
$ mkdir■reads
$ cd■reads
```

🔵 データのダウンロード

リード配列のデータを DDBJ の FTP サーバーから取得する．使用するデータは Illumina MiSeq によって得られた乳酸菌（*Lactobacillus hokkaidonensis*）のもので，DDBJ の SRA にアクセッション番号 DRR24501 として登録されている．

ここでは，次のコマンドでデータの取得を行う．ファイルサイズが大きいため，ファイルの取得や展開には数分かかる．

```
$ curl■-O■ftp://ftp.ddbj.nig.ac.jp//ddbj_database/dra/fastq/DRA002/DRA002643/ ↵
DRX022186/DRR024501_1.fastq.bz2
$ curl■-O■ftp://ftp.ddbj.nig.ac.jp//ddbj_database/dra/fastq/DRA002/DRA002643/ ↵
DRX022186/DRR024501_2.fastq.bz2
```

ファイルは bz2 形式で圧縮されているので展開する．

```
$ bunzip2■*bz2
```

🔵 取得したデータの確認

seqkit を用いてデータの概要を確認する．seqkit は様々な機能を提供するが，次のように打つとどのようなコマンド（機能）が利用できるか表示できる．

0 から始めるバクテリアゲノム解析　249

```
$ seqkit
```

また，"seqkit■コマンド名■-h" とすることで，各コマンドの詳細な使い方を確認できる．FASTQ
や FASTA 形式の配列ファイルの統計量を求めるには，"stats" を使用する[*1]．

```
$ seqkit■stats■*fastq
file              format  type  num_seqs    sum_len       min_len  avg_len  max_len
DRR024501_1.fastq  FASTQ   DNA   2,971,310   745,798,810   251      251      251
DRR024501_2.fastq  FASTQ   DNA   2,971,310   745,798,810   251      251      251
```

リード長 251 塩基で，forward 側（DRR024501_1）と reverse 側（DRR024501_2）それぞれ，
総数約 300 万件のリード配列が得られていることを示している（num_seqs）．また，総読み取り塩
基数は，forward および reverse 合わせて約 1,500M 塩基であった（sum_len）．M は Mega あるい
いは Million を示す．

この菌のゲノムサイズは約 2.5M 塩基であるので，1,500M / 2.5M = 600 となり，ゲノムサイ
ズに対して 600 倍，すなわち× 600 のカバレッジでデータが得られていることになる．

🔵 クオリティチェック

FastQC を用いてリードのクオリティをチェックする．

```
$ fastqc■*fastq
```

DRR024501_1，DRR024501_2 の順に処理が進み，"Analysis complete for DRR024501_2.
fastq" と表示されれば完了だ．筆者の環境では 2 分弱で終了した．

結果ファイルは html 形式で出力される（DRR024501_1_fastqc.html，DRR024501_2_fastqc.
html）ので，ブラウザで開いて中身を閲覧する．reverse 側リードの末端部分のクオリティがやや
低いことと，アダプター配列（Illumina Universal Adapter）が一部に含まれていることを除けば，
データの質は良好である（図1）．

---

* 1　seqkit は複数のファイルを同時に入力して受け取ることができる．ここではワイルドカード（＊）を使って
　　　いるが，これは seqkit stats DRR024501_1.fastq DRR024501_2.fastq としたのと同じである．

250　実践編

図1　FastQCの結果

reverse側のリードのみを示す．リードの後半部分にアダプター配列が混入していることが分かる．

◉アダプター配列の除去

fastpを利用してアダプター配列の除去，および低クオリティのリードの除去を行う．実行は次のように，"`-i`"および"`-I`"で入力ファイル，"`-o`"および"`-O`"で出力ファイル名を指定する．

```
$ fastp -i DRR024501_1.fastq -I DRR024501_2.fastq -o DRR024501_1.fastp.fastq -O 
DRR024501_2.fastp.fastq
```

約1分で終了した．fastpの利点の一つに，アダプター配列の種類を指定しなくても自動で検出して除去処理を行ってくれることが挙げられる．アダプター配列の種類が分かっていれば，その配列を明示的に指定するオプションもあるが，ここではデフォルトの実行条件のまま処理を行った．処理が終了すると，出力ファイル名で指定した2種類のファイルとともに，いくつかのレポートファイルが出力されている．

◉クオリティの再確認

再度FastQCを実行して，アダプター配列の除去が行われていることを確認する．

```
$ fastqc *.fastp.fastq
```

結果ファイル (DRR024501_1.fastp_fastqc.html, DRR024501_2.fastp_fastqc.html) を開いて，

アダプター配列が無事に除かれていることを確認しよう（図2）．

図2　アダプター配列の除去の確認

COLUMN　リードのクオリティコントロールは必須か？

　最近では，ライブラリ調製技術の向上やシークエンサーの進化のおかげでリードの品質も良くなり，以前よりも低クオリティのリードの除去やアダプター配列のトリミングといったクオリティコントロール（quality control；QC）に悩まされることは少なくなった．また，本項で用いる Platanus_B のような de Bruijn Graph をベースにしたアセンブラーは，生のリードをそのまま使うのではなく，リードから長さKの文字列（Kmer）を抽出し，その重なりを利用してアセンブリを行っている．読み取りエラーを含んだ"誤った Kmer"は，"正しい Kmer"と比べて出現頻度が低いことから，アセンブリの初期の段階で取り除かれるようになっているため，シークエンスのエラーがアセンブリの結果に影響を及ぼす恐れもそれほど大きくはない．

　アダプター配列の混入に関しては，筆者の周りで聞いたところ，アセンブリ結果に「ゴミ」が含まれる原因ともなりうるので，除かないよりは除いた方がよいだろうという意見が多かった．本項と同じデータを用いて筆者が試したところ，アダプター配列を除去しなかった場合には長い配列については大きな違いはなかったが，アセンブリ結果に短い断片のような配列がより多く含まれることとなった．

アセンブリに使う配列の抽出

改めて `seqkit` を用いて，FASTQ 配列の統計値を算出してみる．

```
$ seqkit■stats■*fastq
file       format  type  num_seqs  sum_len      min_len  avg_len  max_len
DRR024501_1.fastp.fastq  FASTQ  DNA  2,773,164  676,325,627  84   243.9  251
DRR024501_1.fastq        FASTQ  DNA  2,971,310  745,798,810  251  251    251
DRR024501_2.fastp.fastq  FASTQ  DNA  2,773,164  676,325,627  84   243.9  251
DRR024501_2.fastq        FASTQ  DNA  2,971,310  745,798,810  251  251    251
```

fastp 実行後のカバレッジは，676M × 2 / 2.5M ＝ ×540 に相当する．

約×100 あればアセンブリには十分な量なので，全体の 1/5 をアセンブリに使用するために抽出する．`seqkit` のコマンドのひとつの `sample` を使えば，簡単にリードの抽出を行うことができる．処理結果は標準出力に書き出されるので，"`>`" を用いてファイルに書き出すようにする．

```
$ seqkit■sample■-p■0.2■DRR024501_1.fastp.fastq■>■DRR024501_1.sampled.fastp.fastq
$ seqkit■sample■-p■0.2■DRR024501_2.fastp.fastq■>■DRR024501_2.sampled.fastp.fastq
```

seqkit に与えたオプション "`-p`" で指定した割合に応じてランダムにリードが抽出されるが，乱数のシード値（--rand-seed オプション，デフォルトは 11）を同じ値に指定すれば毎回同一の結果が得られる．上記の例では，リード 1 とリード 2 のそれぞれを独立して処理しているが，同じシード値を用いて実行しているため，処理結果においてリードペアの整合性は保たれている．

これを確認するには，"`seqkit■stats`" で配列数が一致していることや，"`tail`" および "`head`" で先頭・末端を表示させてみて，配列 ID（@ で始まる行の最初の空白まで）が一致していることを確認すればよい．

```
$ seqkit■stats■*.sampled.fastp.fastq
file  format  type  num_seqs  sum_len  min_len  avg_len  max_len
DRR024501_1.sampled.fastp.fastq  FASTQ  DNA  554,827  135,311,404  84  243.9  251
DRR024501_2.sampled.fastp.fastq  FASTQ  DNA  554,827  135,311,404  84  243.9  251
$ tail■*sampled.fastp.fastq
$ head■*sampled.fastp.fastq
（結果は省略）
```

得られたデータ量は約 270M 塩基なので，×100 強のデータが抽出できたことが分かる．

以上でリードの前処理は終了である．ひとつ上のディレクトリに戻り，いよいよアセンブリを行おう．

```
$ cd■..
```

Level 2：実践編 6

0 から始めるバクテリアゲノム解析　253

📁 アセンブリ

🔵 準備

はじめにアセンブリを行うための作業ディレクトリ "assembly" を作成しておく.

```
$ pwd
/Users/ngs/analysis
$ mkdir■assembly
$ cd■assembly
```

🔵 Platanus_B の実行

assemble のステップ

Platanus_B は, "assemble" のステップと "iterate" のステップからなる. assemble のステップでは入力されたリードからコンティグを生成する. リードデータは, オプション "-f" の後に相対パスを使って指定しているが, 絶対パスで指定してもよい. "-t" は使用する CPU 数を指定しているが, 使用している端末の環境に合わせて変更してもよい.

```
$ platanus_b■assemble■-t■2■-f■../reads/DRR024501_1.sampled.fastp.fastq■../reads/ ↵
DRR024501_2.sampled.fastp.fastq
```

筆者の環境では約 8 分で終了し, "Assemble completed!" という表示がされた. 出力結果には, out_contig.fa, out_32merFrq.tsv という 2 種類のファイルが含まれている. 前者はアセンブリした結果のコンティグ配列を含んだもので, 次の iterate ステップの入力として使う. 後者は K = 32 で計算した, Kmer の出現頻度のファイルである. Level 2 実践編「0 から始める動物ゲノムアセンブリ」(p.274) の項で紹介する GenomeScope への入力ファイルとして使用し, ゲノムサイズの推定を行うこともできる (ただし, 区切り文字をスペースからタブへ変換する必要がある).

seqkit を用いて統計値を求めてみる.

```
$ seqkit■stats■-a■-G■N■out_contig.fa
file    format  type  num_seqs  sum_len    min_len  avg_len  max_len  sum_gap  N50
out_contig.fa  FASTA  DNA  315  2,432,958  229  7,723.7  100,323  0  30,918
```

"-a" オプションを与えると, sum_gap (配列中のギャップ領域の割合) と N50 を出力に加えられる. "-G■N" とオプションを与えると, 不明塩基 "N" をギャップとみなすように指定している.

一般に, リードの重なり合いを利用してつなげられた配列をコンティグ (contig) と呼び, 同一 DNA 断片の両末端を読んだペアエンドリードなどによる近接情報を利用して, コンティグ同士をつなぎ合わせたものをスキャッフォールド (scaffold) と呼ぶ. スキャッフォールド内におけるコンティグ間の正確な塩基配列は決定されていないので, "N" で記されたギャップ領域となる. 以下では得られたコンティグ配列のスキャッフォールディングを行い, さらに配列同士をつないでいく.

iterate のステップ

Platanus_B の "iterate" のステップでは, ペアエンドの情報を利用したスキャッフォールディング・ギャップ部分における配列の補完・エラー補正を繰り返して行う.

```
$ platanus_b▪iterate▪-t▪2▪-c▪out_contig.fa▪-IP1▪../reads/DRR024501_1.sampled.fastp. ⏎
fastq▪../reads/DRR024501_2.sampled.fastp.fastq
```

　約 20 分で終了した．入力ファイルとして，"assemble" のステップの結果ファイル（-c）とリードファイル（-IP1）を指定した．最終結果は，"out_iterativeAssembly.fa" となる．

　seqkit による統計量は以下のようであった．

```
$ seqkit▪stats▪-a▪-G▪N▪out_iterativeAssembly.fa
file  format  type  num_seqs    sum_len  min_len  avg_len  max_len  sum_gap  N50
out_iterativeAssembly.fa  FASTA  DNA  55  2,365,721  395  43,013.1  258,089  3,402
96,417
```

　N50 は配列の長さを重みとした加重平均で，ドラフトゲノムの完成度の評価基準として用いられ，大きいほど望ましい．N50 が 96,417bp ということは，得られたゲノムデータの半数が長さ 96,417bp 以上の配列に含まれていることを意味する．ただし，バクテリアゲノムのようにサイズが小さいゲノムの場合には配列の本数が少なくなるため，N50 の値が統計的にあまり参考にならないケースが多いようである．

　筆者は，近縁種や同種異株のゲノムと比べ近いサイズの結果が得られたか，配列の本数が十分に少ないか（例えば 3Mbp 程度のゲノムであれば，100 本以下の配列に収まれば上出来と考える）といった観点で評価をすることが多い．また，checkM や Busco といった，必須と思われる遺伝子をどれだけカバーできているかでゲノムの完成度を評価するツールを使用することもある．

ゲノムアノテーション

　さて，ここからは得られたゲノムデータに対して生物学的に意味のある注釈づけ，すなわちゲノムアノテーションを行っていく．原核生物用の自動アノテーションパイプライン DFAST（DDBJ Fast Annotation and Submission Tool）[1] は，遺伝子領域の予測とその機能推定，さらに DDBJ へのデータ登録支援を行うツールである．

　Mac や Linux で動作するスタンドアローン版と，ウェブブラウザ上で操作するオンライン版の両方が利用可能であるが，ここでは操作が簡単なオンライン版を使用する．

ジョブの投入

　ブラウザで https://dfast.nig.ac.jp を開き，トップ画面に表示されている "Start your project!" ボタンをクリックして，ジョブ投入フォームに進む．Platanus_B の最終結果である "out_iterativeAssembly.fa" ファイルを "Query File" としてアップロードする（図3）．

　最低限必要な操作は以上である．オプションとして "Job Title" を指定することができ，また，"Mail Address" を入力すると，ジョブ完了時にメールで通知を受け取ることができる．"Run" ボタンを押すとジョブが投入され，ファイルの書式チェックで問題がなければ自動的にジョブ結果画面へと遷移する．

0 から始めるバクテリアゲノム解析　255

図3 Query File のアップロード画面

"Advanced Options"ボタンを押すと，使用ツールや参照データベースなどにより詳細なオプションを指定することが可能である（**図4**）．"Minimum sequence lenth"の値より短い配列は出力結果から取り除かれ，規定値は 200 塩基となっている．

"Locus tag prefix"は，遺伝子座に対して割り当てられる識別子（locus tag）の接頭辞として用いられる．もし，複数のゲノムをアノテーションして比較ゲノム解析を行いたいのであれば，それぞれのゲノムに対して異なる Locus tag prefix を指定して，各遺伝子がどのゲノム由来であるかを区別できるようにしておくとよい．ジョブ完了後に変更することもできる．

なお，アノテーション結果を DDBJ に登録する場合には，事前に公式な Locus tag prefix を申請して取得しておく必要がある．これについては後述する．

図4 Advanced Options での詳細設定

256　実践編

● アノテーション結果の確認

　投入されたジョブに対してはジョブIDが発行され，そのジョブIDを知っている者のみが結果画面にアクセスできる．　図5　は結果の詳細画面（"Result"タブ）で，アノテーション結果の各種統計量の確認（画面左）や結果ファイルのダウンロード（画面右）ができる．例えば，"annotation.gbk"や"annotation.gff"は，それぞれアノテーションされたゲノム情報を記述する標準的なフォーマットであるGenBank形式やGFF形式のファイルである．アミノ酸に翻訳された遺伝子配列は"protein.faa"から取得できる．いずれもファイルをダウンロードする場合には，右クリックして「リンク先のファイルをダウンロード」を選ぶ．また，統計量のうち"Coding Ratio"は，ゲノム中でのタンパク質をコードしている遺伝子の領域の割合を示す．通常は80％台後半の値になることが多いが，極端に低い値の場合にはゲノム配列の品質が低い疑いもある．

図5　アノテーション結果の確認

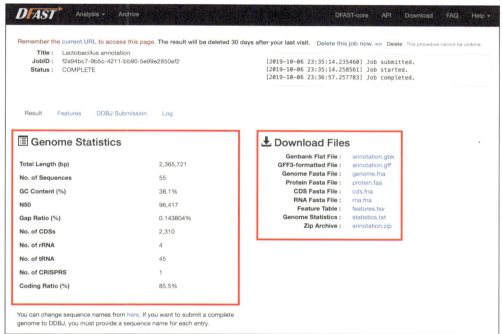

　"Features"タブでは，アノテーションされた遺伝子の一覧を表形式で閲覧できる（　図6　）．検索窓にキーワードを入力して，表示を絞り込むことができる．"View"ボタンを押すと遺伝子配列の確認ができ，NCBIのBLASTウェブサービスを利用して相同性検索を行うこともできる．また，遺伝子名称を変更したい場合には"Edit"ボタンを押すと，変更フォームが表示される．変更した内容は結果ファイルへ自動的に反映される．

図6　アノテーションされた遺伝子一覧

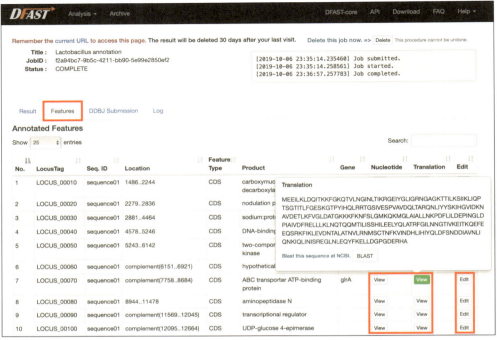

COLUMN　rRNA領域のアセンブリ

　Platanus_Bのユニークな機能のひとつに，通常は再現しにくいrRNA領域のような反復領域に特化したアセンブリを行うオプションがある（コラム「ショートリードでできること，できないこと」参照）．使用方法は"assemble"のステップを実行する際に，"-repeat"オプションを与えるだけでよい．

```
$ platanus_b assemble -t 2 -f ../reads/DRR024501_1.100x.fastp.fastq ../reads/
DRR024501_2.100x.fastp.fastq -o out2 -repeat
```

　先に実行された結果に上書きしてしまわないよう，"-o"オプションで出力ファイル名を指定している．この場合，"out2_contig.fa" というファイルが出力結果となる．DFASTでアノテーションを行い，5S，16S，23Sの各rRNA遺伝子を含んだ領域がアセンブリができていることを確認しよう．

COLUMN　ショートリードでできること，できないこと

　rRNA遺伝子は原核生物・真核生物に共通して保存されており，特に16S rRNA遺伝子は系統分類においては重要な指標となっている．しかしながら，本項で用いたデータのアノテーション結果の中には16S rRNA遺伝子を見つけることができない．

　その理由は，ショートリードを用いたゲノムアセンブリでは，反復領域を正確にアセンブリすることが難しいためだ．バクテリアゲノムには通常，複数コピーのrRNA遺伝子が散在しているため，rRNAの領域でコンティグが断片化してしまうことが多い．

　図7 は，ロングリードのアセンブリで得られた完全長の環状ゲノムに対し，Illuminaのショートリードで得られたコンティグをマップしたもので，rRNA領域や挿入配列（IS）の部分でコンティグが途切れていることが分かる．その一方で，ほとんどの構造遺伝子はショートリードによるアセンブリで再現できていることも分かる．

　目的にもよるが，代謝や病原性に関する遺伝子の有無に注目した解析では，ショートリードによるドラフトゲノムでも十分な解析が可能であろう．ゲノム全体にわたる転座や逆位などの構造変化を調べたい場合には，ロングリードが威力を発揮するだろう．

図7　環状ゲノムとコンティグのマップ

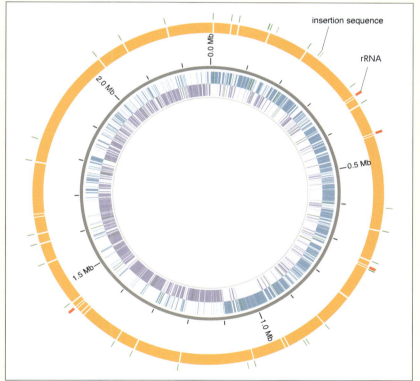

内側の円は，ロングリードをアセンブリして得られた環状ゲノムおよびゲノム上に予測された遺伝子（青：順鎖，紫：逆鎖）を示す．外側の黄色の円は，ショートリードから得られたコンティグを示す．コンティグの切れ目の多くが挿入配列やrRNAの位置と一致している．

COLUMN　DDBJへのゲノムデータの登録

　多くの学術雑誌では，新規に決定された塩基配列について論文中で述べる場合には，得られた配列データをDDBJなどの公共塩基配列データベースに登録することが求められている．登録のためにはアノテーション結果を指定されたファイル形式に変換し，登録者名やサンプル情報といった登録に必要なメタデータを記述しなければならず，煩雑な手続きを伴うため初心者にはハードルが高い．

　DFASTの登録支援機能を使えば，自動でDDBJへの登録用のファイルを作成することができる．以下では，その方法を概説する．

🔵 登録のための準備

　ゲノム配列を登録するためには，あらかじめBioProjectおよびBioSampleの登録を行っておく必要がある．

　前者は研究プロジェクトの目的や対象生物などを記載したもので，配下に様々なオミックスデータをひも付けることで，プロジェクトに属する様々なデータを統合的に扱うことができる．後者のBioSampleは，菌株名や分離源といった各サンプルの詳細を記述したものである．複数の菌株を対象にした比較ゲノム解析のような場合には，ひとつのBioProjectの下にひとつ以上のBioSampleがひも付けられることがある．詳細は省略するが，BioProjectおよびBioSampleの登録は，いずれもDDBJの登録ポータルD-way（https://ddbj.nig.ac.jp/D-way/login_form）を通じて行うことができる．

　また，アノテーションされたゲノムを登録するためには，遺伝子座の識別子として用いられる"Locus tag prefix"の登録を行う必要があるが，BioProjectまたはBioSampleの登録時に行うことができる．なお，既に登録済みのLocus tag prefixは使用することができない．

🔵 登録用ファイルの作成

　DFASTのジョブ結果画面の"DDBJ Submission"タブにおいて，必要情報を入力することで行う（図8）．画面に表示されている指示に従って入力を行う．入力が必要な項目は，登録者名，所属，生物種名，シークエンス条件（例えば，シーケンサーの種類やカバレッジ）等である．

　先に述べたBioProjectおよびBioSampleのアクセッション番号やLocus tag prefixも，この画面で入力を行う．入力が済んだら"Format Check"ボタンを押して書式チェックを行い，問題があれば修正する．ファイル作成が済んだらDDBJのMSS（大量登録）窓口に送付し，登録依頼を行う．ファイルに問題がなければ4〜5日程度で登録が完了する．

図8　公共塩基配列データベースへの登録画面

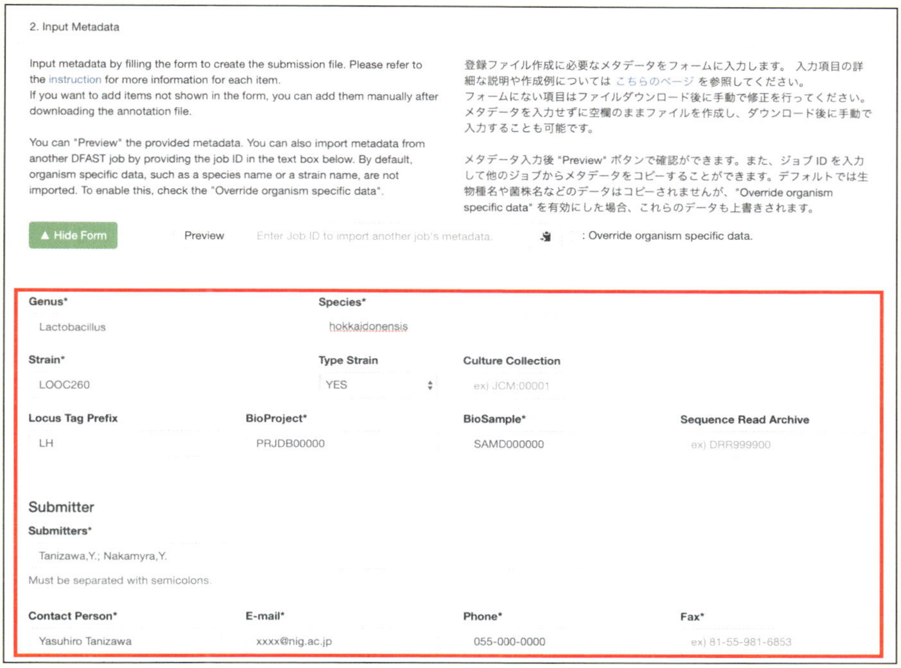

おわりに

　本項では，多くのゲノム解析において共通する工程と思われるゲノムアセンブリ，およびゲノムアノテーションについて概説した．真核生物と比較して，ゲノム構造や遺伝子構造が複雑ではないバクテリアゲノムにおいては，生のシークエンスデータから出発して遺伝子情報を得るまでの過程は，それほど難しくはなくなっている．いくつかのツールを組み合わせて解析を行ったが，煩雑なパラメータの調整はほとんど必要なく，ほぼデフォルトの実行条件でも十分に解析に耐えうる結果が得られることを実感できただろう．

　かつてのようにゲノム解析はバイオインフォマティシャンの専売特許ではなくなり，多くの実験研究者が自ら手を動かして（コマンドを打ち込んで）解析を行っている．これまで未体験であった読者も，本書が自分自身で解析するきっかけになれば幸いである．

　本項の執筆にあたり，開発段階の Platanus_B を提供していただいた東京工業大学の梶谷 嶺博士に深く感謝申し上げます．また，執筆段階においてチェックをしていただいた国立遺伝学研究所の矢倉 勝博士，林 史さんにも感謝申し上げます．

参考文献

1) Tanizawa Y, Fujisawa T, Nakamura Y：DFAST：a flexible prokaryotic genome annotation pipeline for faster genome publication．Bioinformatics 34：1037-1039，2018.

0から始めるバクテリアゲノム解析　261

バクテリアゲノム解析手順書

● 課題
腸管出血性大腸菌 O157:H7 Sakai 株のゲノムアセンブリおよびアノテーションを行う

● 目的
　大腸菌は，ヒトや動物の腸管に生息する常在菌で通常は病原性をもたないが，一部の大腸菌は下痢や腹痛などの食中毒の原因となることがある．特に，志賀毒素（*stx*）を産生し激しい腹痛と血便を引き起こす腸管出血性大腸菌は，度々大きな社会問題となっている．

　O157:H7 Sakai 株は，1996 年に大阪府堺市で発生した学校給食による集団食中毒の原因菌であり，2001 年に日本の研究グループによって全ゲノムの解読が行われた後も，いくつかの研究グループによってゲノム解読が独立して行われている．

　本項の解説を参考に，必要なツールのインストール，データの取得，アセンブリ，アノテーションを行う．

● 手順
1. FastQC，fastp，seqkit，Platanus_B 等の必要なソフトウェアをインストールする．
2. シークエンスデータを取得する．
　　アクセッション番号 ERR580964 として，公共シークエンスデータベースに登録されているデータを取得する．以下のコマンドで DDBJ から取得し，展開しておく．

```
$ curl -O ftp://ftp.ddbj.nig.ac.jp//ddbj_database/dra/fastq/ERA349/↵
ERA349287/ERX539052/ERR580964_1.fastq.bz2
$ curl -O ftp://ftp.ddbj.nig.ac.jp//ddbj_database/dra/fastq/ERA349/↵
ERA349287/ERX539052/ERR580964_2.fastq.bz2
```

3. seqkit でリード数，読み取り塩基数等の確認を行う．
4. FastQC で，リードのクオリティやアダプター配列の混入の有無を確認する．
5. fastp を用いて，低クオリティのリードやアダプター配列の除去を行う．
6. 再度，seqkit および FastQC を用いて確認を行う．
7. seqkit を用いて，アセンブリに用いるリードを ×100 のカバレッジとなるように抽出する．なお，大腸菌のゲノムサイズは 5Mb として，どれだけのリードが必要か計算する．
8. 抽出したリードを用いて，Platanus_B を実行し，アセンブリを行う．
9. seqkit を用いて，アセンブリ結果（out_iterativeAssembly.fa）の統計量（配列数や N50）を算出する．
10. DFAST にアセンブリ結果をアップロードし，アノテーションを行う．
11. アノテーション結果の遺伝子一覧画面（Features）において "stx" でキーワード検索を行い，志賀毒素遺伝子が含まれていることを確認する．

（作成：谷沢靖洋，中村保一）

再現・検証1:0から始めるバクテリアゲノム解析

女子高校生による初めてのバクテリアゲノム解析

清水彩加 静岡県立韮山高等学校

使用機器 MacBook Air（2018），OS（10.14.4），CPU（1.6GHz Intel Core i5），メモリ（16GB）

はじめに

　バクテリアや遺伝子の知識はせいぜい高校の生物で習う程度，コマンド操作なんて高等技術には今までほとんど触れたことがない……こんな女子高校生に，バクテリアゲノム解析なんてできるものなのでしょうか．甚だ不安です……．

　とにかく，谷沢先生の原稿を読み，一人で大腸菌 O-157 のゲノムアセンブリ，およびゲノムアノテーションを進めることを最終目標に，ちょっとずつ頑張ります．

1日目

　まず国立遺伝学研究所にて，ゲノム解析の原理，コマンド操作の基本を教わった．

感想

　ゲノム解析の原理に関しては，生物好きが幸いし（好きと得意は，また別の話だが），普通に面白いと思える．しかしコマンド操作に関しては，仕組みは面白いと思うが，やはり "GUI（graphical user interface）" の方が簡単だし速いような気がする．とにかく，手を動かしてみて慣れるしかないか．

谷沢 *Voice*

　今回は NGS 解析体験として，私の母校である静岡県立韮山高等学校の生徒さんに解析手順の再現に取り組んでもらいました．まずは，シークエンサーとは？　アセンブリとは？　といった基本用語と，最低限のコマンド操作のレクチャーを行った上で解析開始．

　生物は履修済みとはいえ，これまで Mac にも触ったことがない高校生には少々荷が重いか？　という心配もありますが，とにかく健闘を祈ります！

2日目

　先生の原稿通りに，乳酸菌 *Lactobacillus hokkaidonensis* の解析をやってみた．

最終目標である大腸菌 O-157 の解析においても重要だと考える手順について，以下に記録する．

Miniconda をインストールした．

```
$ curl -O https://repo.anaconda.com/miniconda/Miniconda3-latest-MacOSX-x86_64.sh
```

FastQC をインストールした．

Level 2：実践編 6

```
$ conda install -c bioconda fastqc
```

fastp をインストールした.

```
$ conda install -c bioconda fastp
```

seqkit をインストールした.

```
$ conda install -c bioconda seqkit
```

原稿の手順に従って Platanus_B をインストールした.

　ここでインストールしたプログラムは，大腸菌 O-157 の解析にも使用する．また，解析の過程でホームディレクトリ内に「analysis」というディレクトリを作成，さらにその中にゲノムデータを保管するディレクトリ「reads」，アセンブリしたデータを出力するためのディレクトリ「assembly」を作成した.

　その後の作業で 1 カ所，アセンブリに使用する配列の抽出の際に，出力ファイルの指定を忘れていたため作業が止まってしまった．再び試みると成功.

感想

　正直，原稿に書いてあるコマンドをコピーして，ターミナルに貼り付けるだけでほとんど済ませてしまったが，一つひとつの作業の意味はしっかりと理解できたし，ある程度コマンド操作にも慣れてきた．次は大腸菌 O-157 の解析に移ろう.

谷沢 Voice

　予想以上に順調なスタート．初日の心配は杞憂だったかな？
　初めはコマンドのコピペでも OK．大切なことは，一つひとつのコマンド操作によってどのような結果が生じたかを確認し，操作の意味を理解していくことですね.

3日目

　いよいよ，大腸菌 O-157 の解析に入る．原稿の手順通りに進める.

手順 1. FastQC，fastp，seqkit，Platanus_B 等の必要なソフトウェアをインストールする

　これは，乳酸菌の解析の時にクリアしている.

手順 2. 大腸菌 O-157 のシークエンスデータを取得する

　データをダウンロードする前に，ディレクトリ「analysis」内に「ecoli」というデータ保管用のディレクトリを作成した.

　その後，原稿に書いてあるコマンドを使用.

```
$ curl -O ftp://ftp.ddbj.nig.ac.jp//ddbj_database/dra/fastq/ERA349/ERA349287/↵
ERX539052/ERR580964_1.fastq.bz2
```

264　実践編
```
```

```
$ curl■-O■ftp://ftp.ddbj.nig.ac.jp//ddbj_database/dra/fastq/ERA349/ERA349287/ ↵
ERX539052/ERR580964_2.fastq.bz2
```

この 2 つのコマンドでシークエンスデータを取得．これは圧縮データなので，次のコマンドで展開しておいた．

```
$ bunzip2■*bz2
```

手順 3．seqkit でリード数，読み取り塩基数等の確認を行う

コマンドは以下の通り．

```
$ seqkit■stats■*fastq
```

結果

file	format	type	num_seqs	sum_len	min_len	avg_len	max_len
ERR580964_1.fastq	FASTQ	DNA	1,678,587	387,774,841	35	231	251
ERR580964_2.fastq	FASTQ	DNA	1,678,587	387,760,888	35	231	251

結果より，総読み取り塩基数は約775Mb．さらに，大腸菌のゲノムサイズは5Mbであるので，カバレージは775M/5M = 155．よって，ゲノムサイズに対して得られたデータは約155倍と分かる．

手順 4．FastQC で，リードのクオリティやアダプター配列の混入の有無を確認する

コマンドは以下の通り．

```
$ fastqc■*fastq
```

結果 （図1）

図1　FastQC の結果 1

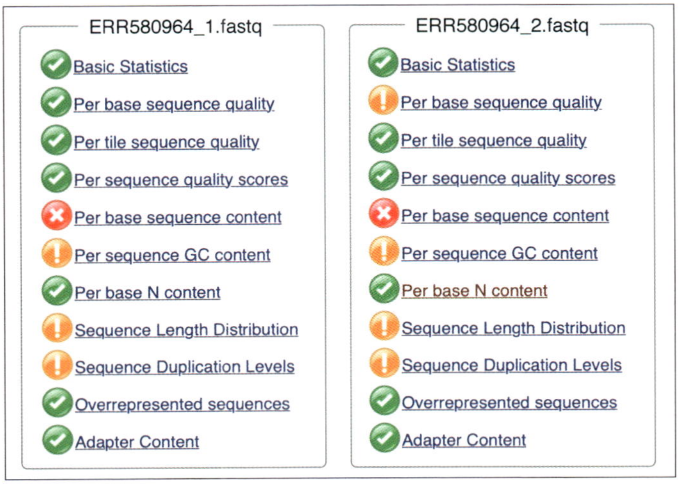

再現・検証 1：0 から始めるバクテリアゲノム解析　265

各項目の意味は何となくしか分からないが，アダプター配列はほとんど含まれていないようだ．

手順 5．fastp を用いて，低クオリティのリードやアダプター配列の除去を行う

コマンドは以下の通り．

```
$ fastp -i ERR580964_1.fastq -I ERR580964_2.fastq -o ERR580964_1.fastp.fastq -O
ERR580964_2.fastp.fastq
```

この時，`ERR580964_2.fastq` の出力ファイル名を間違えたため，次の手順をクリアできなかった（末尾を「`fastp.fastq`」とすべきところを，p と q を間違えて「`fastq.fastq`」としてしまったのである……）．

そこで出力ファイル名を変え，もう一度やり直したところ，問題なく進めることができた．

手順 6．再度，seqkit および FastQC を用いて確認を行う

まず，FastQC によるクオリティチェックを行った．コマンドは以下の通り．

```
$ fastqc *.fastp.fastq
```

結果（図2）

図2　FastQC の結果 2（fastp 処理後）

アダプター配列除去処理の前後で，クオリティに差異は確認できなかった．処理前からアダプター配列はほとんど含まれていなかったためと考える．

前述の通り，手順 5 で出力ファイル名を間違えていたため，なかなか手こずったが，何とか乗り越えた．

続いて，seqkit により読み取り塩基数を確認した．コマンドは以下の通り．

```
$ seqkit stats *fastq
```

結果

file	format	type	num_seqs	sum_len	min_len	avg_len	max_len
ERR580964_1.fastp.fastq	FASTQ	DNA	1,550,881	356,833,025	31	230.1	251
ERR580964_1.fastq	FASTQ	DNA	1,678,587	387,774,841	35	231	251
ERR580964_2.fastp.fastq	FASTQ	DNA	1,550,881	356,690,048	31	230	251
ERR580964_2.fastq	FASTQ	DNA	1,678,587	387,760,888	35	231	251
ERR580964_2.fastq.fastq	FASTQ	DNA	1,550,881	356,690,048	31	230	251

手順5で間違えて作ってしまったファイル「ERR580964_2.fastq.fastq」が含まれているので，削除した．

file	format	type	num_seqs	sum_len	min_len	avg_len	max_len
ERR580964_1.fastp.fastq	FASTQ	DNA	1,550,881	356,833,025	31	230.1	251
ERR580964_1.fastq	FASTQ	DNA	1,678,587	387,774,841	35	231	251
ERR580964_2.fastp.fastq	FASTQ	DNA	1,550,881	356,690,048	31	230	251
ERR580964_2.fastq	FASTQ	DNA	1,678,587	387,760,888	35	231	251

カバレッジは 713M/5M ＝ 142.6

手順 7. seqkit を用いて，アセンブリに用いるリードを x100 のカバレッジとなるように抽出する

カバレッジ 142.6 ということで抽出の必要性はそこまで高くないが，ジャスト 100 になるように，すなわち70%に抽出を行った．コマンドは以下の通り．

```
$ seqkit sample -p 0.7 ERR580964_1.fastp.fastq > ERR580964_1.sampled.fastp.fastq
$ seqkit sample -p 0.7 ERR580964_2.fastp.fastq > ERR580964_2.sampled.fastp.fastq
```

その後，seqkit により総読み取り塩基数を確認した．コマンドは以下の通り．

```
$ seqkit stats *.sampled.fastp.fastq
```

結果

file	format	type	num_seqs	sum_len	min_len	avg_len	max_len
ERR580964_1.sampled.fastp.fastq	FASTQ	DNA	1,084,804	249,621,884	31	230.1	251
ERR580964_2.sampled.fastp.fastq	FASTQ	DNA	1,084,804	249,495,665	31	230	251

カバレッジは 500M/5M ＝ 100

感想

遂に，リードの前処理終了……道のりは長かった……しかし，意外に熱中できた．
次は，いよいよアセンブリに移る．

Level 2：実践編 6

谷沢 Voice

　お疲れ様でした．確かに長い道のりでしたね．実際の解析では，ここで行ったリードの前処理のような定型的な操作については，一連のコマンドをテキストファイル（シェルスクリプト）に記述して，一括処理を行うことも多いです．慣れてくると，自動化や大量処理に拡張しやすいこともコマンド操作のメリットともいえます．

　"抽出の必要性はそこまで高くないが"，という指摘については正にその通りです．x140 程度であれば，全データをそのまま使ってしまっても問題ないレベルといえます．

4 日目

手順 8. 抽出したリードを用いて Platanus_B を実行し，アセンブリを行う

　まず，ディレクトリ「analysis」内に「assembly2」というディレクトリを作成した（ちなみに，ディレクトリ「assembly」は乳酸菌のアセンブリの際に使用した）．

　続いて，Platanus_B によるアセンブリに入る．コマンドは以下の通り．

```
$ platanus_b assemble -t 2 -f ../ecoli/ERR580964_1.sampled.fastp.fastq ../ecoli/ ↵
ERR580964_2.sampled.fastp.fastq
```

　想像していたよりも時間がかかった．朝に始めて 40 分ほど待ったが，出かけるまでに終わらなかったので，そのまま放置．そのため，どれくらいの時間で終わったのかは分からないが，結果は夜に確認した．

　コマンドは以下の通り．

```
$ seqkit stats -a -G N out_contig.fa
```

結果

file	format	type	num_seqs	sum_len	min_len	avg_len	max_len
Q1	Q2	Q3	sum_gap	N50	Q20(%)	Q30(%)	
out_contig.fa	FASTA	DNA	1,066	5,644,450	214	5,295	128,141
297	404	1,303	0	42,204	0	0	

　とりあえず，今日はアセンブリに時間がかかったため，ここまでにした．

感想

　かなり待ち時間が長かった．
　先生の原稿にあった「CPU 数」を調節すれば，そこまで時間がかからなかったのだろうか．

谷沢 Voice

　私の原稿では，マシンスペックの低い MacBook でも実行できるように CPU 数を少なく指定していますが，基本的には CPU 数が多いほど実行時間は減るはずです．また，ゲノムサイズや入力データ量が大きいほど，実行時間は長くなる傾向があります．同じ x100 のカバレッジといっても，ゲノムサイズが乳酸菌の約 2 倍の大腸菌ではデータ量も 2 倍になります．

5 日目

4 日目の続き，スキャッフォールディング・ギャップ部分の配列の補完・エラー補正を行った．
コマンドは以下の通り．

```
$ platanus_b■iterate■-t■2■-c■out_contig.fa■-IP1■../ecoli/ERR580964_1.sampled.↵
fastp.fastq■../ecoli/ERR580964_2.sampled.fastp.fastq
```

約 40 分かかった．

手順 9. seqkit を用いて，アセンブリ結果（out_iterativeAssembly.fa）の統計量（配列数や N50）を算出する

処理後のファイルの統計量を seqkit で調べた．コマンドは以下の通り．

```
$ seqkit■stats■-a■-G■N■out_iterativeAssembly.fa
```

結果
```
file     format   type   num_seqs   sum_len     min_len   avg_len     max_len
Q1      Q2      Q3      sum_gap   N50       Q20(%)     Q30(%)
out_iterativeAssembly.fa   FASTA   DNA     214   5,442,539   163   25,432.4       378,027
479   1,322   8,852   15,312   160,585     0     0
```

手順 10. DFAST にアセンブリ結果をアップロードし，アノテーションを行う

手順通り，DFAST（https://dfast.nig.ac.jp）にファイルを入力した．2 分ほどで処理は終わった．

手順 11. アノテーション結果の遺伝子一覧画面（Features）で，"stx" でキーワード検索を行い，志賀毒素遺伝子が含まれていることを確認する

結果，志賀毒素遺伝子の含有を確認できなかった．しかし夜も遅かったので，明日，谷沢先生に伺うことにする．

> **感想**
>
> ここまで来て結果が確認できないとは……かなりショックだ．

> **谷沢 Voice**
>
> 清水さんからの質問メールが届いたのは日曜の朝でした．週末に夜遅くまで解析したのに，想定通りの結果にならないのはショックですよね．そういう時は潔く諦めてさっさと寝てしまうと，翌朝あっさりと解決策が見つかるかもしれません（保証はできませんが……）．

6 日目

谷沢先生にアノテーションの結果を確認していただいたところ，「この結果は大腸菌ではなく，乳酸菌のもののようだ」とのご指摘があった．
早速確認したところ，DFAST にアップロードしたファイルは乳酸菌のもので，アセンブリ後の出力ファイル名が乳酸菌と大腸菌とで同じだったため，勘違いしたことが分かった．大腸菌のファイルをアップロードすると，志賀毒素遺伝子が含まれていることを確認できた．

再現・検証 1：0 から始めるバクテリアゲノム解析　　269

感想

ようやく，一連の行程が終了した！　志賀毒素遺伝子が見つからなかった原因が，大したことではなくて安心した．

谷沢 Voice

質問メールに添付されていた解析結果のスクリーンショットを見て，ゲノムサイズが大腸菌のものと大きく異なっていたことから，すぐにファイルの取り違いが予想できました．「seqkit で得られたゲノムの統計量の値」と，「DFAST の結果画面に表示された値」とを注意深く見比べれば，気付けたかもしれませんね．

今回はファイルをアップロードする操作中に生じたミスでしたが，実際の解析でも特に大量のファイルを扱うような場面において，手作業の操作中にファイルを取り違えてしまうケースは少なくありません．もちろん，コマンド操作を行っていても取り違いが生じることはありますが，入力したコマンドを「実行ログ」として記録に残しておくことで，仮に何らかのミスが生じた場合にも，後から原因が解明しやすくなります．

おわりに

最初はゲノムアセンブリのことも，コマンド操作のことも全然分からなかった私が，ほとんど自力で大腸菌のゲノム解析を行えたことは，なかなか感慨深いです．コマンド操作に関しては，最初の頃は面倒だ，GUI の方が楽だと思っていましたが，解析を進めてどんどんファイルの量が増えていくにしたがって，データを移動するにも自分の場所を確認するにも，ゲノム解析の際は明らかにコマンド操作の方が便利だと実感できました．将来使う機会があるかもしれない，ちょっと先取りできたか……？　と，何となく得をした気分です．

私はこの企画をやらせていただくまで，不勉強のため「コンピュータを使って遺伝子を解析する仕事」があるということを知りませんでした．「遺伝子解析」といえば，生物から組織を採取して DNA を抽出して……という「実験」のイメージを強くもっていました．しかし，今回そういった仕事について知ることができ，さらには実際に体験させていただくこともできて純粋に面白かったですし，終わってしまったことが正直名残惜しくもあります（ちょっとかじったくらいで生意気な女子高生ですよね……）．今回の体験を「体験」だけで終わらせることなく，少しでも未来に活かしていきたい，と強く感じています．

最後に，貴重な機会を与えてくださり，原稿執筆までをサポートしてくださった皆様に感謝申し上げます．

谷沢 Voice

無事に解析終了！　おめでとうございます．バイオインフォマティシャンへの第一歩ですね！　ゲノムアセンブリやアノテーションはゲノム解析のまだまだ入り口にすぎませんが，高校で履修した生物の授業とはまた違った生物学の一面を垣間見ることができたのではないでしょうか．

高校 3 年生という大事な時期にもかかわらず，解析や原稿執筆に取り組んでくれて本当にありがとうございます．この経験が今後も役立ってくれるよう祈っています．また，清水彩加さんとともに解析に参加してくださった静岡県立韮山高等学校の木村朱里さん，金子蓮司さん，丸山航平さん，そして比留間直人教諭に改めて御礼申し上げます．

再現・検証2：0から始めるバクテリアゲノム解析

Mac愛用者の，コマンド世界への初ダイブ！

小林香織　株式会社 学研メディカル秀潤社 編集本部
使用機器 MacBook Air（2015），OS（10.13.6），メモリ（4GB）

はじめに

「シークエンサー」という言葉は知っていましたが，具体的に何を目的に，どのようなことをするのかはよく分からないまま，大いなる不安の中，再現をすることになりました．

解析準備：人生初の……

Minicondaのインストールから始めようとして，「まずターミナルを開き」とサラリと書いてある文言に固まります．私は大学時代からかれこれ30年近くMacを使っていますが，「ターミナル」を開いたことがなかったので，こんな機能があるなんて驚愕です．

人生初「ターミナル」を開き，Minicondaを無事にインストール（**図1**）．

その後，FastQC，fastp，seqkit，Platanus_Bをインストールしました．何のためにインストールをしているのかは，実はよく分からないけれども，書いてある通りにすれば，同じようにできそうです．

Level 2：実践編 6

図1　人生初「ターミナル」

ディレクトリの迷子になる

　谷沢先生の原稿の手順に沿って，書かれた通りに再現をしているつもりが，Platanus_B を実行する際にエラーとなり，四苦八苦（図2）．

図2　何度も目撃した，エラーっぽい画面

　これは，「mkdir」でディレクトリを作る際に，その階層をきちんと把握していないことが原因でした．ディレクトリがどうなっているのかは，ホーム画面から確認することができます（図3）．

図3　ホーム画面を開いて，階層を確認

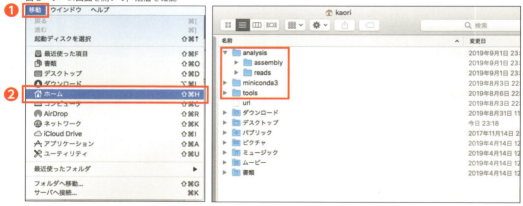

　ターミナル画面と，このホーム画面とを見比べながら作業すると，最終的には混乱せずにできました．

おわりに

　再現自体は，ゆっくりと順を追って確認しながら行えば，最後までできました．
　その後の「課題」については，数を確認したり計算をしたりは残念ながら理解が追いつかず，割愛させていただきました．それでも，手順に沿ってコマンドを入力しさえすれば，そしてディレクトリの階層さえ間違わなければ，最後の「手順11」の結果を表示させることはできました（図4）．

図4 たどり着いた最後の画面

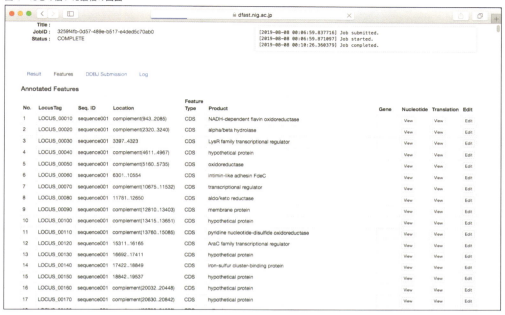

　素人である私でも最後まで到達できたということは，本書で書かれている通りに行えば，誰もがシークエンスをすることができるということでしょう．そこに本書の価値があるのだと思います．
　この度は，貴重な経験をさせていただき，ありがとうございました．

谷沢 Voice

> 上司「小林くん，今度『次世代シークエンサー DRY 解析教本』の改訂版出すから，第1版で好評だった再現レポートの執筆に参加してみないか？」
> 小林「えっ！？　シークエンサーなんてよく分かりませんよ……」
> という場面があったかなかったかは定かではありませんが（笑），とにもかくにもコマンドラインの世界に迷い込んでしまった小林さんでした．
> 　七転八倒，右往左往，そして艱難辛苦を乗り越えて最後まで到達したという一報を聞いた時には，思わず拍手を送ってしまったほどでした．超初心者目線からの質問やコメントは，本項のブラッシュアップに大いに役立ちました．どうもありがとうございます．そして，本当にお疲れ様でした．
> 　次は，コマンド操作を活用して日々の業務改善に取り組んでみてはいかがですか？

再現・検証 2：0 から始めるバクテリアゲノム解析　273

実践編

7 0から始める動物ゲノムアセンブリ

荒川和晴 慶應義塾大学 環境情報学部 生命情報科学研究グループ

使用機器 MacBook Pro（13-inch, 2017, Two Thunderbolt3 ports），macOS X（Sierra 10.12.6），CPU（2.5GHz Intel Core i7），メモリ（16GB），Fusion Drive（1TB）
使用ソフトウェアなど BWA, Samtools, Jellyfish, BBTools, Pilon, NanoPlot, Canu, wtdbg2
データ量 約60GB

📁 概要

　　従来，ある程度大きなゲノムのアセンブリには，複数のメイトペアライブラリーを作成し，複雑なアセンブリ手順を経る必要があった．しかし，近年手軽に使えるようになってきたロングリードを用いれば，ある程度大きなゲノムも比較的容易にアセンブル可能である．

　　例えば，数百Mbp程度のサイズのゲノムであれば，MinIONシーケンサーの1〜数ラン分のデータでx50程度のカバレッジが得られるので，十分な長さが得られていれば自分でドラフトゲノム配列をアセンブルすることができる．

　　本項では，ナノポア配列をベースにアセンブリを行い，ショートリード配列でポリッシングする手法を解説する（表1）．

表1　本項で使用するソフトウェアツール

ソフトウェアツール	本項執筆時のバージョン
BWA	0.7.17-r1188
Samtools	1.9
Jellyfish	1.1.12
BBTools	38.43
Pilon	1.23
NanoPlot	1.27.0
Canu	1.8
wtdbg2	2.2

📁 解析準備

🔵 解析場所

　　まず，アセンブリのためホームディレクトリに解析する場所（ディレクトリ）を準備する．

```
$ cd ~
$ mkdir deNovo
$ cd deNovo
```

また，本項を始める前に本書の他の解析を実施していた場合，Homebrew と Bioconda の間でトラブルが起きるため，下記のコマンドで Bioconda を削除する．

```
$ cd■~
$ rm■-rf■ .conda ※.conda のピリオドの後には，絶対にスペースは入れないでください．誤って入れてしまうと，自分の全ファイルが消えます．
$ cd■~
$ rm■-rf■miniconda3
```

● ツールのインストール

Level 1 準備編「共通基本ツールの導入方法」の項でインストールした Homebrew (p.43) を使って，他のソフトウェアに必要な python 環境をセットアップする．

次に，他のソフトウェアに必要な python 環境をセットアップする．

```
$ brew■install■python
$ pip3■install■--upgrade■setuptools
$ pip3■install■--upgrade■pip
$ pip3■install■NanoPlot
```

brew で簡単にインストール可能で，後に用いるリードのマッピングに用いるソフトウェア bwa (http://bio-bwa.sourceforge.net)，そして，bwa の出力ファイルなどの変換を行う samtools (http://samtools.sourceforge.net) をインストールする．BWA は，Burrows Wheeler アルゴリズムによって NGS リードをマッピングするソフトウェアで，当初はショートリード用のマッピングソフトウェアとして開発されたが，現在ではロングリードにも対応している．

```
$ brew■install■bwa
$ brew■install■samtools
```

続いて，k-mer カウントをするためのソフトウェアである jellyfish (http://www.genome.umd.edu/jellyfish.html) をインストールする．jellyfish には MacOS 用バイナリが用意されている．

```
$ brew■install■wget
$ wget■https://github.com/gmarcais/Jellyfish/releases/download/v1.1.12/jellyfish-macosx ↵
chmod■755■jellyfish-macosx
```

さらに，JGI が提供する NGS データ処理用の便利ツール集である，BBTools (https://jgi.doe.gov/data-and-tools/bbtools/) をインストールする．BBTools にはショートリードの統計値を出したり，フィルタリングをしたり，マッピングをしたりなど，おおよそ通常行う処理であれば何でも用意されている万能ツール集である．本項では配列の統計を算出するために用いるが，他のツールにも有用なものが多数あるので，興味のある読者は，ぜひウェブサイトをご覧いただきたい．

```
$ curl■-L■https://sourceforge.net/projects/bbmap/files/latest/download■-o■bbtools. ↵
tar.gz
$ tar■-xzvf■bbtools.tar.gz
```

0 から始める動物ゲノムアセンブリ　275

エラーコレクション用ソフトウェアである Pilon（https://github.com/broadinstitute/pilon/releases）をダウンロードする.

```
$ wget■https://github.com/broadinstitute/pilon/releases/download/v1.23/pilon-1.23.jar
```

最後に，インストールされたソフトウェアの場所を記録しているハッシュを再構築して，ソフトウェアのパスを通す.

```
$ hash■-r
```

データの入手と前準備

データのダウンロード［NGS 配列データ（Run データ）］

本項では，Tyson らの論文のデータを用いる[1]. この論文では，MinION によってシーケンスされたロングリードによる線虫（*Caenorhabditis elegans*）ゲノムの再アセンブリを報告しており，良好な長さのナノポアシーケンスリードと，その補正に用いるショートリードデータが併せて提供されている. 線虫ゲノムは 100Mbp 程度と程よいサイズであり，練習にも適している.

本論文では，"Data access" のセクションに，"PRJEB22098（Nanopore reads）PRJEB22099（Nanopore Assemblies），PRJEB22100（Illumina reads）." とデータの ID が記載されている. NGS のデータは，INSDC（International Nucleotide Sequence Database Collaboration）という米国 NCBI，欧州 EBI，日本 DDBJ の 3 機関で共有されているため，いずれからもデータは取得できる.

今回は，Level 1 準備編「共通基本ツールの導入方法」の項でインストールした SRAtools（p.49）を用いてデータを取得する. NCBI を PRJEB22098 の ID で検索すると，Run ID は "ERR2092776" であることが分かる.

```
$ prefetch■ERR2092776
$ fastq-dump■---split-files■ERR2092776
```

同様に，Illumina のショートリード（"ERR2092781"）もダウンロードする.

prefetch でダウンロードした *sra* ファイルは，現在のディレクトリと違う場所に保存される. sra ファイルのサイズは数 GB など大きいため，*fastq-dump* の後に下記のコマンドで削除しておかないとストレージを圧迫するので，注意すること.

```
$ rm■~/ncbi/public/sra/*
```

データの確認

BBTools の stat.sh ツールを使うと，配列の統計値を出してくれる.

```
$ Downloads/bbmap/stats.sh■ERR2092776_1.fastq
```

276　実践編

```
A        C        G        T        N        IUPAC    Other    GC       GC_stdev
0.2924   0.2065   0.2091   0.2919   0.0000   0.0000   0.0000   0.4156   0.1107


Main genome scaffold total:              583466
Main genome contig total:                583466
Main genome scaffold sequence total:     8860.671 MB
Main genome contig sequence total:       8860.671 MB      0.000% gap
Main genome scaffold N/L50:              153988/21.138 KB
Main genome contig N/L50:                153988/21.138 KB
Main genome scaffold N/L90:              59966/28.302 KB
Main genome contig N/L90:                59966/28.302 KB
Max scaffold length:                     134.099 KB
Max contig length:                       134.099 KB
Number of scaffolds > 50 KB:             3939
% main genome in scaffolds > 50 KB:      2.64%
```

Minimum Scaffold Length	Number of Scaffolds	Number of Contigs	Total Scaffold Length	Total Contig Length	Scaffold Contig Coverage
All	583,466	583,466	8,860,671,330	8,860,671,330	100.00%
500	583,466	583,466	8,860,671,330	8,860,671,330	100.00%
1KB	583,395	583,395	8,860,600,401	8,860,600,401	100.00%
2.5KB	517,757	517,757	8,751,980,268	8,751,980,268	100.00%
5KB	462,061	462,061	8,548,698,919	8,548,698,919	100.00%
10KB	377,129	377,129	7,915,154,191	7,915,154,191	100.00%
25KB	94,715	94,715	3,069,529,201	3,069,529,201	100.00%
50KB	3,940	3,940	233,610,881	233,610,881	100.00%
100KB	18	18	1,999,088	1,999,088	100.00%

stats.sh は本来，ゲノムのアセンブリに関する統計値を出してくれるツールなので，用語がアセンブリ向けになっているが，最初の"Main genome scaffold total"がリードの本数，"Main genome scaffold sequence total"が総塩基長に対応している．つまり，このデータの場合，58万3466本の配列があり，総延長で 8.86Gbp 読まれている．配列の長さの分布は必ずしも正規分布ではないため，分布の中央に類する値として N50 という値がよく用いられる．これは，配列を長いものから順番に並べた時に，総延長のちょうど半分になる配列の順番，そしてその長さを意味する．

今回のデータの場合，長さの順に 153,988 番目の配列が 21kbp，というのが N50 に相当する．つまり，本データの半分は 21kbp 以上の長さの配列によって占められている．一本一本が 20kbp 以上の配列がこれだけ十分に存在すると，ロングリードの利点を活かしたアセンブリが可能である．

この時点で，以下の点について確認する．
1. 予測ゲノムサイズから考えて十分なカバレッジがあるか（この場合，約 100Mbp の配列に対して 8.86Gbp のリードがあるので，x88 のカバレッジと推定され，x50 以上あるので十分であ

ると考えられる)．
2. 塩基組成が不自然でないか［AとT，GとCの割合，それぞれの近縁種との違いを確認する．いずれかが大きくずれている場合，コンタミネーション（混入，汚染）などの疑いがある］．
3. 配列に十分な長さがあるか（少なくともN50が10kbp以上くらいあることが望ましい）．

● ゲノムサイズの推定

ゲノムサイズが未知の場合には，ショートリード配列があれば，k-merの分布からゲノムサイズを推定することができる．この計算には，GenomeScopeというウェブツールが便利だ[2]．jellyfishでkmerを算出し，ウェブサイトに結果をアップロードする．

```
$ ./jellyfish-macosx count -C -m 21 -s 1000000000 -t 4 ERR2092781_1.fastq -o reads.jf
$ ./jellyfish-macosx histo -t 4 reads.jf_0 > reads.histo
```

ここで算出したreads.histoを，GenomeScopeのウェブサイト（http://qb.cshl.edu/genomescope/）の"Click or drop .histo file here to upload"をクリックして，自分のホームディレクトリ以下deNovoフォルダ内から選択してアップロードする（図1，図2）．

k-merはリピート部分やエラー部分を除けば，その頻度はガウス分布に載る．そこで，フィッティングの結果からカバレッジを算出できる．本データからは，ゲノムサイズが95Mbpと推定されている．線虫の実際のゲノムサイズが100Mbpなので，かなり正確にゲノムサイズが推定されていることが分かる．

図1 GenomeScopeウェブサイトページ

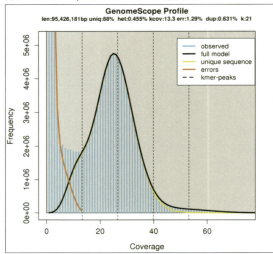

図2 GenomeScopeによるゲノムサイズ推定結果

● データの可視化

BBToolsの統計値だけではデータの雰囲気がつかみにくい場合，NanoPlot（https://academic.oup.com/bioinformatics/article/34/15/2666/4934939）[3] を使うと，簡単にデータを可視化できる．

```
$ NanoPlot -t 2 --fastq ERR2092776_1.fastq
```

`-t` はスレッド数なので，適宜自分の環境に合わせて変えるとよい．このコマンドを実行するだけで，以下 7 つのグラフが出力される．

```
HistogramReadlength.png
LogTransformed_HistogramReadlength.png
Yield_By_Length.png
LengthvsQualityScatterPlot_dot.png
Weighted_HistogramReadlength.png
LengthvsQualityScatterPlot_kde.png
Weighted_LogTransformed_HistogramReadlength.png
```

例として Histogram を見てみよう．

```
$ open HistogramReadlength.png
```

HistogramReadlength.png が，以下のように最も基本的な長さの分布を表す（図3）．BBTools の結果同様，分布のピークが 20kbp 付近に来ていて，40kbp くらいまでなだらかに分布していることが分かる．

図3　NanoPlot によるリード長分布のヒストグラム

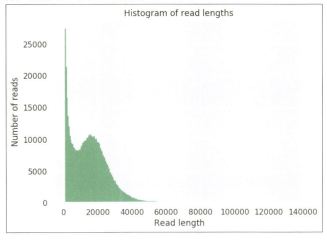

本データは Fastq のクオリティ部分が失われてしまっているため，他のグラフはあまり有効ではないが，クオリティ情報があると，例えば以下のように（`NanoPlot -t 2 --maxlength 50000 --loglength` オプションで，筆者のラボで取得したクマムシのデータで実行している），LengthvsQualityPlot をみ

ると，長さとクオリティの関係を明確に判断できる（**図4**）．この場合，500bp 以下の配列のクオリティが特に悪いことが分かるので，場合によっては，一定の長さやクオリティ以上の配列を選択することも有効である．

図4 NanoPlot によるリード長・クオリティ分布のヒートマップ

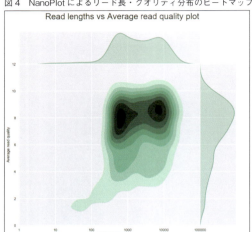

一定の長さ以上の配列を得るには，例えば以下のようにする．実行前に，input.fastq は自分のデータに置き換えること．

```
$ awk 'BEGIN{OFS="\n"} {header=$0; getline seq; getline qheader; getline qseq; if(length(seq)>=10000) {print header,seq,qheader,qseq}}' < input.fastq > filtered-10000.fastq
```

ここでは 10,000，つまり 10kbp 以上の配列を取得している．input.fastq が入力ファイルで，filtered-10000.fastq が出力ファイルである．BBTools や NanoPlot の結果を随時確認しながら，十分なカバレッジが残るようにフィルタリングを行うとよい．時に，配列が多すぎて x100 以上のカバレッジがある場合などには，積極的にこのようなフィルタリングを行い，事前にカバレッジが x50 〜 x100 に収まるように調整した方が，計算量的にも効率的である．

📁 アセンブリ

🔵 Canu によるアセンブリ

ナノポアや PacBio などのロングリードによるアセンブリでは，Canu というソフトウェアが最も良く使われており[4]，エラーコレクションからアセンブリまで行ってくれる統合パイプラインである．Canu はアップデートが頻繁なため，随時ウェブサイト (https://github.com/marbl/canu/releases) を確認して，最新のソフトウェアをダウンロードできるようにしよう．執筆時点では v.1.8 がリリースされており，MacOS X 用のバイナリも存在する．

ソフトウェアをダウンロードして解凍する．

```
$ wget■https://github.com/marbl/canu/releases/download/v1.8/canu-1.8.Darwin-amd64.↵
tar.xz
$ tar■xf■canu-1.8.Darwin-amd64.tar.xz
```

後はアセンブリを実行するだけだ.

```
$ canu-1.8/Darwin-amd64/bin/canu■-nanopore-raw■~/ERR2092776_1.fastq■-d■canu■-p■canu■↵
genomeSize=100m■maxThreads=4
```

genomeSize= オプションで，推定のゲノムサイズを与える必要があるので，適宜サイズはターゲットの生物に合わせて調整する．-d と -p は出力ファイルの名前なので，こちらも任意に変更する．いずれも canu に設定した場合，canu/canu.contigs.fasta にアセンブリ結果が出力される．

MacBook Pro（13-inch, 2017），Core i7 2,5GHz 16GB RAM で行うと約 5 週間でアセンブル終了．

```
$ bbmap/stats.sh■canu/canu.contigs.fasta
A        C        G        T        N        IUPAC    Other    GC       GC_stdev
0.3129   0.1870   0.1872   0.3128   0.0000   0.0000   0.0000   0.3743   0.1589


Main genome scaffold total:             95
Main genome contig total:               95
Main genome scaffold sequence total:    112. 244MB
Main genome contig sequence total:      112. 244MB       0.000% gap
Main genome scaffold N/L50:             10/4. 432MB
Main genome contig N/L50:               10/4. 432MB
Main genome scaffold N/L90:             28/1. 218MB
Main genome contig N/L90:               28/1. 218MB
Max scaffold length:                    8. 412 MB
Max contig length:                      8. 412MB
Number of scaffolds > 50 KB:            54
% main genome in scaffolds > 50 KB:     99.30%
```

計算に非常に時間を要したが，コンティグ数がわずか 95，N50 長が 4.4Mbp，最大コンティグ長が 8.4Mbp と非常に良好なアセンブリが得られている．

25kbp 以上のリードを抽出し，さらに canu に -fast オプションを追加して実行すると，アセンブリ精度は大分落ちるが，約 4 日で計算が完了する．

```
$ awk■'BEGIN■{OFS■=■"\n"}■{header■=■$0■;■getline■seq■;■getline■qheader■;■getline■↵
qseq■;■if■(length(seq)■>=■25000){print■header,■seq,■qheader,■qseq}}'■<■↵
ERR2092776_1.fastq■>■filtered-25000.fastq

$ ./canu-1.8/Darwin-amd64/bin/canu■-nanopore-raw■filtered-25000.fastq■-d■canu■-p■canu■↵
genomeSize=100m■maxThreads=4■-fast■hapThreads=2
```

ただし，精度は以下の通り随分悪くなる．

```
Main genome scaffold total:            246
Main genome contig total:              246
Main genome scaffold sequence total:   111. 645MB
Main genome contig sequence total:     111. 645MB      0.000% gap
Main genome scaffold N/L50:            21/1. 793MB
Main genome contig N/L50:              21/1. 793MB
Main genome scaffold N/L90:            89/202. 272KB
Main genome contig N/L90:              89/202. 272KB
Max scaffold length:                   4.81MB
Max contig length:                     4.81MB
Number of scaffolds > 50 KB:           167
% main genome in scaffolds > 50 KB:    97.56%
```

wtdbg2（Redbean）によるアセンブリ

現在ではより少ない計算リソースで，Canu と同等の精度でアセンブル可能なソフトウェアも存在する．それが wtdbg2（Redbean）である．wtdbg2（Ruan and Li, bioRxiv (2019) https://www.biorxiv.org/content/10.1101/530972v1）は，従来のショートリードでよく用いられてきた de Bruijn グラフの k-mer を，厳密ではなく揺らぎを許容させることで，超高速で高精度なロングリードアセンブリを実現させた．しかし，現状 wtdbg2 は Linux でしか動作しない．

以下は Linux での利用法を記す（MinION-based long-read sequencing and assembly extends the *Caenorhabditis elegans* reference genome）．

まず，ダウンロードしてインストールする．

```
$ git clone https://github.com/ruanjue/wtdbg2
$ cd wtdbg2 && make
```

次に，ラップトップ（デスクトップ PC）で動作可能なリード数にするために，25kbp 以上の配列のみを抽出する．元々が約×80 で，N50 が 21kbp だったため，×30〜×40 を目指すと 20〜25kbp くらいでのフィルタリングが有効だ．

```
$ awk 'BEGIN {OFS = "\n"} {header = $0; getline seq; getline qheader; getline ↵
qseq; if (length(seq) >= 25000) {print header, seq, qheader, qseq}}' < ERR2092776_1. ↵
fastq > filtered-25000.fastq

$ bbmap/stats.sh filtered-25000.fastq
A       C       G       T       N       IUPAC   Other   GC      GC_stdev
0.2872  0.2120  0.2144  0.2864  0.0000  0.0000  0.0000  0.4264  0.1192

Main genome scaffold total:            94715
Main genome contig total:              94715
```

```
Main genome scaffold sequence total:        3069. 529MB
Main genome contig sequence total:          3069. 529MB        0.000% gap
Main genome scaffold N/L50:                 39337/31. 332KB
Main genome contig N/L50:                   39337/31. 332KB
Main genome scaffold N/L90:                 59966/28. 302KB
Main genome contig N/L90:                   59966/28. 302KB
Max scaffold length:                        134. 099KB
Max contig length:                          134. 099KB
Number of scaffolds > 50 KB:                3939
% main genome in scaffolds > 50 KB:         7.61%
```

Minimum Scaffold Length	Number of Scaffolds	Number of Contigs	Total Scaffold Length	Total Contig Length	Scaffold Contig Coverage
All	94,715	94,715	3,069,529,201	3,069,529,201	100.00%
10KB	94,715	94,715	3,069,529,201	3,069,529,201	100.00%
25KB	94,715	94,715	3,069,529,201	3,069,529,201	100.00%
50KB	3,940	3,940	233,610,881	233,610,881	100.00%
100KB	18	18	1,999,088	1,999,088	

これで約×30のカバレッジになった.

続いてアセンブリを行う.

```
$ wtdbg2/wtdbg2 -t 32 -i filtered-25000.fastq -fo worm.wtdbg2
$ wtdbg2/wtpoa-cns -t 32 -i worm.wtdbg2.ctg.lay.gz -fo worm.wtdbg2.fa
```

最初のコマンドで de Bruijn グラフを作成し，二個目のコマンドでグラフから配列に出力する. 出力ファイルが，二個目に指定している worm.wtdbg2.fa である.

一個目のコマンドの標準出力の末尾 5 行は，以下の通りである.

```
[Thu Jul 11 15:12:56 2019] Estimated: TOT 113387776, CNT 204, AVG 555823, MAX 6955008,
N50 3529984, L50 12, N90 943360, L90 36, Min 5120
[Thu Jul 11 15:13:26 2019] output 204 contigs
[Thu Jul 11 15:13:26 2019] Program Done
** PROC_STAT(TOTAL) **: real 133. 165sec, user 1930. 600sec, sys 90. 480sec, maxrss
5898008. 0KB, maxvsize 10932816. 0KB
```

アセンブリがわずか 133 秒で終わっており，最終的なアセンブリの長さが 113.4Mbp，コンティグ数 204，N50 長が 3,530Mbp と，Canu の結果には劣るものの，それでも圧倒的な計算速度を考えると，きわめて良好なアセンブリであることが分かる.

0から始める動物ゲノムアセンブリ　283

BBTools でアセンブルされた配列を確認することで，より正確な情報が分かる.

```
$ bbmap/stats.sh worm.wtdbg2.fa
A        C        G        T        N        IUPAC    Other    GC       GC_stdev
0.3105   0.1898   0.1894   0.3103   0.0000   0.0000   0.0000   0.3792   0.1550


Main genome scaffold total:              346
Main genome contig total:                346
Main genome scaffold sequence total:     112.052 MB
Main genome contig sequence total:       112.052 MB       0.000% gap
Main genome scaffold N/L50:              15/2.645 MB
Main genome contig N/L50:                15/2.645 MB
Main genome scaffold N/L90:              60/279.597 KB
Main genome contig N/L90:                60/279.597 KB
Max scaffold length:                     5.672 MB
Max contig length:                       5.672 MB
Number of scaffolds > 50 KB:             119
% main genome in scaffolds > 50 KB:      97.13%
Number of scaffolds > 50 KB:             119
% main genome in scaffolds > 50 KB:      97.13%
Minimum     Number     Number     Total        Total        Scaffold
Scaffold    of         of         Scaffold     Contig       Contig
Length      Scaffolds  Contigs    Length       Length       Coverage
--------    ---------- ---------- --------     -------      --------
     All        346        346   112,052,276  112,052,276   100.00%
  2.5KB         346        346   112,052,276  112,052,276   100.00%
   5 KB         331        331   111,986,367  111,986,367   100.00%
  10 KB         233        233   111,299,873  111,299,873   100.00%
  25 KB         150        150   109,961,713  109,961,713   100.00%
  50 KB         119        119   108,831,686  108,831,686   100.00%
  100KB          96         96   107,204,950  107,204,950   100.00%
  250KB          61         61   101,253,484  101,253,484   100.00%
  500KB          44         44    95,157,727   95,157,727   100.00%
   1 MB          35         35    88,330,808   88,330,808   100.00%
  2.5MB          16         16    58,989,516   58,989,516   100.00%
   5 MB           2          2    10,822,862   10,822,862   100.00%
```

この段階では以下の検討が必要である.

1. 目的ゲノムサイズに一致しているか（大きくゲノムサイズが異なる場合，リピート配列が解決できていなかったり，ヘテロザイゴシティが高い領域が解決できていなかったり，コンタミネーションの疑いがあったり，あるいは元のリードが量的または質的に十分でない可能性がある）.

2. Contig 数が十分に少ないか，あるいは N50 長が十分に大きいか（不十分な場合，元のリードの長さが十分でない可能性が高い）.

284　実践編

配列のポリッシング

アセンブリの検証

アセンブリの質を検証する方法としては，近縁種の配列との比較，別の方法で取得した DNA 配列のマップ率，RNA-Seq のマップ率など検証方法は複数存在するが，一般的にはまず，非常によく保存されているシングルコピーオーソログ遺伝子セットのカバー率を算出することで，ベンチマークにすることが多い．このためのベンチマーク遺伝子セットとして，古くは CEGMA という 458 遺伝子を元にしたものが使われ[5]，現在ではこれを改良した BUSCO という指標が使われている[6]．

これらは，実際に対象となる遺伝子を見つけ出し，その統計値を算出するパイプラインまでパッケージ化されているが，複雑なパイプラインだけにインストールが非常に煩雑であった．しかし現在では，CEGMA や BUSCO でのベンチマーキングが簡単に行えるウェブツール gVolante が開発されている[7]．

gVolante の使用は実に簡単である．まず，https://gvolante.riken.jp/analysis.html にアクセスし，"1. Upload your file" からアセンブル結果の Fasta ファイルを選択した後に，UPLOAD FILE ボタンを押して登録し（図5），"2. Input project information" にプロジェクト名，メールアドレスを入力する．そして，Sequence type を "Genome (nucleotide)" に，"Choose on ortholog pipeline" を BUSCO v2/v3 に，"Ortholog set for CEGMA" を最も近い生物群（この場合は Nematoda）を選び，"START YOUR ANALYSIS" ボタンをクリックするだけである．

図5 gVolante ウェブサイト画面

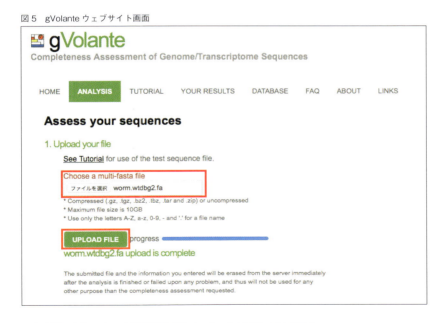

しばらく待つと，結果が登録したメールアドレスに届く．

```
gVolante version: 1.2.1

Summary of the Submitted Job:
        Job ID:     201901291137-GNP1VQSE5NG131V8
        Project name:    worm
        Fasta file:    worm.wtdbg2.fa
        Cut-off length for sequence statistics and composition:    1
        Sequence type:    genome
        Selected program:    BUSCO_v2/v3
        Selected reference gene set:    Nematoda

Completeness Assessment Results:
        Total # of core genes queried:    982
        # of core genes detected
                Complete:    453 (46.13%)
                Complete + Partial:    616 (62.73%)
        # of missing core genes:    366 (37.27%)
        Average # of orthologs per core genes:    1.01
        % of detected core genes that have more than 1 ortholog:    0.66
        Scores in BUSCO format: C:46.1%[S:45.8%,D:0.3%],F:16.6%,M:37.3%,n:982

        for details of these metrics, see
          BUSCO: assessing genome assembly and annotation completeness
        with single-copy orthologs.
          Simao FA, Waterhouse RM, Ioannidis P, Kriventseva EV, Zdobnov EM.
          Bioinformatics 31: 3210-3222, 2015.

Length Statistics and Composition:
        # of sequences:    346
        Total length (nt)    112052276
        Longest sequence (nt)    5671896
        Shortest sequence (nt)    3465
        Mean sequence length (nt)    323851
        Median sequence length (nt)    18753
N50 sequence length (nt)    2645081
        L50 sequence count:    15
        # of sequences >    1K (nt)    346 (100.0% of total number)
        # of sequences >   10K (nt)    233 (67.3% of total number)
        # of sequences > 100K (nt)    96 (27.7% of total number)
        # of sequences >    1M (nt)    35 (10.1% of total number)
        # of sequences >   10M (nt)    0 (0.0% of total number)
        Sum length of sequences > 1M (nt)    88330808 (78.8% of total length)
        Sum length of sequences > 10M (nt)    0 (0.0% of total length)
```

```
        Base composition (%) : A:31.05, T:31.03, G:18.94, C:18.98, N:0.00, Other:0.00
        GC-content (%) :     37.92
        # of sequences containing non-ACGTN (nt)    0

gVolante Citation:
        gVolante for standardizing completeness assessment of genome and transcriptome
assemblies
        Nishimura O, Hara Y, Kuraku S.
        Bioinformatics. 2017 Nov 15;33 (22) :3635-3637.
```

Complete + Partial の 62.73％が BUSCO 遺伝子の捕捉率を表している．十分な精度のアセンブリの場合，この割合が 90％を上回る必要があるので，現状のアセンブリの精度は十分ではないことが分かる．

ロングリードはその長さから，優れたアセンブリを簡便に行うことができるが，現状ショートリードよりも塩基レベルの精度は悪く，塩基読み取りエラーによるミスマッチだけではなく，数文字の挿入や欠失エラーも多数存在する．そのため，ロングリードのみによるアセンブリからの遺伝子レベルのマッチ率は，どうしてもそのままでは低くなってしまう．これが，現状で BUSCO スコアが低くなっている原因である．特に，ナノポアリードは現状システマチックエラー（エラーの入り方が完全にランダムではない）がある程度存在するため，ナノポアの配列のみを用いる限り，完全にエラーを除去することができない．

そこで，ショートリードを組み合わせることでエラーコレクションを行う．

🔵 ハイブリッドエラーコレクション

ショートリードを用いて，ロングリードベースのアセンブリーのエラーコレクションを行うことを，ハイブリッドエラーコレクションという．ハイブリッドエラーコレクションには一般的に，Pilon というソフトウェアを用いる[8]．

まず，ショートリードをアセンブリにマッピングする．

```
$ bwa index worm.wtdbg2.fa
$ bwa mem -t 4 worm.wtdbg2.fa ERR2092781_1.fastq|samtools view -@ 4 -b -o aln.bam -
$ samtools sort -T sort.tmp -o aln.sorted.bam -@ 4 aln.bam
$ samtools index aln.sorted.bam
```

続いて pilon をかける．

```
$ java -Xms14g -jar pilon-1.23.jar --genome worm.wtdbg2.fa --bam aln.sorted.bam ↵
--threads 4 --output worm.pilon
```

pilon 後に再度 gVolante で BUSCO スコアを算出すると，大幅に向上していることが確認できる．今度は Complete（遺伝子の全長が含まれているもの）が 97.25％で，Partial を含めると BUSCO 遺伝子の 98.17％を網羅しており，かなり網羅的なアセンブリとなっている．

0 から始める動物ゲノムアセンブリ　287

```
Completeness Assessment Results:
        Total # of core genes queried:     982
        # of core genes detected
                Complete:    955 (97.25%)
                Complete + Partial:    964 (98.17%)
        # of missing core genes:    18 (1.83%)
        Average # of orthologs per core genes:    1.01
        % of detected core genes that have more than 1 ortholog:    0.52
        Scores in BUSCO format: C:97.2%[S:96.7%,D:0.5%],F:0.9%,M:1.9%,n:982
```

　ただし，pilon は必ずしも 1 回では十分ではないことがある．1 〜 4 回程度，繰り返し pilon をか
けてポリッシュした配列に，さらにショートリードをマッピングし直して pilon をかけ直すことで，
BUSCO スコアがさらに改善されることがある．
　そのために，改めて pilon 後の配列にマッピングからやり直す．2 回目以降は，以下の worm.
pilon.fasta，aln.pilon1.bam，aln.pilon1.sorted.bam などの名前を，回数に応じて変更すること．

```
$ bwa■index■worm.pilon.fasta
$ bwa■mem■-t■4■worm.pilon.fasta■ERR2092781_1.fastq■|samtools■view■-@■4■-b■-o■aln. ↵
pilon1.bam■-
$ samtools■sort■-T■sort.■tmp■-o■aln.pilon1.sorted.bam■-@■4■aln.pilon1.bam
$ samtools■index■aln.pilon1.sorted.bam
$ java■-Xms14g■-jar■pilon-1.23.jar■--genome■worm.pilon.fasta■--bam■aln.pilon1.sorted. ↵
bam■--threads■4■--output■worm.pilon1
```

　この時，BUSCO スコアが低下するまで pilon を数回かけ直すことが望ましい場合がある．目的遺
伝子の配列などを個別に注意深く確認しながら，何回ポリッシングするかはよく検討すべきだ．
　例えば，今回のデータの場合は以下のようになる．

```
2 回目の pilon 後の BUSCO スコア：

Completeness Assessment Results:
        Total # of core genes queried:     982
        # of core genes detected
                Complete:    959 (97.66%)
                Complete + Partial:    968 (98.57%)
        # of missing core genes:    14 (1.43%)
        Average # of orthologs per core genes:    1.01
        % of detected core genes that have more than 1 ortholog:    0.52
        Scores in BUSCO format: C:97.6%[S:97.1%,D:0.5%],F:0.9%,M:1.5%,n:982

3 回目の pilon 後の BUSCO スコア：

Completeness Assessment Results:
```

```
Total # of core genes queried:      982
# of core genes detected
         Complete:     960 (97.76%)
         Complete + Partial:      968 (98.57%)
# of missing core genes:      14 (1.43%)
Average # of orthologs per core genes:      1.01
% of detected core genes that have more than 1 ortholog:      0.52
Scores in BUSCO format: C:97.8%[S:97.3%,D:0.5%],F:0.8%,M:1.4%,n:982
```

4回目の pilon 後の BUSCO スコア：

```
Completeness Assessment Results:
Total # of core genes queried:      982
# of core genes detected
         Complete:     959 (97.66%)
         Complete + Partial:      968 (98.57%)
# of missing core genes:      14 (1.43%)
Average # of orthologs per core genes:      1.01
% of detected core genes that have more than 1 ortholog:      0.52
Scores in BUSCO format: C:97.6%[S:97.1%,D:0.5%],F:0.9%,M:1.5%,n:982
```

　以上のように，3回目までは pilon をかけるごとに BUSCO スコアが上昇しているが，4回目では
スコアが下がってしまっている．この場合，最終的には検証用にいくつか遺伝子を設定して，それら
の配列がどう改善されたかを個別に確認していく必要はあるが，全体の統計値からいえば，3回目の
pilon をかけた配列を最終アセンブリとするのがよい．

● アセンブリの検証
　アセンブリが正しく配列をつなげているかを確認する時には，リファレンス配列との比較をドット
プロット（類似領域をプロットした図）により描画するのが便利である．

　まず，比較対象のリファレンス配列を取得する．今回使用したデータは線虫のものなので，
Wormbase（https://wormbase.org）にアクセスし，Downloads の Public FTP Site から，以下を
取得する．

```
releases/current-production-release/species/c_elegans/PRJNA13758/c_elegans.PRJNA13758.
WS268.genomic.fa.gz
```

　あるいは以下のように取得し，解凍する．

```
$ wget■ftp://ftp.wormbase.org/pub/wormbase/releases/current-production-release/↵
species/c_elegans/PRJNA13758/＊.genomic.fa.gz
$ gunzip■＊.genomic.fa.gz
```

0から始める動物ゲノムアセンブリ　289

ゲノムレベルのドットプロットを描画するには，オンラインツールの D-Genies [9]) が便利だ．ウェブサイトにアクセスし，http://dgenies.toulouse.inra.fr/ の"Run"タブからリファレンスとアセンブリの 2 つのファイルを選択し，"Submit"を押すと，計算が終わり次第，指定の E-mail に結果が届く（図6）．

図6 D-GENIES ウェブサイト画面

今回，wtdbg2 でアセンブルした配列とリファレンスの比較は，以下のようになる（図7）．リファレンスと一致する領域は右上に傾いた線として，逆鎖で一致する領域は右下に傾いた線として描画される．もしミスアセンブリが存在すると，十字に交わった線が現れる．今回のアセンブリではそのような部分がなく，リファレンスよりはさすがに断片化されてしまってはいるが，つながっている領域については大きなミスアセンブリがない，良好なアセンブリであることが確認できる．

ドットプロットを描画する際に，事前に MAUVE（http://darlinglab.org/mauve/mauve.html）などのソフトウェアを用いて，リファレンスとアセンブルした配列の順番をそろえるように並び替えてあげると，よりきれいなプロットを描くことができる．

図7 D-GENIES によるドットプロット結果

COLUMN　コンタミネーションの検証

　新規のゲノムアセンブリを行う際には，他の生物のコンタミネーションがないことを慎重に検証する必要がある．特に，実験室内で飼育している個体ではなく野外採取の個体の場合，様々な微生物や他の生物のDNAがコンタミする危険性がある．飼育個体であっても，餌由来のDNAや，皮膚や腸内に共生している微生物などのコンタミネーションの危険は常につきまとう．

　例えば，筆者が研究しているクマムシの場合，米国ノースカロライナ大学のグループが大量のコンタミネーションを含むゲノム配列をそれと気づかずに解析し，誤ってクマムシに大量の遺伝子水平伝播が存在する，と報告した事案があった[11]．筆者は，コンタミを含まない超微量DNAからのゲノムシーケンス法を開発し，実際にはこれがコンタミネーションによる結果であり，クマムシに大量の遺伝子水平伝播は存在しないことを示した[12]．

　多くの場合，コンタミネーションはリードのカバレッジやGC含量，さらには配列類似性検索によって検出することができる．通常，ある生物のゲノムは一定のGC含量内に塩基組成が留まり，シーケンスから得られるリード数も同様に，一定のカバレッジをもつはずである．また，細菌由来のDNAなどは，BLASTなどの類似性検索によって同定が可能である．このような解析を行うツールがBlobToolsである[13]．

　ある野外から採取したクマムシのシーケンスアセンブリについて，BlobToolsで解析した結果が以下である．ヒストグラムからも分かるように，ほとんどのリードはx100カバレッジ，GC 0.35〜0.55％の範囲に含まれるクマムシ由来のオレンジ色のリードだが，カバレッジが10未満程度の多くのノイズや，GC含量0.6％付近の *Actinobacteria* 由来とみられるコンタミネーションが存在している（図8）．BlobToolsの結果を参考に，一定以下のカバレッジ，あるいは一定のGC含量外のコンティグを除くことで，コンタミネーションを最小限に留めることが可能である．

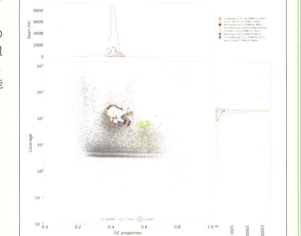

図8　コンタミネーションを大量に含むアセンブリーのBlobpot

以下は比較的きれいな，コンタミネーションの少ないクマムシのアセンブリの例である（図9）．ほぼ全体がクマムシ由来と同定されているオレンジ色のコンティグと同様の分布を示しており，微生物由来と思われるコンティグはほぼみられない．このように，アセンブリが完了した後に，その結果を精査することは有用なデータを共有する上で重要である．

仮にコンタミネーションが存在していなかったとしても，ナノポアシーケンス由来のアーティファクト配列がアセンブリに含まれてしまうケースがある．そういった場合にも，マップされたショートリードのカバレッジが極端に低い配列などは，同様の手法で同定が可能である．

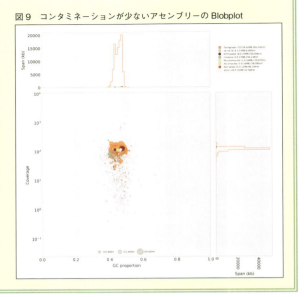

図9　コンタミネーションが少ないアセンブリのBlobplot

おわりに

本項では，主にロングリードによる動物ゲノムのアセンブリについて紹介した．ショートリードを用いたアセンブリ，あるいはショートリードを用いたエラーコレクションを伴うハイブリッドアセンブリなど，アセンブリ手法については様々な手法が編み出され，多数のソフトウェアが存在する．それらは精度や計算効率などの面で，いずれも一長一短があるため，通常は複数種類のアセンブリを並行して実施し，本項でも紹介したような検証を行うことで，より適したアセンブリを選ぶ必要がある．

ただし，大きなゲノムのアセンブリには通常，非常に多くの計算資源が必要となるので，数十～数百のコア，数百GB程度のRAMをもつ，ある程度大規模な計算リソースが不可欠となる．本項では，なるべく少ない計算資源で扱えるゲノムやソフトウェアを用いたが，実際に研究で用いる場合には十分な計算資源を確保した上で，様々な手法を組み合わせていただきたい．

ゲノム情報はアセンブルしただけでは必ずしも有益でなく，遺伝子予測やその機能アノテーションを行わなければならないが，本項ではそれらのトピックは割愛する．近年では，真核生物の遺伝子予測においても，BRAKER1[10]のように優れたソフトウェアパイプラインが存在しているが，遺伝子予測においては，なるべく多様な組織やタイミングにおけるRNA-Seqデータが発現のエビデンスとして存在している必要があるなど，それだけで一節を要するように奥深い分野である．

新規にゲノムを決定することがきわめて容易になってきた現在だからこそ，その結果をしっかりと検証して，良いクオリティのものを公共データベースで共有するという点を随時意識し，解析を進めていただければ幸いである．

動物ゲノムアセンブリ解析手順書

● 課題
ショウジョウバエゲノムのアセンブリ

● 概要
　キイロショウジョウバエ（*Drosophila melanogaster*）は遺伝学のモデル生物として長い歴史をもち，遺伝学・生理学・発生学など，様々な生物学研究において重要な役割を果たしてきた．ショウジョウバエの仲間（*Drosophila* 属）には千数百の種が存在しており，これらのゲノム情報の比較解析から，個別の遺伝子の進化についてより深い知見を得ることができる．

　本解析では，このようなショウジョウバエの仲間 15 種について，ナノポアシーケンスをしたデータを用いてゲノムアセンブリを行う．ショウジョウバエのゲノムサイズは 150 ～ 200Mb 程度で，線虫よりもやや大きい程度であるため，十分に解析可能であると思われる．

● 手順
　「0 から始める動物ゲノムアセンブリ」の解説を参考に，以下の手順でアセンブリを実施する．

1. 解析用 Mac の電源を入れる．空きディスク容量が 100GB 以上，メモリが 32GB 以上，コア数が 2 以上あることを確認する．
2. ターミナルを起動する．作業するフォルダを deNovo ではなく，新規に作り直すことを推奨する．
3. ターミナルで，アセンブリに必要な以下のソフトウェアをインストールする．
　Homebrew, python, NanoPlot, wget, BWA, Samtools, Jellyfish, BBTools, Pilon
4. データをダウンロードする．
　https://www.biorxiv.org/content/10.1101/267393v2
　論文の pg.8 "Data availability" から PRJNA ID を取得し，ナノポアデータおよび Illumina データをダウンロードする．15 種のうちどれを解析しても構わないが，比較的ゲノムサイズの小さい*D. mauritiana*（SSR7167952）がよいかもしれない．
5. リファレンス配列（Drosophila melanogaster）をダウンロードする．

```
wget■ftp://ftp.flybase.net/genomes/Drosophila_melanogaster/current/fasta/↵
dmel-all-chromosome-r6.25.fasta.gz
```

6. BBTools, NanoPlot を用いて，Fastq ファイルのクオリティをチェックする．
7. Illumina リードと GenomeScope を用いて，ゲノムサイズを推定する．
8. リードをフィルターする．10kbp 以上をとると，ギリギリ ×15 で何とか 16GB メモリでアセンブリが実行可能な量になる．ただし，アセンブリの結果はベストなものにはならない．
9. wtdbg2 あるいは canu を用いて，ゲノムをアセンブルする．
10. gVolante で BUSCO coverage を算出する．
11. BUSCO score が頭打ちになるまで pilon を繰り返しかけ，gVolante で検証する．
12. D-Genies を用いて，アセンブリとリファレンス配列を比較する．
　ただし「0 から始める動物ゲノムアセンブリ」の解説では，同じ種の線虫のアセンブリとリファレンスを用いているのできれいなドットプロットが得られているが，本解析ではアセンブル対象とリファレンスの種が異なるため，あまりきれいなドットプロットにはならないことに注意する．

（作成：荒川和晴）

参考文献

1）JR Tyson, et al: MinION-based long-read sequencing and assembly extends the *Caenorhabditis elegans* reference genome. Genome Res 28: 266-274, 2018. https://www.ncbi.nlm.nih.gov/pmc/articles/PMC5793790/

2）Vurture GW, et al: GenomeScope：fast reference-free genome profiling from short reads. Bioinformatics 33: 2202-2204, 2017. https://www.ncbi.nlm.nih.gov/pmc/articles/PMC5870704/

3）De Coster W, et al: NanoPack：visualizing and processing long-read sequencing data. Bioinformatics 34: 2666-2669, 2018.

4）Koren S, et al: Canu：scalable and accurate long-read assembly via adaptive *k*-mer weighting and repeat separation. Genome Res 27: 722-736, 2017. https://genome.cshlp.org/content/27/5/722

5）Parra G, et al: CEGMA：a pipeline to accurately annotate core genes in eukaryotic genomes. Bioinformatics 23: 1061-1067, 2007. https://academic.oup.com/bioinformatics/article/23/9/1061/272633

6）Simão FA, et al: BUSCO：assessing genome assembly and annotation completeness with single-copy orthologs. Bioinformatics 31: 3210-3212, 2015. https://academic.oup.com/bioinformatics/article/31/19/3210/211866

7）Nishimura O, et al: gVolante for standardizing completeness assessment of genome and transcriptome assemblies. Bioinformatics 33: 3635-3637, 2017. https://www.ncbi.nlm.nih.gov/pubmed/29036533

8）Walker BJ, et al: Pilon：An Integrated Tool for Comprehensive Microbial Variant Detection and Genome Assembly Improvement. PLoS One 9: e112963, 2014. https://journals.plos.org/plosone/article?id=10.1371/journal.pone.0112963

9）Cabanettes F, Klopp C: D-GENIES：dot plot large genomes in an interactive, efficient and simple way. PeerJ 6: e4958, 2018.

10）Hoff KJ, et al: BRAKER1：Unsupervised RNA-Seq-Based Genome Annotation with GeneMark-ET and AUGUSTUS. Bioinformatics 32: 767-769, 2016. https://www.ncbi.nlm.nih.gov/pubmed/26559507

11）Boothby TC, et al: Evidence for extensive horizontal gene transfer from the draft genome of a tardigrade. PNAS 112: 15976-15981, 2015.

12）Arakawa K: No evidence for extensive horizontal gene transfer from the draft genome of a tardigrade. PNAS 113: E3057, 2016.

13）Laetsch DR and Blaxter ML: BlobTools: Interrogation of genome assemblies（version 1；peer review：2 approved with reservations）. F1000Research 6: 1287, 2017. https://f1000research.com/articles/6-1287/v1

再現・検証：0 から始める動物ゲノムアセンブリ

初めてのNGSデータを手に，Let'sアセンブリ！

奥山輝大 東京大学 定量生命科学研究所 行動神経科学研究分野

使用機器 Mac mini（2018 モデル），CPU（3GHz Intel Core i5），メモリ（32GB 2,667MHz DDR4）

使用ソフトウェア ターミナル

はじめに

　当初，解析には MacBook Pro（Retina，13-inch，Late 2013 モデル），CPU（2.8GHz Intel Core i7），メモリ（16GB 1,600MHz DDR3）を使っていたのだが，演算にあまりに時間がかかりすぎ，またしばしばメモリ不足で止まってしまい，使用を断念．清水厚志先生のご厚意で Mac mini を貸して頂く．

　こちらのパソコンで本項の解析を全て行った．16GB RAM と比較して演算が驚くほど速くなり，精神的負担もかなり軽く，最後までゴールすることができた．荒川和晴先生と清水先生にこのような貴重な機会を頂けたこと，また，ゲノム解析が何も分かっていない自分の，本当に素人な質問に根気強くお付き合いくださり，手ほどきをして頂いたことに，心から感謝したい．

Nanopore データと Illumina データをダウンロード

　本項では，ショウジョウバエゲノムのアセンブリを行った．動物種は荒川先生の原稿にある通り，*D. mauritiana* で進めることにした．Miller, et al., 2018 より Run ID を取得．論文では，Nanopore データは non-virgin female からのゲノムで，Illumina データは male からのゲノムで読まれている．

Illumina data PRJNA427774

https://www.ncbi.nlm.nih.gov/sra/SRX3518264%5Baccn%5D
Run ID: SRR6425993

Nanopore reads PRJNA471302

https://www.ncbi.nlm.nih.gov/sra/SRX4085931%5Baccn%5D
Run ID: SRR7167952

BBTools，NanoPlot を用いて，Fastq ファイルのクオリティをチェック

　bbmap の stats.sh を用いて，Fastq の基本情報を確認した．

```
$ bbmap/stats.sh SRR7167952.fastq
A        C        G        T        N        IUPAC    Other    GC       GC_stdev
0.2910   0.2080   0.2080   0.2930   0.0000   0.0000   0.0000   0.4160   0.0610


Main genome scaffold total:              852775
Main genome contig total:                852775
```

Level 2：実践編 7

```
Main genome scaffold sequence total:      5155.194 MB
Main genome contig sequence total:        5155.194 MB      0.000% gap
Main genome scaffold N/L50:               163174/10.464 KB
Main genome contig N/L50:                 163174/10.464 KB
Main genome scaffold N/L90:               124921/12.076 KB
Main genome contig N/L90:                 124921/12.076 KB
Max scaffold length:                      93.106 KB
Max contig length:                        93.106 KB
Number of scaffolds > 50 KB:              70
% main genome in scaffolds > 50 KB:       0.08%


Minimum    Number     Number     Total          Total          Scaffold
Scaffold   of         of         Scaffold       Contig         Contig
Length     Scaffolds  Contigs    Length         Length         Coverage
--------   ---------  --------   -------------  -------------  --------
    All    852,775    852,775    5,155,193,679  5,155,193,679  100.00%
     50    852,775    852,775    5,155,193,679  5,155,193,679  100.00%
    100    852,774    852,774    5,155,193,585  5,155,193,585  100.00%
    250    852,551    852,551    5,155,142,607  5,155,142,607  100.00%
    500    818,961    818,961    5,141,097,078  5,141,097,078  100.00%
   1 KB    717,219    717,219    5,067,856,400  5,067,856,400  100.00%
 2.5 KB    551,434    551,434    4,787,443,041  4,787,443,041  100.00%
   5 KB    374,806    374,806    4,142,306,872  4,142,306,872  100.00%
  10 KB    175,669    175,669    2,705,625,608  2,705,625,608  100.00%
  25 KB      8,617      8,617      251,450,647    251,450,647  100.00%
  50 KB         70         70        4,218,017      4,218,017  100.00%
```

　キイロショウジョウバエのゲノムサイズが 1.65×10^8 塩基対（165MB）とのことなので，5,155MB だと x31 で足りない印象があるが，*D. mauritiana* と *D. melanogaster* のゲノムサイズ差も分からないので，気にせず解析を進めた．N50 は 163,174 番目の配列の 10.464 KB なので，配列には十分な長さがあった．

　Illumina のショートリードのデータは，ダウンロードすると SRR6425993_1.fastq と SRR6425993_2.fastq の 2 つが生成され，中身を確認すると gap などで非常に微細な差異があった．

```
$ bbmap/stats.sh␣SRR6425993_1.fastq
A       C       G       T       N       IUPAC   Other   GC      GC_stdev
0.2871  0.2160  0.2206  0.2763  0.0000  0.0000  0.0000  0.4366  0.0993
Main genome scaffold total:            28572200
Main genome contig total:              28572200
Main genome scaffold sequence total:  4314.402 MB
Main genome contig sequence total:    4314.373 MB      0.001% gap
Main genome scaffold N/L50:            28572200/151
```

```
Main genome contig N/L50:              28548779/151
Main genome scaffold N/L90:            28572200/151
Main genome contig N/L90:              28548779/151
Max scaffold length:                   151
Max contig length:                     151
Number of scaffolds > 50 KB:           0
% main genome in scaffolds > 50 KB:    0.00%

Minimum    Number       Number      Total          Total          Scaffold
Scaffold   of           of          Scaffold       Contig         Contig
Length     Scaffolds    Contigs     Length         Length         Coverage
--------   ----------   ---------   -----------    -------------  --------
    All    28,572,200   28,572,200  4,314,402,200  4,314,372,562  100.00%
    100    28,572,200   28,572,200  4,314,402,200  4,314,372,562  100.00%

$ bbmap/stats.sh SRR6425993_2.fastq
A       C       G       T       N       IUPAC    Other   GC      GC_stdev
0.2859  0.2091  0.2288  0.2762  0.0001  0.0000   0.0000  0.4379  0.1006

Main genome scaffold total:            28572200

（以下略）
```

SRR6425993_1.fastq（図1）とSRR6425993_2.fastq（図2）のそれぞれに対して，BBToolsでゲノムサイズを推定．中身もほぼ同じなので，推定されるゲノムサイズもほとんど差異はなく，約120MBであった．Nanoporeデータ（5,155MB）がx43のカバレッジで，少し不足している可能性があるが，先へ進んだ．

図1　SRR6425993_1 からのゲノムサイズ推定

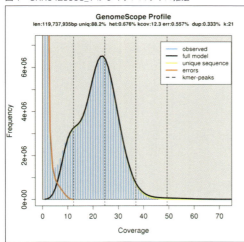

図2　SRR6425993_2 からのゲノムサイズ推定

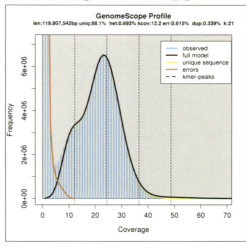

さらに，NanoPlot を使って分布のヒストグラムを見ると，線虫ゲノムのときの分布とは大きく異なり，短い配列の割合が多いことが分かる（**図3**, **4**）．加えて，Quality plot を見ても，短い配列のクオリティが高い．

図3　リード長ヒストグラム

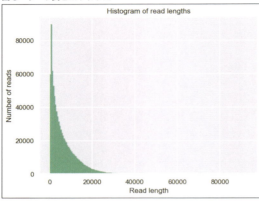

図4　リード長と Quality plot

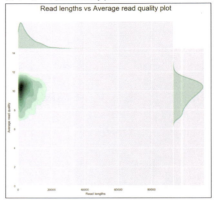

wtdbg2 によるアセンブリ

この段階で，荒川先生が原稿に書かれているように，10kbp でフィルターするかどうか悩んだのだが，少しだけ冒険をして，そのプロセスを割愛して先に進むことにした．ハイクオリティ部分を切って x15 カバレッジにするのがもったいないという気持ちと，清水先生に貸して頂いた Mac mini の 32GB メモリを信じる気持ちに，自分の中で押し切られた．

ちなみに，本編の線虫ゲノムのアセンブル課題で，自分の古くて遅い Macbook Pro を使っていた頃，canu でゲノムアセンブルを行ったのだが，「毎日毎日，まだ終わらない……まだ終わらない……」と，となりのトトロのメイちゃん状態に至った．荒川先生に相談したところ，16GB メモリの Mac では 5 週間かかるそうだ．

今回は，初めから Docker で wtdbg2 を動かす（Level 2 実践編「wtdbg2 を Docker Desktop for Mac で動かす」の項，p.302 参照）．画面に表示される 32GB を見て，今度は「読める，読めるぞぉ……」と，ムスカ大佐になりつつ先へ．

```
$ docker run -it --rm -v $(pwd):/work -w /work quay.io/inutano/wtdbg2:v2.2 wtdbg2 ↵
-g95m -t 32 -i SRR7167952.fastq -fo fly.wtdbg2.fa
-- total memory          32900176.0 kB
-- available             32460444.0 kB
-- 6 cores
-- Starting program: wtpoa-cns -t 32 -i fly.wtdbg2.ctg.lay -fo fly.wtdbg2.fa
-- pid                          1
--
 -- 2587 114809 in run_cns -- wtpoa-cns.c:314 --
** PROC_STAT(TOTAL) **: real 2375.269 sec, user 12106.660 sec, sys 1110.090 sec,
maxrss 6986120.0 kB, maxvsize 13533012.0 kB

（以下略）
```

アセンブリされた fasta ファイルの中身を確認．ゲノムサイズが 132MB と，ゲノムコンティグ数は 641，N50 も 3.9MB となっており，良好なアセンブリ結果が得られた．

```
$ bbmap/stats.sh▪fly.wtdbg2.fa
A       C       G       T       N       IUPAC   Other   GC      GC_stdev
0.2865  0.2134  0.2133  0.2869  0.0000  0.0000  0.0000  0.4266  0.0726


Main genome scaffold total:             641
Main genome contig total:               641
Main genome scaffold sequence total:    132.001 MB
Main genome contig sequence total:      132.001 MB      0.000% gap
Main genome scaffold N/L50:             10/3.879 MB
Main genome contig N/L50:               10/3.879 MB
Main genome scaffold N/L90:             58/154.592 KB
Main genome contig N/L90:               58/154.592 KB
Max scaffold length:                    11.7 MB
Max contig length:                      11.7 MB
Number of scaffolds > 50 KB:            124
% main genome in scaffolds > 50 KB:     94.58%


Minimum     Number      Number      Total       Total       Scaffold
Scaffold    of          of          Scaffold    Contig      Contig
Length      Scaffolds   Contigs     Length      Length      Coverage
--------    ----------  ----------  ----------  ----------  --------
     All    641         641         132,001,357 132,001,357 100.00%
  2.5 KB    641         641         132,001,357 132,001,357 100.00%
    5 KB    607         607         131,848,237 131,848,237 100.00%
   10 KB    384         384         130,288,203 130,288,203 100.00%
   25 KB    196         196         127,398,298 127,398,298 100.00%
   50 KB    124         124         124,843,417 124,843,417 100.00%
  100 KB    82          82          121,864,081 121,864,081 100.00%
  250 KB    52          52          117,713,008 117,713,008 100.00%
  500 KB    40          40          113,083,592 113,083,592 100.00%
    1 MB    29          29          105,063,826 105,063,826 100.00%
  2.5 MB    15          15           83,301,559  83,301,559 100.00%
    5 MB    7           7            55,940,949  55,940,949 100.00%
   10 MB    2           2            21,731,568  21,731,568 100.00%


[main] CMD: bwa mem -t 4 fly.wtdbg2.fa SRR6425993_1.fastq
[main] Real time: 1737.528 sec; CPU: 6784.995 sec
```

Level 2：実践編 7

再現・検証：0 から始める動物ゲノムアセンブリ　299

配列のポリッシング

gVolante で，Arthropoda を BUSCO v2/v3 の Ortholog set として使用．下記のメールが届いた．

```
Summary of the Submitted Job:
  Job ID:    201907181723-V66UHSWKNT6MQ32A
  Project name:    fly.wtdbg2.fa
  Fasta file:    fly.wtdbg2.fa
  Cut-off length for sequence statistics and composition:    1
  Sequence type:    genome
  Selected program:    BUSCO_v2/v3
  Selected reference gene set:    Arthropoda

Completeness Assessment Results:
  Total # of core genes queried:    1066
  # of core genes detected
        Complete:    805 (75.52%)
        Complete + Partial:    972 (91.18%)
  # of missing core genes:    94 (8.82%)
  Average # of orthologs per core genes:    1.01
  % of detected core genes that have more than 1 ortholog:    0.62
  Scores in BUSCO format:    C:75.5%[S:75.0%,D:0.5%],F:15.7%,M:8.8%,n:1066

（以下略）
```

何回か「Out of memory」の表示が出て止まっていたが，ターミナル再起動やら，他のアプリケーションを全て落とす等の手段で強行．アセンブリ直後のポリッシング前にして，Complete + Partial: 972（91.18%）という比較的高めの捕捉率．線虫ゲノムの時と比較してかなり良い．

ショートリードをマッピングしてから，pilon をかけた．およそ 1 回のハイブリッドエラーコレクションが数時間程度で終わった．エラーコレクションの回数に応じて，下記のように少しずつ BUSCO 遺伝子の捕捉率が上昇していく．

```
1回目の pilon 後の BUSCO スコア（fly.pilon）:
        Complete:              1050 (98.50%)
        Complete + Partial:    1052 (98.69%)

2回目の pilon 後の BUSCO スコア（fly.pilon1）:
        Complete:              1051 (98.59%)
        Complete + Partial:    1052 (98.69%)

3回目の pilon 後の BUSCO スコア（fly.pilon2）:
        Complete:              1053 (98.78%)
        Complete + Partial:    1053 (98.78%)
```

4回目のpilon後のBUSCOスコア（fly.pilon3）：
    Complete:　　　　　　　1053 (98.78%)
    Complete + Partial:　　1053 (98.78%)

3回目のポリッシングでBUSCO scoreが頭打ちになった．

D-Geniesを用いて，*D. melanogaster*由来のリファレンス配列との比較を行うと以下の通り．左から，fly.pilon3（図5），fly.pilon2（図6），fly.pilon1（図7）．当初からBUSCO scoreが98%を超えているので，そこまで大きな差異は見られないが，一部のコンティグを除いて，きれいにアセンブリできていることが確認できた．

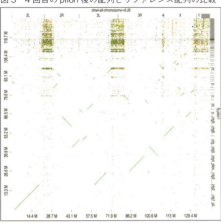

図5　4回目のpilon後の配列とリファレンス配列の比較

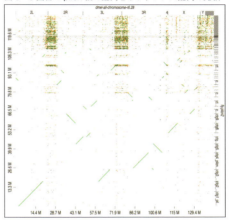

図6　3回目のpilon後の配列とリファレンス配列の比較

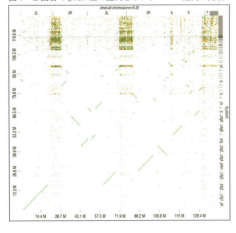

図7　2回目のpilon後の配列とリファレンス配列の比較

おわりに

最後にもう一度，不出来な生徒にいつも温かく，辛抱強く指導してくださった荒川先生と清水先生に感謝申し上げたい．

wtdbg2 を Docker Desktop for Mac で動かす

大田達郎 ライフサイエンス統合データベースセンター（DBCLS）

前提条件 Mac OS Sierra 10.12以上
実行環境 Mac mini（2018），Intel Core i7 CPU 8，700B 6 cores，64GB RAM

📁 はじめに

荒川和晴先生の「0 から始める動物ゲノムアセンブリ」（p.274）で用いられているアセンブルツールのうちの一つである wtdbg2 は，2019 年 4 月 12 日現在，64bit Linux のみをサポートしており，Mac では動作しない（https://github.com/ruanjue/wtdbg2/issues/81）．

そのため，Mac 上でこのツールを動かすためには，Mac 上で仮想的に Linux を起動する必要がある．従来は Virtual Machine（VM）を用いることが多かったが，起動に時間がかかる，VM 自体のサイズが大きいなど，気軽に使いづらい面があった．

本項では，VM に代わる仮想化の技術として普及した，コンテナ仮想化の代表的なソフトウェアである Docker を用いた方法を解説する．

原稿のうち，該当するコマンドラインは以下のものである．

```
$ wtdbg2/wtdbg2 -t 32 -i filitered-25000.fastq -fo worm.wtdbg2
$ wtdbg2/wtpoa-cns -t 32 -i worm.wtdbg2.ctg.lay.gz -fo worm.wtdbg2.fa
```

前提条件として，ここで使っている filitered-25000.fastq，ないし，これに代わるナノポアリードのデータが手元にあることを想定する．ここでは ERR2092776 の元データを利用して説明する．

```
$ ls
ERR2092776_1.fastq
```

📁 Docker のインストール

まずは，Docker を Mac で使うための準備を行う．"install docker for mac" で Google 検索をすると，"Install Docker Desktop for Mac | Docker Documentation"（https://docs.docker.com/docker-for-mac/install/）というページが出てくるのでアクセスする．ページ内に "Download from Docker Hub" のリンクがあるのでクリックすると，"Docker Desktop for Mac" のページ（https://hub.docker.com/editions/community/docker-ce-desktop-mac）に遷移する．

Docker Desktop for Mac は無料でダウンロード，利用ができるが，ダウンロードには Docker ID の登録が必要である．まずは"Please Login To Download"をクリックし，ログイン画面で"Create Account"をクリックし，ユーザ登録を完了させる．ユーザパスワードは後に必要になるので覚えておこう．

　ユーザ登録が完了したら，再度 Docker Desktop for Mac のページにアクセスし，ダウンロードを行う．ダウンロードが完了したら，ダブルクリックでインストールを開始する．インストール中に，Mac の管理者パスワードを入力する必要がある．インストールが完了すると，メニューバーにクジラのようなメニューが現れる．これをクリックすると，Docker Desktop の操作ができる（**図1**）．

図1　Docker が操作可能な状態

このように"Docker Desktop is running"と表示されたら，Docker を利用する準備が完了だ．
©Docker, Inc.

メモリと CPU の設定

　次に，Docker Desktop に割り当てるメモリと CPU の設定を行う．**図1** に示すメニューバーの"Preferences…"を選択すると，設定画面が表示されるので Advanced タブをクリックする．初期設定では，使っている Mac の性能に応じて，CPU とメモリが少なめに設定されている．今回の wtdbg2 のように，メモリを大量に消費するようなツールを動かす場合には，これらの設定を変更しよう．

　wtdbg2 の消費メモリ量は，入力データのサイズ（リード長の分布とカバレッジ）によって変化する．今回の例に用いられているデータは Oxford Nanopore のロングリードであり，かつカバレッジが高いため，メモリ割当が 16GB 以下であるとメモリが足りずに，プログラムが途中で終了してしまう．wtdbg2 に限らず，ゲノムアセンブルを行う場合には，できるだけ多くのメモリ（この場合は 32GB 以上のメモリ）を搭載した Mac を用意することが強く推奨される．

wtdbg2 を Docker Desktop for Mac で動かす　303

スライドバーを操作してメモリ量を変更し，"Apply & Restart" をクリックする．Docker Desktop が再起動し，"Docker Engine is running" と表示されたら準備完了だ（**図2**）．

図2　Docker Engine is running の表示画面

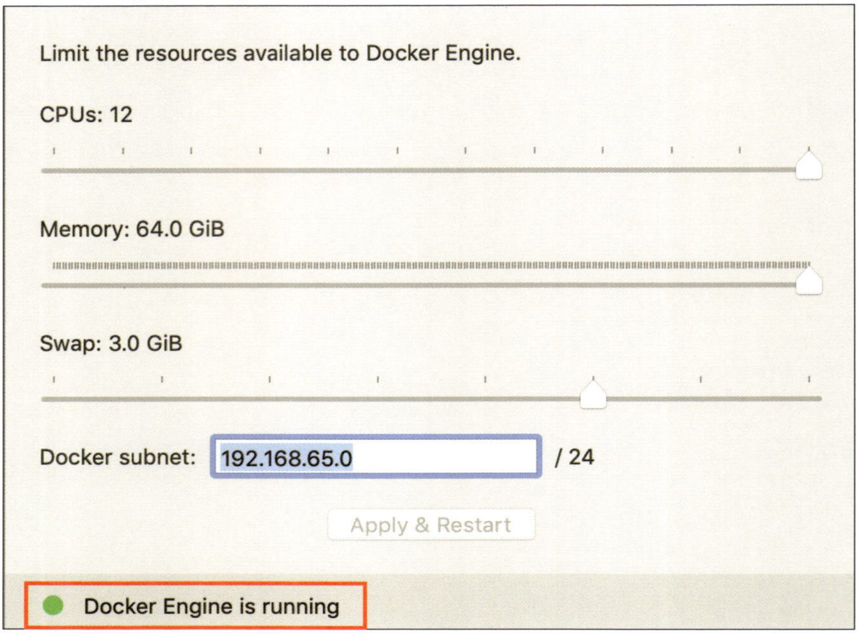

Limit the resources available to Docker Engine.

CPUs: 12

Memory: 64.0 GiB

Swap: 3.0 GiB

Docker subnet: 192.168.65.0 / 24

Apply & Restart

● Docker Engine is running

©Docker, Inc.

コンテナ仮想化とコンテナイメージ

Docker によって実行する「コンテナ仮想化」とは，簡潔にいうと「ホスト環境から隔離された場所でプロセスを実行する」技術である．ここでいう「ホスト環境」とは，今回は手元で操作している Mac であり，「プロセス」はこれから実行しようとしている wtdbg2 ツールのコマンドとなる．例えるなら，手元にある Mac の中に小さな隔離された場所を作って，その中に Linux を展開して wtdbg2 コマンドを実行する，というイメージである．

この「隔離された場所」を「コンテナ」と呼ぶ．コンテナを作成し，Linux を展開するためには，その元となる「コンテナイメージ」と呼ばれるファイルが必要となる．

まずは，Docker コンテナによるコマンド実行をテストしてみよう．ターミナルを開いて次のようにコマンドを実行してみる．

```
$ docker▪run▪--rm▪-it▪inutano/cmatrix
Unable to find image 'inutano/cmatrix:latest' locally
latest: Pulling from inutano/cmatrix
203137e8afd5: Pull complete
2ff1bbbe9310: Pull complete
933ae2486129: Pull complete
a3ed95caeb02: Pull complete
5a347bbd38d9: Pull complete
Digest: sha256:6066b8483544ddfcb41ab0d0153955374a5b6d2516d6c45c4035d47ee97299f3
Status: Downloaded newer image for inutano/cmatrix:latest
```

このようなメッセージが表示されてプログラムが実行されたら，動作確認は成功である（何が表示されるかは，実際に実行して確かめてみてほしい．実行は Ctrl + C でストップできる）．

ここで実行されているのは cmatrix というコマンドだが，このコマンドは Mac 上にはインストールされていない（which▪cmatrix で確かめてみてほしい）．コマンドの実行は，ダウンロードされたコンテナイメージを展開して生成されたコンテナ内で実行されている．つまり，実行したいコマンドを含むコンテナイメージがあれば，面倒なインストール作業をしなくても，すぐにコマンドを実行することができる．これがコンテナ仮想化の最大の利点である．

なお，Docker は一度ダウンロードしたコンテナイメージをキャッシュするので，二回目以降はダウンロードが発生せず，より高速に実行することができる（再度同じ docker▪run……のコマンドを実行してみよう）．

ここで指定した inutano/cmatrix は，Docker Hub（https://hub.docker.com/）というコンテナイメージを共有するためのウェブサイトからダウンロードされている．その他にも，様々なソフトウェアを含むコンテナイメージが Docker Hub で公開されている．

Docker Hub 以外にも様々なプロジェクトでコンテナイメージの共有が行われており，中でも BioContainers プロジェクトは，バイオインフォマティクス分野のツールを含むコンテナイメージを共有するプロジェクトであり，bioconda プロジェクトと連携してコンテナイメージの作成，共有を行っている（https://biocontainers.pro，https://doi.org/10.1093/bioinformatics/btx192）．

なお，今回は使いたい wtdbg2 のバージョン（v2.2）と一致するコンテナイメージが用意されていなかったため，BioContainers は使用していない．

📁 wtdbg2 のコマンド実行

では，いよいよ wtdbg2 のコマンドを Docker コンテナで実行する．今回は筆者が作成したコンテナ（quay.io/inutano/wtdbg2:v2.2）を利用する．

まずは，手元に fastq ファイルがあることを確認してから，docker コマンドを実行する．

```
$ ls␣ERR2092776_1.fastq
ERR2092776_1.fastq
$ docker␣run␣-it␣--rm␣-v␣$(pwd):/work␣-w␣/work␣quay.io/inutano/wtdbg2:v2.2␣wtdbg2␣↵
-g95m␣-t␣32␣-i␣ERR2092776_1.fastq␣-fo␣worm.wtdbg2
```

少しコマンドが長いが，それぞれ解説してみよう.

・docker：docker コンテナを操作するためのコマンド.

・run：docker コマンドのサブコマンド．コンテナイメージを指定し，コンテナを起動する.

・-it：interactive と tty allocation．意味が分からなければ特に気にしなくてよい．おまじないのようなもの.

・--rm：コンテナの起動が終了した後にコンテナを破棄する．破棄しないといつまでも消えないので，特別の理由がなければ消してよい.

・-v␣$(pwd):/work：pwd コマンドの実行結果，つまりカレントディレクトリをコンテナ内の /work にマウントする．このオプションを付与することで，ホスト環境とコンテナ内のファイルシステムを接続し，Mac とコンテナ内の Linux での入出力ファイルのやり取りが可能になる.

・-w␣/work：コンテナ内のどのディレクトリを作業ディレクトリとして起動するかを指定する．/work は -v オプションで指定した先であり，コンテナ内でリードのファイルが見える.

・quay.io/inutano/wtdbg2:v2.2：コンテナイメージを指定する．スラッシュとコロンで区切られており，それぞれ以下の通り.

・quay.io：レポジトリの URL（docker hub の場合は省略される）.

・inutano：レポジトリにおけるユーザ名.

・wtdbg2：コンテナイメージ名.

・v2.2：コンテナイメージのタグ名.

・wtdbg2␣-g95m␣-t␣32␣-i␣ERR2092776_1.fastq␣-fo␣worm.wtdbg2：コンテナイメージの指定以降に指定された文字列は，コンテナ内で実行するコマンドとして処理される．元の原稿のコマンドに加えて，g95m という推定ゲノムサイズが 95Mbp であることを指定している．その他は元の原稿と同じ．GitHub 公式のドキュメント（https://github.com/ruanjue/wtdbg2）には，-x ont という Oxford Nanopore 用のプリセットを指定するオプションの利用が推奨されているが，サブサンプリングを行っていない場合にメモリ使用量が増えてしまう（-S, subsampling kmers option がデフォルトの 4 から 2 に変更されることに由来する）問題があるため，ここでは指定していない.

　その他の実行時オプションについても，カバレッジが確保できている場合には結果への影響がそれほどないため，必ずしも指定する必要はない.

　実行すると，手元にファイルが生成されている（次のログは 8 コアのマシンで行った場合のものなので，少しオプションが異なる）.

```
-- total memory       65880284.0 kB
-- available          65173720.0 kB
-- 12 cores
-- Starting program: wtdbg2 -g95m -t 32 -i ERR2092776_1.fastq -fo worm.wtdbg2
-- pid                         1
-- date          Wed Jul 17 03:38:08 2019
--
```

（中略）完全な出力は https://tinyurl.com/wtdbg2-console にあります．

```
[Wed Jul 17 03:49:22 2019] output 211 contigs
[Wed Jul 17 03:49:25 2019] Program Done
** PROC_STAT(TOTAL) **: real 676.811 sec, user 3748.450 sec, sys 394.560 sec, maxrss
9263368.0 kB, maxvsize 14339852.0 kB
$ ls -l worm*
-rw-r--r--  1 inutano  staff     58057295 Jul 17 12:48 worm.wtdbg2.1.dot.gz
-rw-r--r--  1 inutano  staff    118366121 Jul 17 12:47 worm.wtdbg2.1.nodes
-rw-r--r--  1 inutano  staff     74388360 Jul 17 12:48 worm.wtdbg2.1.reads
-rw-r--r--  1 inutano  staff      3358409 Jul 17 12:48 worm.wtdbg2.2.dot.gz
-rw-r--r--  1 inutano  staff      2663266 Jul 17 12:48 worm.wtdbg2.3.dot.gz
-rw-r--r--  1 inutano  staff    242111506 Jul 17 12:46 worm.wtdbg2.alignments.gz
-rw-r--r--  1 inutano  staff          785 Jul 17 12:44 worm.wtdbg2.binkmer
-rw-r--r--  1 inutano  staff        15689 Jul 17 12:44 worm.wtdbg2.closed_bins
-rw-r--r--  1 inutano  staff      5802696 Jul 17 12:46 worm.wtdbg2.clps
-rw-r--r--  1 inutano  staff        16481 Jul 17 12:48 worm.wtdbg2.ctg.dot.gz
-rw-r--r--  1 inutano  staff   1268855529 Jul 17 12:49 worm.wtdbg2.ctg.lay.gz
-rw-r--r--  1 inutano  staff       183220 Jul 17 12:49 worm.wtdbg2.events
-rw-r--r--  1 inutano  staff        18993 Jul 17 12:48 worm.wtdbg2.frg.dot.gz
-rw-r--r--  1 inutano  staff      1640879 Jul 17 12:48 worm.wtdbg2.frg.nodes
-rw-r--r--  1 inutano  staff       650999 Jul 17 12:42 worm.wtdbg2.kmerdep
```

続いて，二つ目のコマンドを実行する．

```
$ docker run -it --rm -v $(pwd):/work -w /work quay.io/inutano/wtdbg2:v2.2 wtpoa ⏎
-cns -t 32 -i worm.wtdbg2.ctg.lay.gz -fo worm.wtdbg2.fa
```

上手くいけば，処理の経過時間や使用したメモリ量などの情報が PROC_STAT として表示された後，プロセスが完了し，fasta ファイルが出力される．

```
-- total memory       65880284.0 kB
-- available          65128228.0 kB
-- 12 cores
-- Starting program: wtpoa-cns -t 32 -i worm.wtdbg2.ctg.lay.gz -fo worm.wtdbg2.fa
-- pid                         1
-- date          Wed Jul 17 03:55:13 2019
```

wtdbg2 を Docker Desktop for Mac で動かす　307

```
--
211 contigs 97245 edges
** PROC_STAT(TOTAL) **: real 1184.292 sec, user 13563.470 sec, sys 139.660 sec, maxrss
1882488.0 kB, maxvsize 3937212.0 kB
---

$ ls -l worm.wtdbg2.fa
-rw-r--r--  1 inutano  staff  111552736 Jul 17 13:14 worm.wtdbg2.fa
```

　fasta ファイルである worm.wtdbg2.fa が出力されており，無事に Mac で wtdbg2 を実行することができた．後は荒川先生の原稿通りに進めれば，同じ結果が得られるはずである．

実践編

8 0から始める
トランスクリプトームアセンブル解析

坊農秀雅 ライフサイエンス統合データベースセンター（DBCLS）

仲里猛留 ライフサイエンス統合データベースセンター（DBCLS）

使用機器 Mac mini（Late 2012），CPU（2.6GHz Intel Core i7），メモリ（16 GB），OS（macOS High Sierra 10.13.6），Fusion Drive（1TB）

使用ソフトウェアなど Trinity v2.8.3，Java v1.8.0_201，kallisto v0.44.0，BLAST v2.7.1+，SRA Toolkit v2.9.1，Trim galore! v0.5.0，Transdecoder 5.3.0，HMMER 3.2.1

データ量 約40GB

はじめに

Level 2 実践編「0 から始める発現解析 ver2」（p.86）の項では，ヒトやマウスにおける RNA-seq データ解析を紹介した．それ以外の生物種においても，リファレンスとなるゲノム配列やトランスクリプトーム配列セットがあれば，同様にデータ解析が可能である．しかしながら，それらのリファレンス配列情報がない生物種では，同様のデータ解析手法では対応できない．

そこで本項では，リファレンス配列情報がない場合に RNA-seq によって得た転写配列（トランスクリプトーム配列）をつなぎ合わせる（アセンブルする）ことで，遺伝子配列を得るデータ解析手法に関して解説する．なお，この解析方法に関しては，その概要が『Dr. Bono の生命科学データ解析』の第 4 章にまとめられている [1] ので，興味がある読者は参照されたい．

解析準備

Trinity のインストール

Homebrew のインストールは，Level 1 準備編「共通基本ツールの導入方法」（p.43）の項を参照されたい．

Trinity のインストールに必要な gcc と cmake を，先に Homebrew を使ってインストールしておく．

```
$ brew install -v gcc@8
$ brew install -v cmake
```

Trinity は転写配列のアセンブルに使われるソフトウェアである．Java がインストールされていない場合は Trinity のインストールが途中で止まるので，以下のコマンドで Java をインストールする．

```
$ brew cask install Java
```

インストールに際して，スーパーユーザー権限が必要となるため，自分のパスワードを途中で入力する必要があることに注意する．以下のコマンドを実行して Trinity をインストールする．

```
$ brew tap brewsci/bio
```

Level 2：実践編 8

0 から始めるトランスクリプトームアセンブル解析　309

```
$ brew tap brewsci/science
$ brew install -v trinity
```

● Bioconda を使った，必要なツールのインストール

Bioconda のインストールは，Level 1 準備編「共通基本ツールの導入方法」（p.45）の項を参照されたい．kallisto，SRA Toolkit，Trim galore! の各ツールについて，Bioconda を使ってインストールする．

● BLAST のインストール

BLAST は，配列類似性検索のデファクトスタンダードとなっているソフトウェアである．上記の kallisto と同じ要領で，conda コマンドで以下のようにインストールする．

```
$ conda install blast
```

● Transdecoder のインストール

ここまで行ってきた NGS 解析は，当たり前だが「塩基配列」を扱っているため，タンパク質のモチーフを検索する際には「アミノ酸配列」にしなければならない．それを行うのが Transdecoder である．以下のコマンドで conda 上にインストールできる．

```
$ conda install transdecoder
```

● HMMER のインストール

HMMER（ハマーと読む）は，アミノ酸配列中のタンパク質ドメインの探索に用いられるツールである．以下のコマンドでインストールできる．

```
$ conda install hmmer
```

📁 データの入手と前準備

● データのダウンロード

NGS 配列データ（Run データ）は DDBJ の SRA から入手する．ここでは例として，基礎生物学研究所から登録されたナミテントウ（*Harmonia axyridis*）の RNA-seq データ（DRR092257）について，curl コマンドで取得する．

```
$ curl -O ftp://ftp.ddbj.nig.ac.jp/ddbj_database/dra/sra/ByExp/sra/DRX/DRX085/ ↵
DRX085827/DRR092257/DRR092257.sra
```

ネットワーク環境に大きく依存するが，数 GB のファイル（DRR092257.sra の場合，約 1.7GB）をダウンロードしてくるため，取得には長い時間がかかる．

310　実践編

● データフォーマットの変換とトリミング

fasterq-dump コマンドを使って，SRA 形式のファイルから FASTQ 形式のファイルを得る．

```
$ fasterq-dump■DRR092257.sra
$ gzip■*.fastq
```

手持ちの Mac mini では，約 1 分半で終了した．できたファイルを ls で確認する．

```
$ ls■-1
DRR092257.sra
DRR092257.sra_1.fastq.gz
DRR092257.sra_2.fastq.gz
```

既にあった DRR092257.sra 以外に，2 つのファイル（gzip 圧縮された FASTQ ファイル）ができている．ここで，後のファイル名を簡略化するため，ファイル名の変更を mv で行う．

```
$ mv■DRR092257.sra_1.fastq.gz■DRR092257_1.fastq.gz
$ mv■DRR092257.sra_2.fastq.gz■DRR092257_2.fastq.gz
```

そして，Trim galore! によるトリミングと QC を行う．

```
$ trim_galore■--fastqc■--trim1■--paired■DRR092257_1.fastq.gz■DRR092257_2.fastq.gz
```

手持ちの Mac mini では約 20 分と，このコマンドも時間がかかる．というのは，FASTQ ファイルを全て走査し，トリミングを行うからである．

計算終了すると，これまであった 3 つのファイル以外に色々とファイルができているが，

```
DRR092257_1_val_1.fq.gz
DRR092257_2_val_2.fq.gz
```

の 2 つがトリミング後の FASTQ ファイル（gzip 圧縮済み）で，

```
DRR092257_1.fastq.gz_trimming_report.txt
DRR092257_2.fastq.gz_trimming_report.txt
```

の 2 つのファイルがトリミングに関するレポートである．また，

```
$ open■DRR092257_1_val_1_fastqc.html
```

とするとウェブブラウザが起動し，QC の結果を見ることができる．

● Trinity 用にヘッダを改変

ただ，この SRA から得た FASTQ ファイルのままでは Trinity が受け付けないため，ヘッダを改変する必要がある．本書のソースアーカイブにアップしてある for_trinity.pl という Perl スクリプトを使うと，それができるようになっている．

0 から始めるトランスクリプトームアセンブル解析　311

スクリプトの取得方法は以下の通りである.

```
$ curl -O https://raw.githubusercontent.com/bonohu/denovoTA/master/for_trinity.pl
```

本スクリプトは，以下のようにシェルコマンドを組み合わせて，gzip 圧縮された FASTQ を展開した出力を入力とし，出力を gzip 圧縮してファイルに書き込むようにするとよい.

```
$ gzip -cd DRR092257_1_val_1.fq.gz | perl for_trinity.pl 1 | gzip -c > DRR092257_1.fq.gz
$ gzip -cd DRR092257_2_val_2.fq.gz | perl for_trinity.pl 2 | gzip -c > DRR092257_2.fq.gz
```

ちなみに，NGS から出力された生の FASTQ の場合は，このプロセスは必要ない.

■ Trinity でトランスクリプトームアセンブル解析

Trinity を使うと，転写配列をクラスタリングし，同じ配列由来と考えられるものが転写単位としてまとめられて，代表配列を得ることができる.

● Trinity の実行

以下のコマンドで Trinity を実行する.

```
$ Trinity --seqType fq --left DRR092257_1.fq.gz --right DRR092257_2.fq.gz --max_memory ↵
16G --CPU 4
```

変換した FASTQ ファイルを --left と --right オプションで，使用可能な最大メモリを --max_memory で，使用可能な最大 CPU 数を --CPU で指定する.

使用した Mac mini は，4 コアでメモリが 16GB のため，上記のような値を指定してある.

Trinity の実行には非常に長い時間がかかる．上記の設定で，手持ちの Mac mini では約 16 時間かかった．途中でエラー停止することなく，trinity_out_dir ディレクトリ中に Trinity.fasta ができていれば実行成功である.

● Trinity が実行できない場合のトラブルシューティング

途中で止まった場合はエラーメッセージを読む．その上で，中間ファイル（trinity_out_dir ごと）を消してから再実行する.

● Transcript ごとの発現量を計算

Trinity によってクラスタリングされた転写単位ごとの発現量（abundance）を推定することが，Trinity の付属プログラムで実行できる．それが align_and_estimate_abundance.pl である．Homebrew によって入れた場合，/usr/local/Cellar/trinity/2.8.3/libexec/util/ 以下に置かれている.

発現定量するにはいくつかのプログラムが利用可能であるが，今回はリファレンスゲノム配列があ

312　実践編

る生物種でも利用した，RNA-seq 発現定量プログラムである kallisto を使う方法を紹介する．

手順としては，本書のソースアーカイブにアップしてある aaea.sh というテキストファイル（中身はシェルスクリプト）を使うと，それができるようになっている．

```
$ curl -O https://raw.githubusercontent.com/bonohu/denovoTA/master/aaea.sh
$ sh aaea.sh
```

実行自体は 2 分弱ほどで，これまでの処理と比較して非常に高速である．結果は kallisto_out ディレクトリにある．その中の abundance.tsv というファイルに，見るべきデータがある．このタブ区切りテキストファイルでは，一番左のカラムが転写単位の ID であり，5 番目のカラムが TPM 値となっている．

例えば，次のようにすると，発現量の多い順に並び替えることができる．

```
$ sort -rn -k5 abundance.tsv | less
```

それぞれの転写単位がどの遺伝子をコードしていたかは，該当する塩基配列を機能アノテーションがなされた生物種のデータセットに対して BLAST 検索することで，機能推定することが可能である．

🔵 トランスクリプトームアセンブルのデータベース

以上のように，自らトランスクリプトームアセンブルをするのは非常に大変である．どこかにデータベース化されていると，再利用することで研究のコストが下がるだろう．アセンブルした結果の配列は，NCBI/EBI/DDBJ で維持している国際塩基配列データベースの TSA（transcriptome shotgun assembly, https://www.ddbj.nig.ac.jp/ddbj/tsa.html）に登録することができ，多くのアセンブル済み配列がそこから利用可能である．

自らアセンブルした結果は，ぜひここに登録するようにしていただければ幸いである．

🔵 TransDecoder でアミノ酸に翻訳して配列解析

トランスクリプトーム解析では，ある実験条件の下で遺伝子発現の高い / 低い，あるいは複数の実験条件を比較して，遺伝子発現が上がった / 下がった遺伝子リストを得ることができる．しかし，解析自体はここで終わりではなく，得られた遺伝子リストの生物学的な解釈（とその実験条件との関連）まで行って，初めて意味のある解析といえる．

本項では，生物学的な解釈の例として BLAST による既知の類似遺伝子の探索と，HMMER によるタンパク質ドメイン検索の例を紹介する．参考までに，ここで述べる内容は（他のツールも含めて），全体として Trinotate（https://trinotate.github.io/ ）のページにまとまっている．

この先，HMMER によるタンパク質ドメイン解析を行うため，塩基配列からアミノ酸配列に翻訳を行う．コマンドで TransDecoder をかける．

```
$ TransDecoder.LongOrfs -t Trinity.fasta -m 30
```

-t の後に配列ファイルを指定する．-m はアミノ酸配列長の最小値（この数字を下回ると短すぎる

0 から始めるトランスクリプトームアセンブル解析　313

として，結果に出力されない）．初期値は 100 アミノ酸．結果は「配列ファイル名 .transdecoder_dir/」内に保存される（バージョン 5.5.0 以降は，-O オプションで出力先を指定することもできる）．longest_orfs.pep ファイルができている．

🔵 HMMER によるタンパク質ドメイン検索

HMMER は，タンパク質ドメインを検索する際に用いられるツールである（本来は，この情報により遺伝子のアノテーションを行う）．

今回は，Trinity により得られた配列セットから，特定のタンパク質ドメインをもっている配列のサブセットを取得するために，`hmmsearch` というコマンドを用いる．参考までに，例えば「遺伝子発現に差のあった top 50 の transcript が，どんなタンパク質ドメインを有しているか（網羅的に）調べる」というような `hmmscan` というコマンドもある．

🔵 ドメイン情報の取得からインデックス作成まで

今回は注目するタンパク質ドメインがあるので，まずはその情報を取得し，検索に用いることができるようインデックスを貼る（作成する）作業が必要である．

まずはドメイン情報を取得する．今回は SOD（superoxide dismutase）のドメインを例にする．タンパク質ファミリーのデータベースである pfam（https://pfam.xfam.org/）にアクセスする．

サイトのトップページに KEYWORD SEARCH の項目があるので，ここからドメイン名を検索する（今回は「SOD」で検索）．すると，以下のような結果が得られる（**図1**）．

図1　ドメイン名「SOD」の検索結果

Accession ⇕	ID ⇕	Description	Pfam ⇕	Se
PF00080	Sod_Cu	Copper/zinc superoxide dismutase (SODC)	✓	
PF02777	Sod_Fe_C	Iron/manganese superoxide dismutases, C-terminal domain	✓	
PF00287	Na_K-ATPase	Sodium / potassium ATPase beta chain	✓	
PF00375	SDF	Sodium:dicarboxylate symporter family	✓	
PF00474	SSF	Sodium:solute symporter family	✓	

（https://pfam.xfam.org/search/keyword?query=SOD より一部転載）

Accession 番号をクリックして詳細を確認する．今回は Sod_Cu を用いることとして，PF00080 をクリックする．すると，選んだタンパク質ファミリーの情報がまとめられたページが表示される．この中で左側のメニューから Curation & model を選び，表示内容の一番下にある Download からドメイン情報のファイルをダウンロードする（**図2**）．

314　実践編

図2 PF00080の詳細情報

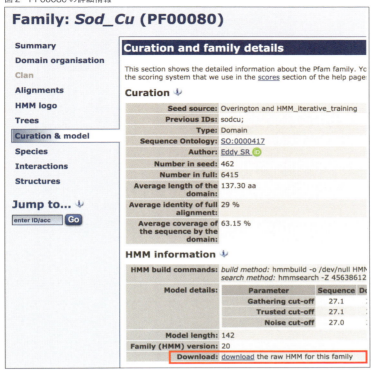

● HMMERによるタンパク質ドメインをもつ配列サブセットの取得

対象となるアミノ酸配列セット（この場合，Trinityの結果）に対して，HMMERによりSOD_Cuドメインを有するものを探索するには，以下のようなコマンドを実行する．

```
$ hmmsearch --cpu 12 --domtblout longest_orfs.SOD_Cu.out SOD_Cu.hmm longest_orfs.pep > 
longest_orfs.SOD_Cu.log
```

- `--domtblout`：出力ファイル名（ドメインごとの表形式で出力する）．
- `SOD_Cu.hmm`：インデックス名（ディレクトリ名から記述可能）．
- `longest_orfs.pep`：検索対象．

実行結果は以下の通りである．

```
$ less longest_orfs.SOD_Cu.out
#
# target name            accession  tlen query name  accession  ql
#     -----------------  ---------  ---- ----------- ---------  --
TRINITY_DN19683_c0_g1_i1.p1  -          154  Sod_Cu      PF00080.20  1
TRINITY_DN106_c0_g1_i1.p1    -          171  Sod_Cu      PF00080.20  1
```

0から始めるトランスクリプトームアセンブル解析　315

```
TRINITY_DN106_c0_g1_i4.p1      -              191 Sod_Cu        PF00080.20    1
TRINITY_DN106_c0_g1_i2.p1      -              232 Sod_Cu        PF00080.20    1
TRINITY_DN289_c0_g1_i3.p1      -             1133 Sod_Cu        PF00080.20    1
…（一部省略）
TRINITY_DN289_c0_g1_i1.p1      -             1133 Sod_Cu        PF00080.20    1
TRINITY_DN4859_c0_g1_i1.p1     -              187 Sod_Cu        PF00080.20    1
#
# Program:         hmmsearch
# Version:         3.2.1 (June 2018)
# Pipeline mode:   SEARCH
# Query file:      /Users/ngs_user/bio/data/hmmer/Sod_Cu.hmm
# Target file:     ../00_rslt_trinity/Trinity.fasta.transdecoder_dir/longest_orf
# Option settings: hmmsearch --domtblout Trinity.SOD_Cu.out --cpu 4 /Users/naka
$ hmmsearch■--cpu■12■--domtblout■longest_orfs.SOD_Cu.out■SOD_Cu.hmm
# Current dir:     /Users/ngs_user/bio/work/ngsbon2/12_hmmer
# Date:            Thu Feb 14 15:59:47 2019
# [ok]
```

　ここから，SOD_Cu ドメインをもつ transcript の ID（例：TRINITY_DN19683_c0_g1_i1.p1）
だけを抽出するには，以下のワンライナーを実行する（ここでは翻訳された transcript だが）．

```
$ perl■-F"\s+"■-lane'print■$F[0]■if■$_■!~■/^\#/'■longest_orfs.SOD_Cu.out■|■sort■|■ ⏎
uniq■>■longest_orfs.SOD_Cu.ids
$ cat■longest_orfs.SOD_Cu.ids
TRINITY_DN19683_c0_g1_i1.p1
TRINITY_DN106_c0_g1_i1.p1
TRINITY_DN106_c0_g1_i4.p1
TRINITY_DN106_c0_g1_i2.p1
TRINITY_DN289_c0_g1_i3.p1
（以下略）
```

・if■$_■!~■/^\#/：もしも各行の先頭が # で始まらないならば，

・-F"\s+"：空白で各行を区切ったもののうち，

・print■$F[0]：（0 からカウントして）0 番目を出力せよ．

● BLAST による配列サブセットの取得

　BLAST は，公共データベースからアノテーションされた（きちんと名前がつけられた）遺伝子・
タンパク質の配列セットをとってきて，自分のもっている配列がどれに近いかの類似度検索を行う有
名なツールである．今回はそれに加えて配列 ID セットを与えることで，Trinity の結果の全配列セッ
トから，指定した（この場合，SOD_Cu ドメインをもつ）配列のサブセットの FASTA ファイルを
得る方法も紹介する．

316　実践編

Trinityの結果からSOD_Cuドメインをもつ配列のサブセットを得るために，まずはTrinityの結果をBLAST用のデータベース形式に変換する．

```
$ makeblastdb -in longest_orfs.pep -out trinity_rslt -dbtype prot -hash_index ↵
-parse_seqids
```

・`-in`：BLASTをかける対象となる配列セット（FASTA形式）のファイル名．
・`-out`：BLASTをかける際の対象データベース名．
・`-dbtype`：塩基配列の場合はnucl，アミノ酸配列の場合はprot．
・`-hash_index`：高速化のためにindexをつける．
・`-parse_seqids`：これをつけると配列名で検索できるようになる．

　続いて，HMMERの項で作成した，SOD_Cuドメインをもつtranscript IDのリストを用いて配列のサブセットを作成する．

```
$ blastdbcmd -db trinity_rslt -entry_batch longest_orfs.SOD_Cu.ids > longest_orfs. ↵
SOD_Cu.pep
```

（参考までに，-entry ID名で，個々のIDの配列を出力させることもできる）

● BLASTによる既知遺伝子との配列類似性検索

　前項の「Trinityの結果のうち，SOD_Cuドメインをもつtranscriptの配列セット」を入力として公共データベース中の遺伝子と比較し，遺伝子名を付与する．

　まずは，公共データベースの情報をBLAST用のデータベースに変換する．BLASTのデータベースというと，すぐにNCBIのnr（non-redundant）を思い浮かべるが，これよりUniProtの方が遺伝子名の記述が分かりやすい．

　UniProtには，reviewedなSwiss-ProtとunreviewedなTrEMBLがある．Trinityでつなぐような非モデル生物だとTrEMBLも欲しいところだが，そのままダウンロードするとファイルサイズが大きく，BLASTのデータベースに変換すると，さらにディスク容量を消費する．UniProtのウェブページにアクセスすると，生物種で絞り込むことができるので，その後に配列データをダウンロードすると余計な容量を消費しなくて済むだろう（**図3**）．

図3　UniProtでの生物種（昆虫）の絞り込み結果

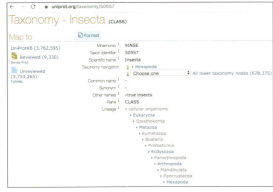

今回は昆虫の範囲で絞り込み，データをダウンロードした．
（トップページ ＞ UniProtKB ＞ 左カラムの View by より生物種を検索 ＞ 結果画面から左カラムの
UniProtKB ＞ 表上部の Download）
　ダウンロードしたデータを BLAST のデータベースに変換する．

```
$ gzip -cd uniprot-taxonomy_50557.fasta.gz > uniprot_insect.fasta
$ makeblastdb -in uniprot_insect.fasta -out uniprot_insect -dbtype prot -hash_index ↵
    -parse_seqids
```

　先ほど作成した「SOD_Cu ドメインをもつ配列セット」を入力として，BLAST 検索を行う．

```
$ blastp -query longest_orfs.SOD_Cu.pep -db uniprot_insect -num_threads 4 -max_ ↵
target_seqs 1 -outfmt 6 > blast.result.tab
```

- -num_threads：スレッド数．計算に用いる CPU 数とほぼ同義．
- -max_target_seqs：ヒットしたうちのいくつまで出力するか．
　（※参考：これを 1 にするとトップヒットをとることと思われていたが，最近そうではないという
　論文が出た）
- -outfmt 6：タブ区切りによる出力．

　実行結果は以下のようになる．

```
TRINITY_DN106_c0_g1_i1.p1  A0A0T6BIA9  55.758  165  70  3  168  9  172  3.99e-60  189
TRINITY_DN106_c0_g1_i2.p1  A0A0T6BIA9  52.121  165  73  5  47  207  9  171  3.71e-51
169
TRINITY_DN106_c0_g1_i4.p1  A0A0T6BIA9  52.121  165  73  5  166  9  171  2.45e-51  167
TRINITY_DN19683_c0_g1_i1.p1  A0A2Z4G643  100.000  153  0  0  153  1  153  1.13e-106
305
TRINITY_DN289_c0_g1_i1.p1  U4UCT9  69.991  1123  327  8  16  1133  26  1143  0.0  1716
```

　この後，この結果と発現値のデータと突き合わせたりして，結果の考察を行う．ここではヒットし
たタンパク質の UniProt ID（ここでは A0A0T6BIA9 や U4UCT9）しか記載がないので，件数が多
い場合は，BLAST のデータベースに変換する前の FASTA ファイルから遺伝子名をとってきて，結
果の表に追加してもよい．また，doMosaics でドメイン構造の可視化や系統樹の作成などを行って
もよい[2]．

おわりに

　本項では，リファレンスゲノム配列なしで RNA-seq によって得た転写配列をつなぎ合わせて，得た
塩基配列セットをタンパク質配列に翻訳し，その中に興味のあるタンパク質ドメインを含む配列がな
いかを探すデータ解析手法について紹介した．
　筆者自身も，今でこそパソコンで解析を行う身であるが，学生時代はウナギを使って海水適応に関

する遺伝子の探索を行っていた．当時は，mRNA を電気泳動して差をみる Differential Display 法くらいしか方法がなかったが，マイクロアレイの時代を経て，NGS 時代になってこのようなゲノムのない，いわゆる非モデル生物でも網羅的，かつ高解像度に関連遺伝子を探索できるような時代になったといえる．

NGS を使った研究が論文になる時は SRA（sequence read archive）にデータを登録することが，雑誌によっては投稿規定に明記されている．逆にいえば，SRA には他の研究者が登録したデータが多数あるため，自身の興味のある生物を全てシーケンスしなくても，既に登録のあった近縁種のデータに自身のデータを追加・比較しながらの解析も可能である．その際は，使ったデータの ID を論文に記載して，リスペクトを送ることをお忘れなく．

参考文献

1）坊農秀雅：Dr. Bono の生命科学データ解析．メディカル・サイエンス・インターナショナル，2017.
2）坊農秀雅，小野浩雅（監）：生命科学データベース・ウェブツール．メディカル・サイエンス・インターナショナル，2018.

トランスクリプトームアセンブル解析手順書

●課題
ナミテントウのトランスクリプトームアセンブル解析

●概要
　2019 年現在，一万種以上の生物のゲノム配列が決定されている．そのため，ゲノム配列から予測された遺伝子コード配列を用いる「発現データ解析手法」が主流となっている．しかしながら，種の多様性の高い昆虫においてはゲノム配列決定がなされていないが，RNA-seq 解析によって，転写配列だけは利用可能な状況も多い．
　そこで，転写配列だけからのトランスクリプトームアセンブル解析が重要である．

●目的
　公開されたナミテントウの RNA-seq データから，トランスクリプトームアセンブル解析を行う．

●手順
　「0 から始めるトランスクリプトームアセンブル解析」の解説を参考に，以下の手順で遺伝子発現解析を実施する

1. ターミナルを起動する．
2. トランスクリプトームアセンブル解析に必要なソフトウェアをインストールする．
    a. Homebrew → Trinity
    b. Bioconda　→ kallisto，BLAST，SRA Toolkit，Trim galore!，Transdecoder，HMMER
3. データを取得する（SRA RUN ID: DRR092248）．
4. データのフォーマット変換とトリミングを行う．
5. Trinity 実行用にヘッダの改変を行う．
6. Trinity を実行する．
7. 各 transcript の発現量を計算する．
8. 発現量の高い順に転写単位を並び替えたリストを作成する．
9. TransDecoder を実行して Trinity で得られた塩基配列から，タンパク質配列コード領域を予測し，アミノ酸配列に翻訳した配列データを取得する．
10. Pfam から Sod_Fe_C ドメインの HMM プロファイルを取得し，得たアミノ酸配列データに対して hmmsearch を実行する．
11. blastdbcmd を使って，ヒットのあった配列を抜き出し，ファイルに保存する．
12. 作成したファイルを query 配列として，UniProt を DB として BLAST 検索する．

（作成：坊農秀雅，仲里猛留）

再現・検証：0から始めるトランスクリプトームアセンブル解析

解析攻略のコツは，"errorメッセージをよく読む"

新堰 舜 東京農工大学 大学院農学府 農学専攻 1 年

| 使用機器 | MacBook Pro（13-inch，2017，Two Thunderbolt 3 ports），メモリ 16 GB

| 使用ソフトウェア | Trinity v2.8.3，Java v1.8.0_201，kallisto v0.44.0，BLAST v2.7.1+，SRA Toolkit v2.9.1，Trim galore! v0.5.0，Transdecoder 5.3.0，HMMER 3.2.1

| データ量 | 約 40 GB

早速，解析の結果をこれからレポートする．

手順 1. ターミナルを起動する（図1）

図1　ターミナル

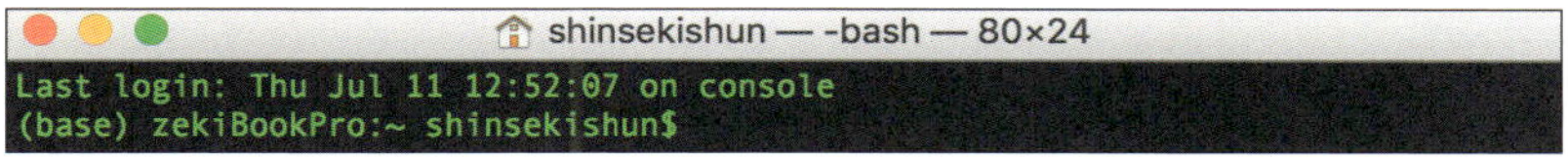

```
●  ●  ●                🏠 shinsekishun — -bash — 80×24
Last login: Thu Jul 11 12:52:07 on console
(base) zekiBookPro:~ shinsekishun$
```

手順 2. トランスクリプトームアセンブル解析に必要なソフトウェアをインストールする

a. Homebrew → Trinity

b. Bioconda　→ kallisto，BLAST，SRA，Toolkit，Trim galore!，Transdecoder，HMMER

　上記にあるソフトウェアを以下のコマンドでダウンロードしたが，学部時代に RNA-seq 解析をした際にダウンロードしていたものが多くあった．しかし，どのソフトウェアがどういう機能があるかや，何のために必要なのかを把握せず，インストールしてしまった．

　ここで，brew と conda を使うので，機能を調べてみた．

・brew：Mac に対応していないパッケージをインストールするためのソフト．パッケージのややこしい依存関係を自動的に解決する．

・conda：バイオインフォマテオイクス用のインストールマネージャー．

```
$ /usr/bin/ruby -e "$(curl -fsSL https://raw.githubusercontent.com/Homebrew/install/↵
master/install)"

$ brew install -v gcc@8  ←どの目的でインストールしたのか w　4/11 に 5 分程度で完了
$ brew install -v cmake  ←既にインストール済み
$ brew tap brewsci/bio
$ brew tap brewsci/science
$ brew install -v trinity warning が表示されたので，一応再インストールした！
$ brew cask install Java 既にインストール済み
```

Level 2：実践篇 8

```
$ curl■-O■https://repo.anaconda.com/miniconda/Miniconda3-latest-MacOSX-x86_64.sh
$ sh■Miniconda3-latest-MacOSX-x86_64.sh

$ conda■config■--add■channels■defaults
$ conda■config■--add■channels■conda-forge
$ conda■config■--add■channels■bioconda
$ conda■install■kallisto

$ conda■install■blast  既にインストール済み
$ conda■install■sra-tools  既にインストール済み
$ conda■install■trim-galore  既にインストール済み
$ conda■install■transdecoder  既にインストール済み
$ conda■install■hmmer  既にインストール済み
$ brew■install■-v■gcc@8  ←どの目的でインストールしていたのかw  4/11に5分程度で完了
$ brew■install■-v■cmake ← 既にインストール済み
$ brew■tap■brewsci/bio
$ brew■tap■brewsci/science
$ brew■install■-v■trinity■warning が表示されたので，一応再インストールした！
$ brew■cask■install■Java  既にインストール済み

$ conda■config■--add■channels■defaults
$ conda■config■--add■channels■conda-forge
$ conda■config■--add■channels■bioconda  既にインストール済み
$ conda■install■kallisto  ちょっと時間かかりそう！  おそらくネットワーク不良で一回 error が起きた
→ wi-fi 環境でやる重要性→既にインストール済み

$ conda■install■blast  既にインストール済み

$ conda■install■sra-tools  既にインストール済み
$ conda■install■trim-galore  既にインストール済み
$ conda■install■transdecoder  既にインストール済み
$ conda■install■hmmer  既にインストール済み
```

手順 3. データを取得する（SRA RUN ID: DRR092248）

対象のデータを，以下のコマンドラインを使って DDBJ（国立遺伝学研究所）よりダウンロードした．

```
$ curl■-O■ftp://ftp.ddbj.nig.ac.jp/ddbj_database/dra/sra/ByExp/sra/DRX/DRX085/ ↵
DRX085827/DRR092248//DRR092248.sra
```

手順 4. データのフォーマット変換とトリミングを行う

手順 3 で取得したデータを，fasterq-dump．SRA 形式のファイルから FASTQ 形式のファイルを得た．

```
$ fasterq-dump■DRR092248.sra
spots read      : 7,413,819
reads read      : 14,827,638
reads written   : 14,827,638

$ gzip■*.fastq
$ ls
DRR092248.sra    DRR092248.sra_1.fastq.gz DRR092248.sra_2.fastq.gz
```

既にあった DRR092248.sra 以外に 2 つのファイル(gzip 圧縮された FASTQ ファイル)ができている. そして, ファイル名の変更を mv で行った.

```
$ mv■DRR092248.sra_1.fastq.gz■DRR092248_1.fastq.gz
$ mv■DRR092248.sra_2.fastq.gz■DRR092248_2.fastq.gz
```

さらに, Trim galore! によるトリミングと QC を行った. 全シーケンス数は 7413819 であり, 20bp より短いシーケンス 362487 (4.89%) をトリミングし, 取り除いた.

```
$ trim_galore■--fastqc■--trim1■--paired■DRR092248_1.fastq.gz■DRR092248_2.fastq.gz

Total number of sequences analysed: 7413819

Number of sequence pairs removed because at least one read was shorter than the length
cutoff (20 bp): 362487 (4.89%)
```

手順 5. Trinity 実行用にヘッダの改変を行う

この SRA から得た FASTQ ファイルのままでは Trinity が受け付けないため, データ様式を改変する必要があり, 本書のソースアーカイブにアップしてある for_trinity.pl という Perl スクリプトを使った.

```
$ curl■-O■https://raw.githubusercontent.com/bonohu/denovoTA/master/for_trinity.pl
```

本スクリプトは, 以下のようにシェルコマンドを組み合わせて, gzip 圧縮された FASTQ を展開した出力を入力とし, 出力を gzip 圧縮してファイルに書き込むようにするとよい.

```
$ gzip■-cd■DRR092248_1_val_1.fq.gz■|■perl■for_trinity.pl■1■|■gzip■-c■>■DRR092248_1.↵
fq.gz
$ gzip■-cd■DRR092248_2_val_2.fq.gz■|■perl■for_trinity.pl■2■|■gzip■-c■>■DRR092248_2.↵
fq.gz
```

手順 6. Trinity を実行する

　以下のコマンドで Trinity を実行する．私の Mac はメモリ 16GB，CPU が 4 であったので，以下のコマンドラインで実行した．

```
$ Trinity --seqType fq --left DRR092248_1.fq.gz --right DRR092248_2.fq.gz --max_
memory 16G --CPU 4

（中略）

Errmsg:
Traceback (most recent call last):
  File "/usr/local/Cellar/trinity/2.8.3/libexec/Analysis/SuperTranscripts/Trinity_
gene_splice_modeler.py", line 11, in <module>
    import numpy
ModuleNotFoundError: No module named 'numpy'

--->

Trinity run failed. Must investigate error above.
warning, cmd:
/usr/local/Cellar/trinity/2.8.3/libexec/util/support_scripts/../../Trinity--single
"/Volumes/ShinzekiHD/bounou_task/trinity_out_dir/read_partitions/Fb_0/CBin_96/c9696.
trinity.reads.fa" --output "/Volumes/ShinzekiHD/bounou_task/trinity_out_dir/read_
partitions/Fb_0/CBin_96/c9696.trinity.reads.fa.out" --CPU 1 --max_memory 1G --run_as_
paired --seqType fa --trinity_complete --full_cleanup   failed with ret: 65280, going
to retry.
Error, cannot locate file:
/Volumes/ShinzekiHD/bounou_task/trinity_out_dir/read_partitions/Fb_0/CBin_149/c14925.
trinity.reads.fa at
/usr/local/Cellar/trinity/2.8.3/libexec/util/support_scripts/../../Trinity line 2653.
```

とエラーメッセージが出た．

　最初，「--CPU 1 --max_memory 1G --run_as_paired --seqType fa --trinity_complete --full_cleanup　failed with ret: 65280, going to retry.」の部分からメモリ不足かな？？　と推測して，メモリを 8GB などへ変更し，同様の操作をしたところ同じメッセージが出た．

　一回一回やり直す度に，ググって解決法を探し，原因の仮説を立てて実行した．また，10 時間ぐらい Mac を HDD を USB ポートでつないでいる関係で，放置しないといけなかったため，エラーが出る度に大分落ち込んだ．

　同様の操作を 3 回行った後に，仲里猛留先生に直接ご教授いただき，「ModuleNotFoundError: No module named 'numpy'」のメッセージから，numpy というパッケージがインストールされていなかったため，失敗していたことが分かった．

　よって，以下のコマンドで numpy インストールした．

```
$ pip■install■numpy
```

ようやくエラーが解消されたので，もう一度，以下のコマンドを実行した．

```
$ Trinity■--seqType■fq■--left■DRR092248_1.fq.gz■--right■DRR092248_2.fq.gz■--max_ ↵
memory■16G■--CPU■4

（中略）

All commands completed successfully. :-)

** Harvesting all assembled transcripts into a single multi-fasta file...

Tuesday, May 7, 2019: 09:16:13    CMD: find
/Volumes/ShinzekiHD/publishment_task/trinity_out_dir/read_partitions/ -name '*inity.
fasta'  | /usr/local/Cellar/trinity/2.8.3/libexec/util/support_scripts/partitioned_
trinity_aggregator.pl --token_prefix TRINITY_DN --output_prefix
/Volumes/ShinzekiHD/publishment_task/trinity_out_dir/Trinity.tmp
-relocating Trinity.tmp.fasta to
/Volumes/ShinzekiHD/publishment_task/trinity_out_dir/Trinity.fasta
Tuesday, May 7, 2019: 09:19:43    CMD: mv Trinity.tmp.fasta
/Volumes/ShinzekiHD/publishment_task/trinity_out_dir/Trinity.fasta
```

すると，「All commands completed successfully. :--」とあり，成功した！　今回は16時間程かかり，trinityが改めて膨大な計算をしていると実感した．

手順7. transcriptごとの発現量を計算する

aaea.sh を以下のコマンドでダウンロードした．

```
$ curl■-O■https://raw.githubusercontent.com/bonohu/denovoTA/master/aaea.sh

transcript=trinity_out_dir/Trinity.fasta
left=DRR092248_1.fq.gz
right=DRR092248_2.fq.gz
```

aaea.sh を下のように扱うファイルに合わせて設定した．ここでは，

```
transcript=trinity_out_dir/Trinity.fasta
left=DRR092248_1.fq.gz
right=DRR092248_2.fq.gz
```

を扱うので，ディレクトリ選択を誤らないよう心がけた．

```
#!/bin/sh
# shell script to run align_and_estimate_abundance.pl in Trinity
# Hidemasa Bono <bonohu@gmail.com>
#
# number of thread to use
threads=4
# location of Trinity output FASTA
transcript=trinity_out_dir/Trinity.fasta
# original FASTQ files for the assembly
left=DRR092248_1.fq.gz
right=DRR092248_2.fq.gz

# parameters to run above
time /usr/local/Cellar/trinity/2.8.3/libexec/util/align_and_estimate_abundance.pl \
--thread_count $threads \
--transcripts $transcript \
--seqType fq \
--left  $left \
--right $right \
--est_method kallisto \
--kallisto_add_opts "-t $threads" \
--prep_reference --output_dir kallisto_out
```

次に，上で設定したシェルを実行した．

```
$ sh■aaea.sh
```

手順 8. 発現量の高い順に転写単位を並び替えたリストを作成する

sort という行を並び替えるコマンドによって，発現の高い順に転写単位を並び替えたリストを作成する．

```
$ sort■-rn■-k5■abundance.tsv■|■less
```

作成結果が 図2 になる．

図2 発現量の高い順にリストを並び替える

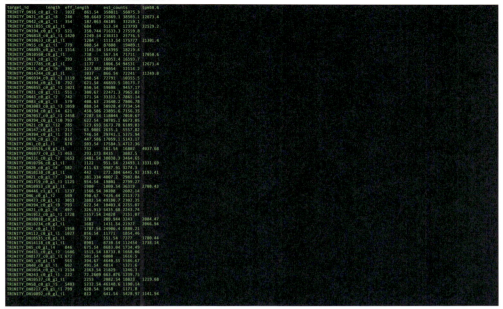

手順9. TransDecoder を実行して Trinity で得られた塩基配列から，タンパク質配列コード領域を予測し，アミノ酸配列に翻訳した配列データを取得する

```
$ TransDecoder.LongOrfs -t Trinity.fasta -m 30
```

手順10. Pfam から Sod_Fe_C ドメインの HMM プロファイルを取得し，得たアミノ酸配列データに対して hmmsearch を実行する

SOD_Fe_C ドメインを，pfam から取得した．

```
$ curl -O https://pfam.xfam.org/family/PF02777/hmm
```

手順8. で取得したアミノ酸配列データから，SOD_Fe_C ドメインを持つものを得るために，以下のコマンドラインを実行した．

```
$ hmmsearch --cpu 12 --domtblout longest_orfs.SOD_Fe.out SOD_Fe.hmm longest_orfs.pep > longest_orfs.SOD_Fe.log
```

実行結果が以下であり，6つヒットした（図3）．

図3 SOD_Fe_C ドメインをもつ配列

```
Query:        Sod_Fe_C  [M=102]
Accession:    PF02777.18
Description:  Iron/manganese superoxide dismutases, C-terminal domain
Scores for complete sequences (score includes all domains):
    --- full sequence ---   --- best 1 domain ---    -#dom-
     E-value  score  bias    E-value  score  bias    exp  N  Sequence          Description
     -------  -----  ----    -------  -----  ----    ---- --  --------          -----------
     2.6e-38  133.7   0.7    4.9e-38  132.8   0.7    1.4   1  XM_013326334.1.p1 type:complete len:226 gc:universal XM_0133
     3.5e-38  133.3   0.7    6.7e-38  132.4   0.7    1.4   1  XM_013326216.1.p1 type:complete len:226 gc:universal XM_0133
     5.7e-35  123.0   0.2    1e-34   122.2   0.2    1.4   1  XM_013315224.1.p3 type:complete len:217 gc:universal XM_0133
     5.4e-34  119.8   0.5    9.1e-34  119.1   0.1    1.5   2  XM_013315224.1.p2 type:complete len:218 gc:universal XM_0133
     1.3e-26   96.1   1.9    2.5e-26   95.2   0.5    1.9   2  XM_013326227.1.p1 type:complete len:226 gc:universal XM_0133
```

手順 11. 作成したファイルを query 配列として，UniProt を DB として BLAST 検索する

次に，UniProtKB から昆虫種の遺伝子のアノテーションデータを取得した．データサイズがかなり大きく，ダウンロードに 2 時間ほど要した．

```
$ curl-O▪ftp://ftp.uniprot.org/pub/databases/uniprot/current_release/ ↩
knowledgebase/complete/uniprot_trembl.fasta.gz
```

blastdbcmd を使って，ヒットのあった配列を抜き出し，以下のコマンドラインでファイルに保存する．

```
$ blastdbcmd▪-db▪trinity_rslt▪-entry_batch▪longest_orfs.SOD_Fe.ids▪>▪longest_orfs. ↩
SOD_Fe.pep
BLAST Database error: No alias or index file found for nucleotide database [trinity_
rslt] in search path
[/Volumes/ShinzekiHD/publishment_task/trinity_out_dir/Trinity.fasta.transdecoder_
dir::]

$ perl▪-F"\s+"▪-lane▪'print▪$F[0]▪if▪$_!~▪/^\#/'▪longest_orfs.SOD_Fe.out▪|▪sort▪ ↩
|▪uniq▪>▪longest_orfs.SOD_Fe.ids
(base) zekiBookPro:Trinity.fasta.transdecoder_dir shinsekishun$ cat longest_orfs.SOD_
Fe.ids
TRINITY_DN19213_c0_g1_i1.p1

$ makeblastdb▪-in▪longest_orfs.pep▪-out▪trinity_rslt▪-dbtype▪prot▪-hash_index▪ ↩
-parse_seqids
Building a new DB, current time: 05/07/2019 12:39:39
New DB name:
/Volumes/ShinzekiHD/publishment_task/trinity_out_dir/Trinity.fasta.transdecoder_dir/
trinity_rslt
New DB title:  longest_orfs.pep
Sequence type: Protein
Keep MBits: T
Maximum file size: 1000000000B
Adding sequences from FASTA; added 131324 sequences in 4.15412 seconds.
```

最後に，検索対象 `longest_orfs.SOD_Fe.pep` データベース `uniprot_insect` を選択し，BLAST した．blast は，かなり時間がかかりそうであったため，授業等の合間に行った．また，local blast は検索対象やデータベースのデータ容量によって，1～2日かかることもあると聞いたので，夜にコマンドを実行し，朝に実行確認した．

```
$ blastp -query longest_orfs.SOD_Fe.pep -db uniprot_insect -num_threads 4 -max_
  target_seqs 1 -outfmt 6 > blast.result.tab
```

今回は検索対象が1シーケンスであったため，4時間程度で終わったと思われる．結果は以下の通りであった．

```
$ cat blast.result.tab
TRINITY_DN19213_c0_g1_i1.p1      A0A075W8N1      69.484   213     64      1       1
212     1       213     9.75e-110       322
```

ここで得られた UNIPROT ID：A0A075W8N1 を UniProt にて検索すると，以下の結果が得られた（**図4**）．

図4　ID A0A075W8N1 の Uniprot の検索結果

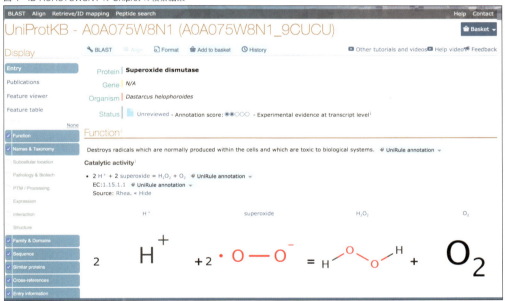

再現・検証を終えて

　私は修士論文の中で，非モデル生物であるナミアゲハの研究でリファレンスデータを用い，salmon を使って RNA-seq 解析をしたことがあります．しかし今回は，アセンブリから行うということで，一から教えていただきました．

　解析を行う上で意識した点は，==error メッセージをよく読むこと==でした．初心者である以上，解析にあたって error が起きてしまうことは仕方ないことであり，親切なことに error メッセージは，「なぜ，このコマンドラインは正常に動作しないか」が事細かに書いてあるため，分かりやすいからです．今回の解析で多かった error は，コマンドラインが示すディレクトリを選択していない，必要なソフトウェアがインストールされていない，また，

メモリが足りないなどでした.

　本書を読めば,デフォルトのコマンドラインを打つことができるので,「いかに自分が必要とするデータに合わせて,本書のコマンドラインを変更すればよいか」さえ考えれば,バイオインフォマティクス初心者でも容易にデータを取得することができると感じました.

　全行程を通じて,坊農秀雅さん,仲里猛留さんには,お忙しい中,メールでのやり取りや直接ご指導いただき大変感謝しております.この経験を今後の大学院での勉強に活かしていこうと思っています.最後に,このような貴重な経験をさせていただき,誠にありがとうございます.この場をお借りして心より感謝申し上げます.

CWL（Common Workflow Language）があれば，DRY解析はもう怖くない

実践編

付録

大田達郎（GitHub: inutano）ライフサイエンス統合データベースセンター（DBCLS）

石井 学（GitHub: manabuishii）理化学研究所 生命機能科学研究センター バイオインフォマティクス研究開発チーム

末竹裕貴（GitHub: suecharo）東京大学大学院 情報理工学系研究科 創造情報学専攻

丹生智也（GitHub: tom-tan）国立情報学研究所 クラウド基盤研究開発センター

山田航暉（GitHub: ykohki）大阪大学 免疫学フロンティア研究センター 実験免疫学

安水良明（GitHub: yyoshiaki）大手前病院／大阪大学 免疫学フロンティア研究センター 実験免疫学

使用機器 macOS Mojave（10.14.5），Mac mini（3.2GHz），Intel Core i7（6 Cores），メモリ64GB
※テストに使用したもののスペック，各ワークフローで必要なマシンスペックについてはGitHubを参照のこと

Project GitHub repo https://github.com/pitagora-network/DAT2-CWL

Level 2：実践編付録

はじめに

　読者の皆様，教習（解析）お疲れ様でした．初めてDRY解析をやってみたという方，いかがだったでしょうか．難しかったと感じた方も，意外と簡単だったという方も，ここからが本番です．

　実際に自分のデータを解析する時は，書いてある通りにコマンドを打つだけでは望み通りの結果は得られません．このツールで本当にいいのか？　このパラメータで大丈夫か？　思った通りの結果にならないのはデータが悪いのか，パラメータが悪いのか？　など，色々なことを考えたり，調べたり，結果を評価したりと，試行錯誤の連続です．

　DRY解析はWETの実験と同じくらい忍耐が必要で，思った通りにいかず辛くなることもあります．ですが，自分のデータから面白い結果を引き出せた時には，喜びもひとしおです．

DRY解析は大変

　さて，いい結果が出ました．図が描けて，論文の原稿も書けたとしましょう．あなたはボスや同僚に原稿を見せて，意見をもらうでしょう．ポジティブな意見がもらえたら，早速雑誌に投稿するとしましょう．論文投稿システムに数時間おきにアクセスしては，レビュアーがアサインされたかどうかチェックする日々を経て，無事に"under review"のサインが点いて，いつ頃帰ってくるかな，次の報告に間に合うかな，と考えながら次の実験を始めようとしている時のことです．

　あなたが投稿した論文に，次のようなレビューが返ってきました．「この解析，パラメータのここを変更してみたらどう？」，あるいは「このツールのバージョンは古いから，最新のこれを使ってやり直すといいよ」．さあ，もう一度この本を開いて……開きますか！？

　これがもし，解析を終えた直後に，隣にいた同僚がくれたアドバイスだったとしたら，「そうか，じゃあもう一度やってみよう」と思えるかもしれません．あるいは翌日のことだったら，「昨日のことだ

し思い出せるだろうか……」と不安になりながらも，デスクに座る気力が湧くかもしれません．

　一週間後，あなたは次の実験をセットアップしていて，今さらまた Mac のターミナルを開く気にはなれません．一カ月後，ツールの名前を聞いても何の話か思い出すのに 5 分かかります．半年経って，やっと返ってきたレビューコメントにそんなことが書いてあったら……怒りと悲しみのあまりラボを飛び出して，中庭のベンチで頭を抱えた後，同僚を飲みに誘って，「これだけ長いことレビューを待たせておいて，たった 1 行のメッセージで人にもう一度同じ仕事をさせようなんて，どうかしてるぜ！」と愚痴るでしょうか．

　WET の実験と同じように DRY 解析においても，随分前に終わったと思って忘れてしまった手順を，再び実行しなければいけない状況に陥ってしまうことがあります．WET の実験であれば実験ノートをつけているでしょうが，DRY 解析でも実験ノートをつけなくてはいけないのでしょうか？

　コマンドを実行する度に，全てのパラメータを全部ノートに手書きで残さなければいけないのでしょうか？　それを見ながら，またターミナルに同じコマンドを打ち込むのでしょうか？　本当にそんなことをしなくてはいけないのでしょうか．

📂 もっと簡単にできないの？

　一つずつコマンドにパラメータをセットして実行し，その出力を次のツールに渡して……とやるのは，単純に手間が多いので大変です．例えば，Level 2 実践編「0 から始めるメタゲノム解析」(p.203)で紹介されている meta16S Seq ワークフローには，全部で 23 個のコマンドがあり，合計で 80 個のパラメータを設定する必要があります．一連の手順を一度実行するだけで，未来永劫二度と実行しないのならいいですが，そういうわけにもいかないのは前述の通りです．

　そこで本項で紹介するのが，このような手順をコマンド一つで完結させる方法です．

⬤ Docker Desktop for Mac，cwltool のインストール

　前準備として，まず Mac に Docker Desktop for Mac をインストールする必要があります．インストールの方法と，Docker の詳細については Level 2 実践編「wtdbg2 を Docker Desktop for Mac で実行する」(p.302) を参照してください．

　次に，cwltool というツールをインストールします．以下のように，bioconda でインストールすることができます．最新版を入れてもよいですが，以下のコマンドでは本項を執筆している 2019 年 7 月時点で安定している 2018 年 2 月のバージョンを指定しています．

```
$ conda install -c bioconda cwltool=v1.0.20180225105849
```

　注意点として，購入済みの Mac では，初期状態でインストールされている Python のバージョンが 2.7 などの“2 系”である可能性があります．Python 2.7 は長く使われていましたが，2020 年に開発が終了し，メンテナンスがされなくなることがアナウンスされています．Bioconda のセットアップをする際には，必ず 3 系（Python 3.7 など）を導入するようにしてください．令和の時代に 2 系の Python を新規に導入するなど，あってはならないことです．Homebrew が入っていれば，

python3 は下記のコマンドで簡単にインストールできます．python3 が導入された環境で cwltool をインストールすれば OK です．

```
$ brew install python3
```

　新しい時代に古いソフトウェアを使うなといっておきながら，すぐに 2018 年 2 月のバージョンをインストールするのもおかしな話ですが，ここに conda の問題点があります．conda や bioconda を使えば，簡単にツールがインストールできるので便利ですが，それは親切な誰かが conda に新しいツールをインストールするためのメンテナンスをしてくれているからです．親切な人々が cwltool のバージョンをアップデートするように現在働きかけていますので，そのうちに新しいバージョンのものがインストールできるようになるはずです．

　conda に頼らずインストールする場合は，Linux なら apt-get，Mac なら pip コマンドなどを使う方法があります（https://github.com/common-workflow-language/cwltool#install）．

　ではいよいよ，meta16S Seq ワークフローをコマンド一つで実行してみましょう．ターミナルに以下のコマンドを入力して，実行してみてください（打つのが面倒だと思いますので，以下の URL にアクセスしてコピペしてください）．

　https://tinyurl.com/dat2_cwl_example

```
$ cwltool https://raw.githubusercontent.com/pitagora-network/DAT2-cwl/develop/ ↵
workflow/meta16s-seq/meta16s-seq.demo.cwl
```

　実行すると，何やら色々なメッセージが出てきますが，よく見てみると，原稿で書かれていたコマンドが順に実行されている様子が分かります．完了したら，ls コマンドで出力を見てみましょう……原稿を見ながらコマンドを一つずつ打った時と同じ結果が得られているはずです！

　感動しませんか？　感動しますよね！　さらにすごいことには，パラメータをちょっと変更して再実行することも，コマンド一発でできるのです．やった！　ボスのムチャ振りがなんだ，意地悪なレビューコメントがなんだ！　もう何も恐くない！

このコマンドは何？

　先のコマンドが意味するのは，cwltool というコマンドに，ワークフロー言語の一つである CWL（Common Workflow Language）記述された原稿通りの手順（.cwl）を与えて実行せよ，という命令です．

　CWL で記述されたものは，何度繰り返し実行しても同じ処理が実行されます．つまり，原稿の手順を一度 CWL で記述してしまえば，反復して実行が可能になります．パラメータを変更して再実行することも簡単です．何度でも，何カ月後でもです．

　我々，「DRY 解析教本 CWL 化特命チーム」の GitHub repo（https://github.com/pitagora-network/DAT2-CWL）には，本書で紹介されたワークフローを全て CWL 化して公開しており，コマンド一発で実行できるようにしています．ぜひレポジトリの URL にアクセスして，README を

読みながら試してみてください.

　生命科学分野のデータ解析に限らず，Unix コマンドを複数組み合わせて行われる一連の処理は，繰り返しを簡単にするために，手順をまとめた"スクリプト"を作成することが一般的です．WET 実験で実験の手順を工夫したり，キットを使って簡略化したりすると，実験結果の再現性が向上するのと同じです．ヒューマンエラーを取り除く唯一の方法は，人間が作業する回数を減らして自動化することです．DRY 解析でいうと，「人間がキーボードをタイプする回数をいかに減らすか」を突き詰める作業になります.

　しかし，スクリプトには欠点もあります．大抵のスクリプト言語（Shell，Perl，Ruby，Python，Javascript など）で解析処理のコマンドや，ファイルやディレクトリの作成や移動，リネームなどの処理を記述するのは，一度覚えてしまえば書くこと自体はそれほど難しくありません.
　しかし処理が複雑になってくると，スクリプトの記述も複雑になり，ファイルを一瞥しただけではどんな処理が実行されるのか分からない（「コードの見通しが悪い」といいます）という欠点があります．プログラミングの腕の立つ人であれば，美しく読みやすく管理のしやすいスクリプトを書けるかもしれませんが，それも時間がかかりますし，内部で使用するコマンドのインストールや，バージョンの管理までカバーしようとすると，余計に手間が増えてしまいます.

　そこで，「入力データを受け取る」，「コマンドによって処理を行う」，「結果を出力する」をまとめた一つの単位である「ステップ」を複数個接続した一連の手順を，「ワークフロー」（パイプラインともいいます）として記述することに特化した，ソフトウェアやプログラミング言語が開発されています．その数はとても多く，CWL プロジェクトが収集しているワークフローシステムのリストに掲載されている数は，2019 年 7 月時点で 249 もあります（https://github.com/common-workflow-language/common-workflow-language/wiki/Existing-Workflow-systems）.
　表1 は，2019 年時点でゲノム解析分野における主要なワークフローシステムと，その特徴をまとめたものです.

表1　バイオインフォマティクス分野で用いられている主なワークフロー管理のためのソフトウェア・言語の比較（2019 年 7 月現在）

名前	GUI の有無	ワークフロー図の描画	反復 / 条件分岐	ソースコードレポジトリ
Galaxy	有	実行前	不可	https://github.com/galaxyproject/galaxy
nextflow	無，開発中[*1]	実行後	可	https://github.com/nextflow-io/nextflow
CWL	有[*2]	実行前[*3]	不可[*4]	https://github.com/common-workflow-language/common-workflow-language
WDL	無	実行前[*5]	可	https://github.com/openwdl/wdl

＊1　nextflow 開発チームとは別のグループによって開発されている（https://github.com/UMMS-Biocore/dolphinnext）.
＊2　Seven Bridges によって開発されている Rabix Composer（https://github.com/rabix/composer）.
＊3　CWL Viewer（https://view.commonwl.org/）.
＊4　次期バージョンでオプションとして採用することが検討されている.
＊5　Pipeline Builder（https://github.com/epam/pipeline-builder）.

CWL で書いてみよう

CWL では，「ソフトウェア（コマンドラインツール）」と「ワークフロー」の内容を YAML もしくは JSON の形式で記述し，.cwl という拡張子でファイルに保存します．この CWL ファイルと，必要に応じて記述した実行時パラメータのファイル（job config．略してジョブファイルともいいます）を，CWL の実行をサポートしたワークフロー実行エンジン（workflow runner，以下 runner）に与えて実行すると，ワークフローが実行されます．

例を見てみましょう．コンソールに，Hello World という文字列を出力するだけのツールを CWL で記述してみます．この処理は，以下のコマンドをターミナルで実行するのと同じです．

```
$ echo "Hello World"
Hello World
```

ここでは，"echo" というコマンドに "Hello World" という引数を与えて実行しています．この処理を CWL 記述すると，以下のようになります．

```
cwlVersion: v1.0
class: CommandLineTool
baseCommand: echo
inputs:
  message:
    type: string
    inputBinding:
      position: 0
outputs:
  hello_output:
    type: stdout
stdout: hello-out.txt
```

この内容をファイルに書き込み，hello.cwl という名前で保存します．この hello.cwl を，先ほどインストールした CWL runner の標準実装である cwltool に与えて，オプションとともに実行すると，上の CWL に示されている "hello-out.txt" という名前のファイルが生成され，その中に結果が出力されます．

```
$ cwltool helloworld.cwl --message "Hello World"
/usr/local/bin/cwltool 1.0.20180225105849
Resolved 'helloworld.cwl' to 'file:///home/vagrant/hajimete/helloworld.cwl'
[job helloworld.cwl] /tmp/tmpPNAUDo$ echo \
    'Hello World' > /tmp/tmpPNAUDo/hello-out.txt
[job helloworld.cwl] completed success
{
    "hello_output": {
```

CWL（Common Workflow Language）があれば，DRY 解析はもう怖くない　335

```
        "checksum": "sha1$648a6a6ffffdaa0badb23b8baf90b6168dd16b3a",
        "basename": "hello-out.txt",
        "location": "file:///home/vagrant/hajimete/hello-out.txt",
        "path": "/home/vagrant/hajimete/hello-out.txt",
        "class": "File",
        "size": 12
    }
}
Final process status is success
$ cat■hello-out.txt
Hello World
```

　CWL の文法の詳細については割愛しますが，CWL に記述する内容は，ターミナルで実行する
コマンドラインの内容と基本的に同一です．すなわち，実行するコマンドラインを，CWL の文法
に従って細かく分割して，注釈をつけながら記述することになっています．何が実行コマンドで
（baseCommand），何が引数で（inputs），引数の型は文字列か，数値か，ファイルあるいはディ
レクトリか（type），引数はどのようにコマンドに渡されて（inputBinding），どのように出力され
るか（outputs），標準出力をどのように扱うか（stdout）のように，指定されたキーワードを使っ
てコマンドラインのそれぞれの部分に意味づけをしていきます．

　これを見て分かるように，CWL は language と呼ばれていますが，一般に想像されるプログラミ
ング言語のようなものよりは，むしろ HTML や XML のようなマークアップ言語に近いものだといえ
るでしょう．

　コマンドラインツールを CWL で記述したら，次はワークフローです．CWL におけるワークフロー
は，inputs と outputs をもつコマンドラインツールを「ステップ」として扱い，あるステップの
output が，別のステップの input として利用されること，つまり入出力の依存関係を記述すること
でワークフローの構造を記述します．

　以下は，与えられたテキストファイルに対して grep コマンド（global regular expression
print. キーワードやパターンにマッチする行を抜き出して，出力するコマンド）を実行し，その結
果に対して wc コマンド（word count. 単語数，行数，バイト数をカウントするコマンド）を実行
する，シンプルな 2 ステップのワークフローです．

```
cwlVersion: v1.0
class: Workflow
inputs:
  grep_pattern:
    type: string
  target_file:
    type: File
outputs:
  counts:
    type: File
```

```
    outputSource: wc/counts
steps:
  grep:
    run: grep.cwl
    in:
      pattern: grep_pattern
      file_to_search: target_file
    out: [results]
  wc:
    run: wc.cwl
    in:
      file: grep/results
    out: [counts]
```

　前述のツール定義と同じく，inputs と outputs というキーワードで入力と出力が定義されています．Workflow における inputs では，途中のツールの出力に関係なく，最初から与えられるパラメータを指定します．また outputs では，ワークフローに含まれる全てのツールの出力のうち，どれを最終的な出力として回収するかを指定します（途中のツール実行によって出力されても，ワークフローの output として指定されなかったものは破棄されます）．

　ワークフローのステップは，steps というキーワードの下に書かれます．ここでは grep，wc とそれぞれ名前をつけられたステップにおいて，run というキーワードで実行すべきツール定義の CWL ファイルを指定し，そのステップにおける inputs（in）と outputs（out）を指定します．

　このように，ステップを実行する順番を指定するのではなく，入出力の依存関係を記述し，それが矛盾なく実行されることを期待するのが CWL のワークフローです．そのため CWL では，「何を実行するか」を記述することにフォーカスしており，「どう実行するか」は runner 任せです．

　例えば，GridEngine や Slurm のような分散環境で実行したいとか，クラウド環境でツール実行をしたいとか，そういった「どう実行するか」を実現するためには，その希望に沿った runner を探して利用することになります．幸い，CWL をサポートした runner の実装は既に 7 種類存在し，それ以外にも様々な runner の開発が進行中です．

📁 ワークフローをもっと極めるには

　CWL は万能にみえますが，そうでもありません．いくつかある欠点のうちの一つが，フォーマットが YAML 形式であり，プログラミング言語のようには書けないことです．「どう書くと，どう動くのか」が分からないうちは，CWL ファイルを見てもよく分からないという弱点もあります．さらに，書けるようになっても，「この処理は CWL ではどう書けばいいんだろうか」という壁にぶつかることもあります．そんな時には，2 つの選択肢があります．すなわち，自分で調べる，あるいは人に聞くです．

　インターネットで調べる際に最もよい資料は，Common Workflow Language （https://www.

Level 2：実践編付録

CWL（Common Workflow Language）があれば，DRY 解析はもう怖くない　337

commonwl.org）にある公式のユーザガイドとドキュメントです．特にユーザガイドはシンプルで，CWL の文法を覚えるのに最適です．しかし英語ですし，ドキュメントには必ずしも全ての機能が分かりやすく書かれているわけではありません．

　もし分からなければ，人に聞きましょう．日本国内の CWL コミッタとユーザが集まる会として，Pitagora Meetup（https://pitagora-network.org/events/）と Workflow Meetup（https://github.com/manabuishii/workflow-meetup）という 2 つのコミュニティがあります．どちらも毎月開催されており，Pitagora Meetup は主に東京都内で，Workflow Meetup は東京と大阪を遠隔で接続して開催しています．どちらもメンバーが集まる Slack があるので，興味のある人はぜひ参加してみてください（Slack への参加コード発行サイト．https://obf-jp-slackin.herokuapp.com/）．

　また，#CommonWL というハッシュタグをつけて Twitter に質問を投稿すると，どのような言語であろうと自動翻訳を使って駆けつけてくれる，頼もしいコアメンバーたちが助けてくれるかもしれません（https://twitter.com/search?q=%23CommonWL）．

Level 3
(応用編)

[難易度]
- ★ ：Rのみで作図可能
- ★★ ：主にRまたはPythonで作図可能だが，それ以外のツールも必要
- ★★★：R以外のツールの合わせ技が必要

応用編 1 (p.340) ★
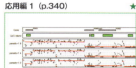
（図のライセンス：CC-BY 4.0, T Yokoyama, F Miura, H Aoki, 2015. Published by Springer Nature. https://dx.doi.org/10.1186/s12864-015-1809-5）

応用編 2 (p.342) ★
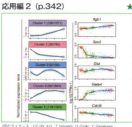
（図のライセンス：CC-BY 4.0, T Hayashi, H Ozaki, Y Sasagawa, et al. 2018. Published by Springer Nature. https://doi.org/10.1038/s41467-018-02866-0）

応用編 3 (p.345) ★
応用編 (p.345) ★
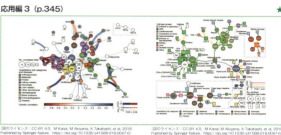
（図のライセンス：CC-BY 4.0, M Kanai, M Akiyama, A Takahashi, et al. 2018. Published by Springer Nature. https://doi.org/10.1038/s41588-018-0047-6）　（図のライセンス：CC-BY 4.0, M Kanai, M Akiyama, A Takahashi, et al. 2018. Published by Springer Nature. https://doi.org/10.1038/s41588-018-0047-6）

応用編 4 (p.348) ★
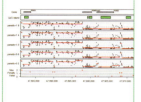
（図のライセンス：CC-BY 4.0, M Kanai, M Akiyama, A Takahashi, et al. 2018. Published by Springer Nature. https://doi.org/10.1038/s41588-018-0047-6）

応用編 5 (p.351) ★★
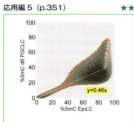
（図のライセンス：CC-BY 4.0, K Shirane, K Kurimoto, Y Yabuta, et al. 2016. Published by Elsevier Inc. https://doi.org/10.1016/j.devcel.2016.08.008）

応用編 6 (p.353) ★★
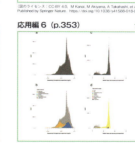
（図のライセンス：CC-BY 4.0, T Hachiya, S Komaki, Y Hasegawa, et al. 2017. Published by Oxford University Press. https://doi.org/10.1093/gigascience/gix029）

応用編 7 (p.355) ★★
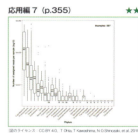
（図のライセンス：CC-BY 4.0, T Ohta, T Kawashima, N Shinozaki, et al. 2018. Published by Springer Japan. https://doi.org/10.1007/s10265-018-1017-x）

応用編 8 (p.357) ★★
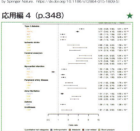
（図のライセンス：CC-BY 4.0, T Ohta, T Kawashima, N Shinozaki, et al. 2018. Published by Springer Japan. https://doi.org/10.1007/s10265-018-1017-x）

応用編 9 (p.359) ★★
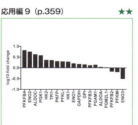
（図のライセンス：CC-BY 4.0, C Sumi, A Okamoto, H Tanaka, et al. 2018. Published by Springer Nature. https://doi.org/10.1038/s41598-018-27220-8）

応用編 10 (p.362) ★★★
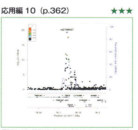
（図のライセンス：CC-BY 4.0, T Hachiya, S Komaki, Y Hasegawa, et al. 2017. Published by Elsevier Inc. https://doi.org/10.1016/j.celrep.2017.08.086）

応用編 11 (p.364) ★★★
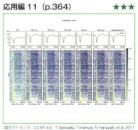
（図のライセンス：CC-BY 4.0, T Sanosaka, T Imamura, N Hamazaki, et al. 2017. Published by Elsevier Inc. https://doi.org/10.1016/j.celrep.2017.08.086）

応用編 12 (p.366) ★★★
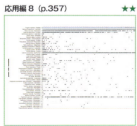
（図のライセンス：CC-BY 4.0, M Kanai, M Akiyama, A Takahashi, et al. 2018. Published by Springer Nature. https://doi.org/10.1038/s41588-018-0047-6）

応用編 13 (p.369) ★★★
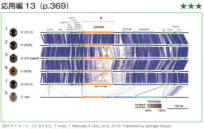
（図のライセンス：CC-BY 4.0, T Ando, T Matsuda, K Goto, et al. 2018. Published by Springer Nature. https://doi.org/10.1038/s41467-018-06116-1）

応用編 14 (p.371) ★★★
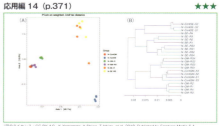
（図のライセンス：CC-BY 4.0, K Yamamoto, Y Shiwa, T Ishige, et al. 2018. Published by Frontiers Media S.A. https://doi.org/10.3389/fmicb.2018.02878）

応用編 1 ゲノムブラウザー風の可視化をRの基本作図関数を組み合わせて実現する

横山貴央 株式会社 LIFULL AI 戦略室

- 使用機器　Windows 10 Home Edition (64bit), RAM 8GB, ストレージ (256GB)
- 使用ソフトウェア　R version 3.6.0, RStudio 1.2.1335
- 論文情報　Changepoint detection in base-resolution methylome data reveals a robust signature of methylated domain landscape. Fig 2B, BMC Genomics 2015.
- DOI　https://dx.doi.org/10.1186/s12864-015-1809-5
- データ入手先　https://github.com/cb-yokoyama/DRYbook
- データサイズ　88MB
- 解析難易度　★
- GitHubのURL　https://github.com/cb-yokoyama/DRYbook

📂 論文の概要

　本研究[1]では，単一塩基解像度のメチロームデータに基づくドメイン分割に，変化点検出の手法を使うことを提案した．そして，そのドメイン分割を全ゲノムに対して行った結果を methylation domain landscape (MDL) としてプロットすることで，セルラインごとのメチロームの特徴を比較できることを示した（**図1**）．

図1　Effects of penalty value on domain demarcation

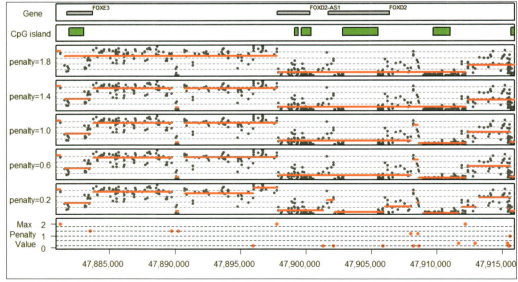

（図のライセンス：CC-BY 4.0, T Yokoyama, F Miura, H Araki, 2015. Published by Springer Nature. https://dx.doi.org/10.1186/s12864-015-1809-5）

論文における図の位置づけ

　実際のメチロームデータを単一塩基解像度でプロットしていくと，「低メチル化ドメイン」の中に高メチル化領域が出現することや，「高メチル化ドメイン」の中にメチル化率の低い領域がみられるケースは少なくない．従来の手法では，このような場合に高解像度のメチル化データの情報を十分に活用しにくいことがあった．

　論文で用いた変化点検出の手法では，ドメイン分割の基準を penalty value によって制御することができる．つまり，メチル化率によるドメイン分割の"感度"を，penalty value を増減させることによって容易に調節できる．本項では，この利点を示すために 図1 を示す．

なぜ，このデザインの図にしたか

　上から，ゲノムブラウザー風に，①遺伝子領域，② CpG Island を並べ，③〜⑦にはメチル化率を一塩基解像度でプロットさせ，変化点検出の penalty value を 1.8 〜 0.2 まで変化させることで，ドメイン分割の"感度"を penalty value を増減させることで調節できることを示した．最下段⑧の Track は，それぞれの変化点が検出できた最大の penalty value をプロットしている．

　ゲノムブラウザー風の描画は，R だと Gviz パッケージで簡便に行うことができるが，本論文ではより細かい描画制御を行うため，低水準作図関数を組み合わせて描画した．

ワークフロー

参考文献

1) Domain demarcation patterns are shown for a genomic region around FOXD2 gene (chr1, 47,880,913–47,915,913) under five different penalty values.

応用編

2 シングルセル RNA-seq 擬時間に対する発現量変動をクラスタリングし, クラスターごとの平均と代表的な遺伝子の発現量を可視化する

尾崎 遼 筑波大学 医学医療系 バイオインフォマティクス研究室

使用機器 MacBook Pro (2017), OS High Sierra (10.13.6), CPU (3.5GHz Intel Core i7), 16GB Memory, 1TB フラッシュストレージ

使用ソフトウェアなど R version 3.5.2, dplyr 0.8.1, magrittr 1.5, data.table 1.12.2, dtplyr 0.0.3, mgcv 1.8-28, flashClust 1.01-2, ggplot2 3.1.1

論文情報 Single-cell full-length total RNA sequencing uncovers dynamics of recursive splicing and enhancer RNAs. Fig 3C. Nat Commun, 2018.

DOI https://doi.org/10.1038/s41467-018-02866-0

データ入手先 https://github.com/yuifu/tutorial-RamDA-paper-fugures/

データサイズ 96MB

解析難易度 ★

GitHubのURL https://github.com/yuifu/tutorial-RamDA-paper-fugures/Figure3c

---

📁 論文の概要

本研究では, 一細胞トータル RNA シーケンス法 RamDA-seq の開発と性能評価を目的とした. RamDA-seq は, これまでの一細胞 RNA シーケンス法と比較して高感度であり, かつ, ポリ A 型・非ポリ A 型 RNA の両方を計測できることを特徴とする. 実細胞での性能評価のため, マウス胚性幹細胞から原始内胚葉細胞への分化誘導後の時系列サンプルに対して RamDA-seq を適用し, そのデータを解析した.

その結果, RamDA-seq によって, ポリ A 型および非ポリ A 型 RNA のダイナミクスをとらえられること, 繰り返しスプラシングやエンハンサー RNA といった遺伝子発現量以外の情報もとらえられることが明らかになった.

📁 論文における図の位置づけ

あらかじめ, バルク polyA RNA-seq および total RNA-seq のデータを用いて, Cufflinks (version 2.2.1) にてトランスクリプトームアセンブリを実施し, GENCODE (vM9) に新規転写産物を加えた GTF ファイルを作成し, 同時に非ポリ A 型 RNA の判別を行った. この独自の遺伝子モデルに基づいて Sailfish を用い, 原始内胚葉細胞への分化誘導後 (0, 12, 24, 48, 72 時間後) のマウス胚性幹細胞由来の時系列 RamDA-seq データから, トランスクリプトレベルで発現量定量を行った. 続いて, destiny (version 1.0.0) によって擬時間推定を行った.

ここではさらに, 推定した擬時間軸に対する発現量変動パターンの抽出と分類を目指した. 擬時間に対して変動する遺伝子を Generalized additive model (GAM) へのフィッティングを行うことで抽出し, そのような遺伝子のみを用いて階層的クラスタリングを実施した. 時系列変動パターンを抽出できるよう, クラスタリングの際には元の発現量ではなく, フィッティング後の値を使用した. クラスタリング結果に基づき, 各クラスターの遺伝子群について発現量の平均値と標準偏差を

計算し，擬時間に対してプロットしたのが 図1左 である．各クラスターについて，トランスクリプト数とそのうちの非ポリA型RNAの数を示している．同時に，各クラスターにおける代表例となる遺伝子について，元の発現量を擬時間に対してプロットしたのが 図1右 である．

図1 では，RamDA-seqによって分化進行度（擬時間）に沿った様々な発現量変動パターンがとらえられること，（機能未知遺伝子が多い）非ポリA型RNAについても多様な変動を示すことから生物学的機能との関連が示唆されること，各クラスターの変動パターンと既知の機能遺伝子が整合していることを示している．

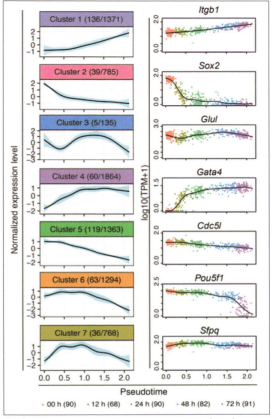

図1　RamDA-seq analyses of cell differentiation

(Left) Averaged expression profile for each cluster. (Right) Expression profile of the representative transcript for each cluster. (図のライセンス：CC-BY 4.0, T Hayashi, H Ozaki, Y Sasagawa, et al, 2018. Published by Springer Nature. https://doi.org/10.1038/s41467-018-02866-0)

なぜ，このデザインの図にしたか

元のデータは各細胞の発現量であるが，擬時間（分化進行度）に応じて遺伝子群（クラスター）が様々なパターンで変動することを端的に表す必要があった．そこで，元の発現量ではなく，GAMによってフィッティングされた値をクラスターごとに平均した値をY軸に，擬時間をX軸にして線グラフとしてプロットした．Y軸の変動の大きさを評価できるように，標準偏差も同時に示している．各パネルのタイトル部分に，クラスターに含まれるトランスクリプト数および非ポリA型トランスクリプト数を示すことで，それぞれの変動パターンを示すポリA型・非ポリA型RNAの数がクラスターによって異なることが分かる（図1左）．

X軸の擬時間に対して，元の発現量がどの程度であったかをY軸に示している．各点（各細胞）のサンプリング時点を色で表している．フィッティングした値も同時に示すことで，GAMフィッティングの妥当性も視覚的に確認できるようにしている（図1右）．

次ページのワークフローにて作図後，Adobe Illustratorにて加工を施した．具体的には，パネルタイトルのボックスの背景色の変更，図1左 と 図1右 の各クラスターの代表例の配置，軸ラベル

("Normalized expression level", "log10 [TPM+1]", "Pseudotime") の追加, 凡例の追加, 文字サイズや縦横比の微調整を行った.

ワークフロー

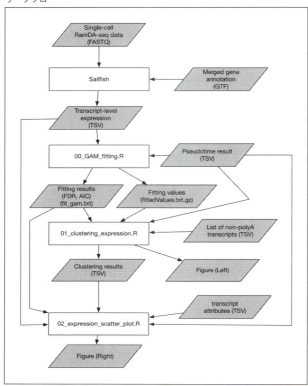

| 応用編 3 | 臨床検査値と疾患の遺伝的相関 (genetic correlation) ネットワーク図 |

金井仁弘　Harvard Medical School / Broad Institute of MIT and Harvard

使用機器 MacBook Pro（13-inch, 2017, Two Thunderbolt 3 Ports），OS Sierra（10.12.6），CPU（2.5GHz デュアルコア Intel Core i7），16GB Memory，512GB フラッシュストレージ

使用ソフトウェアなど R version 3.6.0: dplyr 0.8.0.1，stringr 1.4.0，igraph 1.2.4.1，Hmisc 4.2.0，RColorBrewer 1.1.2

論文情報 Masahiro K, et al: Genetic analysis of quantitative traits in the Japanese population links cell types to complex human diseases. Fig 3. Nat Genet 50: 390-400, 2017.

DOI https://doi.org/10.1038/s41588-018-0047-6

データ入手先 https://github.com/mkanai/ldsc-network-plot/

データサイズ 12MB

解析難易度 ★

GitHubのURL https://github.com/mkanai/ldsc-network-plot

📗 論文の概要

　本研究では，バイオバンク・ジャパン[1] によって集められた日本人集団 16 万人の遺伝情報と，58 項目の臨床検査値（血液検査および血圧・心エコーなどの生理機能検査）を用いて，大規模なゲノムワイド関連解析（Genome-Wide Association Study；GWAS）を実施した．GWAS により同定された遺伝的変異の詳細については，Level 3 応用編 12「58 形質のゲノムワイド関連解析結果とその多面的作用（pleiotropy）の可視化」（p.366）も参照されたい．

　これら 58 項目の臨床検査値における GWAS 結果に，さらに別途実施された 32 疾病の GWAS 結果をあわせ，二変量 LD スコア回帰（bivariate linkage disequilibrium [LD] score regression）[2] を用いた遺伝的相関（原因変異の効果量の相関）解析を行い，270 組の統計的有意な遺伝的相関を同定した．

　同定された遺伝的相関の多くは，これまでの疫学調査で指摘されたものであり，複数の臨床検査値と疾患が実際に遺伝的背景を共有していることを明確にした．また，層別化 LD スコア回帰（stratified LD score regression）[3] を用いて，220 種の細胞組織特異的エピゲノム情報を統合した分横断的オミクス解析を実施し，複数の臨床検査値が生活習慣病や自己免疫疾患などと同一の関連細胞組織を有することを明らかにした．

📗 論文における図の位置づけ

　臨床検査値は診断基準の一つとして広く用いられることから，疾患との遺伝的相関関係を通じて，疾患の罹患性や病態の解明につながることが期待される．本研究では，計 89 形質間の遺伝的相関関係，延べ 3,916 組を網羅的に評価し，遺伝的相関ネットワークとして図示することで，一つの図で形質間の多様な相関関係を表現した（図1）．

　遺伝的相関の強さを距離としたネットワークは，多数の疾患とそのバイオマーカーの集積を明確に

臨床検査値と疾患の遺伝的相関 (genetic correlation) ネットワーク図　345

描き，ゲノム解析が事前の生物学的知識を必要とせずに，形質間の複雑な関係を遺伝的背景の共有を通じて解明できることを示唆している．

図1　Genetic correlation network across the 59 quantitative traits and 30 diseases

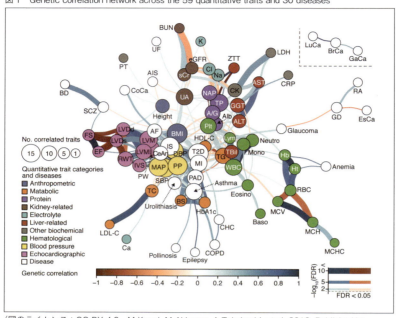

（図のライセンス：CC-BY 4.0, M Kanai, M Akiyama, A Takahashi, et al, 2018. Published by Springer Nature. https://doi.org/10.1038/s41588-018-0047-6）

なぜ，このデザインの図にしたか

遺伝的相関関係の可視化には従来，correlation heatmap（相関係数を heatmap で図示したもの）が用いられてきたが[2]，延べ 89 形質 × 89 形質の巨大な heatmap はさすがに本文に収まりきらず（論文 Supplementary Figure 6 参照），視認性も悪い．また，一部の臨床検査値は特定の疾患のバイオマーカーとして知られており，これらの遺伝的相関関係はそれぞれ一つのクラスタとして図示されることが望まれた．

そこで，図示対象を統計的有意（FDR < 0.05）な遺伝的相関関係に限定し，遺伝的相関の強さを距離としたネットワーク図を描くことで，形質間の遺伝的相関ネットワークを構築した．ネットワーク図とすることで，互いに密に相関する臨床検査値と疾患がクラスタとして表現できた．

なお，同様の手法を用いて，形質とその細胞組織特異性の関係をネットワーク図として描くこともできる（次ページ 図2；論文 Figure 6）．同一の GitHub レポジトリに描画用スクリプトが同梱されているので，参照されたい．

図2 Cell-type-specificity network across the 59 quantitative traits and 30 diseases in the 220 cell-type-specific annotations

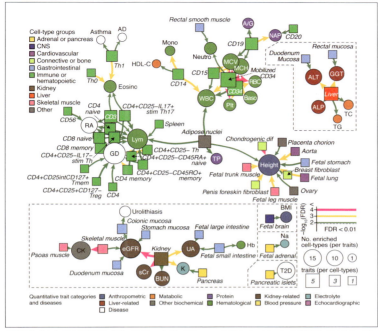

(図のライセンス：CC-BY 4.0, M Kanai, M Akiyama, A Takahashi, et al, 2018. Published by Springer Nature. https://doi.org/10.1038/s41588-018-0047-6)

ワークフロー

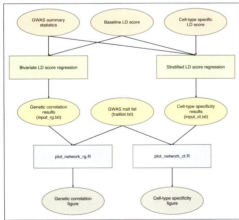

参考文献

1) Nagai A, et al：Overview of the BioBank Japan Project：Study design and profile. J Epidemiol 27：S2-S8, 2017.
2) Bulik-Sullivan B, et al：An atlas of genetic correlations across human diseases and traits. Nat Genet 47：1236-1241, 2015.
3) Finucane H. K, et al：Partitioning heritability by functional annotation using genome-wide association summary statistics. Nat Genet 47：1228-1235, 2015.

応用編

4 メンデルランダム化解析（Mendelian randomization）に基づく臨床検査値と疾患の因果関係の可視化

金井仁弘 Harvard Medical School / Broad Institute of MIT and Harvard

使用機器 MacBook Pro（13-inch, 2017, Two Thunderbolt 3 Ports），OS Sierra（10.12.6），CPU（2.5GHz デュアルコア Intel Core i7），16GB Memory，512GB フラッシュストレージ

使用ソフトウェアなど R version 3.6.0：metafor 2.0.0

論文情報 Masahiro K, et al: Genetic analysis of quantitative traits in the Japanese population links cell types to complex human diseases. Fig S7. Nat Genet 50: 390-400, 2017.

DOI https://doi.org/10.1038/s41588-018-0047-6

データ入手先 https://github.com/mkanai/mr-forestplot

データサイズ 1.4MB

解析難易度 ★

GitHubのURL https://github.com/mkanai/mr-forestplot

📁 論文の概要

　前項「臨床検査値と疾患の遺伝的相関（genetic correlation）ネットワーク図」（p.345）も参照されたい．本研究で同定された臨床検査値と疾患との間の遺伝的相関のうち，統計的に有意な 270 組について，メンデルランダム化解析（Mendelian randomization）[1] に基づく因果関係の推定を行ったところ，うち 24 組に統計的有意な因果関係が認められた．同定された因果関係の多くは，血糖値と 2 型糖尿病や，血圧と心血管疾患など，既知の危険因子と疾患の組み合わせであり，これら臨床検査値に影響を与える遺伝的変異と疾患との間に，因果関係が存在する可能性が示唆された．

　一方，Level 3 応用編 12「58 形質のゲノムワイド関連解析結果とその多面的作用（pleiotropy）の可視化」（p.366）でも触れるように（論文 Figure 1），これら遺伝的変異の間には複数の多面的作用（pleiotropy）が存在し，必ずしも 1 対 1 の関係とは限らないことに注意が必要である．また，本研究の GWAS は，いずれもバイオバンク・ジャパン[2] のサンプルを用いて実施された．将来的には，完全に独立なサンプルを用いた解析が望まれる．

📁 論文における図の位置づけ

　Level 3 応用編 3 で示した遺伝的相関関係（論文 Figure 3）はあくまで「相関関係」であり，臨床検査値と疾患との間の遺伝的な「因果関係」については言及することができない．

　メンデルランダム化解析は，（数々の制約があるものの）この因果関係に一定の示唆を与える解析である．本解析により，遺伝的相関解析によって同定された臨床検査値と疾患との間に因果関係が存在する可能性を示し，本論文の解析結果を補助する役割を果たした．また，血糖値と 2 型糖尿病や，身長と心房細動の正の関係など，これまで疫学調査で分かってきた危険因子と疾患との関係に一定のサポートを与えた（図1）．

図1 Significant causal associations with complex diseases

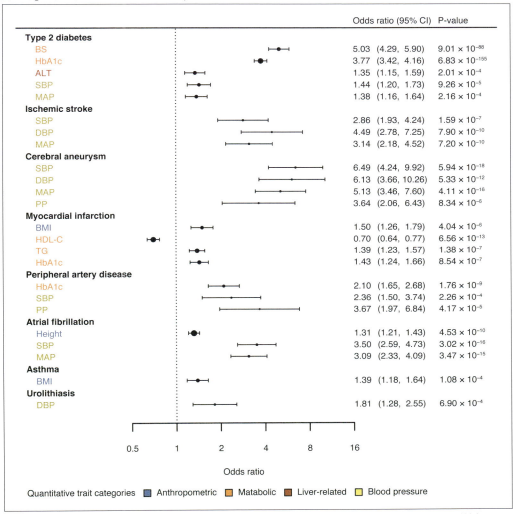

(図のライセンス：CC-BY 4.0, M Kanai, M Akiyama, A Takahashi, et al, 2018. Published by Springer Nature. https://doi.org/10.1038/s41588-018-0047-6)

なぜ，このデザインの図にしたか

　Forest plot（X軸：効果量，Y軸：複数の解析結果）は従来，複数の研究における解析結果とそのメタ解析結果を効果的に図示するために使われてきた．

　一方で，本研究では複数の形質に対して同一の解析を行っており，従来の用法と同様に，複数の解析結果を効果的に図示，比較できることが期待された．実際に，複数の臨床検査値と疾患のペアについて大きさや向きが異なる効果量とそのP値を，簡潔にまとめることができた．また，それぞれのペアを疾患ごとにグループ化することにより，疾患とその危険因子という関係性を明確にした．

ワークフロー

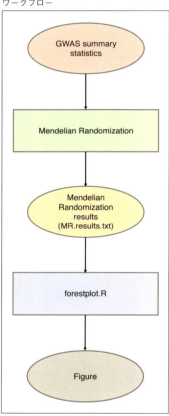

参考文献

1) Davey Smith G & Hemani G: Mendelian randomization: genetic anchors for causal inference in epidemiological studies. Hum Mol Genet 23: R89-R98, 2014.
2) Nagai A, et al: Overview of the BioBank Japan Project: Study design and profile. J Epidemiol 27: S2-S8, 2017.

応用編 5　等高線散布図によるDNAメチル化の比較

白根健次郎　Department of Medical Genetics, University of British Columbia
栗本一基　奈良県立医科大学 発生・再生医学講座

- **使用機器**　iMac（21.5-inch, Late 2013），OSX Yosemite（10.10.5），CPU（3.1 GHz Intel Core i7），メモリ（16 GB 1,600MHz DDR3），500GB フラッシュストレージ
- **使用ソフトウェアなど**　R version 3.3.3
- **論文情報**　Global Landscape and Regulatory Principles of DNA Methylation Reprogramming for Germ Cell Specification by Mouse Pluripotent Stem Cells. Fig 2B. Dev Cell 39: 87-103, 2016.
- **DOI**　https://doi.org/10.1016/j.devcel.2016.08.008
- **データ入手先**　https://github.com/KenShirane/PGCLC_methylome
- **データサイズ**　96MB
- **解析難易度**　★★
- **GitHubのURL**　https://github.com/KenShirane/PGCLC_methylome

論文の概要

培養皿上で ESC（embryonic stem cell）から誘導された EpiLC（epiblast-like cell）と，EpiLCから誘導後2日（d2），4日（d4），6日（d6）の PGCLC（primordial germ cell-like cell）の DNA メチル化状態を，全ゲノムバイサルファイト法により解析した．

その結果，PGCLC を作成する際の DNA メチル化変化は，生体の生殖細胞形成過程をよく再現すること，PGCLC は基本的に EpiLC において確立されたメチル化分布を維持しつつ，メチル化率（%5mC）が一定の割合で減少することなどが明らかになった（図1）．

図1　Comparisons of the 5mC levels of indicated genomic elements between indicated cells

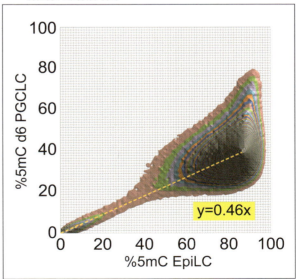

（図のライセンス：CC-BY 4.0，K Shirane, K Kurimoto, Y Yabuta, et al, 2016. Published by Elsevier Inc. https://doi.org/10.1016/j.devcel.2016.08.008）

論文における図の位置付け

各細胞種の 2 kb window における DNA メチル化率（%5mC）の散布図を等高線形式で表示した（図1）.

EpiLC と d6 PGCLC の比較において，メチル化率の低い window から高い window まで，その大部分は原点と最頻値を結ぶ線分（y=0.46x）付近に分布する．つまり，d6 PGCLC のゲノムの大部分は EpiLC におけるメチル化分布を維持しつつ，メチル化率が 0.46 倍になる．

なぜ，このデザインの図にしたか

通常の散布図では，データポイントが多くなるとデータの粗密の判別が難しくなる．散布図を等高線表示にすることで，データの粗密の判別が容易になるだけでなく，データの密な部分に着目することで，大部分のゲノム領域が従うメチル化変化を把握することが可能になった．

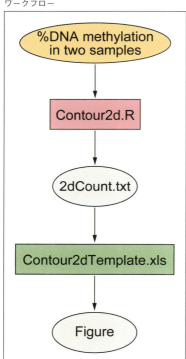

ワークフロー

応用編

6 公共データベースに登録された NGS データの分布を可視化する

大田達郎 ライフサイエンス統合データベースセンター（DBCLS）

使用機器	MacBookAir（Early 2015），OS Sierra（10.12.6），CPU（2.2GHz デュアルコア Intel Core i7），8GB Memory，512GB フラッシュストレージ
使用ソフトウェアなど	Ruby 2.6.0, R version 3.5.2, bioconductor/release_base2:R3.4.3_Bioc3.6, ggplot2 3.1.0
論文情報	Calculating the quality of public high-throughput sequencing data to obtain a suitable subset for reanalysis from the Sequence Read Archive. Fig 2. GigaScience, 2017.
DOI	https://doi.org/10.1093/gigascience/gix029
データ入手先	https://figshare.com/articles/quanto_data_20161021_tsv/4498907/2
データサイズ	468MB
解析難易度	★★
GitHubのURL	https://github.com/inutano/sra-quanto/
その他	コンテナを利用する場合は，以下の利用を推奨します. bioconductor/release_base2:R3.5.2_Bioc3.8（R）

論文の概要

　Sequence Read Archive（SRA）は，NGS を用いて得られた塩基配列データベースを登録，公開するための公共データベースであり，SRA に登録されたデータは自由に利用することができる. 既報のデータを異なる研究に再利用するケースが増えているが，SRA には大量のデータが登録されており，どのようなデータがどれくらい登録されているかを把握することは困難であった.

　筆者らは，NGS 向けクオリティ・コントロールのための著名なソフトウェアである FastQC を，SRA に登録されたデータに対して実行し，その結果から各種統計値を計算することで，SRA におけるデータの分布を可視化した. これらのデータによって，SRA のユーザーは自分の必要とするデータがどの程度登録されているかを，簡単に把握することができるようになる.

論文における図の位置づけ

　本研究によって得られた各種のクオリティ統計値によって全体の分布を可視化するため，ヒストグラムを用いて可視化を行った. 図では，シーケンスのスループット（リード数）とベースコール精度を X 軸にしたプロットを，ライブラリソース（ライブラリの元となる生体分子の種類）と，シーケンサーの種類（＝シーケンシングケミストリ）でそれぞれ色分けしたものを作成した（図1）.

　図1 の a，b，c，d それぞれで，各アプリケーションやシーケンサーの種類ごとに，リード数やベースコール精度がそれぞれどの程度分布の幅があり，どこにボリュームゾーンがあるかを確認することができる.

Level 3：応用編 6

公共データベースに登録された NGS データの分布を可視化する　353

図1 Data distribution in a public data repository by sequencing quality　　ワークフロー

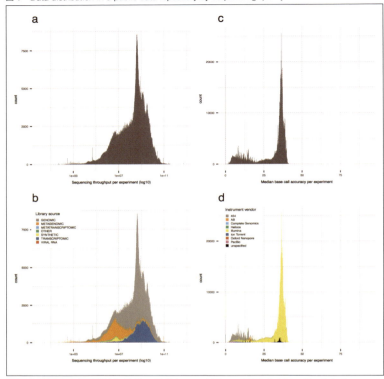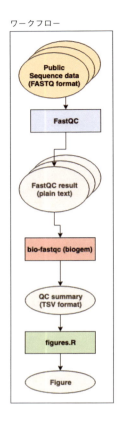

（図のライセンス：CC-BY 4.0, T Ohta, T Nakazato, H Bono, 2017. Published by Oxford University Press. https://doi.org/10.1093/gigascience/gix029）

■ なぜ，このデザインの図にしたか

　全体における分布ということで，シンプルなヒストグラムを選択した．登録されている配列データの数が当時 約117万実験 と非常に多かったため，binの幅を狭くすることで全体の傾向をつかみつつ，異常値のようなものがあれば気づきやすい図を描画した．

　カラーパレットは，色覚異常の人でも見やすい色として公開されているものを利用し，色分けの種類が多くても見やすい図になるよう工夫した．

応用編 7　メタ16Sシーケンスの各サンプルから得られたリード数の分布を生物分類ごとに可視化する

大田達郎　ライフサイエンス統合データベースセンター（DBCLS）

- 使用機器　MacBook Air（Early 2015），OS Sierra（10.12.6），CPU（2.2GHz デュアルコア Intel Core i7），8GB Memory，512GB フラッシュストレージ
- 使用ソフトウェアなど　Ruby 2.6.0, R version 3.5.2, bioconductor/release_base2:R3.4.3_Bioc3.6, ggplot2 3.1.0
- 論文情報　Collaborative environmental DNA sampling from petal surfaces of flowering cherry *Cerasus* × *yedoensis* 'Somei-yoshino' across the Japanese archipelago. Fig 3. J Plant Res, 2018.
- DOI　https://doi.org/10.1007/s10265-018-1017-x
- データ入手先　https://github.com/inutano/ohanami-project-manuscript/tree/master/figure3/data
- データサイズ　104KB
- 解析難易度　★★
- GitHubのURL　https://github.com/inutano/ohanami-project-manuscript/
- その他　コンテナを利用する場合は，以下の利用を推奨します。
  ruby:2.6.0-slim（Ruby），bioconductor/release_base2:R3.5.2_Bioc3.8（R）

📁 論文の概要

本研究では，沖縄を除く日本全国に分布するソメイヨシノの花弁表面に付着した環境DNAの収集と分析を目的とした．花弁表面をバッファに浸した綿棒で拭い，ボイル法によってDNAを抽出後，16S rRNA V4領域を増幅し，Illumina MiSeq にてペアエンドアンプリコンシーケンスを行った．

得られたシーケンスデータを元に環境DNAの由来を調べたところ，スギをはじめとしたさまざまな植物に由来すると思われるDNAが，ソメイヨシノの花びら表面に付着していたことが明らかになった（図1）．

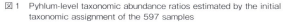
図1　Pyhlum-level taxonomic abundance ratios estimated by the initial taxonomic assignment of the 597 samples

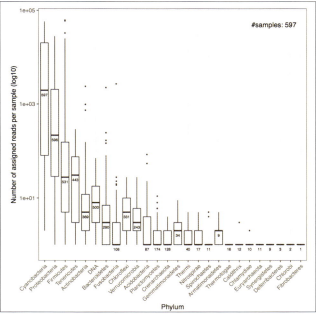

（図のライセンス：CC-BY 4.0，T Ohta, T Kawashima, N O.Shinozaki, et al, 2018. Published by Springer Japan.　https://doi.org/10.1007/s10265-018-1017-x）

📁 論文における図の位置づけ

得られたリードを入力に Illumina BaseSpace System Metagenomics Workflow（ver. 1.0.0.79）を用いて taxonomic assignment を行い，リードが由来する生物を門によって分類した．環境 DNA には，環境由来の微生物が含まれることを想定していたが，シーケンスによって得られたリードの由来のほとんどが *Cyanobacteria*，*Proteobacteria* であり，後の解析によりこれらは植物の葉緑体，ミトコンドリア由来である可能性が高いことが示された．

この図では，サンプル中に含まれるリードのほとんどが *Cyanobacteria*，*Proteobacteria* 由来であり，それ以外の門とリード数で大きな隔たりがあることを示している．

📁 なぜ，このデザインの図にしたか

Taxonomic assignment 解析によって，ほとんどのサンプルにおいて，*Cyanobacteria*，*Proteobacteria* に assign されるリードの占める割合が高く，それ以外の門に属する微生物に由来するリードが非常に少ないことが分かった．そのため，それぞれの門について，サンプルごとのリード数の分布を示しつつ，*Cyanobacteria*，*Proteobacteria* と，それ以外のバクテリア門の数の違いを示す必要があった．

そこで，Y 軸をサンプル中に含まれるリード数とし，X 軸を各門としたボックスプロット（箱ひげ図）を用いた．ボックス中に記された数字は，全 597 サンプル（右上にラベルとして記入）中，その門の生物種に由来するリードが検出されたサンプルの数を示している．

すなわち，左端の *Cyanobacteria*，*Proteobacteria* は 597 サンプル中，それぞれ 597，596 サンプルで検出され，そのリードの数は中央値でそれぞれ 1,000 以上，100 以上である．一方で，右端の *Fibrobacteres* は 597 サンプル中 1 サンプルでのみ検出され，そのリードの数も非常に少ない，ということが読み取れる．

📁 本論文の全文閲覧

掲載誌 Journal of Plant Research 記事の全文を読むためには Subscription が必要であるが，Springer によって提供されている SharedIt サービスから read-only で全文を読むことができる．https://github.com/inutano/ohanami-project-manuscript/ に掲載している．

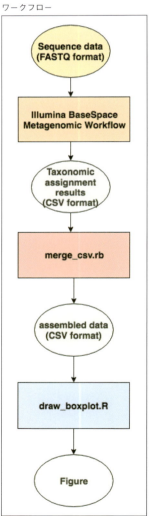

ワークフロー

応用編 8 メタ16SシーケンスリードのBLAST結果を用いて，サンプル間で共通して存在する生物種を可視化する

大田達郎 ライフサイエンス統合データベースセンター（DBCLS）

- **使用機器** MacBookAir（Early 2015），OS Sierra（10.12.6），CPU（2.2GHz デュアルコア Intel Core i7），8GB Memory，512GB フラッシュストレージ
- **使用ソフトウェアなど** Ruby 2.6.0, R version 3.5.2, bioconductor/release_base2:R3.4.3_Bioc3.6, ggplot2 3.1.0
- **論文情報** Collaborative environmental DNA sampling from petal surfaces of flowering cherry *Cerasus* × *yedoensis* 'Somei-yoshino' across the Japanese archipelago. Fig 4. J Plant Res, 2018.
- **DOI** https://doi.org/10.1007/s10265-018-1017-x
- **データ入手先** https://github.com/inutano/ohanami-project-manuscript/tree/master/figure4/data
- **データサイズ** 1.3GB
- **解析難易度** ★★
- **GitHubのURL** https://github.com/inutano/ohanami-project-manuscript/
- **その他** コンテナを利用する場合は，以下の利用を推奨します．
  ruby:2.6.0-slim（Ruby），bioconductor/release_base2:R3.5.2_Bioc3.8（R）

📁 論文の概要

前項「メタ16Sシーケンスの各サンプルから得られたリード数の分布を生物分類ごとに可視化する」（p.355）を参照されたい．

図1　Results of sequence similarity searches against the Organelle Genome Resources for chloroplast genomes at NCBI

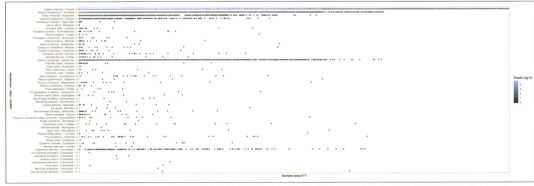

（図のライセンス：CC-BY 4.0，T Ohta, T Kawashima, N O.Shinozaki, et al, 2018. Published by Springer Japan. https://doi.org/10.1007/s10265-018-1017-x）

📁 論文における図の位置づけ

Cyanobacteria 門に分類されるリードが多いことがそれまでの解析で分かっていたため，それぞれの配列は植物の葉緑体に由来するのではないかと推測し，どのような植物に由来するかを調べる解析を行った．シーケンスによって得られたリードを入力に Organelle Genome Resources に対して BLASTN を実行し，植物の葉緑体にヒットしたリードを抽出し，全国から得られたサ

ンプルにどの程度普遍的に分布しているかを可視化した（**図1**）．生物分類の情報は TogoWS（http://togows.dbcls.jp）[1] の API と，TogoGenome（http://togogenome.org）[2] の SPARQL endpoint を用いてアノテーションの付与を行った．

　ホストである桜の葉緑体の DNA 配列と，アラインメントした際のミスマッチ数と併せると，0 〜 1 ミスマッチはシーケンスエラーの可能性があるが，ミスマッチ数が多いものでもサンプル間で共通に検出される植物が存在することが明らかになった．このうち，13 ミスマッチの葉緑体 DNA をもつ *Cryptomeria japonica* はスギであり，開花後のソメイヨシノの花弁では，全国的にスギ花粉が付着している可能性が示唆される．

■ なぜ，このデザインの図にしたか

　まず，各サンプル中に含まれる植物の葉緑体 DNA 配列に，どの程度のバリエーションがあるかを可視化する必要がった．そのため，Y 軸に BLASTN で得られた由来する植物種を，X 軸に各サンプルを並べ，ドットプロットを描画することとした．

　サンプル中に最も多く含まれる葉緑体の由来植物と考えられるのは，ホストであるソメイヨシノであるため，ソメイヨシノの葉緑体配列とのミスマッチ数にしたがって Y 軸をソートし，シーケンスエラーによる誤検出を考慮できるようにした．また，サンプル中に含まれる植物葉緑体の種類が多様なサンプルと，そうでないサンプルを可視化するため，1 サンプルあたりに含まれる植物葉緑体の種類の数で X 軸をソートし，右側に進むにしたがってサンプル中の多様性が減少するように描画した．さらに，当該の葉緑体由来の配列がサンプル中でどの程度検出されたかを示すために，リード数をドットの濃淡で表現した．

　この図により，ソメイヨシノの葉緑体配列とのミスマッチが多い＝シーケンスエラーではなく，実際に存在した可能性が高い配列の由来である植物が，全国から集められたサンプル中でどの程度普遍的であるかを可視化することができた．

ワークフロー

参考文献

1）T Katayama, M Nakao, T Takagi, et al: integrated SOAP and REST APIs for interoperable bioinformatics Web services. Nucleic Acids Research. May 14; 38（Web Server）: W706–711, 2010. Available from: http://dx.doi.org/10.1093/nar/gkq386

2）T Katayama, S Kawashima, S Okamoto, et al: TogoGenome/TogoStanza: modularized Semantic Web genome database. Database. Jan 1; 2019. Available from: http://dx.doi.org/10.1093/database/bay132

応用編 9 特定の GO term がアノテーションされた遺伝子群の発現差の可視化

広田喜一　関西医科大学附属生命医学研究所 侵襲反応制御部門
坊農秀雅　ライフサイエンス統合データベースセンター（DBCLS）

使用機器	MacBook Pro（Retina, Mid 2012），OS X El Capitan（10.11.6），CPU（2.7GHz Intel Core i7），16GB 1,600 MHz DDR3，SSD 751GB フラッシュストレージ
使用ソフトウェアなど	Python 3.7.3．Quality Check: FastQC, Trimming: FASTX-Toolkit v0.0.14, Mapping: Bowtie v.2.2.93, Samtools v.1.3.1, Cufflinks（Cuffdiff）v2.1.1, gene set enrichment analysis（GSEA）: Metascape, Histogram: TIBCO Spotfire Desktop v7.6.0 with the "Better World" program license（TIBCO Spotfire, Inc., Palo Alto, CA, USA）
論文情報	Suppression of mitochondrial oxygen metabolism mediated by the transcription factor HIF-1 alleviates propofol-induced cell toxicity. Fig 6. Sci Rep, 2018.
DOI	https://doi.org/10.1038/s41598-018-27220-8
データ入手先	https://figshare.com/articles/Results_of_Data_analysis_of_RNA-Seq/5353462
データサイズ	40KB
解析難易度	★★
GitHubのURL	https://github.com/khirota-kyt/dry_analysis/

📁 論文の概要

　麻酔および集中治療領域で広く用いられている全身麻酔・鎮静用薬のプロポフォールを投与した際に稀に生じる副作用，プロポフォール注入症候群（propofol infusion syndrome；PRIS）の発症メカニズムの基盤として，プロポフォールがミトコンドリア機能の抑制をもたらし，その結果，発生する活性酸素種（reactive oxygen species；ROS）が細胞死をもたらす現象を見出し報告していたが，今回の研究で低酸素誘導性因子1（hypoxia-inducible factor 1；HIF-1）の遺伝子工学的または薬理学的な人為的な活性化により，細胞死を低減しうることを示した．

　RCC4細胞は腎癌由来の細胞株である．*VHL*（von Hippel-Lindau）遺伝子が欠損しており，転写因子 hypoxia-inducible factor が通常状態でも活性化しているという性質をもっている．このRCC4細胞に，遺伝子工学的に *VHL* を導入した細胞（RCC4-VHL 細胞）と，元の RCC4-EV 細胞のプロポフォール毒性を比較したところ，RCC4細胞ではプロポフォールによる細胞死が起こりにくいことが明らかになった．

　この現象の分子生物学的な機序を検討したところ，RCC4-EV 細胞では転写因子 HIF-1 の持続的な活性化により GLUT1 や LDHA などの発現誘導が起こり，グルコースがピルビン酸→乳酸へと代謝される解糖系が優位な代謝経路に変換されていること，さらに HIF-1 依存的な PDK1 の発現亢進により，ピルビン酸がミトコンドリアに運ばれアセチル CoA に変換される経路が阻害されるため，ミトコンドリア呼吸鎖への電子の供給が抑制されていることを見出した．すなわち，RCC4細胞で起こっている HIF-1 活性化により，細胞はミトコンドリア呼吸に頼らない代謝状態にリプログラミングされていることが判明した．

　これらの実験事実により，プロポフォールのミトコンドリア機能障害による呼吸鎖からの電子の漏

れ出しが低減され，結果としてプロポフォールによるROS産生が抑制され，細胞障害が軽減の機序であると結論づけた．

論文における図の位置づけ

　HIF-1の持続活性化が細胞の遺伝子発現，特に解糖系と関連づいた遺伝子発現に与える影響をgene ontology（GO）のGO:0061621（canonical glycolysis）がアノテーションされた遺伝子群について検討した．

　本論文で示した細胞の酸素消費量，解糖系代謝の代理マーカーである細胞外酸性度がRCC4-EV細胞において，それぞれ抑制または亢進していることが判明した．この現象の分子基盤を明らかにするために，RNA-seq法を用いてRCC4-EV細胞とRCC4-VHL細胞間の遺伝子発現をGene set enrichment analysisしたところ，転写因子HIF-1に依存するsignal pathwayが遺伝子セットとして同定された．この結果を受けて，さらに解糖系代謝のgene ontologyの発現に着目して，遺伝子発現の変動を検討した結果が 図1 である．

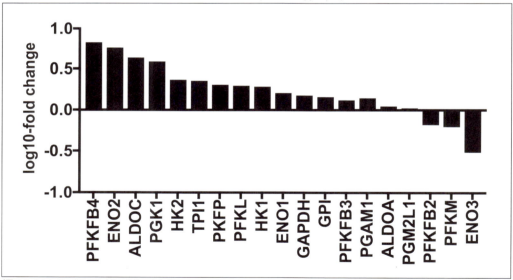

図1　Gene set enrichment analysis of RCC4 cells. GO:0061621 (canonical glycolysis) in RCC4-EV and RCC4-VHL cells

（図のライセンス：CC-BY 4.0, C Sumi, A Okamoto, H Tanaka, et al, 2018. Published by Springer Nature. https://doi.org/10.1038/s41598-018-27220-8）

なぜ，このデザインの図にしたか

RCC4-EV 細胞と RCC4-VHL 細胞における，GO:0061621（canonical glycolysis）がアノテーションされた遺伝子について，発現の差を可視化するためであった．この目的のためには，例えば heatmap を描くという方法もあったが，遺伝子数が 19 と比較的少ないため，個別の遺伝子について発現の比率を計算して示すという方法を採用した．これにより，RCC4-EV 細胞と RCC4-VHL 細胞での発現の差が可視化された．

この手法は，本論文の Figure 6c，Figure 7f と Figure 7g でも採用した．特に Figure 6c の結果に基づき，PDK1 について siRNA を用いて発現抑制する（Figure 8a，Figure 8b）実験方針を策定することができた．

ワークフロー

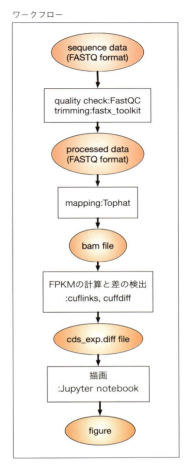

COLUMN　Jupyter notebook で行うためのソースコード

論文で使用した figure の作成は :TIBCO Spotfire Desktop v7.6.0 を用いて行ったが，同等の描画を Jupyter notebook で行うためのソースコードを本項の冒頭で示している GitHub の URL に格納した．以下にその結果を示した．

応用編 10 LocusZoom プロット：連鎖不平衡情報とともにゲノムワイド関連解析のシグナルを可視化する

八谷剛史 岩手医科大学 いわて東北メディカル・メガバンク機構 生体情報解析部門

使用機器	MacBook Pro（15-inch, 2016），OS Mojave（10.14.5），CPU（2.7GHz Intel Core i7），16GB 2,133 MHz LPDDR3，500 GB フラッシュストレージ
使用ソフトウェアなど	LocusZoom version 1.4，Python 2.7.10（Python 2.7 +が必要．Python 3 系は非推奨），R 3.4.1（R 3.0 +が必要），new_fugue 2010-06-02，PLINK v1.90b6.9 64bit（4 Mar 2019），tabix 0.2.5（r1005）
論文情報	Genome-wide meta-analysis in Japanese populations identifies novel variants at the TMC6-TMC8 and SIX3-SIX2 loci associated with HbA1c. Fig 2a. Sci Rep, 2017.
DOI	https://doi.org/10.1038/s41598-017-16493-0
データ入手先	https://statgen.sph.umich.edu/locuszoom/download/locuszoom_1.4.tgz https://github.com/hacchy1983/sample-code-for-LocusZoom-plot/blob/master/data/TMC6-TMC8.dat
データサイズ	112GB
解析難易度	★★★
GitHubのURL	https://github.com/hacchy1983/sample-code-for-LocusZoom-plot

📁 論文の概要

　グルコースと結合している血中ヘモグロビンの割合（HbA1c）は，糖尿病の診断およびスクリーニングに広く用いられている．本研究では，HbA1c の検査値に影響を与える遺伝要因を探索するため，ゲノムワイド関連研究（Genome-Wide Association Study；GWAS）を行った．日本人 7,704 名の解析から，HbA1c と関連する 2 つの領域（17 番染色体上の *TMC6–TMC8* 領域と，2 番染色体上の *SIX3-SIX2* 領域）を明らかにした（図1）．

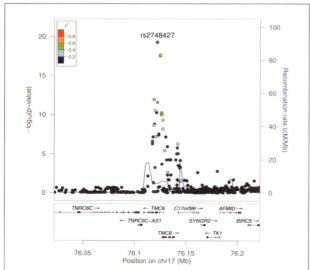

図1　Association signals around the *TMC6-TMC8* locus

本項のために，論文中の図作成時のデータを加工した．そのため作成される図は，論文の図と完全に一致しない．

（図のライセンス：CC-BY 4.0，T Hachiya, S Komaki, Y Hasegawa, et al, 2017. Published by Springer Nature. https://doi.org/10.1038/s41598-017-16493-0）
https://doi.org/10.1016/j.celrep.2017.08.086

📁 論文における図の位置づけ

　TMC6-TMC8 領域におけるゲノムワイド関連解析のシグナルを，連鎖不平衡情報とともに可視化した．図1 を見ると，HbA1c と関連の強いバリアントは，TMC6 遺伝子座から TMC8 遺伝子座にまたがって分布していることが分かる．

📁 なぜ，このデザインの図にしたか

　図1 の横軸は染色体上の位置を表し，縦軸は HbA1c との関連の強さを意味している．領域中に位置しているバリアントのうち，最も強い関連性を示すバリアントはリードバリアントと呼ばれる．本図では，rs2748427（紫色のダイヤモンドで示される）がリードバリアントとなる．リードバリアントと，周辺のバリアントとの連鎖不平衡の強さは，ポイントの色によって表される．

　図からは，rs2748427 との連鎖不平衡が弱い（濃い青色の）バリアントは，HbA1c との関連がそれほど強くないことが分かる．本図のようなプロットはLocusZoom プロットと呼ばれ，数多くの GWAS の論文に用いられている．

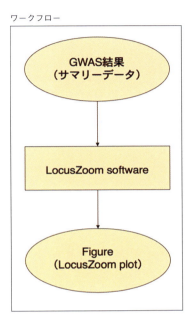

ワークフロー

COLUMN　LocusZoom のファイル容量とデータ抽出のコツ

　LocusZoom のデータベースおよび連鎖不平衡計算用ファイルの容量が大きく，ダウンロードに時間を要する上に，ディスク容量を圧迫する．

　入力する GWAS 結果に含まれているバリアントのうち，LocusZoom データベースに含まれていないバリアントは，連鎖不平衡を計算することができず，灰色のポイントとしてプロットされる．灰色のポイントを避けるためには，入力ファイルから LocusZoom データベースに含まれているバリアントのみを抽出する必要がある．

編集者 Voice
　この LocusZoom のダウンロードは，ソフトウェアで使うデータ量が半端なく大きいため，非常に長い時間がかかる．編集者が再現した時には，ダウンロードに 2 時間半もかかった．

応用編 11 遺伝子近傍のDNAメチル化レベルを可視化する

佐野坂 司 慶應義塾大学 医学部 生理学教室
今村拓也 九州大学大学院 医学研究院 応用幹細胞医科学部門

使用機器	iMac（21.5-inch, Late 2013），OSX Yosemite（10.10.5），CPU（3.1GHz Intel Core i7），メモリ（16 GB 1,600MHz DDR3），500GB フラッシュストレージ，MacBook Pro（2017），OS Mojave（10.14.4），CPU（3.5GHz デュアルコア，Intel Core i7），16GB メモリ，1TB SSD
使用ソフトウェアなど	Python 3.7，deepTools 3.2.1，bedGraphToBigWig
論文情報	DNA methylome analysis identifies transcription Factor-Based epigenomic signatures of multilineage competence in neural Stem/Progenitor Cells. Fig 1B. Cell Rep, 2017.
DOI	https://doi.org/10.1016/j.celrep.2017.08.086
データ入手先	https://github.com/sin-ttk/DNA-methylome-CellRep/
データサイズ	132MB
解析難易度	★★★
GitHubのURL	https://github.com/sin-ttk/DNA-methylome-CellRep/

📁 論文の概要

　本研究では，脳の発達に伴う神経幹細胞の性質変化を司る DNA メチル化ダイナミクスを解析することで，その遺伝子発現への効果，および細胞の性質変化に重要な転写因子群を明らかにした．

　方法としては，まず，異なる発生段階のマウス脳より神経幹細胞マーカーである Sox2 の陽性細胞を単離後，即座に PBAT（Post-bisulfite Adapter Tagging）法[1]によりライブラリを作成し，Illumina HiSeq によりシークエンスを行った．これにより，神経幹細胞におけるメチル化修飾パターンを網羅し，そのデータを転写因子結合領域データベース（ChIP-Atlas；https://chip-atlas.org/）と重ね合わせることで，重要な転写因子の同定に成功した（図1）．また脳の発達過程において，転

図1　Distribution of methylation level around gene body

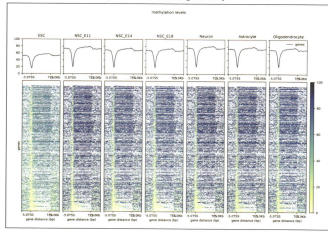

（図のライセンス：CC-BY 4.0，T Sanosaka, T Imamura, N Hamazaki, et al, 2017. Published by Elsevier Inc. https://doi.org/10.1016/j.celrep.2017.08.086）

写因子群によるダイナミックなメチル化変動がゲノム領域特異的に 3 回起こっていることが分かった.

さらに，網羅的遺伝子発現情報と比較することで，その変動が，発達初期にはニューロンを優先的に産生し，その後グリア細胞産生に切り替えていくという，脳の発達時期に起こる神経幹細胞の分化能のスイッチングや分化後の細胞の性質維持に関与していることが明らかになった.

論文における図の位置づけ

得られたリードを入力に Bmap（http://itolab.med.kyushu-u.ac.jp/BMap/index.html）を用いてマッピングを行い，1 塩基解像度でメチル化レベルを算出した．さらに，すべての細胞種で 5 リード以上のカバレッジであった CpG サイトを抽出し，DMR（differentially methylated region）を定義した．この図では，各時期の遺伝子領域のメチル化状態の平均像と個々の像を示しており，ES 細胞以外の神経系の細胞では，メチル化状態の平均像にほとんど差がないことを示している.

そこで，個々の像の詳細な解析を行うことにより，メチル化修飾パターンが変化するゲノム領域を特定した．それらの領域は，Sox2，Sox21，Ascl1，NFI，Tcf3 といった転写因子により制御されることで，発達時期に従った神経幹細胞遺伝子発現制御に重要であり，脳の形態形成・機能獲得に向けた適切な細胞産生のエピゲノム基盤を提供していることが分かった.

なぜ，このデザインの図にしたか

各細胞間でのメチル化レベル比較にあたり，まずは遺伝子領域全体でのメチル化状態を把握する必要があったため，deepTools [2] を用いてラインプロット（平均像）とヒートマップ（個々の像）を作成した.

両図において X 軸は共通の領域（遺伝子領域とその上流，下流 5kb の範囲）を示しており，上のラインプロットでは Y 軸はメチル化レベルの平均値を示しているが，下のヒートマップでは個々の遺伝子におけるメチル化レベルを色で示している．この図を用いることで，プロモーター，転写開始点，遺伝子領域，転写終結点といった複数の領域における DNA メチル化の状態を，平均値と遺伝子個々の両方で可視化して比較することが可能である.

どの細胞種でも，転写開始点近傍では脱メチル化された状態にあり，遺伝子領域や遺伝子間領域は高度にメチル化された状態にあることや，ES 細胞では全体的にメチル化レベルが低いことが分かる.

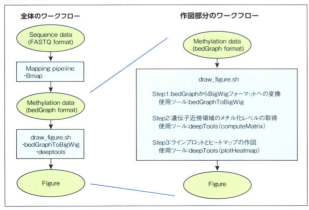

ワークフロー

参考文献

1) Miura F, Enomoto Y, Dairiki R, et al: Amplification-free whole-genome bisulfite sequencing by post-bisulfite adaptor tagging. Nucleic Acids Res 40: e136, 2012.
2) Ramirez F, Dündar F, Diehl S, et al: deepTools: a flexible platform for exploring deep-sequencing data. Nucleic Acids Res 42: W187-W191, 2014.

応用編 12 58 形質のゲノムワイド関連解析結果とその多面的作用（pleiotropy）の可視化

金井仁弘 Harvard Medical School / Broad Institute of MIT and Harvard

使用機器 MacBook Pro（13-inch, 2017, Two Thunderbolt 3 Ports），OS Sierra（10.12.6），CPU（2.5GHz デュアルコア Intel Core i7），16GB Memory，512GB フラッシュストレージ

使用ソフトウェアなど R version 3.6.0：dplyr 0.8.0.1，stringr 1.4.0. Circos 0.69-6：以下のパッチ（https://gist.github.com/mkanai/be05f40f933112bfb70bb08076cdaa00）を適用する，または，以下のパッチ適用済のバージョン（https://www.dropbox.com/s/z6jdwhj0o570fp8/circos-0.69-6-kanai.tgz?dl=0）を使用すること

論文情報 Masahiro K, et al: Genetic analysis of quantitative traits in the Japanese population links cell types to complex human diseases. Fig 1. Nat Genet 50: 390-400, 2017.

DOI https://doi.org/10.1038/s41588-018-0047-6

データ入手先 https://github.com/mkanai/fujiplot/

データサイズ 5.6MB

解析難易度 ★★★

GitHubのURL https://github.com/mkanai/fujiplot

📁 論文の概要

Level 3 応用編 3「臨床検査値と疾患の遺伝的相関（genetic correlation）ネットワーク図」（p.345），および Level 3 応用編 4「メンデルランダム化解析（Mendelian randomization）に基づく臨床検査値と疾患の因果関係の可視化」（p.348）も参照されたい.

本研究で実施した GWAS により，58 項目の臨床検査値（血液検査および血圧・心エコーなどの生理機能検査）に影響を与える 1,407 カ所の遺伝的変異が同定された（うち 679 カ所が新規報告）. こうして同定された感受性領域のうち，およそ半数（41%）が複数の臨床検査値と関連を示し，多面的作用（pleiotropy）[2] をもつことが明らかになった. さらに，うち 88 領域は複数の臨床検査値カテゴリー（脂質と肝機能など）と関連を示し，異なる生物学的パスウェイに多面的に作用するなどして，複数の臨床検査値に影響を与える遺伝的変異の存在を示唆した.

📁 論文における図の位置づけ

58 項目の臨床検査値における GWAS 結果を同時に可視化することで，多面的作用を示す領域が複数存在することを示した（**図1**）. 一つの図で，本研究で解析された形質と同定された遺伝的変異を一度に概観できることを目標とした.

パネル a では，形質ごとに同定された領域数を図示した. パネル b では，1,407 カ所の遺伝的変異と各形質との関連を図示し，特に複数の臨床検査値カテゴリで関連を示した 88 領域を強調した. パネル c では，領域ごとに関連を示した形質数を図示し，ALDH2 や GCKR など特定の遺伝子領域が，特に多くの形質と関連を示すことを伝えている.

図1 Overview of the identified loci and their pleiotropy

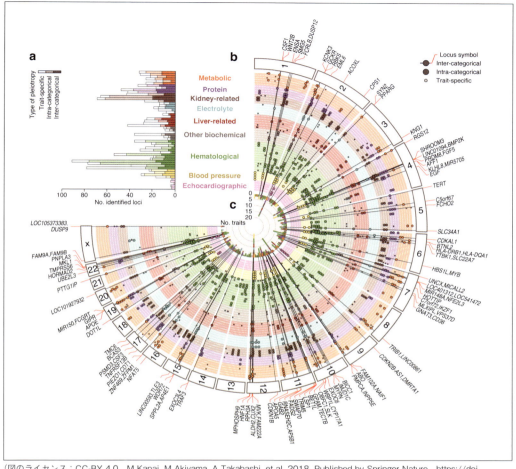

(図のライセンス：CC-BY 4.0, M Kanai, M Akiyama, A Takahashi, et al, 2018. Published by Springer Nature. https://doi.org/10.1038/s41588-018-0047-6)

なぜ，このデザインの図にしたか

　GWAS 結果の可視化手法として代表的なものに，Manhattan plot（X 軸：ゲノム座標，Y 軸：$-\log_{10} P$ 値の散布図）があるが，58 形質を同時に図示することはほぼ不可能である．一方で，解析した 58 項目の臨床検査値には，その性質ごとに血液学的検査（血球数），生化学検査（血糖・脂質関連，血清蛋白質，腎機能，電解質，肝機能，その他の検査値），生理機能検査（血圧，心エコー）といったカテゴリ区分が存在し，同じ領域の多面的作用を検討することで，生物学的機能が推定できると考えられる．したがって，遺伝的変異のゲノム座標と形質のカテゴリ区分を保ったまま，58 形質を同時に図示できる可視化手法が求められていた．

　そこで，図示対象をゲノムワイド有意（$P < 5 \times 10^{-8}$）な遺伝的変異に限定し，ゲノム座標を極座標系においた Circos plot [3] を採用することで，ゲノム座標と形質の関係を保ちつつ，複雑な情報を一つのプロットにまとめた．ここで動径は各形質に対応し，角度はゲノム座標に対応している．また

特に，円形レイアウトの活用によって，(a) 形質ごとの情報，(b) 各形質・領域の情報，(c) 領域ごとの情報をシームレスにつなげることができた．

ワークフロー

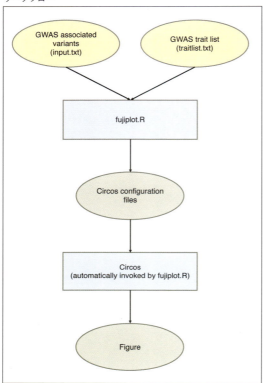

参考文献

1) Nagai A, et al: Overview of the BioBank Japan Project: Study design and profile. J Epidemiol 27: S2-S8, 2017.
2) Sivakumaran S, et al: Abundant Pleiotropy in Human Complex Diseases and Traits. Am. J Hum Genet 89: 607-618, 2011.
3) Krzywinski M, et al: Circos: An information aesthetic for comparative genomics. Genome Res 19: 1639-1645, 2009.

応用編

13 複数の染色体配列間の相同性を可視化する

安藤俊哉 自然科学研究機構 基礎生物学研究所 進化発生研究部門

使用機器	MacBook Pro（13-inch, 2017），OS High Sierra（10.13.6），CPU（3.5GHz デュアルコア Intel Core i7），16GB Memory，1TB フラッシュストレージ
使用ソフトウェアなど	Perl 5.18.2，Python 2.7.13，EMBOSS:6.6.0.0(package内のseqretを利用する) Genbank_splicer.py (python3だとエラーが出る) https://github.com/jrjhealey/bioinfo-tools/blob/master/Genbank_slicer.py sed, Easyfig 2.2.2 (http://mjsull.github.io/Easyfig/) (optional) inkscape 0.92.2
論文情報	Repeated inversions within a pannier intron drive diversification of intraspecific colour patterns of ladybird beetles. Fig 5. Nat Commun, 2018.
DOI	https://doi.org/10.1038/s41467-018-06116-1
データ入手先	https://github.com/ya-sainthood/chromosome_comparison
データサイズ	78MB
解析難易度	★★★
GitHubのURL	https://github.com/ya-sainthood/chromosome_comparison/

📄 論文の概要

　本研究では，種内に 200 以上の斑紋のバリエーションを示すナミテントウにおいて，斑紋パターンを制御する遺伝子座 *h* の同定を目的とした．斑紋型と連鎖する *h* 遺伝子座近傍の領域を，double digest restriction site-associated DNA sequence 法（ddRAD-seq 法[1]）に基づく GWAS 解析によって，690kbp の領域まで絞り込んだ．さらに，Mate-pair 法[2] および 10x linked-reads 法[3] によって，複数の斑紋型のナミテントウ（二紋型［1, 2］，斑型［3］，紅型［4］）および別種のナナホシテントウ (5) の *de novo* ゲノムアセンブリを取得し，*h* 遺伝子座近傍の配列の比較解析を行った．

　その結果，斑紋制御機能を有する *pannier* 遺伝子の第一イントロン内の配列が，斑紋型ごとに多様化しているとともに，イントロン内で染色体逆位が繰り返されてきた痕跡が見出された（**図1**）．

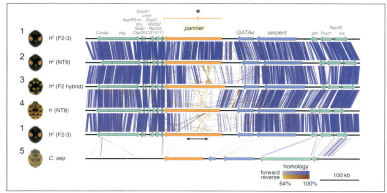

図1　Sequence comparison of the genomic region surrounding the pannier locus

（図のライセンス：CC-BY 4.0, T Ando, T Matsuda, K Goto, et al, 2018. Published by Springer Nature. https://doi.org/10.1038/s41467-018-06116-1）

論文における図の位置づけ

系統ごとに取得した各 de novo ゲノムアセンブリ配列の中から，h 遺伝子座近傍の 700kbp の配列を切り出してきて，系統間で塩基配列の相同性を検証した．ナミテントウの種内の比較では，pannier 遺伝子の周辺領域において，順向きの相同性を示す青い線が密集する領域が連続していた．

一方で，pannier 遺伝子の内部，特に 100kbp に及ぶ第一イントロンの内部では，相同性を示す線がまばらになり，逆位を示す赤い線が密集していた．異なる斑紋型での比較では，どの比較においても逆位の痕跡がみられたことから，染色体逆位が生じるごとに新たな斑紋型が出現してきたことが示唆された．

なぜ，このデザインの図にしたか

異なる系統や種の間で染色体の相同性を解析する手法として Dotplot がよく用いられるが，3 つ以上の複数の系統間の比較をする際，図が多くなり煩雑になる印象がある．今回の解析では，5 つの異なる系統の間での配列比較の結果や，遺伝子の位置とサイズを直感的に示すために，Synteny 解析でよく用いられる相同領域を線で結ぶ描画手法を採用した．

いくつかのフリーソフトウェアを探す中で，描画がスタイリッシュな Easyfig [4] を用いて描画することにした．さらに，解析を進める中で，周囲の配列と比べて相同性が低い領域や，染色体逆位の痕跡が見出され，それぞれの特徴を線の色と密度の違いとして，コントラスト良く描画することができた．

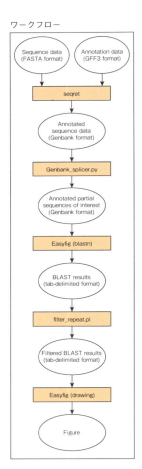

ワークフロー

参考文献

1）Peterson B.K, Weber J.N, Kay E.H, et al：Double digest RADseq：an inexpensive method for de novo SNP discovery and genotyping in model and non-model species．PLOS ONE 7：e37135, 2012.
2）Treangen T.J, Salzberg S.L：Repetitive DNA and next-generation sequencing：computational challenges and solutions．Nature Reviews Genetics 13：36-46, 2012.
3）Zheng G.X.Y, Lau B.T, Schnall-Levin M, et al：Haplotyping germline and cancer genomes with high-throughput linked-read sequencing．Nature Biotechnology 34：303-311, 2016.
4）Sullivan M.J, Petty N.K, Beatson S.A, et al：Easyfig：a genome comparison visualizer．Bioinformatics 27：1009-1010, 2011.

応用編 14 メタ16Sシークエンスの各サンプルから得られた細菌叢組成の差を主座標分析・クラスター分析により可視化する

山本 紘輔 東京農業大学 生命科学部 分子微生物学科
志波 優 東京農業大学 生命科学部 分子微生物学科

使用機器	MacBook Pro（13-inch, 2016）, OS High Sierra（10.13.6）, 2GHz Intel Core i5, 8GB Memory, 250GB SSD
使用ソフトウェアなど	R version 3.6.0, bioconductor/release_base2:R3.5.2_Bioc3.8 phyloseq 1.26.1, ggplot2 3.1.1
論文情報	Bacterial diversity associated with the rhizosphere and endosphere of two Halophytes: *Glaux maritima* and *Salicornia europaea* Front. Fig 6. Microbiol, 2018.
DOI	https://doi.org/10.3389/fmicb.2018.02878
データ入手先	https://github.com/youyuh48/NGSDRY2/
データサイズ	22MB
解析難易度	★★★
GitHubのURL	https://github.com/youyuh48/NGSDRY2/
その他	コンテナを利用する場合は、以下の利用を推奨します。bioconductor/release_base2:R3.5.2_Bioc3.8

論文の概要

　本研究では，北海道能取湖に生息する2種の塩生植物であるウミミドリ（*Glaux maritima*；GM）とアッケシソウ（*Salicornia europaea*；SE）の根圏細菌叢の解析を目的とした．

　ウミミドリの根圏細菌叢に関しては，世界で初めての報告である．Schlaeppiらの方法を元にバルク土壌，各植物の根圏土壌および根を回収し，DNAを抽出した[1]．その後，16S rRNA V3-V4領域を増幅し，Illumina MiSeq にてペアエンドアンプリコンシークエンスを行い，各種分析を行った．その結果，ウミミドリおよびアッケシソウ間の根圏細菌の多様性および細菌叢構造は，明確に異なることが明らかとなった（図1）[2]．

図1 Principal coordinate analysis（PCoA）（A）and complete linkage clustering（CLC）（B）of the bacterial communities in different samples based on weighted UniFrac distances

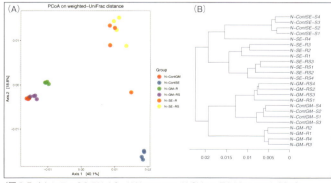

左記の図と論文掲載図との群分けの対応は次の通りである。
N-ContGM → Bl（GM）；
N-ContSE → Bl（SE）；
N-GM-R → Re（GM）；N-GM-RS → Rh（GM）；N-SE-R → Re（SE）；N-SE-RS → Rh（SE）

（図のライセンス：CC-BY 4.0, K Yamamoto, Y Shiwa, T Ishige, et al, 2018. Published by Frontiers Media S.A. https://doi.org/10.3389/fmicb.2018.02878）

なお，本論文の fastq ファイルは，DDBJ Sequence Read Archive データベースに DRA006852 のアクセッションナンバーで登録済である．

📁 論文における図の位置づけ

主座標分析により，ウミミドリのバルク土壌，根圏土壌および根の細菌叢とアッケシソウのそれらの細菌叢では，組成が大きく異なることが示された．クラスター分析でもウミミドリとアッケシソウの各サンプルが異なるクラスターに属していることから，両植物由来の各細菌叢が明確に異なることが示唆された．また，主座標分析・クラスター分析において，各植物種のバルク土壌，根圏土壌および根の細菌叢はそれぞれ異なり，サンプルタイプによっても細菌叢が異なることが明らかとなった．

📁 なぜ，このデザインの図にしたか

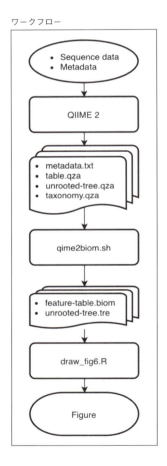

ワークフロー

本研究では，メタ 16S 解析の統合解析パイプラインである QIIME 2 を用いた．QIIME 2 では三次元の主座標分析の結果が得られるが，本研究では，二次元のグラフを QIIME 2 の出力を元に R で描画した．理由としては，Axis.1 の寄与率 40.1% が，二種の植物間で異なる細菌叢を有していることを説明しており，Axis.2 の寄与率 18.8% が，各植物からのバルク土壌，根圏土壌，根の各 4 反復で個々のグループに分かれることを示したためである．

つまり，三次元よりも二次元の方が，両植物由来の根圏細菌叢が明確に異なることを示すことができた．また，主座標分析の結果を裏付けるため，同様に R を用いてクラスター分析も行い，同様の結果を得ることができた．

参考文献

1) Schlaeppi K, et al：Quantitative divergence of the bacterial root microbiota in *Arabidopsis thaliana* relatives. Proc Natl Acad Sci USA 111：585-592, 2014.
2) Yamamoto K, et al：Bacterial diversity associated with the rhizosphere and endosphere of two halophytes： *Glaux maritima* and *Salicornia europaea*. Front Microbiol 9：2878, 2018.

おわりに（改訂第2版）

　本書は，好評をもって多くの生命科学研究者に読んでいただいた『次世代シークエンサー DRY 解析教本』（2015 年刊）の改訂第 2 版である．単なるアップデートではなく，"令和の時代のコンテンツ"とすべく，隅から隅まで全面的に見直しを行った．その結果，Level 1（準備編）では，Level 2（実践編）の各項目で共通して使う「共通基本ツールの導入方法」がまとめられ，「GitHub の使い方」を追加した．また，Level 2 にメタゲノム解析や各種アセンブル解析が追加され，さらに，Level 3（応用編）の掲載内容を完全総入れ替えするなど，徹底的に改訂を行った．

　しかしながら，達人たちに彼らのやり方を日本語でまとめ，そのプロトコールを分かりやすく示してもらい，それを様々な立場の方に再現してもらうという方針は変わっていない．Level 2 においては，各項目の執筆者によるマンツーマンの指導の下，不慣れな NGS データ解析初心者の方々に検証を行ってもらった．また Level 3 においては，NGS データ解析において百戦錬磨の監修者がコマンドのチェックを徹底的に行った．その結果，初心者がつまづく所には手厚い解説が追加され，読みやすさを格段に向上させることができたと自負している．

　本書で紹介した多数のコンピュータプログラムやスクリプトは，先人の経験から得られた大変貴重なものであり，決して公開されているのが当たり前のものではない．Level 2 においては，達人たちが普段から使っている解析プロトコールを惜しげもなく披露していただいたばかりでなく，それらの詳細な解説をしていただいた上に，それを実現するプログラムやデータを可能な限り GitHub にアップしていただいた．また Level 3 においても，全ての執筆者の方に，論文として出された図を作成するために使用した解析ワークフローを日本語で解説いただき，プログラム群を GitHub にアップするかたちで公開してくださった．このようなオープンアクセス，オープンデータに協力してくださった執筆者の皆様に，この場を借りて御礼を申し上げたい．ありがとうございます．

　もちろん，本書に書いてある解析手法のみで全てのデータ解析が完結するわけではない．いうまでもなく，それぞれの解析で個別に対処すべきことは山ほどあるからだ．しかし，恐れることはない．Level 1 準備編「コマンドラインの使い方」で詳細に解説した，UNIX シェル上のコマンドライン操作を覚えておけば，その応用でしかない．

　新規のプログラムを試す際に，Level 2 実践編で紹介した「CWL（Common Workflow Language）」などの利用による，仮想環境上で Docker コンテナを利用した計算をする機会も，今後ますます増えてくるだろう．その場合にも，基本となるのは UNIX コマンド操作なのである．これをよい機会に，UNIX を使いこなせるようにトレーニングしていただければ，と切に思う．

　それゆえ，自らアレンジして独自のワークフローを作っていってほしい．ちょっと敷居が高いかもしれないが，達人たちが用意してくれた本書のワークフローを CWL 化した実例が，きっと役に立つだろう．そして，あなた自身も執筆者の皆様が示してくれたように"ペイフォワードの精神"で，データや解析プログラム，そのワークフローを制限なく誰でも自由に使えるようにしていただきたい．そのオープンな姿勢こそが，これからの生命科学を進展させていく原動力となるに違いない．

坊農秀雅，清水厚志

おわりに

　本書では次世代シークエンサー（NGS）から得られた遺伝子配列情報について主に OS X 上で実際にコマンドを打って解析する様々なプロトコルを紹介した．今回，解析の達人たちが自身の技術を日本語でまとめ，単純にそのプロトコルを示してもらうだけでなく，Level1（準備編）以外のすべてにおいて大規模な検証を行った．Level2（実践編）では，コアメンバーによるコマンドの再現実験の後，各項の執筆者のマンツーマン指導のもと，不馴れな NGS データ解析初心者の方々もその再現・検証を行った．また Level3（論文別・作図コマンド解説）においては，NGS データ解析百戦錬磨の監修者がコマンドチェックを徹底的に行った．その結果，初心者がつまづくところには細かいところまで行き届いた解説が追加され，読みやすさが格段に向上したと自負している．

　もちろん，OS X 上ですべての解析が完結するわけではない．読者の皆さんが研究を進めていくうえで，テラバイト（TB）オーダの大容量のメモリや，非常に大きなストレージが必要となり，大型計算機センターのサーバを使うことも将来的には考えられる．しかし，そういったサーバの OS はほぼ間違いなく Linux なので，Lv.1「②コマンドラインの使い方」で詳細に解説した UNIX シェル上のコマンドライン操作を覚えておけば，それほど問題にならない．また今後，仮想環境上で Docker コンテナを利用して計算する機会も増えてくるであろう．その場合にも基本となるのは UNIX コマンド操作なのである．これを機会に UNIX を使いこなせるようになっていただければと思う．

　本書に掲載された多数のコンピュータプログラム（コード）やスクリプトは，いわば料理のレシピのようなもので，先人たちのこれまでの経験から得られた大変貴重なものである．Level2 では，達人たちが普段使っている解析パイプラインを惜しげもなく披露していただいたばかりでなく，それらの詳細な解説までしていただいた．また Level3 においては，執筆者全員が自身の発表論文の図を作成するために使用したプログラム群を惜しげもなく，しかも再利用可能なライセンスで公開してくださった．このような「オープンアクセス」に協力してくださった著者の皆様にこの場を借りてお礼を申し上げたい．

　そして，その恩恵を得て自らデータ解析できるようになった暁には，読者の方自身もペイフォワードの精神でデータや解析プログラム，そのパイプラインを制限なく，誰でも自由に使えるようにしていただきたい．それこそが「科学の発展」の「アクセラレータ」になるのだから．

坊農秀雅／清水厚志

index

数字・記号

16S rRNA	203, 259, 355
α 多様性	214
α - レアファクションカーブ	217
β 多様性	214

欧文

A

Aggregation plot	138
Anaconda	45, 246
ANNOVAR	73
ATAC-seq	114, 149
── データ	149, 155
AWK	30, 36

B

BAM	116
── のインデックス	126
── をソート	125
BAM (bam) ファイル	68, 94, 101, 125
── を BigWig ファイルへ変換	130
BBTools	276
bed Graph ファイル	127
bedtools	117
BED ファイル	72, 127

BH 法 (Benjamini-Hochberg method)

	127
BigWig	130
BiocManager	166
Bioconda	45, 46, 203, 246, 310, 332
Bioconductor	166
BioProject	260
BioSample	260
Bismark	164, 176
bismark_genome_preparation	176
BLAST	310, 316
BLASTN	357
BlobTools	292
Bowtie2	115, 124, 152
BRAKER	291
brew	164, 275, 321
BS-seq	15, 164, 185, 187
BUSCO	285
BWA	67

C

canonical glycolysis	360
Canu	280
CCDS	71
CEGMA	285
chgrp (change group)	31
ChIPpeakAnno	117, 144
ChIP-seq	15, 114, 157, 160
── のコントロール実験	119

chmod（change mode）········ 31，170
chown（change owner）················ 31
Circos plot ································· 367
ClinVar ······································ 77
common diseases ······················ 64
complete linkage clustering ··········· 371
COSMIC ····································· 77
cp（copy）·································· 25
CpG サイト ································· 179
CPU ··············· 14，173，254，303
CRAN（Comprehensive R Archive
　Network）································ 41，166
CUI（command-line user interface）··· 20
CWL（Common Workflow Language）
　·································· 331，333，337
cwltool ······································· 332

D

DDBJ ········· 61，255，260，276，310
dbNSFP ······································· 77
ddRAD-seq（double digest restriction
　site-associated DNA sequence）··· 369
deduplication ······························· 69
deepTools ··························· 117，365
DESeq2 ·····························92，95
DFAST ······························ 255，260
D-Genies ··································· 290
DNA メチル化 ··············· 184，351，364
Docker ······················· 14，302，332
Docker Hub ······················ 302，305
DRA ··· 67
D-way ······································· 260

E

Easyfig ······································ 370
EMBL-EBI ·································· 119
ENA（European Nucleotide Archive）
　·· 119
enrichment analysis ···················· 360
ENSEMBL（Ensembl）············ 89，118

F

FASTA（fasta）ファイル
　······················· 66，247，307，316
fasterq-dump ······················· 49，311
fastp ························· 114，122，247
fastq ································· 168
FASTQ ファイル ··· 38，69，119，124，
　　　　　　　208，210，212，247，311
　── のダウンロード ···················· 119
　── のリードトリミング ·············· 122
FastQC（fastqc）
　·······················120，173，246，353
fastq-dump ················· 49，168，208
Feature ························· 212，219
FeatureData ······························ 213
Feature table ·············· 212，213，218
find ··· 34
Forest plot ······························· 350

G

GAM（Generalized additive model）
　·· 342
GATK ······························ 70，71，74

index

GenBank 形式 ·· 257
GENCODE ·············· 36, 77, 118, 342
genetic correlation ······························· 345
genomation ··························· 166, 178
GenomeScope ······················ 254, 278
GFF 形式 ·· 257
Git ·· 50, 59
GitHub ··············35, 50, 62, 209, 333
GnomAD ··· 77
GO term ··· 359
GRCh37 ··· 65
GRCh38 ··· 65
GREAT ····································· 140, 144
grep (global regular expression print)
···································· 29, 34, 336
GUI (graphical user interface)
···································· 13, 20, 117
gunzip ·· 168
g.vcf ファイル ··································· 72
gVolante ··· 285
GWAS (Genome-Wide Association
Study) ······················ 362, 366
── 解析 ·································· 369
gzip ··· 168

H

head ·· 27
helical pitch ······································· 154
hg19 ·· 65
hg38 ·· 65
HGVD (Human Genome Variation
Database) ································· 77
HMMER ···················· 310, 314, 315

Homebrew
················· 21, 43, 164, 203, 309
HOMER ······························· 116, 134
hyper methylation ························· 181
hypo methylation ··························· 181

I

iGenomes ··· 115
IGV (integrated genome viewer)
······························· 117, 131, 133
INSDC ··· 276

J

Java ························· 21, 69, 148, 309
Jupyter notebook ························· 361

K

kallisto ·························· 49, 86, 99
k-means アルゴリズム ····················· 140
Kmer ··· 252

L

less··· 27, 170
library () ······································· 178
likelihood ratio test ··············· 97, 104
Linux ··············13, 44, 60, 203, 302
list () ··· 178
Locus tag prefix··················· 256, 260
LocusZoom ····································· 363
LocusZoom プロット ····················· 362

377

ls ·· 168

M

Mac のコア数 ································ 124
MACS2 ····················· 115, 126, 155
Manhattan plot ····························· 367
MDL (methylation domain landscape)
··· 340
Mendelian randomization ·············· 348
metagene plot ····························· 135
methylKit ···························· 166, 177
Miniconda ················· 46, 203, 246
MinION ······································ 274
more ·· 27
mv (move) ·································· 25

N

N50 ································ 255, 277
NanoPlot ···································· 279
narrowPeak ファイル ····················· 127
NCBI (National Center for
Biotechnology Information)
·························· 36, 87, 207, 317
NGS (next generation sequencing)
··· 12

O

OMIM ··· 77
open ·· 173
OS (operating system) ··················· 21
OSS ··· 55

OTU (operational taxonomic units)
··· 212
overall alignment rate ··················· 125

P

pfam ·· 314
Picard ·· 148
Picard Tools ································· 69
pilon ·· 287
Platanus_B ································· 247
pleiotropy ···································· 366
Pre-built index ····························· 115
Principal coordinate analysis ········· 371
PubCaseFinder ····························· 78
Python ···················· 45, 203, 332
python 2 ···································· 115
python 3 ···································· 115

Q

q 値 ··· 127
QC (Quality Control) ··········· 120, 252
QIIME 2 ····································· 203
q-value ······································ 127

R

R ··· 41, 96, 103, 117, 164, 177, 340
R パッケージ ································ 178
RamDA-seq ································ 342
rare diseases ······························· 64
README ····································· 55
Redbean ···································· 282

index

rename 205, 209
rm (remove) 25, 45
rmtrash 25, 45
RNA-seq 86, 92, 107, 318, 342
—— データ 309
ROS (reactive oxygen species) 359
RRBS 解析 (法) 164, 174
rRNA 258
RSEM 92, 94
RStudio 117
rsync (remote synchronize) 33
Ruby 30, 36

S

Safari 65
SAM 116
SAMTools (SAMtools, samtools)
.... 68, 116, 164, 177
SAM (sam) ファイル 68, 125
—— を BAM ファイルへ変換 125
Segmental Duplication 77
seqkit 247
sleuth 99, 102
SRA (Sequence Read Archive)
.... 86, 207, 310, 319, 353
SRA Toolkit (SRA toolkit, SRA Tools)
.... 49, 68, 164, 205
STAR 86, 92
Sublime Text 32
sudo (substitute userid + do) 31

T

tape archive 32
tar 32, 165
Taxonomic assignment 解析 356
tcsh 28
Time Machine 15
TogoGenome 358
TogoWS 358
TransDecoder (Transdecoder)
.... 310, 313
Trim galore! 49, 164, 174, 311
Trinity 309, 311
TSA (transcriptome shotgun
assembly) 313

U

UCSC Genome Browser
.... 26, 36, 171
UIM 70
UniProt 317
UNIX 13, 30, 32

V

VCF ファイル 74
vi 169
VQSR 73

W

Wald 検定 97, 106
wc (word count) 29

wget ················· 44，164，165，204	
Wormbase ····························· 289	
WSL（Windows Subsystem for Linux）	
······························· 13，187	
wtdbg2	
······ 14，282，290，302，304，332	

X

XQuartz ······························· 167

和文

あ

アクセス権································24，30	
アセンブリ ······················ 246，274	
―― の検証 ····················· 285	
アダプター配列 ··············· 174，250	
アノテーション ················ 246，359	
―― ファイル ···················· 90	
ありふれた疾患 ····················· 64	
アンダースコア································ 29	
アンプリコン解析 ················· 203	

い

遺伝子アノテーション ············ 171，178	
遺伝子モデル ······················ 118	
―― のダウンロード ················· 118	
遺伝的相関································ 345	
インサートサイズ ···················· 153	
インデックスファイル ·············· 93，100	

え

エクセル ······························· 76	
エピゲノム ·························· 184	
エピゲノム解析（BS-seq）	
···················· 15，164，185，187	
エピゲノム解析（ChIP-seq）	
···················· 15，114，157，160	
塩基ごとの品質スコアの再校正·············· 70	
エンリッチメント解析 ·············· 98，107	

お

オープンクロマチン ···············149	
オープンソースソフトウェア ·············· 55	
オブジェクト ······················ 180	
オプション ······················· 24	

か

隠しファイル ······················· 24	
活性酸素種 ······················ 359	
カバレッジ ············· 179，250，277	
カレントディレクトリ ···················· 23	
環境変数 ························· 28	
環境変数「PATH」 ···························· 28	

き

希少疾患 ·························· 64

く

クオリティ ························· 280

index

クオリティコントロール …………… 252
クオリティスコア ………………… 122
クマムシ ……………………………… 291
クラスター分析……………………… 372
クラスタリング …………………… 342
クロマチンアクセシビリティ解析 …… 114

け

ゲノムサイズ ……………………… 278
ゲノムブラウザ……………………… 117
ゲノムワイド関連解析（研究）………… 362

こ

コマンド……………………………… 22
コマンドライン・デベロッパ・ツール
　……………………………………… 41
コンタミネーション ……………… 291
コンティグ ………… 65，254，281，291
コンテナ …………………………… 304
　── イメージ ………………… 304
　── 仮想化 …………………… 304
コンパイラ ………………………… 20
コンパイル …………………… 21，43

さ

細胞組成 …………………………… 184
サブシェル ………………………… 30

し

シーケンシングケミストリ ………… 353

シェル …………………………… 22，28
　── スクリプト …… 30，34，37，169
耳垢 ………………………………… 79
疾患ゲノム解析 … 15，64，79，81，169
実行権限 …………………………… 170
自動補完 …………………………… 27
シトシン …………………………… 176
主座標分析…………………………… 372
　──・クラスター分析 ………… 372
ショットガン解析 ………………… 203
ショートリード………… 246，259，274
シングルコピーオーソログ ……… 285
シンボリックリンク ……………… 28

す

スキャッフォールド ……………… 254
スクリプト言語……………………… 36
スリープモードにならないための設定
　……………………………………… 40

せ

絶対パス …………………………… 23
全ゲノムバイサルファイト法………… 351
染色体逆位 ………………………… 370
染色体配列 ………………………… 369
線虫 ………………………………… 276

そ

相対パス …………………………… 23
ソースコード……………………… 57

た

多重検定補正 …………………………… 127
ターミナル ……………………… 22，205
　　── の起動 ……………………… 41
　　── の設定 ……………………… 22
多面的作用………………………………… 366
単一遺伝子病 …………………………… 64

ち

チミン …………………………………… 176
チルダ「~」 …………………………… 27

て

低水準作図関数 ………………………… 341
ディレクトリ ………………… 22，23，37
転写開始領域 …………………………… 183

と

統計言語 R ……………………………… 117
動物ゲノムアセンブリ
　　…… 15，254，274，293，295，302
ドットプロット ………………………… 358
トランスクリプトームアセンブル解析
　　……………… 15，49，309，312，320
トランスポゼース ……………………… 149
トリミング ………… 69，174，212，311

な

ナノポア ………………………………… 274

は

バイサルファイト処理 ………………… 176
バイナリデータ ………………………… 20
パイプ …………………………………… 29
ハイブリッドエラーコレクション……… 287
バクテリアゲノム解析
　　…………… 15，246，262，263，271
箱ひげ図…………………………………… 356
パス（path；通り道）………………… 23
　　── を通す ……………………… 28
バックスラッシュ…………………… 29，210
パッケージマネージャー………………… 21
発現解析
　　…15，49，86，108，148，183，309
バリアント ……………………………… 363
　　── コール ……………………… 64
　　── 検出 ………………………… 71

ひ

ピーク検出 ……………………………… 126
ピークへのアノテーション……… 117，144
ヒートマップ……………………… 105，218

ふ

フラグメント長 ………………………… 153
プロセス ………………………………… 304
プロポフォール ………………………… 359
プロンプト ……………………… 22，205
分子系統樹 ……………………………… 214

index

へ

ヘルプメッセージ ……………………………… 27

ほ

ホームディレクトリ ……………………………… 23
ポジティブコントロールとなる領域…… 132
ホスト環境 ………………………………… 304
ボックスプロット………………………… 105，356
ポリッシング………………………………… 285

ま

マシン語………………………………………… 20
マッピング ……………………………… 69，176
　——されたリードの分布 …………… 117

め

メタ16S解析 ………………………………… 203
メタ16Sシーケンス …………… 355，357
メタゲノム解析
　…………… 15，203，221，223，332
メタデータ ………………………………… 209
メチル化率………………………………… 178
メモリ ……………………………………… 303
メンデルランダム化解析………………… 348

も

モチーフ解析 ……………………………… 116
モチーフ検索 ……………………………… 134

ゆ

尤度比検定 ……………………………… 97，104
ユニークなリード………………………… 125

り

リダイレクト …………………… 24，29，177
リード ……… 49，122，124，153，173，
　　　　　　　 209，246，252，291
　——のQC ……………………………… 120
　——のゲノムへのマッピング ……… 124
　——のトリミング ………………… 122
リードバリアント ……………………… 363
リファレンス配列 ……………………… 169
履歴（history）機能 ……………………… 27

る

ルートディレクトリ（スラッシュ「/」）… 23

れ

レポジトリ …… 54，61，68，120，306

ろ

ロングリード ……………………… 259，274

わ

ワイルドカード ……………………… 173
ワンライナー ………………………… 36

次世代シークエンサー
DRY 解析教本 改訂第 2 版

2015 年 10 月 20 日　第 1 版第 1 刷発行
2018 年 6 月 15 日　第 1 版第 3 刷発行
2019 年 12 月 15 日　改訂第 2 版第 1 刷発行

編　著	清水厚志・坊農秀雅

発行人	影山博之
編集人	小袋朋子
（企画編集）	吉安俊英，小林香織
発行所	株式会社 学研メディカル秀潤社
	〒 141-8414 東京都品川区西五反田 2-11-8
発売元	株式会社 学研プラス
	〒 141-8415 東京都品川区西五反田 2-11-8
印刷・製本	凸版印刷株式会社

この本に関する各種お問い合わせ
【電話の場合】●編集内容については Tel 03-6431-1211（編集部）
　　　　　　　●在庫については Tel 03-6431-1234（営業部）
　　　　　　　●不良品（落丁，乱丁）については Tel 0570-000577
　　　　　　　　学研業務センター
　　　　　　　　〒 354-0045　埼玉県入間郡三芳町上富 279-1
　　　　　　　●上記以外のお問合わせは Tel 03-6431-1002（学研お客様センター）
【文書の場合】●〒 141-8418　東京都品川区西五反田 2-11-8
　　　　　　　　学研お客様センター
　　　　　　　　『次世代シークエンサー DRY 解析教本 改訂第 2 版』係までお願いいたします.

©A. Shimizu, H. Bono 2019 Printed in Japan.
●ショメイ：ジセダイシークエンサードライカイセキキョウホン カイテイダイニハン

本書の無断転載，複製，頒布，公衆送信，翻訳，翻案等を禁じます.
本書に掲載する著作物の複製権・翻訳権・譲渡権・公衆送信権（送信可能化権を含む）は株式会社 学研メディカル秀潤社が管理します.
本書を代行業者等の第三者に依頼してスキャンやデジタル化することは，たとえ個人や家庭内の利用であっても，著作権法上，認められておりません.
学研メディカル秀潤社の書籍・雑誌についての新刊情報・詳細情報は，下記をご覧ください.
　https://gakken-mesh.jp/

本書に記載されている内容は，出版時の最新情報に基づくとともに，臨床例をもとに正確かつ普遍化すべく，著者，編者，監修者，編集委員ならびに出版社それぞれが最善の努力をしております. しかし，本書の記載内容によりトラブルや損害，不測の事故等が生じた場合，著者，編者，監修者，編集委員ならびに出版社は，その責を負いかねます.
また，本書に記載されている医薬品や機器等の使用にあたっては，常に最新の各々の添付文書や取り扱い説明書を参照のうえ，適応や使用方法等をご確認ください.

JCOPY 〈出版者著作権管理機構委託出版物〉
本書の無断複写は著作権法上での例外を除き禁じられています. 複写される場合は，そのつど事前に，出版者著作権管理機構（電話 03-5244-5088，FAX 03-5244-5089，e-mail: info@jcopy.or.jp）の許可を得てください.

編集協力：校正舎 沼尻正人，三原聡子
カバーデザイン・装丁：柴田真弘　表紙イラスト：小佐野 咲
本文・DTP：センターメディア　本文イラスト：日本グラフィックス